西北旱区生态水利学术著作丛书

台阶式溢洪道水力特性的研究

张志昌　金　瑾　著

科学出版社

北　京

内 容 简 介

本书是台阶式溢洪道水力特性的系列研究成果总结。通过模型试验和数值模拟研究单纯台阶式溢洪道的水流流态、掺气发生点的判断方法、台阶上掺气与未掺气水流水面线的计算方法、压强分布规律、掺气浓度分布规律、流速场、紊动能、紊动耗散率和消能效果；研究台阶式溢洪道与掺气挑坎联合应用、台阶式溢洪道与分流齿墩掺气设施联合应用的水力特性，包括掺气挑坎和分流齿墩的体型、设置位置、分流齿墩的收缩比、水舌空腔长度、掺气交汇点的位置，水面线的计算方法、墩头和台阶上的动水压强分布、台阶上的掺气浓度分布、流速分布、水流的紊动特性和消能。通过模型试验研究掺气分流墩设施的收缩比、墩头动水压强特性、设施的掺气特性、水舌扩散特性以及掺气分流墩与消力池联合应用消力池的水流流态、水面线、动水压强分布规律和消能效果。

本书可作为水利水电工程及相关专业科技人员的设计参考书，也可作为高等院校教师和研究生的参考书。

图书在版编目（CIP）数据

台阶式溢洪道水力特性的研究／张志昌，金瑾著．—北京：科学出版社，2018.8

（西北旱区生态水利学术著作丛书）

ISBN 978-7-03-058502-8

Ⅰ．①台… Ⅱ．①张… ②金… Ⅲ．①溢洪道-水力学-研究 Ⅳ．①TV651.1

中国版本图书馆 CIP 数据核字（2018）第 182411 号

责任编辑：祝 洁 / 责任校对：郭瑞芝
责任印制：张 伟 / 封面设计：迷底书装

科学出版社 出版
北京东黄城根北街16号
邮政编码：100717
http://www.sciencep.com

北京中石油彩色印刷有限责任公司 印刷
科学出版社发行 各地新华书店经销

*

2018年8月第 一 版 开本：720×1000 B5
2018年8月第一次印刷 印张：22 1/2
字数：440 000

定价：135.00元

(如有印装质量问题，我社负责调换)

总　序　一

水资源作为人类社会赖以延续发展的重要要素之一，主要来源于以河流、湖库为主的淡水生态系统。这个占据着少于1%地球表面的重要系统虽仅容纳了地球上全部水量的0.01%，但却给全球社会经济发展提供了十分重要的生态服务，尤其是在全球气候变化的背景下，健康的河湖及其完善的生态系统过程是适应气候变化的重要基础，也是人类赖以生存和发展的必要条件。人类在开发利用水资源的同时，对河流上下游的物理性质和生态环境特征均会产生较大影响，从而打乱了维持生态循环的水流过程，改变了河湖及其周边区域的生态环境。如何维持水利工程开发建设与生态环境保护之间的友好互动，构建生态友好的水利工程技术体系，成为传统水利工程发展与突破的关键。

构建生态友好的水利工程技术体系，强调的是水利工程与生态工程之间的交叉融合，由此生态水利工程的概念应运而生，这一概念的提出是新时期社会经济可持续发展对传统水利工程的必然要求，是水利工程发展史上的一次飞跃。作为我国水利科学的国家级科研平台，西北旱区生态水利工程省部共建国家重点实验室培育基地(西安理工大学)是以生态水利为研究主旨的科研平台。该平台立足我国西北旱区，开展旱区生态水利工程领域内基础问题与应用基础研究，解决若干旱区生态水利领域内的关键科学技术问题，已成为我国西北地区生态水利工程领域高水平研究人才聚集和高层次人才培养的重要基地。

《西北旱区生态水利学术著作丛书》作为重点实验室相关研究人员近年来在生态水利研究领域内代表性成果的凝炼集成，广泛深入地探讨了西北旱区水利工程建设与生态环境保护之间的关系与作用机理，丰富了生态水利工程学科理论体系，具有较强的学术性和实用性，是生态水利工程领域内重要的学术文献。丛书的编纂出版，既是对重点实验室研究成果的总结，又对今后西北旱区生态水利工程的建设、科学管理和高效利用具有重要的指导意义，为西北旱区生态环境保护、水资源开发利用及社会经济可持续发展中亟待解决的技术及政策制定提供了重要的科技支撑。

中国科学院院士　王光谦

2016年9月

总 序 二

近50年来全球气候变化及人类活动的加剧，影响了水循环诸要素的时空分布特征，增加了极端水文事件发生的概率，引发了一系列社会-环境-生态问题，如洪涝、干旱灾害频繁，水土流失加剧，生态环境恶化等。这些问题对于我国生态本底本就脆弱的西北地区而言更为严重，干旱缺水(水少)、洪涝灾害(水多)、水环境恶化(水脏)等严重影响着西部地区的区域发展，制约着西部地区作为“一带一路”桥头堡作用的发挥。

西部大开发水利要先行，开展以水为核心的水资源-水环境-水生态演变的多过程研究，揭示水利工程开发对区域生态环境影响的作用机理，提出水利工程开发的生态约束阈值及减缓措施，发展适用于我国西北旱区河流、湖库生态环境保护的理论与技术体系，确保区域生态系统健康及生态安全，既是水资源开发利用与环境规划管理范畴内的核心问题，又是实现我国西部地区社会经济、资源与环境协调发展的现实需求，同时也是对“把生态文明建设放在突出地位”重要指导思路的响应。

在此背景下，作为我国西部地区水利学科的重要科研基地，西北旱区生态水利工程省部共建国家重点实验室培育基地(西安理工大学)依托其在水利及生态环境保护方面的学科优势，汇集近年来主要研究成果，组织编纂了《西北旱区生态水利学术著作丛书》。该丛书兼顾理论基础研究与工程实际应用，对相关领域专业技术人员的工作起到了启发和引领作用，对丰富生态水利工程学科内涵、推动生态水利工程领域的科技创新具有重要指导意义。

在发展水利事业的同时，保护好生态环境，是历史赋予我们的重任。生态水利工程作为一个新的交叉学科，相关研究尚处于起步阶段，期望以此丛书的出版为契机，促使更多的年轻学者发挥其聪明才智，为生态水利工程学科的完善、提升做出自己应有的贡献。

中国工程院院士

2016年9月

总 序 三

我国西北干旱地区地域辽阔、自然条件复杂、气候条件差异显著、地貌类型多样，是生态环境最为脆弱的区域。20世纪80年代以来，随着经济的快速发展，生态环境承载负荷加大，遭受的破坏亦日趋严重，由此导致各类自然灾害呈现分布渐广、频次显增、危害趋重的发展态势。生态环境问题已成为制约西北旱区社会经济可持续发展的主要因素之一。

水是生态环境存在与发展的基础，以水为核心的生态问题是环境变化的主要原因。西北干旱生态脆弱区由于地理条件特殊，资源性缺水及其时空分布不均的问题同时存在，加之水土流失严重导致水体含沙量高，对种类繁多的污染物具有显著的吸附作用。多重矛盾的叠加，使得西北旱区面临的水问题更为突出，急需在相关理论、方法及技术上有所突破。

长期以来，在解决如上述水问题方面，通常是从传统水利工程的逻辑出发，以人类自身的需求为中心，忽略甚至破坏了原有生态系统的固有服务功能，对环境造成了不可逆的损伤。老子曰“人法地，地法天，天法道，道法自然”，水利工程的发展绝不应仅是工程理论及技术的突破与创新，而应调整以人为中心的思维与态度，遵循顺其自然而成其所以然之规律，实现由传统水利向以生态水利为代表的现代水利、可持续发展水利的转变。

西北旱区生态水利工程省部共建国家重点实验室培育基地(西安理工大学)从其自身建设实践出发，立足于西北旱区，围绕旱区生态水文、旱区水土资源利用、旱区环境水利及旱区生态水工程四个主旨研究方向，历时两年筹备，组织编纂了《西北旱区生态水利学术著作丛书》。

该丛书面向推进生态文明建设和构筑生态安全屏障、保障生态安全的国家需求，瞄准生态水利工程学科前沿，集成了重点实验室相关研究人员近年来在生态水利研究领域内取得的主要成果。这些成果既关注科学问题的辨识、机理的阐述，又不失在工程实践应用中的推广，对推动我国生态水利工程领域的科技创新，服务区域社会经济与生态环境保护协调发展具有重要的意义。

中国工程院院士

2016年9月

前　言

台阶式溢洪道因其显著的消能效果在工程中得到了广泛应用，但对于台阶式溢洪道水力特性，尤其是与掺气设施联合应用水力特性的研究成果甚少。本书是作者多年来对台阶式溢洪道模型试验和数值模拟的系列研究成果的总结。

模型试验部分主要研究台阶式溢洪道、台阶式溢洪道与掺气挑坎联合应用、掺气分流墩设施、台阶式溢洪道与分流齿墩掺气设施联合应用以及掺气分流墩设施与消力池联合应用的水力特性。

单纯台阶式溢洪道的水力特性主要综述已有的研究成果，提出了单纯台阶式溢洪道水流流态的判别方法、未掺气水流和掺气水流水面线的计算方法，掺气发生点的计算方法、台阶上掺气浓度的分布规律，压强分布规律和消能率的计算方法。台阶式溢洪道与掺气挑坎联合应用的水力特性主要为掺气挑坎的设置位置、掺气挑坎的高度、通气孔后台阶上的水流流态、水面线、压强特性、空腔长度、掺气交汇点的位置以及掺气量和掺气浓度的分布规律。掺气分流墩设施水力特性的研究主要为掺气分流墩设施的体型和特点、设施的收缩比、墩头壁压特性、水舌扩散和掺气特性、掺气分流墩设施的消能量以及分流齿墩的研究成果。台阶式溢洪道与分流齿墩掺气设施联合应用主要为分流齿墩掺气设施的体型、设置位置、收缩比、水流流态和水面线、墩头和台阶上的压强特性、台阶上的掺气现象与掺气浓度以及分流齿墩掺气设施与台阶式溢洪道联合应用的消能效果和设计方法。掺气分流墩设施与消力池联合应用的水力特性主要为水舌射距的计算方法、消力池水流流态的控制、界限水深的计算方法、水面线和水跃长度的计算方法、消力池的压强特性以及最大时均压强和脉动压强系数的计算方法、掺气分流墩设施与消力池联合应用的消能效果。

数值计算部分主要研究了台阶式溢洪道、台阶式溢洪道与掺气挑坎联合应用，以及台阶式溢洪道与分流齿墩掺气设施联合应用的水力特性，包括台阶上的水流流态、自由水面线、台阶和分流齿墩墩头的压强场、流速场、紊动能和紊动耗散率。

从2001年开始，在作者的指导下，先后有7位研究生对台阶式溢洪道的水力特性进行了研究，取得了系列研究成果，他们是郑阿漫、曾东洋、骈迎春、金瑾、尹芳芳、徐啸和李若冰。

参加本书撰写的有张志昌、金瑾、骈迎春、尹芳芳、徐啸、李若冰和闫晋垣。

具体分工如下：第1章由张志昌撰写，第2章由张志昌、徐啸和骈迎春撰写，第3章由金瑾撰写，第4章由骈迎春和张志昌撰写，第5章由尹芳芳和张志昌撰写，第6章由张志昌和闫晋垣撰写，第7章由徐啸和张志昌撰写，第8章由李若冰和张志昌撰写，第9章由张志昌和闫晋垣撰写，全书由张志昌统稿。

书中借鉴了国内外同行的研究成果，以参考文献的形式标出，在此表示感谢。

由于作者水平有限，书中不足之处在所难免，恳请读者批评指正。

作　者

2018年1月

目　　录

第 1 章　台阶式溢洪道水力特性的研究现状和问题

1.1　台阶式溢洪道的研究现状

台阶式溢洪道是将传统的光滑溢洪道改成具有台阶形状的溢流面。水流通过台阶时，台阶就相当于溢流面的粗糙度，使水流在每级台阶上都产生强烈的旋滚，促使水流表面波破碎，加强了水体之间的紊动交换。与光滑溢流面比较，台阶溢流面能消耗更多的能量。试验表明，台阶式溢洪道的消能率比光滑溢洪道高出40%～80%[1]。正是由于台阶式溢洪道有更高的消能率，近年来在我国的高坝建设中，采用或拟采用台阶式溢洪道消能的工程越来越多。

建于公元 100 年的突尼斯赖因坝就应用了台阶消能技术[2]。但真正把台阶式溢洪道作为消能工的研究并大量用于泄水建筑物起始于 20 世纪初。1906 年美国的新科罗托因、卡鲁梅特水道，1939 年英国的拉第波尔等大坝工程就采用台阶消能[3]。英国在 1968 年建成的克里韦多格支墩坝上用预制混凝土梁做成了台阶形的溢洪道[3]。70 年代，苏联在第聂伯、索斯诺夫斯基以及鲁克霍维茨基等土坝溢流面上建成了台阶式块体溢洪道[3]。80 年代，南非在德米斯特克拉尔、扎埃霍克，美国在蒙克斯维尔、上静水等碾压混凝土坝上均采用台阶式溢洪道消能，其中以上静水坝的坝高最大(61m)[3]。80 年代以后，许多水利工程采用台阶式溢洪道作为主要消能设施。

我国在台阶式溢洪道的研究和应用方面也做了许多工作。1994 年，福建省的水东水电站率先建成了台阶式溢洪道[4]。以后，湖南省江垭的碾压混凝土坝、六都寨的寨志水库[5]、广东的稿树下水库[6]、惠州抽水蓄能电站下库溢流坝和丰顺县虎局水库溢洪道[7]、吉林的河龙碾压混凝土坝和六顶山水库岸边溢洪道[8]、四川省凉山州的布西水电站泄洪洞[9]均拟采用或采用台阶式溢洪道作为消能设施。云南省大朝山水电站采用台阶式溢洪道和宽尾墩联合应用来解决高坝大单宽流量的消能问题[10]。

目前，世界上已经有数十座中小型水库采用了台阶式溢洪道消能，如表 1.1 所示[3]。

表 1.1　台阶式溢洪道典型实例

大坝名称	坡度 α/(°)	最大坝高 H_{max} /m	最大单宽流量 /[m³/(s · m)]	台阶高度 a/m	台阶级数 /级	台阶类型	备注
混凝土坝							
克里韦多格 (英国，1968)	60	72	2.8	0.76	—	预制混凝土梁	支墩坝溢洪道用土梁做成 W=182.9m

续表

大坝名称	坡度 α/(°)	最大坝高 H_{max} /m	最大单宽流量 /[m³/(s·m)]	台阶高度 a/m	台阶级数 /级	台阶类型	备注
混凝土坝							
德米斯特克拉尔 (南非，1986)	59	30	30	1	19	水平台阶	碾压混凝土坝 W=195m
扎埃霍克 (南非，1986)	58.2	45	15.6	1	40	水平台阶	碾压混凝土坝 W=160m
蒙克斯维尔 (美国，1987)	52	36.6	9.3	0.61	—	水平台阶	碾压混凝土坝 W=61m
奥利维特斯 (法国，1987)	53.1	36	6.6	0.6	47	水平台阶	碾压混凝土坝 W=40m
上静水 (美国，1987)	72 和 59	61	11.6	0.61	—	水平台阶	碾压混凝土坝 W=183m
蒙·巴利 (中非，1990)	51.3	24.5	24.5	0.8	—	水平台阶	碾压混凝土坝 W=60m
彼提特蒙特 (圭亚那，1994)	51.3	37	4	0.6	36	水平台阶	碾压混凝土坝
土坝							
第聂伯 (苏联，1976)	8.75	—	60	0.405	12	混凝土块系统水平台阶	原型试验 v=23m/s, W=14.2m
索斯诺夫斯基 (苏联，1978)	—	11	3.3	—	—	台阶式块体系统	W=12m
鲁克霍维茨基 (苏联，1978，1980，1981)	—	11 11.5 7.5	3 3.3 2.9	—	—	台阶式块体系统	三座坝 W=12m W=12m W=7.5m
特兰斯白卡尔 (苏联，1986)	14	9.4	20	—	—	台阶式块体系统	库容= 1.5×10^6m³ W=110m
石笼坝							
里茨帕路特出水口(南非)	—	—	13	—	2.4	石笼台阶	三道堰跌水 W=50m
砌石坝							
吉尔波 (美国，1926)	—	49	7.8	6.1	8	倾斜台阶 Q=2.9°～5.7°	W=403.6m
新科罗托因 (美国，1906)	—	53	5.4	—	—	砌石台阶	1955 年溢洪道失事，W=305m

续表

大坝名称	坡度 α/(°)	最大坝高 H_{max} /m	最大单宽流量 /[m^3/(s · m)]	台阶高度 a/m	台阶级数 /级	台阶类型	备注
跌水							
卡路梅特水道(美国，1906)	—	—	—	1.52 和 0.91	3,4	跌水	五级人工跌水
溢洪道进水口							
拉第波尔(英国，1939)	—	—	—	0.46	16	砌石台阶	图利普喇叭形溢洪道进水口
泄洪隧道							
斯托约德(挪威，1993)	11.3	—	0.12	4	22	1m 墙高的池形台阶	竖井上游排水系统 L=402m
无衬砌岩石溢洪道							
拉格朗德二级水电站(加拿大)	30	134	16.14	17.8 9.1～12.1	1 11	光滑轮廓台阶池深=8.5m 无衬砌水平台阶	第一个台阶用混凝土衬砌，W=122m 第二个到最后台阶未衬砌
特里(印度，设计资料)	15	211.9	11*	50～58	4	光滑池形台阶池深=14～18m	光滑轮廓跌水系统，四级跌水，W=80～95m
庞伦(缅甸，设计资料)	12	120	10*	25～35	4	10m 墙高的池形台阶	未衬砌的岩体

*为总泄量(10^{3}m^3/s)；W 为渠道宽度；L 为竖井长度。

随着碾压混凝土筑坝(简称 RCC 坝)技术的发展，台阶式溢洪道显示出越来越多的优点：台阶式溢洪道由于能适应碾压混凝土分层通仓碾压施工的筑坝技术，可在施工工序上省去光滑斜坡溢流面混凝土的二次立模浇筑，坝面台阶能一次碾压成型，实现了真正意义上的全断面快速碾压筑坝，大大简化施工工序、加快施工进度和缩短工期；在材料上省去了内外部混凝土结合面的联系筋，将溢流面上常规的高标号常态混凝土改为变态碾压混凝土，从而使得台阶式溢洪道在碾压混凝土坝上的运用具有显著的经济效益。表 1.2 为国内外 RCC 坝应用台阶式溢洪道的实例，可以看出，台阶式溢洪道这一消能工得到了越来越多的关注和运用。

就单纯台阶消能来看，目前应用的最大坝高为 77m，最大单宽流量为 120m^3/(s · m)，溢洪道坡度为 12°～72°。设计和在建的最大坝高为 211.9m[印度特里水电站坝高 211.9m，最大单宽流量为 58m^3/(s · m)]，我国水布垭水电站岸边台

表 1.2　国内外 RCC 坝应用台阶式溢洪道的实例

溢洪道名称	建成年份	坝型	坝高 H_{max} /m	最大单宽流量 /[m^3/(s · m)]	坡度 /(°)	台阶高度 a/m
第 · 米斯特 · 克拉尔(南非)	1986	RCC 坝	30	30	59.04	1
内斯阿列维梯斯(法国)	1987	RCC 坝	36	6.6	53.13	0.6
蒙 · 巴利(中非)	1990	RCC 坝	33	16	51.34	0.8
布尔东峡(澳大利亚)	1992	RCC 坝	26	55	48.01	1.2
多克尔(埃里特利亚)	—	RCC 坝	73	47.5	51.34	1
朴多马亚(委内瑞拉)	2001	RCC 坝	77	21.7	51.34	0.6
波第迪-沙特(圭亚那)	—	RCC 坝	37	4	51.34	0.6
水东水电站(中国)	1994	RCC 重力坝	57	90	56.98	0.9
大朝山水电站(中国)	2001	RCC 重力坝	111	193	55.01	1.0
百色水利枢纽(中国)	在建	RCC 重力坝	130	203	51.34	0.9
索风营水电站(中国)	在建	RCC 重力坝	121.8	245	55.01	1.2

阶式溢洪道上下游水位差为 178.8m，最大单宽流量为 181m^3/(s · m)。

随着台阶式溢洪道的应用和发展，国内外对台阶式溢洪道的水力特性也进行了研究，研究内容主要集中在台阶上的水流流态、掺气特性、压强特性、消能率以及台阶式溢洪道是否会空蚀等问题。以下为国内外针对台阶式溢洪道几个方面的研究论述。

(1) 台阶式溢洪道坝面流态的研究。台阶式溢洪道的水流流态根据其相对临界水深，以及泄槽倾角的不同分成三种流态，即滑行水流、过渡水流和跌落水流。1990 年，Rajaratnam[11]认为在溢洪道坡度为 21.7°～42.07°，当临界水深与台阶步长之比大于 0.8 时在台阶上会出现滑行水流，而当临界水深与台阶步长之比小于 0.8 时会出现跌落水流。才君眉等[12]认为发生跌落水流需要一定的条件，一般要求台阶步长大于台阶高度，台阶步长与台阶高度的比值为 2～3，并且台阶高度至少应为临界水深的 2～3 倍。Chanson[13]经过对 Essery 和 Horner 等的试验数据的分析，得出跌落水流和滑行水流的临界值表达式，以及从跌落水流过渡到滑行水流的上限值和从滑行水流过渡到跌落水流的下限值。Yasuda 等[14]、Ohtsu 等[15]和 Boes 等[16]也提出了确定滑行水流和跌落水流流态界限的判别式。

(2) 台阶式溢洪道坝面消能的研究。台阶式溢洪道的消能效果一直是工程中关注的焦点。目前研究的坡度范围为 2.86°～75°，研究表明，消能率主要与坝高、单宽流量、台阶坡度、台阶尺寸以及台阶个数有关。从 1982 年美国垦务局对上静水坝的台阶式溢洪道首次进行了模型试验开始，美国的 Sorensen[17]，希腊的 Christodoulou[18]、Stephenson[19]和 Peyras 等[20]，土耳其的耶尔德兹等[21, 22]，还有我国的蒋晓光[23]、张志昌等[24]、田嘉宁等[25]也都对台阶式溢洪道的消能方面进行了相关的试验研究，并得出在一定条件下的跌落水流和滑行水流的消能率计算公式。所有研究均证明，台阶式溢洪道在一定的水力条件下，有相当高的消能率。尽管研究者提出了一些计算方法，但台阶式溢洪道特殊的水流流态以及各种因素的影响，使得对台阶式溢洪道消能效果的研究目前尚未有统一定论，因此有必要进一步探讨。

(3) 台阶式溢洪道坝面掺气的研究。目前主要是针对台阶坝面自掺气方面的研究，多数研究仅限于滑行水流流态。这方面的研究主要有 Wood 等[26]、Chanson 等[27]、Takahashi 等[28]、Pfister 等[29]、Felder 等[30]、埃尔维罗等[31]、汝树勋等[32]、张志昌等[33]以及 Zhou 等[34]。这些研究者都根据自己的研究资料，得出了台阶式溢洪道掺气发生点的确定方法和台阶上掺气浓度的分布，其中张志昌等[33]的研究成果是针对不同的溢洪道坡度、不同的台阶高度通过系列模型试验得出的，具有较大的适用范围。研究表明，台阶式溢洪道的掺气与单宽流量有关，当单宽流量较小时，台阶式溢洪道会很快掺气，并迅速达到全断面掺气，随着单宽流量的增大，初始掺气点位置向下游推移。例如，杨吉健等[35]在对某工程进行模型试验时，发现随着单宽流量的增大，陡槽上水流紊动掺气发展区起始位置向下游移动。当单宽流量大到一定程度后，台阶底部为清澈透明的非掺气水流，与光滑溢洪道上的未掺气水流现象一致，此时，台阶充当了大的不平整度，有可能造成台阶的空蚀破坏。由此可以看出，大单宽流量时台阶式溢洪道的掺气问题仍是研究的主要问题。

(4) 台阶式溢洪道坝面时均压强和脉动压强的研究。时均压强研究方面：通过模型试验进行研究的主要有西安理工大学张志昌等[36]，通过数值模拟进行研究的主要有四川大学陈群等[37]。研究表明，在台阶水平面上的压强均为正值，而在台阶的竖直面上有负压，最大负压在台阶的锐缘处，且台阶水平面和竖直面沿程时均压强变化规律均呈波浪式变化，这与光滑溢洪道时均压强沿程减小的分布规律是完全不一样的。

张志昌等[36]和赵相航等[38]研究了台阶式溢洪道的脉动压强分布情况，分别得出了台阶水平面和台阶竖直面的脉动压强分布规律。研究表明，最大脉动压强在台阶的边缘处，脉动压强随单宽流量和坡度的增大而增大。

(5) 台阶式溢洪道的空化、空蚀问题。国外尚未有台阶式溢洪道空蚀方面的报告，这主要是国外在台阶式溢洪道应用方面，单宽流量均较小，最大单宽流量为 $60m^3/(s \cdot m)$，从目前掌握的资料看，台阶式溢洪道还主要用在溢流前缘宽阔、堰上水头较低、单宽流量较小的中小型工程上。国内在台阶式溢洪道的应用方面，单宽流量已突破了 $100m^3/(s \cdot m)$，如丹江口水电站的单宽流量为 $120m^3/(s \cdot m)$，过流后在台阶面上形成了大面积的空蚀坑。再如水布垭岸边溢洪道的台阶式溢洪道，最大单宽流量为 $181m^3/(s \cdot m)$，试验发现，在台阶背面有 2～7.65m 的负压。赵相航等[39]通过模型试验研究了台阶上的水流空化数，认为台阶上的水流空化数随着单宽流量的增加而减小，水流空化数较小值发生在台阶凸角下缘、水平凹角和消力池前端。埃尔维罗等[31]指出："虽然台阶式溢洪道可以降低流速，但它可以增加水流的紊动，在过大的单宽流量情况下，在某些点发生的脉动低压足以引起空化。"因此，在大单宽流量情况下台阶式溢洪道的空化、空蚀问题以及解决方法仍是目前研究的重点。

(6) 台阶式溢洪道联合消能问题。Pfister 等[40]、吴守荣等[41]、骈迎春等[42]和张启明[43]在台阶式溢洪道上游设掺气挑坎给台阶掺气，以解决台阶式溢洪道的空蚀问题。郑阿漫等[44]研究了台阶式溢洪道与掺气分流墩联合应用的水力特性；我国大朝山水电站[45]、索风营水电站[46]和百色水利枢纽[47]利用台阶式溢洪道和宽尾墩联合应用消能，以解决大单宽流量溢洪道的掺气和空蚀问题，同时提高消能效果。但掺气分流墩和宽尾墩都是将贴壁水流改变成挑射水流，这种水流在纵向扩散大，空中碰撞消能效果好，但同时又将相当一部分台阶暴露在大气中，使台阶消能的作用大大减弱。因此，研究既能充分发挥台阶消能作用，又能给台阶充分掺气的联合消能形式是解决台阶式溢洪道掺气、减蚀和提高消能效果的重要课题。

1.2　台阶式溢洪道研究的主要问题

综上所述，台阶式溢洪道研究的主要问题如下。

(1) 台阶式溢洪道消能问题的研究。对于纯台阶式溢洪道，主要研究非掺气水流和掺气水流时的沿程摩阻系数 λ，以确定其消能率。

(2) 台阶式溢洪道掺气问题的研究，尤其是强迫掺气问题的研究是解决高坝大单宽流量情况下台阶式溢洪道运用的关键。

(3) 台阶式溢洪道压强问题的研究，主要研究水平台阶面和竖直台阶面上的时均压强和脉动压强大小及分布规律。

(4) 台阶式溢洪道的空蚀问题及防治的工程措施。

(5) 台阶式溢洪道最优台阶高度与下泄流量的关系。

(6) 台阶式溢洪道下游消力池消能的形式及工程措施。

(7) 新型消能工与台阶式溢洪道联合消能问题，是解决高坝大单宽流量消能的主要问题。

参考文献

[1] 汝树勋. 曲线形台阶式溢洪道的消能特性[C]//水利水电泄水工程与高速水流信息网, 水利部松辽水利委员会水利科学研究院. 泄水工程与高速水流论文集. 成都: 成都科技大学出版社, 1994: 98-102.

[2] 艾克明. 台阶式泄槽溢洪道的水力特性和设计应用[J]. 水力发电学报, 1998, (4): 86-95.

[3] 钱桑 H. 台阶式斜槽溢洪道水力设计现有发展水平[J]. 廖仁强, 译. 水利水电快报, 1994, (23): 6-14.

[4] 何光同, 曾宪康, 李祖发, 等. 水东水电站新型消能工结构优化设计[J]. 水力发电, 1994, (9): 26-28.

[5] 艾克明. 台阶式泄槽溢洪道的应用状况[C]//水利水电泄水工程与高速水流信息网, 东北勘测设计研究院水利科学研究院. 泄水工程与高速水流论文集. 长春: 吉林科学技术出版社, 2000: 1-9.

[6] 赖翼峰, 孙永和, 陈灿辉. 稿树下水库溢洪道消能工的选择[C]//水利水电泄水工程与高速水流信息网, 东北勘测设计研究院水利科学研究院. 泄水工程与高速水流论文集. 长春: 吉林科学技术出版社, 1998: 61-64.

[7] 黄智敏, 钟勇明, 朱红华, 等. 阶梯消能技术在广东省水利工程中的研究与应用[J]. 水力发电学报, 2012, 31(1): 46-150.

[8] 杨敏, 腾显华, 任红亮, 等. 阶梯溢流面的几个水力学问题[C]//水利水电泄水工程与高速水流信息网, 东北勘测设计研究院水利科学研究院. 泄水工程与高速水流论文集. 长春: 吉林科学技术出版社, 1998: 29-32.

[9] 罗树焜, 李连侠, 褥勇伸, 等. 布西水电站泄洪洞阶梯消能布置方案数值模拟研究[J]. 水力发电学报, 2010, 29(1): 50-56.

[10] 尹进步, 刘韩生, 梁宗祥. 大朝山水电站台阶溢流坝掺气减蚀问题的研究[J]. 西北农林科技大学学报, 2005, 33(2): 137-141.

[11] RAJARATNAM N. Skimming flow in stepped spillways[J]. Journal of hydraulic engineering, 1990, 116(4): 587-591.

[12] 才君眉, 薛慧涛, 冯金鸣. 碾压混凝土坝采用台阶式溢洪道消能初探[J]. 水利水电技术, 1994, (4): 19-21.

[13] CHANSON H. Comparison of energy dissipation between nappe and skimming flow regimes on stepped chutes[J]. Journal of hydraulic research, 1994, 32(2): 213-219.

[14] YASUDA Y, TAKAHASHI M, OHTSU I. Energy dissipation of skimming flow on stepped channel chutes[C]. Beijing: Proceeding of the 29th IAHR congress, 2001, 9: 531-536.

[15] OHTSU I,YASUDA Y, TAKAHASHI M. Discussion of onset of skimming flow on stepped spillways[J]. Journal of hydraulic engineering, 2001, 127(6): 522-524.

[16] BOES R M, WILLI H H. Hydraulic design of stepped spillways[J]. Journal of hydraulic engineering, 2003, 129(9): 671-679.

[17] SORENSEN R M. Stepped spillway hydraulic model investigation[J]. Journal of hydraulic engineering, 1985, 111(12): 1461-1472.

[18] CHRISTODOULOU G C. Energy dissipation on stepped spillways[J]. Journal of hydraulic engineering, 1993, 119(5): 644-651.

[19] STEPHENSON D. Energy dissipation down stepped spillway[J]. International water power and dam construction, 1991, 43(9): 27-30.

[20] PEYRAS L, ROYET P, EGOUTTE G D. Flow and energy dissipation over stepped gabion weirs[J]. Journal of hydraulic engineering, 1992, 118(5): 707-717.

[21] 耶尔德兹 D, 科斯 I. 台阶式溢洪道的水力特性(续)[J]. 硼圣堂, 译. 水利水电快报, 1999, 20(10): 11-14.

[22] 耶尔德兹 D, 科斯 I. 台阶式溢洪道的水力特性[J]. 硼圣堂, 译. 水利水电快报, 1999, 20(9): 1-4.

[23] 蒋晓光. 台阶式溢流消能浅析[J]. 泄水工程与高速水流, 1992, (4): 37-40.
[24] 张志昌, 曾东洋, 刘亚菲. 台阶式溢洪道滑行水流水面线和消能效果的试验研究[J]. 应用力学学报, 2005, 22(1): 30-35.
[25] 田嘉宁, 李建中, 大津岩夫, 等. 台阶式溢洪道的消能问题[J]. 西安理工大学学报, 2002, 18(4): 346-350.
[26] WOOD I R, ACKERS P, LOVELESS J. General method for critical point on spillways[J]. Journal of hydraulic engineering, 1983, 109(2): 308-312.
[27] CHANSON H, TOOMBES L. Flow areation at stepped cascades[R]. Research Report No. CE155, Brisbane: The University of Queensland, 1997.
[28] TAKAHASHI M, GONZALEZ C A, CHANSON H. Self-aeration and turbulence in a stepped channel: influence of cavity surface roughness[J]. International journal of multiphase flow, 2006, 32: 1370-1385.
[29] PFISTER M, HAGER W H. Self-entrainment of air on stepped spillways[J]. International journal of multiphase flow, 2011, 37: 99-107.
[30] FELDER S, CHANSON H. Air-water flow properties in step cavity down a stepped chute[J]. International journal of multiphase flow, 2011, 37: 732-745.
[31] 埃尔维罗 V, 马特奥斯 C. 西班牙阶梯式溢洪道的研究[J]. 李桂芬, 译. 水利水电快报, 1996, 17(7): 1-6.
[32] 汝树勋, 唐朝阳, 梁川. 曲线型阶梯溢流坝坝面掺气发生点位置的确定[J]. 长江科学院院报, 1996, 13(2): 7-10.
[33] 张志昌, 曾东洋, 刘亚菲. 台阶式溢洪道掺气特性的研究[J]. 应用力学学报, 2003, 20(4): 97-100.
[34] ZHOU H, WU S Q, JIANG S H. Hydraulic performances of skimming flow over stepped spillway[J]. Journal of hydrodynamics, 1997, (3): 80-86.
[35] 杨吉健, 刘韩生, 张为法, 等. 高海拔地区台阶式溢洪道水力特性研究[J]. 长江科学院院报, 2017, 32(10): 38-42.
[36] 张志昌, 曾东洋, 郑阿漫, 等. 台阶式溢洪道滑行水流压强特性的试验研究[J]. 水动力学研究与进展, 2003, 18(5): 652-659.
[37] 陈群, 戴光清, 刘浩吾. 阶梯溢流坝面流场的紊流数值模拟[J]. 天津大学学报, 2002, 35(1): 23-27.
[38] 赵相航, 谢宏伟, 郭鑫. 某水库台阶式溢洪道脉动压强特性研究[J]. 人民珠江, 2016, 37(9): 36-39.
[39] 赵相航, 谢宏伟, 郭鑫. 台阶式溢洪道水流空化特性及空化空蚀位置的确定[J]. 水电能源科学, 2016, 34(9): 110-114.
[40] PFISTER M, HAGER W H, MINOR H E. Bottom aeration of stepped spillways[J]. Journal of hydraulic engineering, 2006, 132(8): 850-853.
[41] 吴守荣, 张建民, 许唯临, 等. 前置掺气坎式阶梯溢洪道体型布置优化试验研究[J]. 四川大学学报(工程科学版), 2008, 40(3): 37-42.
[42] 骈迎春, 张志昌. 台阶式溢洪道掺气坎水流空腔长度和通气量的试验研究[J]. 西北水力发电, 2006, 22(4): 41-45.
[43] 张启明. 台阶式溢洪道掺气消能效果试验研究[J]. 西北水电, 2017, (1): 69-71.
[44] 郑阿漫, 张志昌, 杨永全, 等. 掺气分流墩台阶式溢洪道的水流流态和流速特性[J]. 西安理工大学学报, 2002, 18(1): 71-75.
[45] 郭军, 刘之平, 刘继广, 等. 大朝山水电站宽尾墩阶梯式坝面泄洪水力学原型观测[J]. 云南水力发电, 2002, 18(4): 16-20.
[46] 南晓红, 梁宗祥, 刘韩生. 新型宽尾墩在索风营水电站的应用与研究[J]. 水利学报, 2003, (8): 49-52.
[47] 谢省宗, 李世琴. 宽尾墩联合消能工在百色水利枢纽的研究和应用[J]. 红水河, 1998, 17(2): 36-41.

第 2 章　台阶式溢洪道水力特性的试验研究

2.1　台阶式溢洪道的水流流态

台阶式溢洪道的水流流态根据溢洪道的坡度、台阶高度和单宽流量可分为三种流态，即跌落水流流态、滑行水流流态和过渡水流流态。

跌落水流实质上就是多级跌水，当水流自上游跌入下游台阶时，可能有两种流态：一种是在台阶上形成完全水跃，如图 2.1(a)所示；另一种是水流冲击台阶后，在台阶上形成不完全水跃而跌入下一级台阶，称为部分水跃，如图 2.1(b)所示。跌落水流的特点是跌落水舌下缘与台阶之间具有自由空腔。对于在台阶上形成完全水跃的台阶式溢洪道，已有成熟的计算方法。对于不完全水跃跌落水流的研究，目前尚无这方面的研究成果。

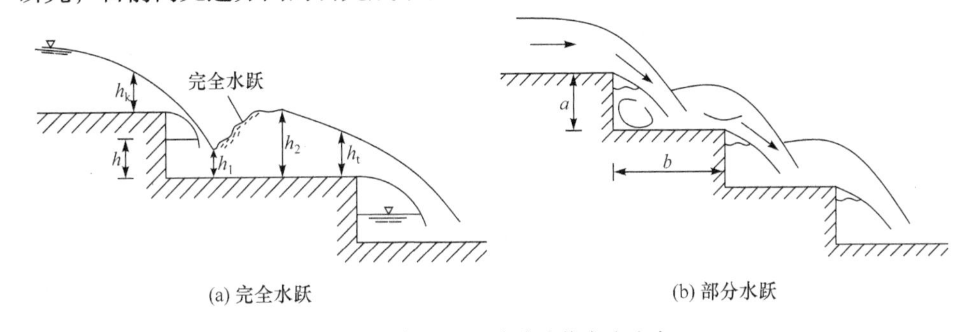

图 2.1　台阶式溢洪道跌落水流流态

h_k 为临界水深；h_1 为跃前水深；h_2 为跃后水深；h_t 为下游水深；h 为水舌落点前水垫深度；a 为台阶高度；b 为台阶长度

滑行水流发生在坡度较陡、单宽流量较大的台阶式溢洪道上，如图 2.2 所示，其中θ为台阶虚拟底板与水平面的夹角。其特点是在台阶凸角的连线上形成虚拟底板，在虚拟底板以上，水流就像光滑溢洪道一样流过台阶；在虚拟底板以下，主流与台阶边缘之间被水流充满，形成稳定的循环旋涡，这些旋涡的大小依赖于台阶式溢洪道的坡度和台阶的尺寸。

过渡水流是介于滑行水流和跌落水流之间的一种水流状态。典型的过渡水流流态是在一些台阶上产生旋涡，而在另一些台阶上出现跌水。这种流态通常是不稳定的，在工程设计中应予以避免。

关于台阶式溢洪道跌落水流和滑行水流的界限问题，许多学者进行了研究。

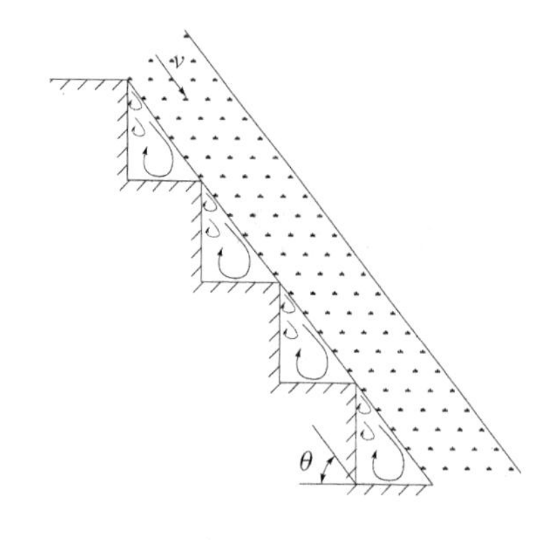

图 2.2　台阶式溢洪道滑行水流流态

1990 年，Rajaratnam[1]认为在底坡 $i=0.37$～0.67，当 $h_k/b>0.8$（h_k 为临界水深；b 为台阶步长)时在台阶上出现滑行水流，而当 $h_k/b<0.8$ 时出现跌落水流。

才君眉等[2]认为发生跌落水流的条件为台阶步长 b 大于高度 a，b/a 的值为 2～3，并且台阶高度至少应等于临界水深的 2～3 倍。这种流态的消能率较高,但只有在台阶式溢洪道坡度较缓、单宽流量较小的情况下才会发生。因此，在重力坝、拱坝这些下游面较陡的台阶式溢洪道上，很难形成跌落水流。

1994 年，Chanson[3]给出了判别滑行水流流态的临界公式

$$\frac{h_{\text{k特}}}{a}=1.057-0.465\frac{a}{b} \tag{2.1}$$

式中，$h_{\text{k特}}$ 为特征临界水深；a 为台阶高度；b 为台阶步长。

式(2.1)的适用条件为 11°≤θ≤52°，且当 $h_k/a>h_{\text{k特}}/a$ 时出现滑行水流，h_k 为临界水深。

1997 年，Chanson 等[4]又提出了一个适用范围更广的滑行水流的判别式

$$\frac{h_{\text{k特}}}{a}=\frac{Fr_b^{2/3}\sqrt{1+1/Fr_b^2}}{\sqrt{1+2Fr_b^2(1+1/Fr_b^2)^{3/2}(1-\cos\theta\Big/\sqrt{1+1/Fr_b^2})}} \tag{2.2}$$

式中，Fr_b 为台阶边缘处的弗劳德数，$Fr_b=q\Big/\sqrt{gh^3}$；g 为单宽流量；h 为水深。当 $h_k>h_{\text{k特}}$ 时，才能形成滑行水流。

1999 年，Chamani 等[5]根据模型试验，提出滑行水流的下限公式为

$$\frac{a}{b}=\sqrt{0.89\left[\left(\frac{h_k}{a}\right)^{-1}-\left(\frac{h_k}{a}\right)^{-0.34}+1.5\right]-1} \tag{2.3}$$

2001 年，Chanson[6]重新提出了判断滑行水流和跌落水流的公式。

跌落水流过渡到滑行水流的上限值

$$\frac{h_k}{a}=0.89-0.4\frac{a}{b} \tag{2.4}$$

滑行水流过渡到跌落水流的下限值

$$\frac{h_k}{a}=1.2-0.325\frac{a}{b} \tag{2.5}$$

式(2.4)和式(2.5)的适用范围为 2.86°≤ θ ≤59.5°。

什瓦英什高[7]根据试验认为，当台阶尺寸变化范围为 $0.8 < a/b \leqslant 1.25$，且 h_k/a 为 0.72～0.92 时，滑行水流流态和跌落水流流态会交替出现，提出判别滑行水流单宽流量与台阶高度的关系为

$$\frac{q}{\sqrt{ga^3}} > 0.72 \tag{2.6}$$

1999 年，Yasuda 等[8]给出了判别滑行水流和跌落水流的公式为

滑行水流下限
$$\frac{h_k}{a} = 0.862\left(\frac{a}{b}\right)^{0.165} \tag{2.7}$$

跌落水流上限
$$\frac{h_k}{a} = 1 - \frac{a}{1.4b} \tag{2.8}$$

2001 年，Ohtsu 等[9]对台阶式溢洪道上的水流流态经过系统的试验，对上述两个公式进行了修正，修正后各流况的判别条件为

滑行水流下限
$$\frac{a}{h_k} = 1.16(\tan\theta)^{0.165} \tag{2.9}$$

跌落水流上限
$$\frac{a}{h_k} = 1.3 + 0.57(\tan\theta)^3 \tag{2.10}$$

式(2.9)和式(2.10)适用范围为 $5.7° \leqslant \theta \leqslant 55°$，$Re \geqslant 2.0\times10^4$，$B/h_k \geqslant 5.0$，其中 B 为溢洪道宽度；$\tan\theta = a/b$；Re 为水流雷诺数。

2003 年，Boes 等[10]提出滑行水流临界值的表达式为

$$\frac{h_k}{a} = 0.91 - 0.14\tan\theta \tag{2.11}$$

2005 年，田嘉宁[11]通过试验，给出了范围为 5.7°≤ θ ≤60°的经验公式为

滑行水流下限
$$\frac{h_k}{a} = \frac{1}{1.206(\tan\theta)^{0.187}} \tag{2.12}$$

跌落水流上限
$$\frac{h_k}{a} = \frac{1}{0.54(\tan\theta)^{2.9} + 1.3} \tag{2.13}$$

由以上论述可知，各学者给出的滑行水流的公式不尽相同。为了便于比较，现将各学者提出的滑行水流公式绘于图 2.3 中。由图 2.3 可以看出，Chanson 在 1994 年提出的公式[3]和 2001 年提出的公式[6]有较大的差异，可以认为 Chanson 在 2001 年提出的公式是经过大量试验和分析后得出的，具有一定的可靠性。Chamani 等[5]提出的公式与其他公式相比差别甚大，有待于进一步探讨。Chanson[6]、Ohtsu 等[9]、Boes 等[10]和田嘉宁[11]所给的公式变化规律一致，但 Boes 公式的值相对偏小。Ohtsu 等在

2001 年提出的公式介于 Chanson 公式(2001 年)和田嘉宁公式之间，且与田嘉宁试验点比较吻合。因此，可以认为式(2.9)和式(2.10)是判别滑行水流流态较好的公式。

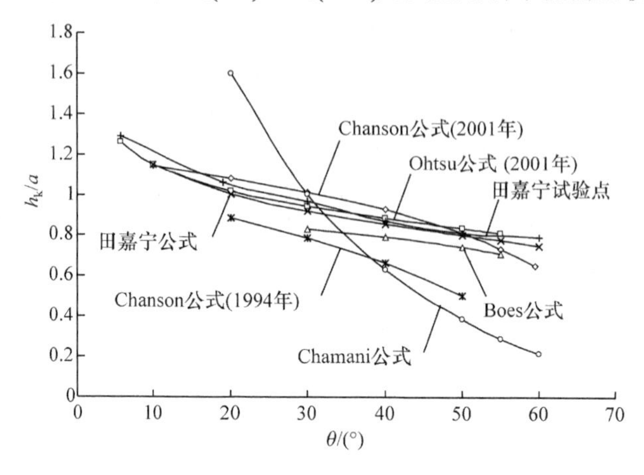

图 2.3　滑行水流相对水深 h_k/a 与溢洪道坡度 θ 的关系

对于跌落水流，各学者提出的公式绘于图 2.4 中。由图 2.4 可以看出，Ohtsu 等[9]在 2001 年给出的公式与 Chanson 公式[6]和田嘉宁公式[11]十分接近。但 Yasuda 等[8]在 1999 年给出的公式与 Ohtsu 等[9]2001 年的公式有较大的差异。可以认为 Ohtsu 等在 2001 年修改过的公式适应性更强，且与田嘉宁试验点比较吻合，可以作为判别跌落水流界限的依据。

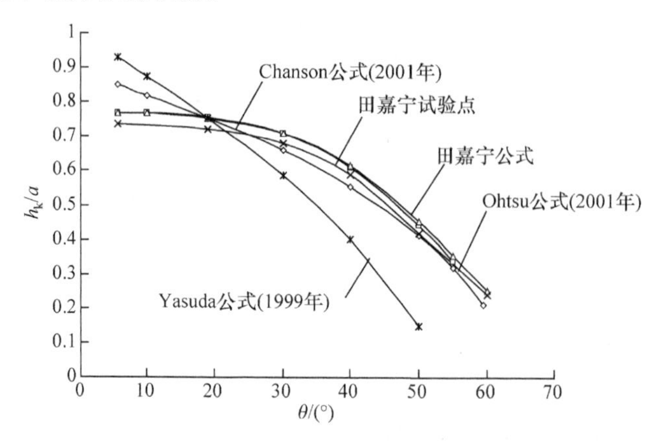

图 2.4　跌落水流 h_k/a 与溢洪道坡度 θ 的关系

2.2　台阶式溢洪道的试验模型

台阶式溢洪道的试验模型由上游水库、WES 曲线堰、过渡段、台阶段和下游矩形水槽组成，如图 2.5 所示。堰上设计水头 $H_d = 20\text{cm}$，模型进口采用标准的 WES 曲线，上游曲线采用三段复合圆弧相接，三段圆弧的半径分别为 $0.04H_d$、$0.2H_d$、$0.5H_d$，下游曲线方程为 $y/H_d = 0.5(x/H_d)^{1.85}$，溢洪道宽度为 25cm，为了使水流平顺，在溢洪道进口设圆弧段，圆弧半径 R=15cm，溢洪道末端与等宽的矩形水槽相连。在 WES 曲线末端与第一级台阶之间设一过渡段，以使水流平稳过渡。试验中，台阶式溢洪道分别采用 60°、51.3°和 30°三种坡度，坝高分别为 203.64cm、202.94cm 和 186.3cm。台阶段的尺寸见表 2.1。

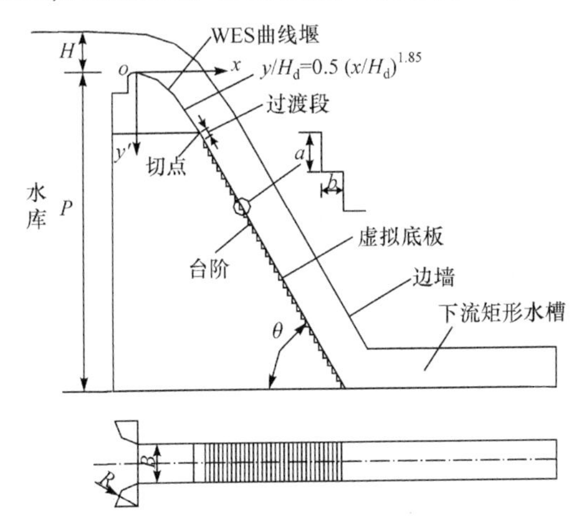

图 2.5　台阶式溢洪道的试验模型示意图

表 2.1　试验模型参数

体型	溢洪道坡度 /(°)	台阶步长 /cm	台阶步高 /cm	过渡段长度 /cm	台阶段长度 /cm	溢洪道总长 /cm	台阶级数 /级
1	60	2.88	5	5.17	183.75	189.92	32
2	51.3	4.00	5	4.80	230.51	235.31	36
3	30	8.66	5	40.00	300.00	393.55	30

试验中堰上水头 H 分别为 10cm、15cm、20cm、25cm 和 30cm，与堰上设计水头 H_d 相比分别为 0.5、0.75、1.0、1.25 和 1.5。对应的单宽流量分别为 $0.0585\text{m}^3/(\text{s}\cdot\text{m})$、$0.1132\text{m}^3/(\text{s}\cdot\text{m})$、$0.1809\text{m}^3/(\text{s}\cdot\text{m})$、$0.2602\text{m}^3/(\text{s}\cdot\text{m})$ 和 $0.3502\text{m}^3/(\text{s}\cdot\text{m})$，堰上流能比 $K = q/(\sqrt{g}H^{1.5})$ 分别为 0.591、0.623、0.646、0.665 和 0.681。台阶起点处的流能比 $K_s = q/(\sqrt{g}E_s^{1.5}) = 0.08\sim0.235$，其中 E_s 为台阶起点以上总水头。溢洪道最大流速为 6.0m/s。

2.3 台阶式溢洪道水面线和掺气分布规律的研究

2.3.1 台阶式溢洪道非掺气水流水面线的研究现状

对于台阶式溢洪道，由于影响水流流态的因素非常复杂，用理论方法确定溢洪道沿程水深有很大难度。同时，台阶的存在加快了边界层的发展，促进了表面波的破碎过程，因此掺气对水面线影响显著。到目前为止，台阶式溢洪道水面线的计算主要是通过试验确定。

张志昌等[12]研究了坡度为 51.3°和 60°的不同单宽流量、不同体型的台阶式溢洪道水面线的分布规律，在研究过程中，将台阶底部视为大粗糙度，采用光滑溢流陡坡上的边界层理论来计算台阶上的水深。然后把实测水深 h 与用边界层理论计算的水深 h_b 进行比较，并与台阶高度 a、宽度 b 和溢洪道切点到末端台阶的总斜长 L 以及坡度 θ 进行相关，得到 h/h_b 和 $(x+a+b\sin\theta)/L$ 的关系如下。

当台阶式溢洪道坡度为 51.3°时，堰上流能比 $q/(\sqrt{g}H^{1.5})=0.646$，

$$\frac{h}{h_b}=1.0745e^{0.847\frac{x+a+b\sin\theta}{L}} \tag{2.14}$$

当 $q/(\sqrt{g}H^{1.5})=0.665$～$0.675$ 时，

$$\frac{h}{h_b}=0.8774e^{0.832\frac{x+a+b\sin\theta}{L}} \tag{2.15}$$

当台阶式溢洪道坡度为 60°时，堰上流能比 $q/(\sqrt{g}H^{1.5})=0.646$，

$$\frac{h}{h_b}=1.9334\left(\frac{x+a+b\sin\theta}{L}\right)^2-1.4346\frac{x+a+b\sin\theta}{L}+1.4291 \tag{2.16}$$

当 $q/(\sqrt{g}H^{1.5})=0.665$～$0.675$ 时，

$$\frac{h}{h_b}=0.8256\left(\frac{x+a+b\sin\theta}{L}\right)^2-0.7076\frac{x+a+b\sin\theta}{L}+1.2806 \tag{2.17}$$

式中，x 为计算点距溢洪道切点的斜距；L 为溢洪道切点到末端台阶的总斜长。

用边界层理论计算水深的公式为

$$h_b=q/U_{max}+\delta_1 \tag{2.18}$$

式中，U_{max} 为最大势流流速；δ_1 为边界层位移厚度，可由文献[13]中的公式计算

$$\delta_1=\frac{\delta}{\ln(126.5\delta/k_s)} \tag{2.19}$$

式中，δ 为边界层厚度；k_s 为绝对粗糙度，对于台阶式溢洪道，$k_s=a\cos\theta$。边界层厚度 δ 的计算式为

$$\frac{\delta}{x}=0.191\left(\ln\frac{30x}{k_{\mathrm{s}}}\right)^{-1.238} \tag{2.20}$$

付奎等[14]推导了台阶坝面滑行水流水深的计算公式。对于非均匀流段，假设一微小流段 dl 为均匀流，则沿程水头损失为

$$\mathrm{d}h_{\mathrm{f}}=\mathrm{d}h+\mathrm{d}\frac{\alpha v^2}{2g}+i\mathrm{d}l \tag{2.21}$$

式中，dh_{f} 为微分流段内沿程水头损失；α 为动能修正系数；v 为流速；g 为重力加速度；i 为溢洪道底坡；dl 为计算流段长度。对式(2.21)积分可得

$$h_{\mathrm{f}}=(h_1-h_2)+\frac{\alpha_1 v_1^2-\alpha_2 v_2^2}{2g}+i\Delta l \tag{2.22}$$

$$h_{\mathrm{f}}=\lambda\frac{\Delta l}{4R}\cdot\frac{v^2}{2g} \tag{2.23}$$

式中，R 为水力半径，取 $R=\left(h_1+h_2\right)/2$；由连续性方程可知 $q=h_1v_1=h_2v_2$，则 $v=2q/(h_1+h_2)$，代入式(2.22)得

$$h_2=h_1-\frac{\lambda q^2\Delta l}{g\left(h_1+h_2\right)^3}+\frac{\alpha_1 q^2}{2gh_1^2h_2^2}\left(h_2^2-h_1^2\right)+i\Delta l \tag{2.24}$$

式中，动能修正系数 $\alpha=1.7\sim2.0$；λ 为沿程阻力系数，可根据蔡克士大明槽沿程阻力系数的公式计算。在计算 λ 时，首先按照 $k_{\mathrm{s}}u_*/\nu$ (u_* 为摩阻流速，ν 为水流的运动黏滞系数，$k_{\mathrm{s}}=a\sqrt{1-i^2}=a\cos\theta$)判断水流流态所属区域[15](即光滑区、过渡区和粗糙区)，再选择不同的公式求出 λ，代回式(2.24)求得水深 h_2。在式(2.24)中，没有给出动能修正系数 $\alpha=1.7\sim2.0$ 的依据，水力半径 $R=\left(h_1+h_2\right)/2$ 对于宽浅明渠是合适的，但是对于溢洪道宽度较小的情况并不适用，因此该公式还需要进一步的研究论证。

Sherry 等[16]对三种不同坡度(15°、30°、52°)的台阶式溢洪道边墙水深进行了观测。模型台阶高度为 1.4cm，最大单宽流量为 $0.347\,\mathrm{m^3/(s\cdot m)}$。试验结果表明，由于受边墙影响，两边墙附近的水深大于溢洪道中心线的水深。当溢洪道坡度为 15°时，沿边墙的最大水深正好等于临界水深 h_{k}，而当坡度为 30°和 52°时，最大水深分别为 1.75 h_{k} 和 3.0 h_{k}，但这并不包括水流掺气的影响(由于台阶高度较小，水流中未掺入空气)。在 Sherry 等所做的其他试验中，观察到水流掺气对边墙水深的影响，其最大水深甚至可达到 7.5 倍的临界水深，这在设计台阶式溢洪道时是一个值得注意的问题。

2.3.2　台阶式溢洪道非掺气水流水面线新的计算方法

台阶式溢洪道上非掺气水流的水面线仍然可以用棱柱体明渠水面曲线一般公

式计算，即

$$\left(i-\frac{Q^2}{K^2}\right)\mathrm{d}l=\mathrm{d}h\cos\theta+(\alpha+\zeta)\mathrm{d}\left(\frac{v^2}{2g}\right) \tag{2.25}$$

式中，Q 为流量；$K=AC_0\sqrt{R}$ 为流量模数，A 为过水断面面积，C_0 为谢才系数，R 为水力半径；ζ 为局部阻力系数。

将式(2.25)写成

$$\left(i-\frac{Q^2}{K^2}\right)\mathrm{d}l=\mathrm{d}\left[h\cos\theta+(\alpha+\zeta)\frac{v^2}{2g}\right] \tag{2.26}$$

或写成

$$\mathrm{d}E/\mathrm{d}l=i-Q^2/K^2 \tag{2.27}$$

式中，$E=h\cos\theta+(\alpha+\zeta)\dfrac{v^2}{2g}$。

将式(2.27)改为差分形式

$$\Delta l=(E_{\mathrm{d}}-E_{\mathrm{u}})/(i-\overline{J}) \tag{2.28}$$

式中，E_{d} 表示流段下游的比能；E_{u} 表示流段上游的比能；$\overline{J}$ 表示流段的平均水力坡降，可用式(2.29)计算

$$\overline{J}=Q^2/\overline{K}^2=\overline{v}^2/(\overline{C}_0^2\overline{R}) \tag{2.29}$$

式中，$\overline{v}$、$\overline{C}_0$、$\overline{R}$ 分别为计算流段上下游断面的平均流速、平均谢才系数和平均水力半径。

谢才系数 C_0 为

$$C_0=R^{1/6}/n \tag{2.30}$$

式中，n 为粗糙系数。由于目前对台阶式溢洪道粗糙系数还没有研究成果，本书采用曼宁-斯处克勒公式计算 n，曼宁-斯处克勒公式为

$$n=\frac{k_{\mathrm{s}}^{1/6}}{7.66\sqrt{g}}=\frac{(a\cos\theta)^{1/6}}{7.66\sqrt{g}} \tag{2.31}$$

式中，k_{s} 为绝对粗糙度，这里取 $k_{\mathrm{s}}=a\cos\theta$；$a$ 为台阶高度，计算中以 m 为计量单位。

动能修正系数 α 一般取为 1.05～1.1，这里取为 1.1。局部阻力系数 ζ 目前尚无研究成果，这里分别取 1.0、0.5 和 0 进行计算，并根据计算和模型试验结果对比加以调整。

算例 2.1　某台阶式溢洪道坡度为 51.3°，台阶高度为 5cm，堰上水头为 25cm 和 30cm，单宽流量分别为 $0.2602\,\mathrm{m^3/(s\cdot m)}$ 和 $0.3502\,\mathrm{m^3/(s\cdot m)}$，模型实测台阶起始断面水深分别为 9.16cm 和 11.83cm，水面线用式(2.28)计算。对于堰上水头为

30cm，计算时取 ζ 分别为 1.0、0 和 0.5，计算结果如图 2.6 所示。图中 L'为从台阶起始点算起的坝面长度。由图 2.6 可以看出，与实测值相比，当 $\zeta=1.0$ 时，计算值偏大；当 $\zeta=0$ 时，计算值明显偏小；当 $\zeta=0.5$ 时，计算值与实测值吻合较好，因此计算时取 $\zeta=0.5$。图中实测值从某一点开始水面升高，这一点即为掺气发生点，掺气发生点以后为掺气水流的水深，掺气发生点以前为未掺气水流的水深，而水面线计算的一般方程只能计算未掺气水流的水深，可见考虑局部水头损失后的计算结果是可行的。

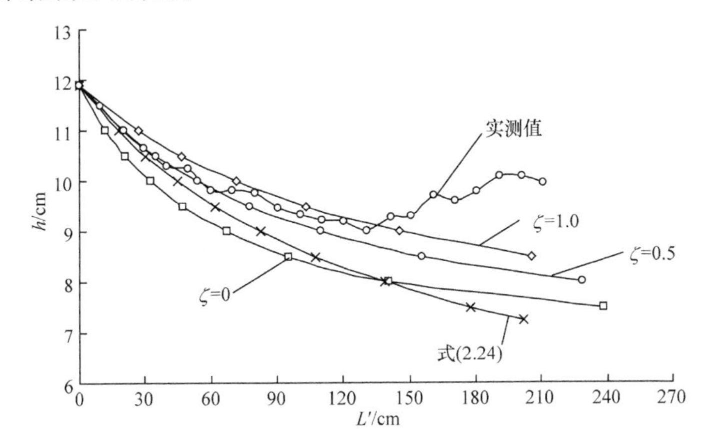

图 2.6　堰上水头为 30cm 时取不同 ζ 值计算水面线结果比较

图 2.7 是堰上水头为 25cm 时采用式(2.24)和式(2.28)计算的水面线与模型实测结果的比较。可以看出，采用 $\zeta=0.5$，用式(2.28)计算的水面曲线精度较高。而式(2.24)明显偏离试验数据。

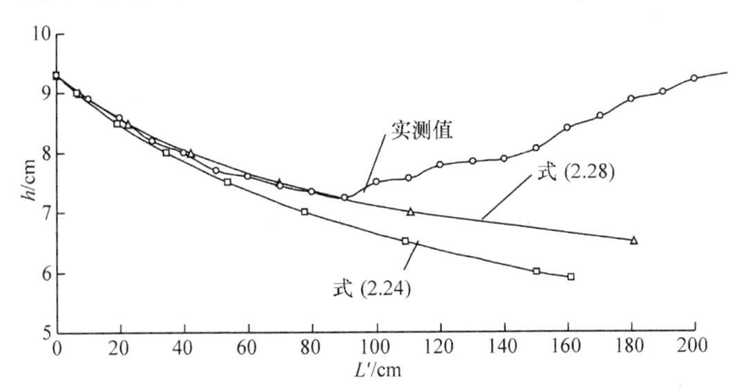

图 2.7　堰上水头为 25cm 时水面线计算结果比较

2.3.3　台阶式溢洪道全流程水面线的计算

台阶式溢洪道全流程水面线计算包括堰面曲线段、光滑直线段、台阶段和反弧段。对于曲线段，一般采用 WES 曲线堰，该堰面水面线的计算目前主要根据文献[17]给出的表格查算，但该表格查算的范围有限，往往不能满足设计要求。直线段已有现成的计算公式。对于反弧段，黄智敏[18]通过动量方程，考虑离心力影响给出了计算公式，但该公式似乎不完善。本小节重新给出计算公式。

1. 堰顶曲线段至切点水面线的计算

曲线段的水面线是根据模型试验实测结果得出的，试验的溢洪道坡度为 51.3°和 30°。h/H_d 与 $x_1/x_{切}$ 的关系如图 2.8 所示，由图可以看出，堰面曲线段水深随着堰上水头的增加而增加。

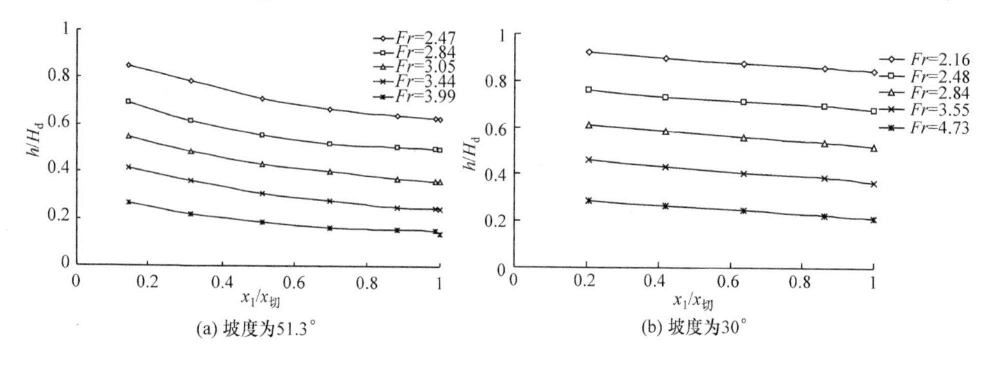

图 2.8　堰顶至切点处水面线分布

由图可得

$$h/H_d = a_1 e^{b_1 (x_1/x_{切})} \tag{2.32}$$

式中，系数 a_1 和 b_1 与堰上流能比 $q/(\sqrt{g}H^{1.5})$ 的关系见图 2.9。

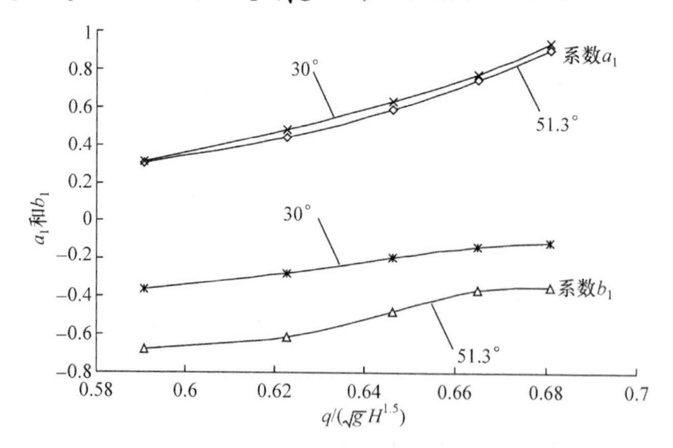

图 2.9　系数 a_1 和 b_1 与堰上流能比 $q/(\sqrt{g}H^{1.5})$ 的关系

拟合图中的关系为

$$a_1 = 42.577\left(\frac{q}{\sqrt{g}H^{1.5}}\right)^2 - 3.6816\frac{q}{\sqrt{g}H^{1.5}} + 13.5$$

对于 b_1，当溢洪道坡度为 51.3°时，

$$b_1 = 13.672\left(\frac{q}{\sqrt{g}H^{1.5}}\right)^2 - 13.349\frac{q}{\sqrt{g}H^{1.5}} + 2.4277$$

当溢洪道坡度为 30°时，

$$b_1 = -4.877\left(\frac{q}{\sqrt{g}H^{1.5}}\right)^2 + 9.129\frac{q}{\sqrt{g}H^{1.5}} - 4.0576$$

式中，H_d 为堰上设计水头；x_1 为测点至堰顶的水平距离；$x_{切}$ 为堰顶至切点的水平距离；H 为堰上水头。

2. 切点至台阶之间光滑直线段水面线的计算

光滑直线段的势流水深采用文献[17]的公式计算，即

$$h_p = \frac{q}{\sqrt{2g(E - h_p\cos\theta)}} \tag{2.33}$$

式中，h_p 为势流水深。

光滑直线段水深 h 的计算式为

$$h = h_p + 0.18\delta \tag{2.34}$$

$$\frac{\delta}{x} = 0.191\left(\ln\frac{30x}{k_s}\right)^{-1.238}$$

式中，溢洪道绝对粗糙度 k_s 在原型中一般取为 0.427～0.61mm。

3. 反弧曲线段水面线的计算

反弧曲线段如图 2.10 所示，图中，θ_i 为反弧任一断面与断面 1-1 之间的夹角；ds 为微分弧长；dθ_i 为弧长 ds 所对应的圆心角。列断面 1-1 和断面 2-2 的动量方程为

$$\frac{\gamma q}{g}\beta(v_2 - v_1) = P_1 - P_2 + P_{3x} \tag{2.35}$$

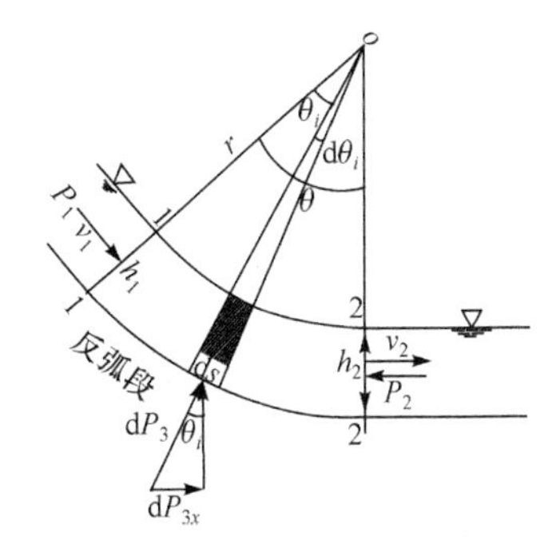

图 2.10　反弧曲线段水力计算示意图

式中，γ 为水流的重度；β 为动量修正系数；q 为单宽流量；v_1 和 v_2 分别为断面 1-1 和断面 2-2 的平均流速；P_1 和 P_2 分别为断

面 1-1 和断面 2-2 的压力；P_{3x} 为反弧面上动水反力的水平分力。弧面上的动水压力由两部分组成，其一为弧面的离心力，其二为反弧段水流的静水压力，方向均为向心方向。

设反弧表面任一点的动水压强为

$$P_{3x} = p_{3a} + p_{3b}$$

式中，离心力压强 $p_{3a} = \beta_0 \frac{\gamma}{g}\frac{v_1^2}{r}h_1$，$\beta_0$ 为反弧内离心力压强的校正系数，r 为反弧半径；静水压强 $p_{3b} = \gamma h_1 \cos\theta_i$。

则作用在反弧段 ds 上微小动水压力的水平分力为

$$\mathrm{d}P_{3x} = (p_{3a} + p_{3b})\sin\theta_i \mathrm{d}s$$

于是可得反弧段动水总压力的水平分力为

$$P_{3x} = \int_0^{\theta}(p_{3a} + p_{3b})r\sin\theta_i \mathrm{d}\theta_i = \beta_0 \frac{\gamma v_1^2}{g}h_1\int_0^{\theta}\sin\theta_i \mathrm{d}\theta_i + \gamma h_1 r\int_0^{\theta}\sin\theta_i\cos\theta_i \mathrm{d}\theta_i \tag{2.36}$$

对式(2.36)积分得

$$P_{3x} = \beta_0 \frac{\gamma q^2}{g h_1}(1-\cos\theta) + \gamma h_1 r\frac{\sin^2\theta}{2}$$

式中，θ 为反弧的圆心角；h_1 为断面 1-1 的水深。

断面 1-1 和断面 2-2 的动水压力为

$$P_1 = \frac{1}{2}\gamma h_1^2 \cos\theta$$

$$P_2 = \frac{1}{2}\gamma h_2^2$$

将以上各式代入式(2.35)，并注意式中的 $v_2 = q/h_2$，$v_1 = q/h_1$，整理得

$$\left(\frac{h_2}{h_1}\right)^2 = \frac{\cos\theta + \dfrac{2\beta q^2}{g h_1^3}\cos\theta + \dfrac{2\beta_0 q^2}{g h_1^3}(1-\cos\theta) + \dfrac{r}{h_1}\sin^2\theta}{1 + 2\beta q^2/(g h_2^3)} \tag{2.37}$$

式中，动量修正系数 β 一般为 1.02～1.05，计算时可取为 1.03；β_0 可取为 1.0。

如果取 β 为 1.0，则式(2.37)可进一步简化为

$$h_2 = \frac{h_2^3 + 2q^2/g}{[\cos\theta + 2q^2/(g h_1^3) + r\sin^2\theta/h_1]h_1^2} \tag{2.38}$$

式(2.38)即为简化的反弧段末端水深的迭代公式。

至此，台阶式溢洪道全流程的水面线均可确定。由式(2.28)、式(2.32)、式(2.34)、和式(2.37)计算得到的台阶式溢洪道坡度为 51.3°和 30°的水面线和实测结果比较分别见图 2.11 和图 2.12。由图中可以看出，未掺气水流的水深计算值和实测值是

吻合的，图中的实测值明显偏离计算值的位置，即为台阶式溢洪道开始掺气的位置，在掺气发生点以后台阶式溢洪道上的水深迅速增大，变为水气两相流。

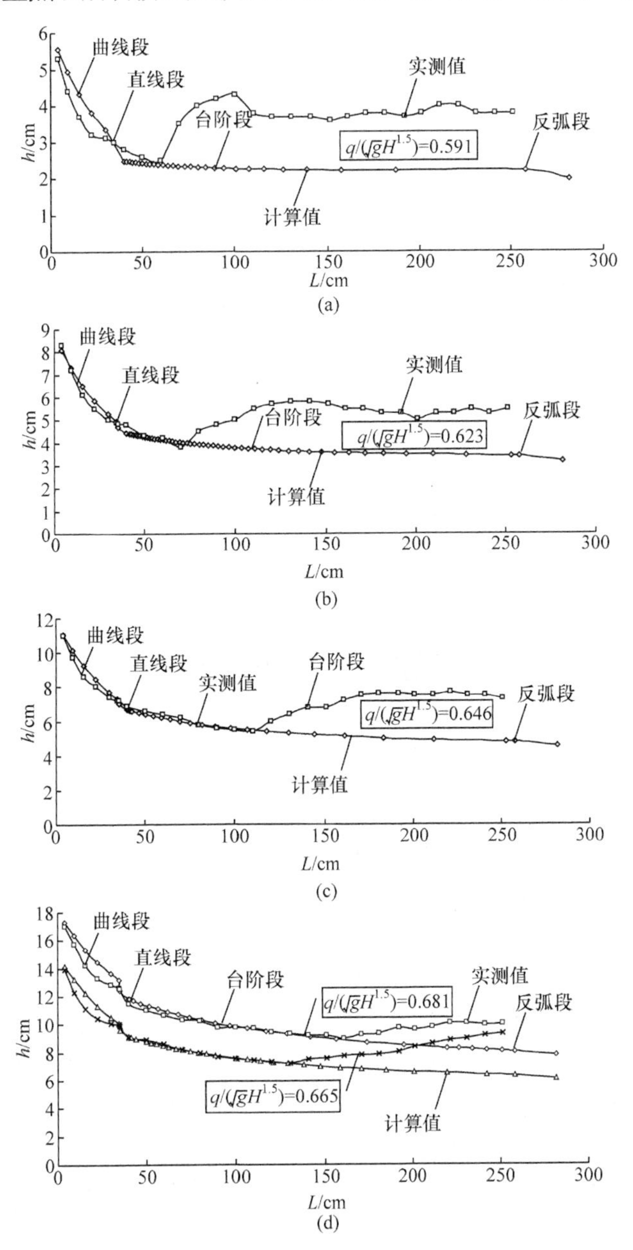

图 2.11　台阶式溢洪道坡度为 51.3°时全流程水面线实测值与计算值的比较

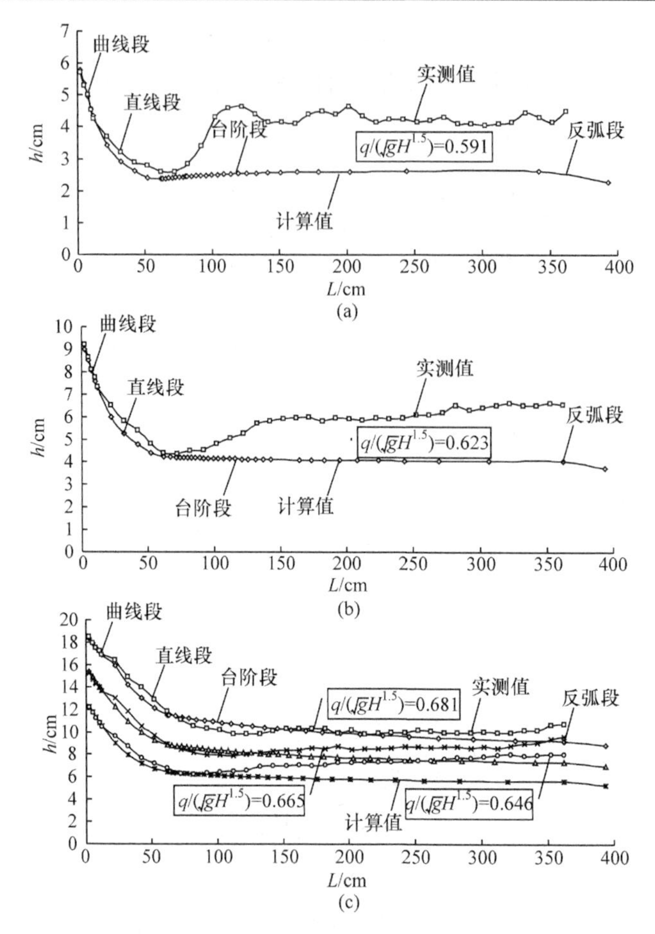

图 2.12　台阶式溢洪道坡度为 30°全流程水面线实测值与计算值的比较

2.3.4　台阶式溢洪道掺气水流水面线和掺气浓度的研究

1. 台阶式溢洪道自掺气特性的研究

关于台阶式溢洪道的自掺气问题,目前的研究主要还是依据紊流边界层理论。紊流边界层理论认为，水流边界层发展到水面是掺气发生的必要条件，水流表面波破碎是掺气发生的充分条件。台阶式溢洪道的台阶相当于大的不平整度，台阶是否掺气关系到台阶式溢洪道的运行是否安全,因此对掺气特性的研究十分重要。

曾东洋[19]对台阶式溢洪道的掺气现象进行了研究，认为台阶式溢洪道上的水流掺气过程与光滑溢洪道相似，也可分为非掺气区、掺气发展区和掺气充分发展区。非掺气区是指水流流经台阶式溢洪道时，在水体中看不到空气掺入的现象；掺气发展区是指从掺气发生点开始掺气量逐渐增大的过程；当全断面掺气浓度达到一致时即为掺气充分发展区。

骈迎春[20]对台阶式溢洪道掺气现象研究后认为，台阶式溢洪道和光滑溢洪道掺气的不同点在于，台阶式溢洪道由于底部台阶改变了断面结构尺寸，台阶既充当了大的不平整度，又是水流产生旋涡的根源。台阶的摩阻和水流在台阶上的旋滚对水流具有强烈的扰动剪切作用，使得边界层厚度较光滑溢洪道发展得快，从而使初始掺气点位置前移。试验表明，台阶式溢洪道水流的掺气效果明显优于光滑溢洪道的掺气效果。

Boes[21]把虚拟底板以上区域的掺气浓度分布分为三个区。

(1) 当 C<0.3～0.4 时，掺气沿水深增长缓慢，水中含气量较少，以纯水为主。

(2) 当 0.3～0.4≤C≤0.6～0.7 时，掺气浓度沿水深增长很快，属于掺气快速发展区。

(3) 当 C>0.6～0.7 时，以空气为主，水被分散成水滴，为掺气充分发展区。

1995 年，潘瑞文[22]把台阶式溢洪道的水流分为两部分，即“上段为非掺气水流区、下段为掺气水流区。非掺气水流区泄流沿流程加速并逐渐形成一定的紊流边界层。台阶上先是空腔而后渐为水垫充满且出现涡体，自由水面光滑平顺。在掺气水流区，紊流边界层发展到水面，泄流在一定部位发生掺气，水舌掺气后膨胀，台阶水垫为含气泡的稳定旋滚取代，泄流依托于台阶上的旋滚和台阶端部向下滑掠，掺气区一直延伸至溢流坝末端”。

由以上论述可以看出，台阶式溢洪道上的水流掺气过程可分为非掺气区、掺气发展区和充分掺气区，如图 2.13 所示。在台阶前部有一段非掺气区，当高速水流通过非掺气区时，可能会引起台阶的空化，进而造成台阶的空蚀破坏。尤其在高水头、大单宽流量情况下，这种破坏性是存在的，因此应引起工程上的重视。

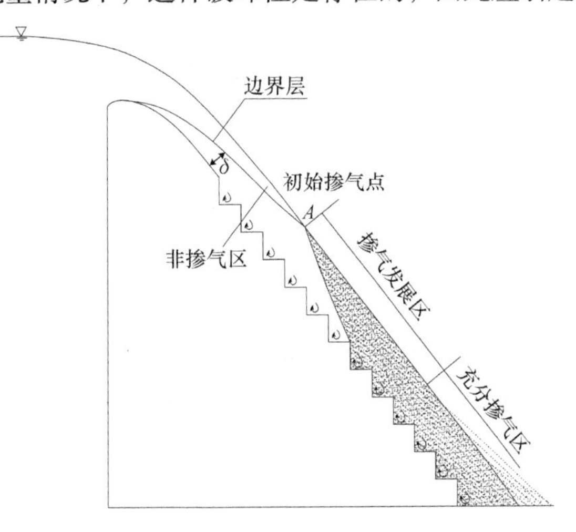

图 2.13　掺气水流分区

2. 台阶式溢洪道自掺气发生点的研究

关于初始掺气发生点的确定，许多学者进行了研究，并且提出了相应的计算公式。

1983 年，Wood 等[23]给出了台阶式溢洪道初始掺气点的计算公式为

$$L_c/k_s = 13.6(\sin\theta)^{0.0796} Fr_*^{0.713} \tag{2.39}$$

式中，L_c 为初始掺气发生点距溢流堰堰顶的距离；$Fr_* = q/\sqrt{gk_s^3 \sin\theta}$ 。

1994 年，Chanson[24]给出了台阶式溢洪道初始掺气点的估算公式

$$L_c/k_s = 9.8(\sin\theta)^{0.08} Fr_*^{0.71} \tag{2.40}$$

式(2.40)主要依据台阶高度 a 为 0.61m 和 0.8m 这两组试验资料得出。

西班牙的埃尔维罗[25]认为适用于光滑溢洪道的公式不能应用于大粗糙度的台阶式溢洪道，即使引入表面粗糙度也不能确切表示。他通过模型试验，提出初始掺气点的表达式为

$$d/L_c = A(\sin\theta)^{B_0}(L_c/k_s)^D \tag{2.41}$$

式中，d 为位于距堰顶 L_c 处的起始点水深；$A(\sin\theta)^{B_0}$ 的范围为 0.6～0.8；D 的范围为-0.23～-0.17。

1996 年，汝树勋等[26]观测了四种不同台阶尺寸的溢流坝在不同流量下掺气发生点的位置，并将初始掺气发生点距溢流堰堰顶的距离 L_c 改用该点至堰顶的高差 y_c 来表示，拟合出经验公式为

$$\frac{y_c}{P} = \frac{2.858}{(P/a)^{0.73}} \frac{h_k}{a} \tag{2.42}$$

式中，P 为坝高。

1997 年，Zhou 等[27]通过模型试验，提出了初始掺气点的表达式为

$$L_c/a = 3.06 + 11.69h_k/a \tag{2.43}$$

式中，$0.6 \leqslant h_k/a < 1.8$。

2001 年，Boes 等[28]给出了从堰顶开始到掺气发生点的垂直距离的经验公式为

$$y_c/a = 5.9Fr_{*i}^{0.8} \tag{2.44}$$

式中，$Fr_{*i} = q/(ga^3\sin\theta)^{0.5}$ 。

2002 年，曾东洋[19]对坡度为 51.3°和 60°的台阶式溢洪道进行初始掺气点的测量，并将初始掺气点相对位置 $L_c'/(a\sin\theta)$ 与临界水深和台阶步长之比 h_k/b 进行拟合，分别得到如下公式。

当溢洪道坡度为 51.3°时，

$$\frac{L_c'}{a\sin\theta} = 0.9496\left(\frac{h_k}{b}\right)^2 + 3.9979\left(\frac{h_k}{b}\right) - 1.9318 \tag{2.45}$$

当溢洪道坡度为 60°时，

$$\frac{L_{\mathrm{c}}'}{a\sin\theta}=0.1392\left(\frac{h_{\mathrm{k}}}{b}\right)^2+3.0269\frac{h_{\mathrm{k}}}{b}-0.4054 \tag{2.46}$$

式中，L_{c}' 为初始掺气点距 WES 曲线切点的距离。L_{c} 可按式(2.47)计算

$$L_{\mathrm{c}}=L_{\mathrm{c}}'+L_{\mathrm{w}} \tag{2.47}$$

式中，L_{w} 是 WES 曲线堰堰顶到切点的距离。

2005 年，田嘉宁[11]在 40°、50°、60°三种不同泄槽溢洪道坡度、滑行水流条件下，对初始掺气点的位置进行了观测，得出初始掺气点的位置随流量的增加而增大，随台阶尺寸和溢洪道坡度的增加而减少。拟合试验数据，提出了适用范围为 40°≤ θ ≤60°的计算公式为

$$L_{\mathrm{c}}/k_{\mathrm{s}}=8.185Fr_*^{0.6993} \tag{2.48}$$

2007 年，骈迎春[20]对试验数据进行拟合，分别得出了台阶式溢洪道坡度为 51.3°和 60°的掺气发生点的计算式如下所示。

当溢洪道坡度为 60°时，

$$\frac{L_{\mathrm{c}}}{a\cos\theta}=0.5614\left(\frac{h_{\mathrm{k}}}{b}\right)^2+3.3828\frac{h_{\mathrm{k}}}{b}+23.319 \tag{2.49}$$

当溢洪道坡度为 51.3°时，过渡段长度为 4.8cm 和 24.1cm 所对应的公式分别为

$$\frac{L_{\mathrm{c}}}{a\cos\theta}=-1.4471\left(\frac{h_{\mathrm{k}}}{b}\right)^3+16.555\left(\frac{h_{\mathrm{k}}}{b}\right)^2-43.655\frac{h_{\mathrm{k}}}{b}+55.71 \tag{2.50}$$

$$\frac{L_{\mathrm{c}}}{a\cos\theta}=0.1654\left(\frac{h_{\mathrm{k}}}{b}\right)^3+0.1967\left(\frac{h_{\mathrm{k}}}{b}\right)^2-0.8312\frac{h_{\mathrm{k}}}{b}+40.208 \tag{2.51}$$

将以上所述公式用 $L_{\mathrm{c}}/(a\cos\theta)$ 和 h_{k}/b 相关起来，51.3°和 60°相对掺气发生点与临界水深的关系如图 2.14 和图 2.15 所示。

由图 2.14 和图 2.15 可以看出，在同一坡度情况下，各家公式的相对掺气发生点 $L_{\mathrm{c}}/(a\cos\theta)$ 与相对临界水深 h_{k}/b 均呈线性关系。由图中明显看出，Wood 公式[23]掺气发生点位置最远，汝树勋[26]、曾东洋[19]、骈迎春[20]和田嘉宁[11]的试验点最为接近。

为了将各坡度情况下的初始掺气发生点统一起来，点绘了 $L_{\mathrm{c}}/(a\cos\theta)$ 和 $q/\sqrt{gb^3\sin\theta}$ 的关系曲线如图 2.16 所示。可以看出，$L_{\mathrm{c}}/(a\cos\theta)$ 随 $q/\sqrt{gb^3\sin\theta}$ 的增大而增大，汝树勋公式[26]、曾东洋[19]、骈迎春[20]和田嘉宁[11]的试验点相对比较集中，具有一定的代表性。根据试验数据，得到初始掺气发生点的计算公式为

$$\frac{L_{\mathrm{c}}}{a\cos\theta}=14.489\left(\frac{q}{\sqrt{gb^3\sin\theta}}\right)^{0.566} \tag{2.52}$$

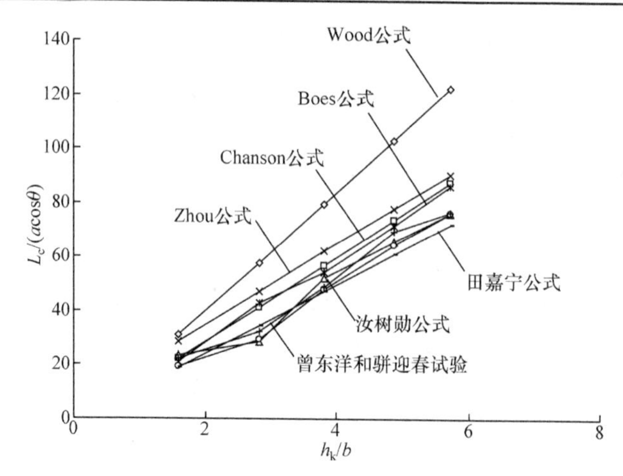

图 2.14　相对掺气发生点与相对临界水深的关系(坡度为 51.3°)

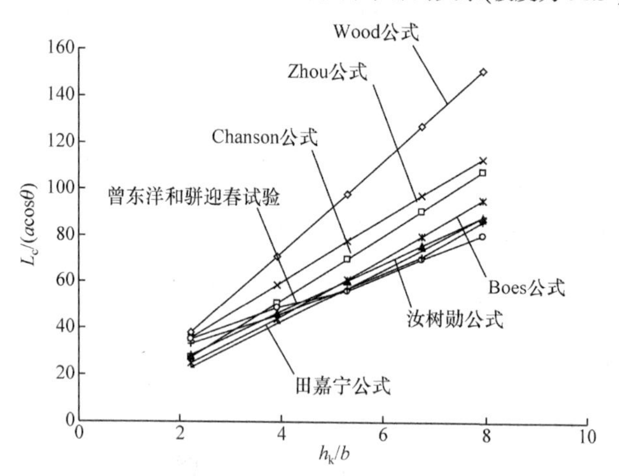

图 2.15　相对掺气发生点与相对临界水深的关系(坡度为 60°)

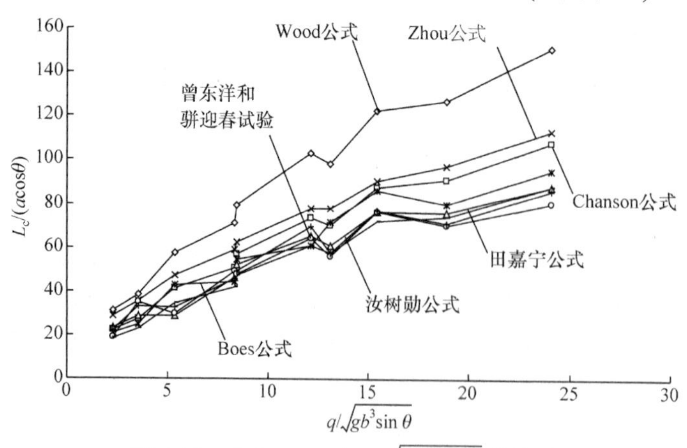

图 2.16　$L_c/(a\cos\theta)$ 与 $q/\sqrt{gb^3\sin\theta}$ 的关系

3. 台阶式溢洪道掺气水流水深的计算

台阶式溢洪道掺气水流水深的计算过程为：首先用式(2.28)计算台阶式溢洪道不掺气水流的水面线，然后将实测的掺气水流的水面线与其相比较，得出台阶式溢洪道掺气水流水面线的计算方法。

图 2.17～图 2.19 分别是坡度为 30°、51.3°和 60°的台阶式溢洪道从掺气发生点以后相对掺气水深与相对距离的关系。图中 h_a 为掺气水流的水深，h 为式(2.28)计算的不掺气水流的水深，x 为距台阶起点的距离(斜距)，a 为台阶高度，E 为台阶以上总水头。

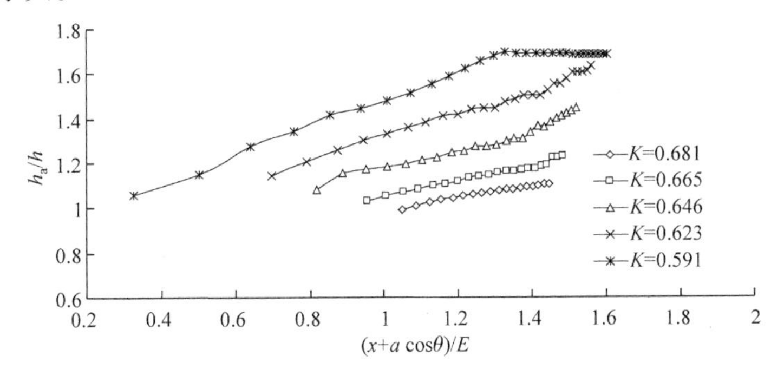

图 2.17　溢洪道坡度为 30°时 h_a/h 与$(x+a\cos\theta)/E$ 的关系

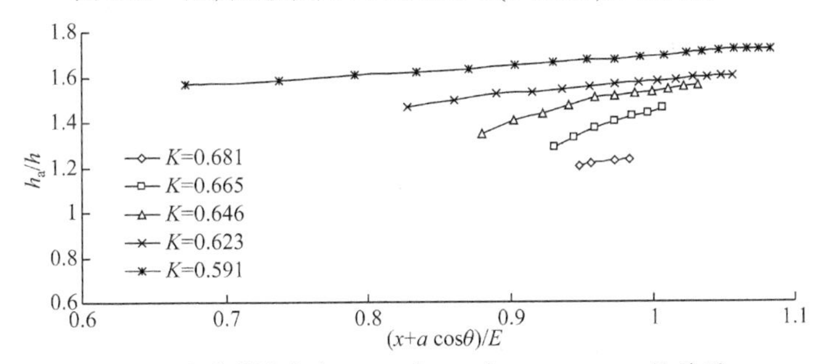

图 2.18　溢洪道坡度为 51.3°时 h_a/h 与$(x+a\cos\theta)/E$ 的关系

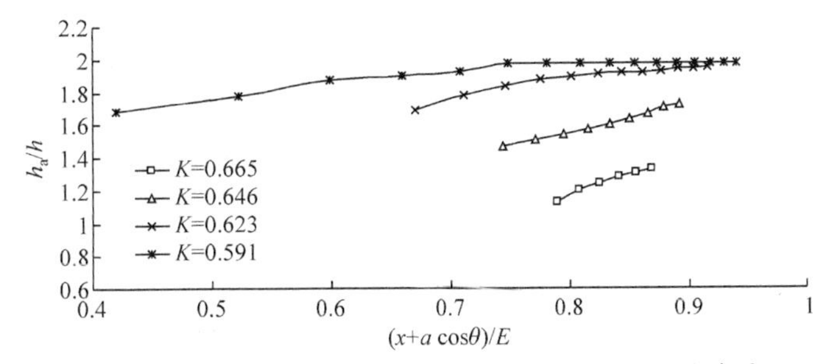

图 2.19　溢洪道坡度为 60°时 h_a/h 与$(x+a\cos\theta)/E$ 的关系

由图 2.17～图 2.19 可以看出，当台阶尺寸一定时，相对掺气水深随着堰上流

能比 $K=q/(\sqrt{g}H^{1.5})$ 的增加而减小，说明来流单宽流量越大，台阶上的掺气浓度减少，相对水深也减小，而堰上流能比越小，即来流单宽流量越小，台阶上的水层越薄，水体膨胀越大，相对掺气水深增加。溢洪道坡度越陡，水流破碎越严重，相对水深增加越大；台阶以上总水头越大，相对水深越大。

对图 2.17～图 2.19 的曲线进行分析，可得出以下方程

$$\frac{h_{\mathrm{a}}}{h}=a_2\left(\frac{x+a\cos\theta}{E}\right)^{b_2} \tag{2.53}$$

式中，系数 a_2 和 b_2 随溢洪道坡度而变，计算时可由图 2.20 和图 2.21 查算。

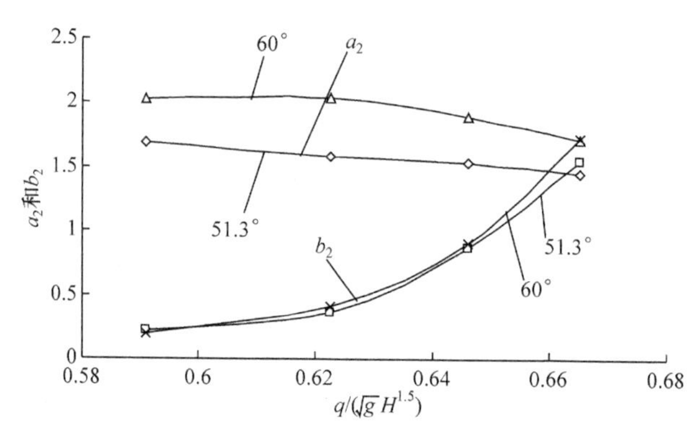

图 2.20　溢洪道坡度为 51.3° 和 60° 时系数 a_2、b_2 与 $q/(\sqrt{g}H^{1.5})$ 的关系

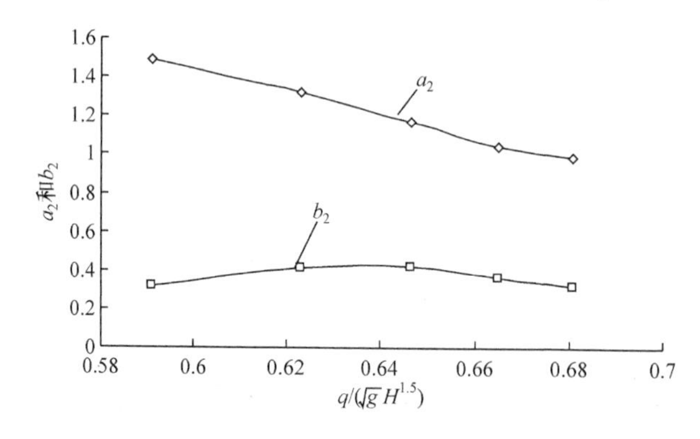

图 2.21　溢洪道坡度为 30° 时系数 a_2、b_2 与 $q/(\sqrt{g}H^{1.5})$ 的关系

由图 2.20 和图 2.21 可以看出，式(2.53)中的系数 b_2 在 51.3°和 60°时变化规律一致，但在 30°时变化规律相反，说明溢洪道坡度对系数 b_2 的影响还需进一步研究。初步分析认为，溢洪道坡度越缓，掺气发生点后移，不掺气水流的长度范围增加，台阶上的水流掺气量减小，与其他溢洪道坡度条件下相同来流量相比较，水深变化

减小，由式(2.53)计算的掺气水深减小，这可能是导致 b_2 减小的主要原因。

用式(2.53)计算的掺气水深与模型实测水深比较见表 2.2，由表 2.2 可以看出，计算值与实测值的最大误差为 2.94%。说明用式(2.53)计算掺气水深是可行的。

表 2.2　计算掺气水深与实测水深的比较

溢洪道坡度/(°)	距台阶起始点距离/cm	实测掺气水深/cm	计算掺气水深/cm	误差/%	溢洪道坡度/(°)	距台阶起始点距离/cm	实测掺气水深/cm	计算掺气水深/cm	误差/%	溢洪道坡度/(°)	距台阶起始点距离/cm	实测掺气水深/cm	计算掺气水深/cm	误差/%
30	230	7.70	7.72	−0.28	51.3	151	7.50	7.38	1.63	60	110	7.20	7.23	−0.42
	240	7.80	7.75	0.69		161	7.50	7.42	1.03		120	7.30	7.35	−0.73
	250	7.90	7.77	1.67		171	7.50	7.47	0.41		130	7.40	7.46	−0.75
	260	7.95	7.79	2.04		181	7.50	7.51	−0.09		140	7.50	7.54	−0.53
	270	8.00	7.82	2.27		191	7.50	7.53	−0.45		150	7.60	7.61	−0.13
	280	8.05	7.83	2.68		201	7.50	7.56	−0.76		160	7.75	7.68	0.86
	290	8.10	7.86	2.94		211	7.50	7.59	−1.18		170	7.80	7.75	0.69

图 2.22 和图 2.23 是以堰上流能比 K 为参数的溢洪道坡度与式(2.53)中的 a_2 与 b_2 的关系，由图中可以看出，系数 a_2 随坡度的增加而增加，随堰上流能比的增加而减小；而系数 b_2 则随堰上流能比的增加而增加，在流能比较小时，b_2 随坡度的增加而减小，在流能比较大时，b_2 随坡度的增加而增加，同样说明 b_2 随坡度的变化比较复杂。

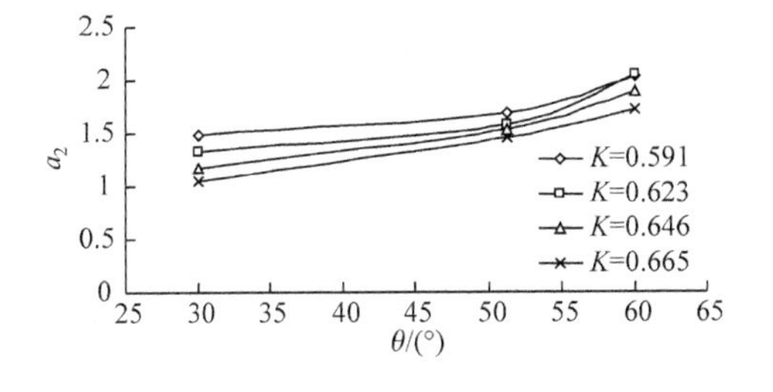

图 2.22　系数 a_2 与溢洪道坡度的关系

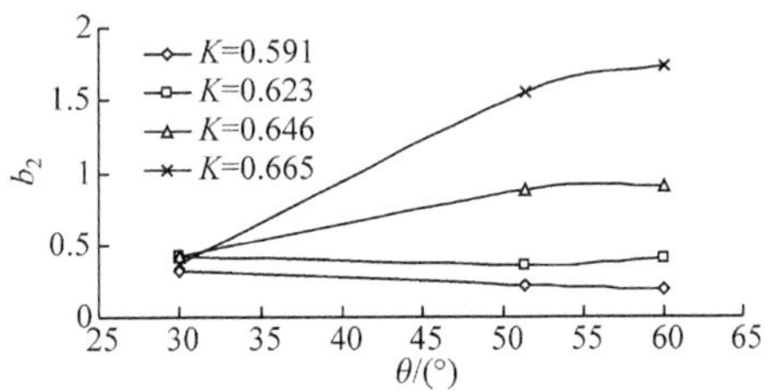

图 2.23　系数 b_2 与溢洪道坡度的关系

4. 台阶式溢洪道的掺气浓度

水流掺气浓度采用中国水利水电科学研究院的 CQ6-2005 型掺气浓度仪测量，如图 2.24 所示。该掺气浓度仪的工作原理是通过检测两电极之间的清水电阻和掺气水流电阻来确定掺气浓度，利用计算机进行数据采集和处理，通过时间浓度积分给出测量点的时均掺气浓度，测量之前要进行清水电阻调零和满度标定。

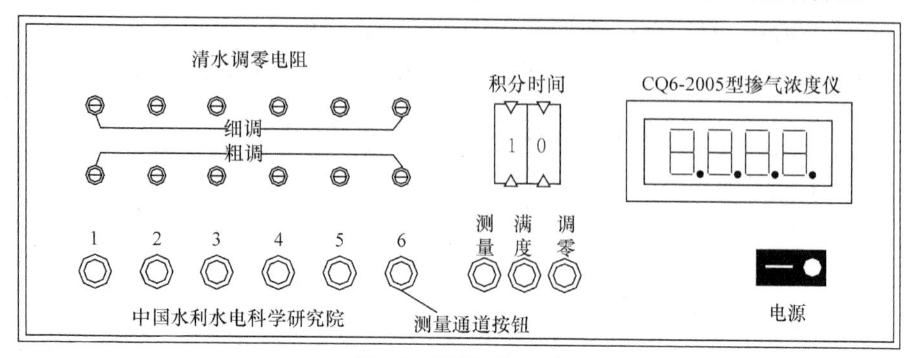

CQ6-2005型掺气仪正面板

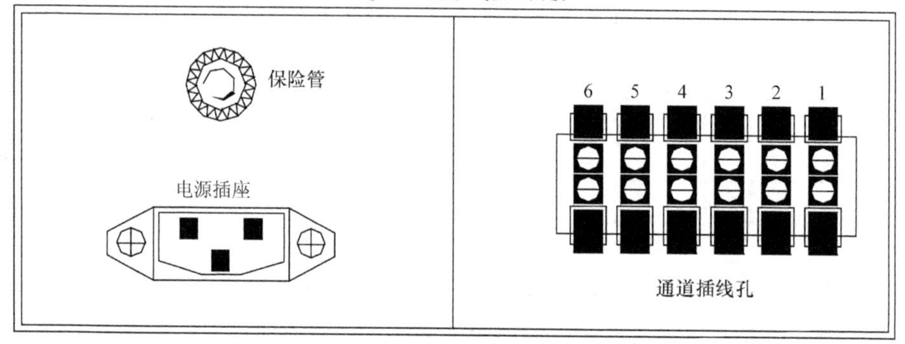

CQ6-2005型掺气仪背面板

图 2.24　CQ6-2005 型掺气浓度仪

台阶式溢洪道水流掺气浓度是从掺气发生点开始测量的，实测结果见图 2.25 和图 2.26，图中 h_0 为台阶式溢洪道的正常水深，用陈丽红等[29]的公式计算，即

$$h_0=\sqrt{q\cos\theta}\left(\frac{a}{2g}\right)^{1/4} \tag{2.54}$$

式中，a 为台阶高度；q 为单宽流量；θ为台阶式溢洪道的坡度；g 为重力加速度。

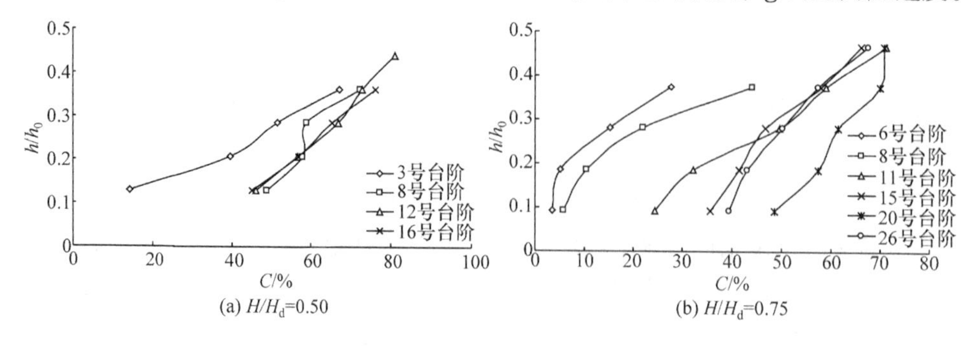

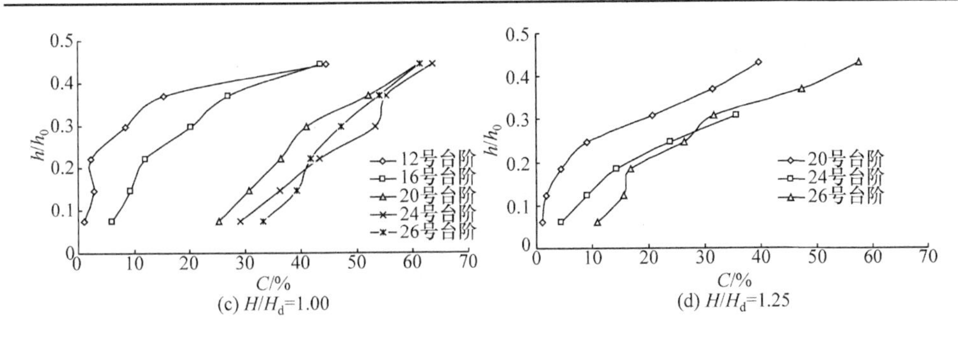

(c) H/H_d=1.00　　(d) H/H_d=1.25

图 2.25　坡度为 60°的台阶式溢洪道断面掺气浓度与相对水深的关系

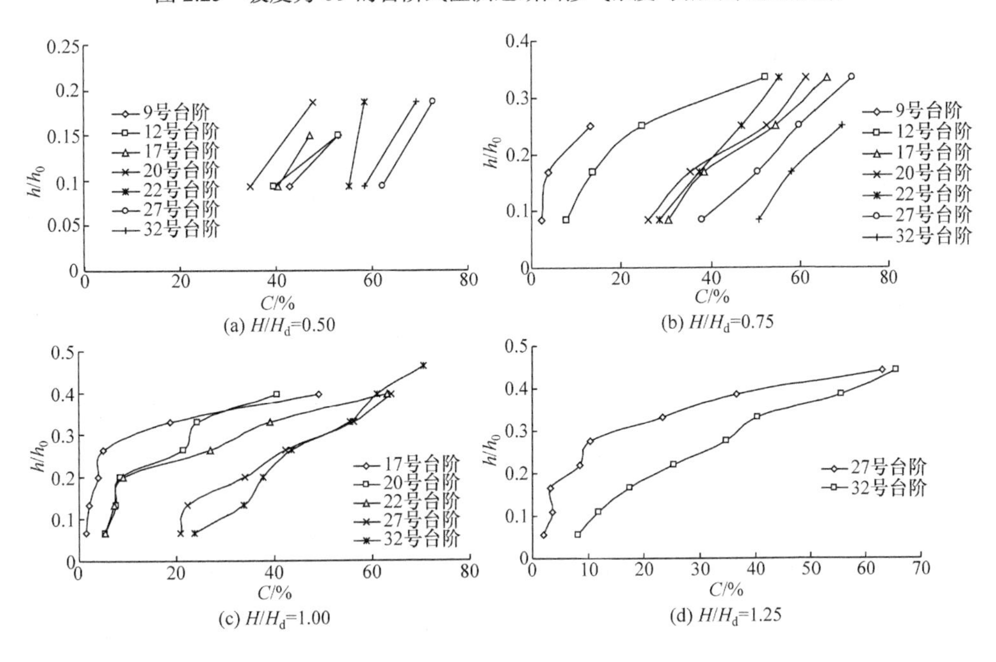

(a) H/H_d=0.50　　(b) H/H_d=0.75

(c) H/H_d=1.00　　(d) H/H_d=1.25

图 2.26　坡度为 51.3°的台阶式溢洪道断面掺气浓度与相对水深的关系

由图 2.25 和图 2.26 可以看出，对于坡度为 60°和 51.3°的台阶式溢洪道，水流一旦掺气，断面掺气浓度从台阶底部向水面逐渐增加，随台阶级数的增加而增加，即断面掺气浓度沿程是增加的。对于其他坡度的台阶式溢洪道，也应该有此规律。这种规律和光滑溢洪道的掺气现象一致。

图 2.27 为溢洪道坡度为 60°时的 20 号台阶、溢洪道坡度为 51.3°时的 27 号台阶掺气浓度与堰上相对水头的关系。可以看出，同一台阶上的掺气浓度随着堰上相对水头的增加而减小，说明单宽流量越大，台阶上的掺气浓度越小。值得注意的是，当 H/H_d=1.25 时，坡度为 60°的台阶式溢洪道从 20 号台阶开始掺气，而坡度为 51.3°的台阶式溢洪道从 27 号台阶才开始掺气。试验中观察到，当堰上相对

水头 H/H_d=1.50 时，坡度为 60°和 51.3°的台阶式溢洪道均在溢洪道末端附近开始掺气，说明堰上相对水头越高，即来流单宽流量越大，台阶式溢洪道越难掺气。

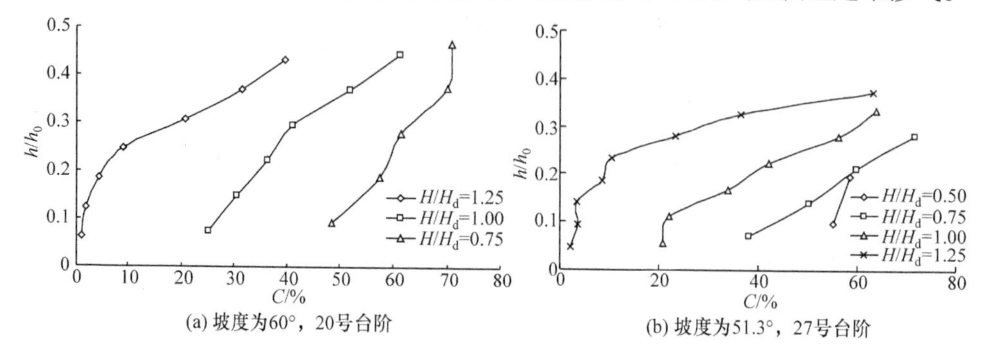

(a) 坡度为60°，20号台阶　　(b) 坡度为51.3°，27号台阶

图 2.27　台阶式溢洪道断面掺气浓度与堰上相对水头的关系

图 2.28 为同一相对距离 x/L=0.756 时，坡度为 60°和 51.3°的台阶式溢洪道掺气浓度的比较。由图中可以看出，溢洪道坡度为 60°的断面掺气浓度大于坡度为 51.3°的断面掺气浓度。

图 2.29 为 H/H_d=1.00 时坡度为 60°和 51.3°的台阶式溢洪道沿程掺气浓度的比较。由图中可以看出，溢洪道坡度为 60°的沿程掺气浓度大于坡度为 51.3°的沿程掺气浓度，可见坡度越陡，台阶上的掺气浓度越大。

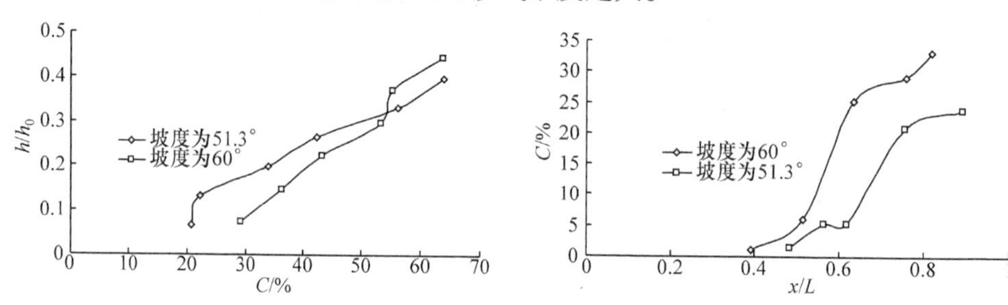

图 2.28　H/H_d=1.00，x/L=0.756 时坡度为 60°和 51.3°断面掺气浓度

图 2.29　H/H_d=1.00 时，坡度为 60°和 51.3°断面掺气浓度沿程分布

图 2.30 为实测坡度为 60°和 51.3°的台阶式溢洪道在距虚拟底板 0.5cm 处的掺气浓度，由图中可以看出，两种坡度掺气浓度的分布规律相同，在初始掺气点附近，掺气浓度较小，沿程掺气浓度随着堰上相对水头的增大而减小，对于同一堰上相对水头 H/H_d，掺气浓度沿程增加。

当溢洪道坡度为 60°时，实测距台阶式溢洪道虚拟底板 0.5cm 处的掺气浓度为：当堰上相对水头 H/H_d=0.50 时，3 号、8 号、12 号和 16 号台阶的掺气浓度分别为 6.00%、45.80%、46.00%和 46.40%；H/H_d=0.75 时，6 号、8 号、11 号、15 号、20 号和 26 号台阶的掺气浓度分别为 3.45%、5.72%、24.52%、35.72%、48.58%和

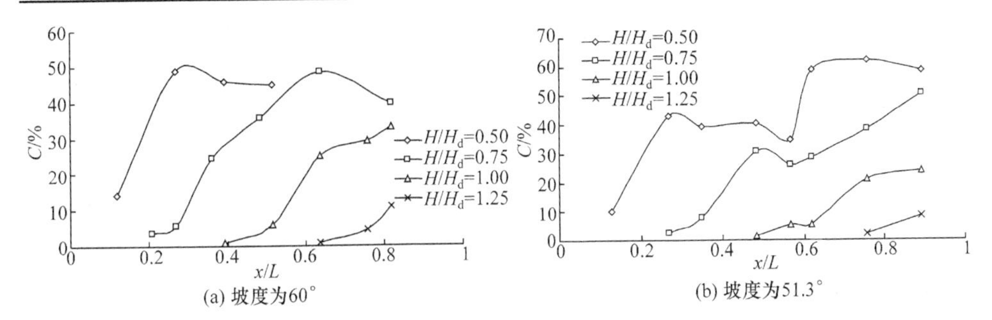

图 2.30　距台阶式溢洪道虚拟底板 0.5cm 处不同堰上相对水头时沿程掺气浓度分布

39.52%；H/H_d=1.00 时，12 号、16 号、20 号、24 号和 26 号台阶的掺气浓度分别为 1.02%、5.98%、25.20%、29.40%和 33.18%；H/H_d=1.25 时，20 号、24 号和 26 号台阶的掺气浓度分别为 1.03%、4.46%和 10.94%。

当溢洪道坡度为 51.3°时，堰上相对水头 H/H_d=0.50，4 号、9 号、12 号、17 号、22 号、27 号和 32 号台阶的掺气浓度分别为 10.10%、35.50%、37.60%、40.50%、55.00%、57.90%和 58.40%；H/H_d=0.75 时，9 号、12 号、20 号、22 号、27 号和 32 号台阶的掺气浓度分别为 2.42%、7.95%、26.10%、28.70%、38.20%和 50.50%；H/H_d=1.00 时，17 号、20 号、22 号、27 号和 32 号台阶的掺气浓度分别为 1.52%、4.60%、5.30%、20.80%和 23.80%；H/H_d=1.25 时，27 号和 32 号台阶的掺气浓度分别为 2.10%和 8.20%。

由以上测量结果可以看出，当堰上相对水头 $H/H_d \leqslant 0.75$ 时，由于来流单宽流量较小，除前几级台阶没有掺气外，从掺气发生点开始掺气浓度沿程迅速增加，除前几级台阶需要保护外，掺气发生点以后的台阶掺气浓度较大，满足溢洪道不发生空蚀破坏的最小掺气浓度。但当堰上相对水头再增加，溢洪道的单宽流量增加，掺气发生点后移，台阶上的掺气浓度也随之减小，台阶式溢洪道需要保护的长度增加。因此，当单宽流量较大时，台阶式溢洪道就存在空蚀的危险，需要采取其他工程措施加以保护。

2.4　台阶式溢洪道的压强分布规律

2.4.1　台阶式溢洪道压强分布规律的研究现状

对于台阶式溢洪道上压强分布规律的研究，迄今为止国内外的研究成果还不是很多。根据已有的研究成果可知，台阶上的压强大小及分布规律主要与单宽流量、台阶尺寸和坝面坡度等因素密切相关。

1985 年，Sorenson[30]对台阶式溢洪道进行了模型试验。1994 年，廖华胜等[31]根据文献[30]的模型，对坝面压强分布进行了测量，测量结果表明负压多产生于台阶的竖直面上，但绝对值比光滑溢洪道溢流面时增加不大。

1996 年，Yang 等[32]对水东水电站的碾压混凝土溢流坝进行了模型试验，结果表明，台阶竖直面上的压强都低于台阶水平面上的压强，当台阶向消力池靠近时，竖直面和水平面上的压强逐渐接近，空蚀最可能发生的区域在台阶式溢洪道最开始几级台阶的竖直面上。

吴宪生[33]结合嘉陵江东西关水电站枢纽右岸台阶式溢流坝模型，对四种不同台阶形式坝面的时均压强分布进行了试验研究，得出台阶溢流坝面出现的时均负压值一般不大，在单宽流量较小时，形成强烈自掺气水流，即使出现负压，时均值也不大；在大流量时，由于坝面水深增加，一般负压不大，但由于坝面流速增加，产生较大脉动压强的影响是不容忽视的，并且认为台阶坝面受破坏处常出现在较下游的台阶上。

杨敏等[34]在河龙水库溢流坝模型试验中，经过对各级流量台阶面压强分布的实测数据分析表明两种不同台阶面均不存在过大的负压；在六顶山模型试验中，各级流量下两种不同台阶面均无负压，文献中分析原因是该工程的最大单宽流量不超过 $5m^3/(s \cdot m)$。

2002 年，曾东洋[19]测量了坡度为 51.3°和 60°时，分别在 3 种不同台阶尺寸下的滑行水流时均压强分布情况。台阶水平面的压强变化趋势是从台阶凹角向凸角先逐渐减小，在距离台阶凹角 3/10～2/5 步长处出现最小值，然后向外逐渐增大，在距离台阶凹角 7/10～9/10 步长处出现最大值，随后压强减小。当坡度为 60°时，水平面上的压强分布规律仍然是从凹角到凸角先减小，但最小值的位置向外偏移，约在距离台阶凹角 1/2 步长处出现最小值，然后压强开始逐渐增大，在凸角附近时均压强没有明显地减小。台阶竖直面时均压强总的分布趋势是从下到上逐渐减小，最大值出现在台阶底部凹角处。在距离凹角约 1/2 步高处开始出现负压，越向上负压越大，负压最大值出现在台阶凸角下缘处，从而在距离台阶凹角 1/2～1 步高范围内形成负压区。

2007 年，骈迎春[20]也对台阶式溢洪道上的压强进行了测量。试验结果表明，台阶水平面压强分布规律与曾东洋的一致。但在竖直面上，距离凹角约 1/5 步高处出现了负压，约在 1/2 步高处出现压强极小值，随后压强又有所回升，至台阶凸角下缘压强有最小值。

2002 年，杨庆[35]对坝坡为 1：0.75 的台阶式溢洪道进行模型试验，在台阶水平面上，试验结果与曾东洋的结果一致。在台阶竖直面上，约在 3/10 台阶步高处出现负压，随后负压值增大，约在 2/3 步高处压强又增大，随后压强再次减小。

Sanchez 等[36]和 Matos 等[37]对滑行水流时台阶水平面和竖直面上的压强进行了分析。试验坡度为 51.3°，台阶高度为 10cm，流量为 $0.2\,m^3/s$，$1.41 \leqslant h_k/a \leqslant 9.40$。试验结果表明，约在 1/3 步高以上至竖直面顶部范围内均为负压，最大负压出现在台阶竖直面顶部(即靠近假想底层)。这和曾东洋的试验结果一致。

2005 年，田嘉宁[11]对泄槽坡度为 40°、50°和 60°三种情况下，高度为 16cm 和 8cm 的台阶时均压强进行了测量。测量结果表明，在水平台阶上，从凹角到凸角压强先减小后增大，最小压强约在 1/2 步长处。在竖直台阶上，在靠近台阶顶部 50%范围内，时均压强出现负值，越靠近台阶顶部负压越大。

2008 年，汤升才等[38]结合某水电站工程水工模型试验，对台阶溢流坝面的压强进行了研究。试验结果表明，台阶溢流坝面上一般不出现较大的负压，台阶竖直面上部压强最小，下部次之，易产生负压；台阶水平面均为正压，水舌冲击区压强最大。随着溢流坝泄流量的增加，台阶水平面压强增大，而竖直面的压强则表现为先减小后增大的趋势，当增大到一定值时，台阶面的各方向均表现为正压，而台阶间所产生的旋涡压强则表现为负压。

2002 年，陈群等[39]对坡度为 1∶0.75 的台阶式溢洪道进行了数值模拟和试验。结果表明，台阶水平面的压强从凹角到凸角先有一降低值，其值约在 2/5 台阶步长处，然后压强迅速增大，约在 4/5 步长处增到最大，随后压强迅速减小。在竖直面，计算结果为底部压强大,在距离台阶底部 93%步高处压强最小,然后压强略有回升。

2009 年，金瑾[40]对台阶式溢洪道的数值模拟结果表明，在水平台阶上，压强变化规律与陈群的计算结果一致，但在竖直面上，在 1/2～3/5 步高处出现负压，这和曾东洋的试验结果比较吻合，到 9/10 步高处负压值达到最大，随后压强又增大。

2009 年，钱忠东等[41]的压强计算结果表明，台阶水平面最大压强在 85%台阶步长处，竖直面最小压强出现在 9/10 步高处。

对于台阶式溢洪道时均压强沿程分布，曾东洋、骈迎春、田嘉宁和杨庆等都进行过试验研究。结果表明，台阶式溢洪道时均压强沿程分布呈现大小交替的现象。

Ohtsu 等[42]对 $11 \leqslant N \leqslant 60$(N 为台阶级数，级)，$0.546 \leqslant h_k/a \leqslant 8.197$ 的台阶式溢洪道的试验研究结果表明，当 $\theta < 55°$时，台阶面压强出现较为规律的大小交替变化的现象；当 $\theta > 55°$时，滑行水流的主流并非总是接近水平台阶表面，因此压强出现不规则的变化。

张志昌等[43]通过模型试验研究了坡度为 30°、51.3°和 60°的台阶式溢洪道的压强分布，分析了单个台阶水平面及竖直面的时均压强和脉动压强的分布规律以及整个台阶式溢洪道的压强变化情况，认为台阶式溢洪道上的压强大小及分布规律与台阶内旋滚水流流态和台阶上的水深密切相关，而台阶内的旋滚水流流态又受来流量、台阶尺寸和坝面坡度等影响。

综上所述，台阶式溢洪道压强分布规律为：在台阶水平面上，压强均为正压，且从台阶凹角向凸角先逐渐减小，其最小值出现在距台阶凹角 3/10～1/2 步长处，然后压强迅速增大，距凹角 7/10～9/10 步长处压强出现最大值，随后压强又减小。

在台阶竖直面上，在 1/5～3/5 步高处出现负压，负压最大值在 9/10 步高处，出现负压的原因是旋涡转向与壁面发生分离造成的，但有的试验表明，最大负压值出现在竖直面顶端。沿程压强分布呈现大小交替的现象。

2.4.2 台阶式溢洪道压强分布规律的试验研究

1. 试验模型

试验模型如图 2.5 所示。试验的溢洪道坡度为 60°和 51.3°，堰上相对水头 H/H_d 分别为 0.50、0.75、1.00、1.25 和 1.50。台阶水平面和竖直面压强测点布置如图 2.31 所示。

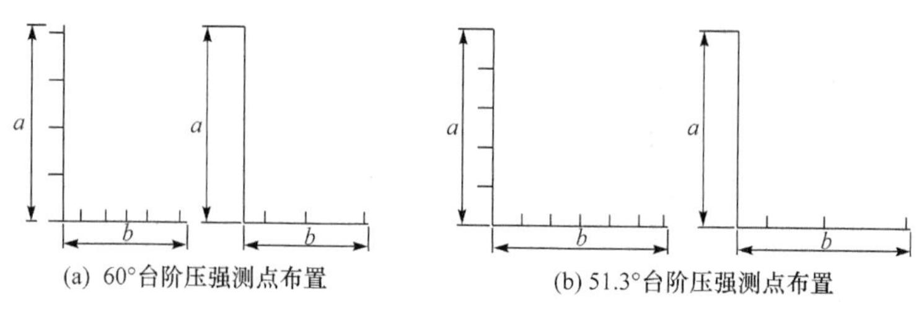

图 2.31　压强测点布置图

为了测量台阶上的压强分布，在坡度为 51.3°的台阶式溢洪道上布置了 203 个测点，在 60°的台阶式溢洪道上布置了 172 个测点。具体布置为：每三个台阶中的第一个台阶为测量单个台阶压强分布的测量台阶。当溢洪道坡度为 60°时，在台阶竖直面均匀布置 5 个测点，水平面布置 5 个测点，水平面测点距凹角距离分别为 0.139b、0.333b、0.5b、0.667b 和 0.938b；当溢洪道坡度为 51.3°时，在台阶竖直面均匀布置 5 个测点，水平面布置 6 个测点，水平面测点距凹角距离分别为 0.168b、0.333b、0.5b、0.667、0.833b 和 0.975b。同时，在其他台阶水平面布置 3 个测点，水平面测点距台阶凹角距离分别 0.17b、0.5b 和 0.975b(60°时为 0.965b)。时均压强用测压管测量，脉动压强用中国水利水电科学研究院水力学研究所的 DJ800 型多功能检测系统测量，脉动压强采集分析系统如图 2.32 所示。

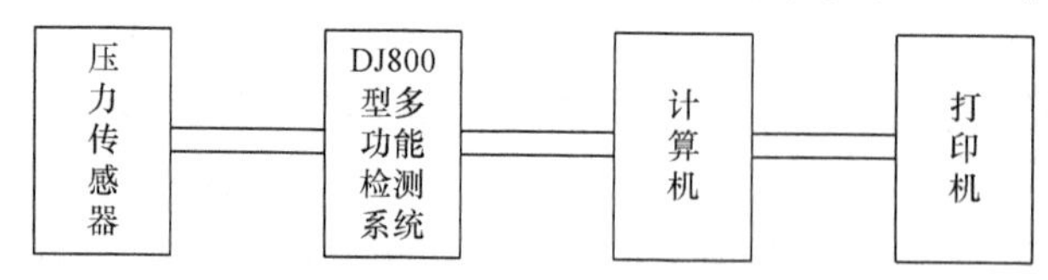

图 2.32　脉动压强采集分析系统

2. 单个台阶相对时均压强分布特性

1) 水平面的相对时均压强分布

实测台阶水平面相对时均压强分布见图 2.33 和图 2.34。图中 p 为压强；γ 为水流的重度；x 为测点距凹角的距离。从图 2.33 和图 2.34 可以看出，单个台阶水平面上相对时均压强总的变化规律为从台阶凹角处向台阶边缘由大逐渐减小，在距凹角(0.2～0.4)b 处相对时均压强最低，然后又逐渐增大。对于坡度为 60°的台阶式溢洪道，在台阶边缘附近相对时均压强最大，对于坡度为 51.3°的台阶式溢洪道，在步长为(0.8～0.9)b 处相对时均压强最大，在台阶边缘附近又有所降低。张志昌等[43]对坡度为 51.3°的台阶式溢洪道分别采用台阶高度为 5cm、10cm 和 15cm，测量了不同台阶高度的台阶水平面的相对时均压强分布。结果表明，不管台阶高度如何变化，只要在台阶式溢洪道上形成了滑行水流，最小相对时均压强距凹角的距离为(0.3～0.4)b 处，最大相对时均压强仍在(0.8～0.9)b 处。对于坡度为 30°的台阶式溢洪道，郑阿漫[44]做过模型试验，结果表明，最小相对时均压强距凹角为(0.2～0.4)b，最大相对时均压强的位置距凹角为(0.8～0.9)b。

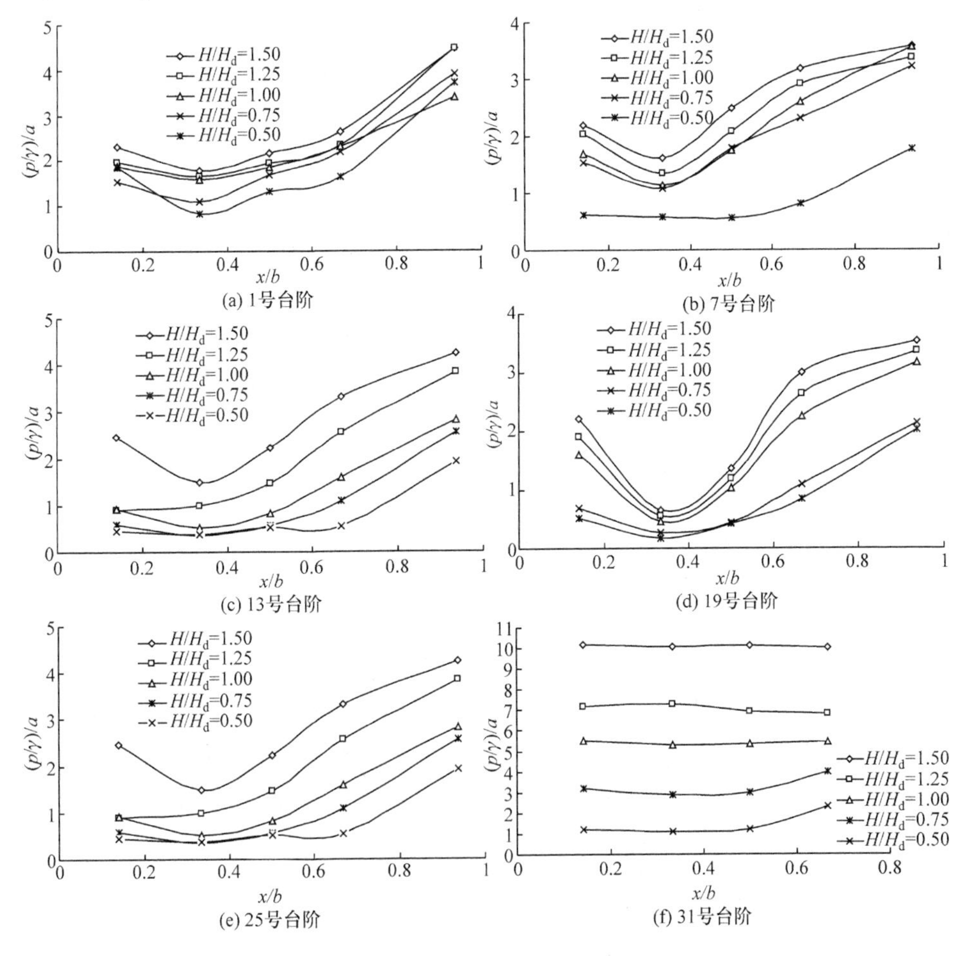

图 2.33　坡度为 60°时台阶式溢洪道单个台阶水平面相对时均压强分布

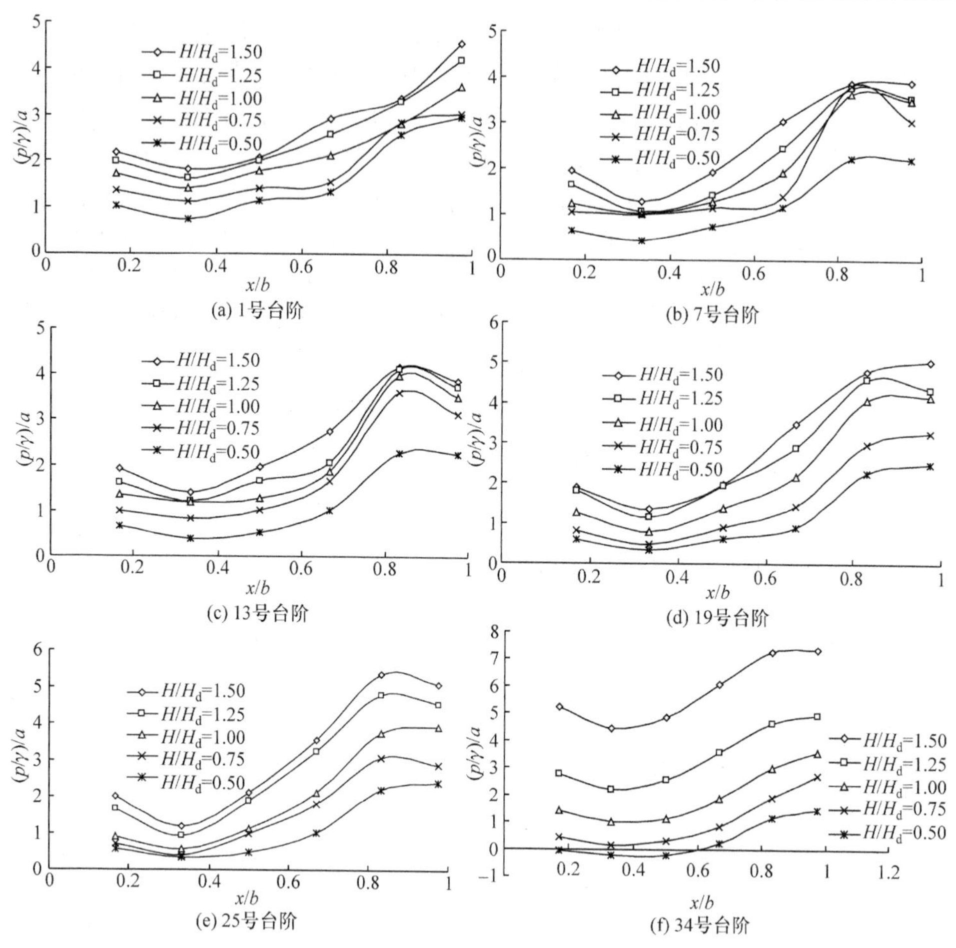

图 2.34　坡度为 51.3°时台阶式溢洪道单个台阶水平面相对时均压强分布

台阶水平面的相对时均压强分布规律由台阶上特殊的水流流态形成。在单个台阶上水流形成顺时针方向的旋滚，当旋滚由水平方向转向竖直方向时，由于运动方向背离台阶水平面，必将在台阶水平面上产生一个压强最小点；实测结果也表明在距凹角(0.2～0.4)b 处出现压强最小点，有的台阶上甚至出现负压，但负压值很小。当水流沿主流方向下滑时，由于受重力影响，下泄水流将对台阶水平面产生冲击，从而在台阶水平面产生一个压强最大点，压强最大点的位置随着溢洪道坡度的增大离台阶边缘的距离越近。分析原因，是台阶式溢洪道的坡度增大，滑行水流的冲击点外移而导致的，从而也说明最大值的位置因坡度不同而不同。即旋滚强度和台阶尺寸不同，水平面上压强最大值的大小不同，最大值的位置也不同。

台阶水平面上相对时均压强随着流量的增大而增大。在台阶式溢洪道的末端，因为水流转向而产生离心力，所以台阶上压强有所增大，相对时均压强趋于平缓。

2) 竖直面的相对时均压强分布

当台阶式溢洪道的坡度为 60°时，台阶竖直面的相对时均压强分布见图 2.35，图中 y 为竖直面测点距台阶水平面的距离。

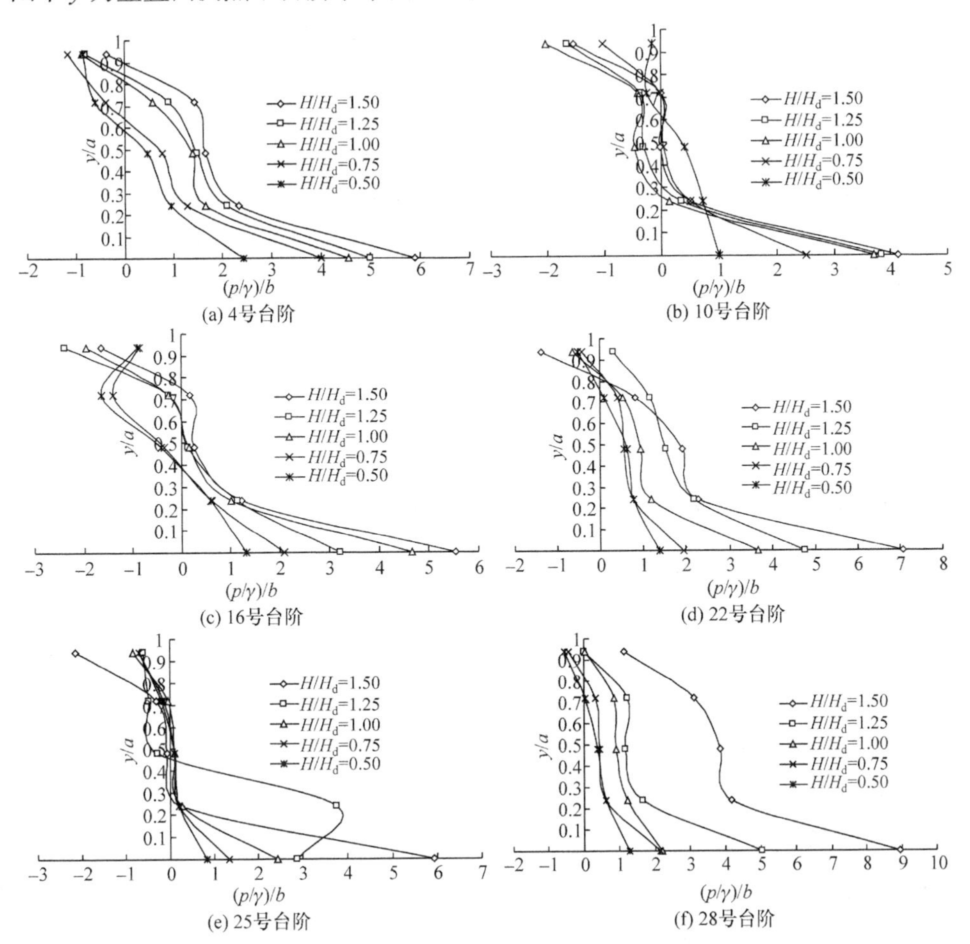

图 2.35　坡度为 60°时台阶式溢洪道单个台阶竖直面相对时均压强分布

由图 2.35 可以看出，当台阶式溢洪道的坡度为 60°时，从台阶凹角向台阶凸角相对时均压强逐渐减小，在凸角下缘附近最小；竖直面上负压发生的位置各台阶不尽相同，如 4 号台阶 y/a=0.58 时产生负压，10 号台阶、16 号台阶、22 号台阶、25 号台阶和 28 号台阶分别在 y/a=0.3、0.38、0.75、0.27 和 0.7 的位置产生负压，而在凸角的下缘，除 28 号台阶在 H/H_d=1.50 时为正压外，其余均为负压。说明竖直面相对时均压强产生负压的位置不稳定，而且范围较大。

当台阶式溢洪道的坡度为 51.3°时，台阶竖直面的相对时均压强分布见图 2.36。由图 2.36 可以看出，从凹角到凸角下缘，时均压强分布的趋势是：凹角处相对时均压强最大，然后沿高度方向逐渐减小，约在步高 y/a=0.5 处有一相对时均压强极小值，随后相对时均压强又有所回升，在 y/a=0.8 左右升至最大后又开始减小，在台阶竖直面形成了相对时均压强的波浪形曲线。文献[19]从离心力的角度分析，认为当水流旋滚到达竖直面时，旋滚流向凹角，转向时的离心力通过凹角水体的传递，使得凹角处产生较大压强；在台阶凸角的下缘，由于旋滚又转向主流方向，背离台阶，在此处压强最小，极易产生负压。本次试验测出的最小压强不一定完全发生在凸角下缘，有时出现在 1/2 步高处，有时出现在凸角下缘，其原因可能是在台阶的竖直面水流旋滚有时背离台阶竖直面，有时指向台阶竖直面，而背离台阶的位置不仅在凸角下缘，而且也可能在其他位置，说明台阶内水流旋滚具有复杂性和随机性。可以肯定，由于在台阶下缘处水流背离台阶竖直面以及台阶边缘对水流的剪切作用，台阶下缘处的压强低是必然的，这也是台阶面有可能产生空化的位置。

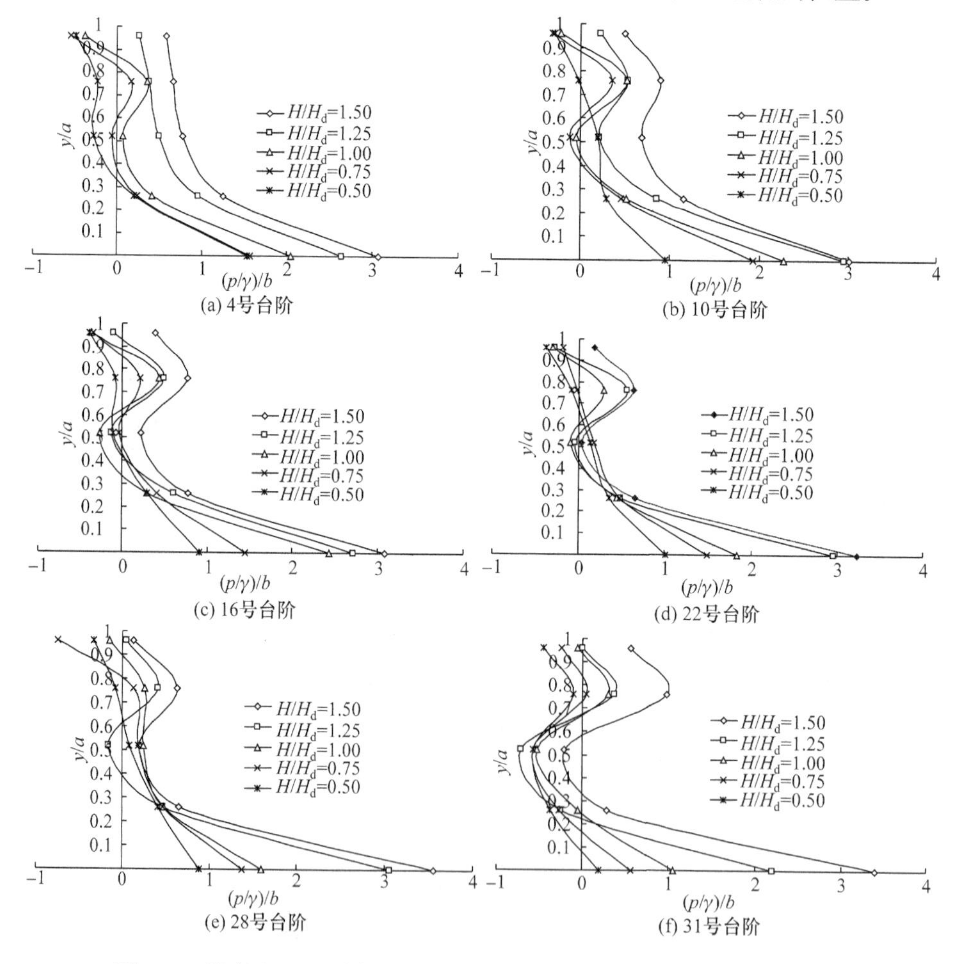

图 2.36　坡度为 51.3°时台阶式溢洪道单个台阶竖直面相对时均压强分布

对比图 2.35 和图 2.36 还可以看出，坡度为 51.3°的台阶式溢洪道竖直面相对时均压强的弯曲程度大于坡度为 60°的台阶式溢洪道，这是因为坡度为 51.3°时，台阶水平面增大，旋涡发展更充分所致。

从图 2.35 和图 2.36 还可以看出，堰上相对水头变化时，即流量变化时，沿竖直面的相对压强分布规律几乎不变。流量增大时，相对时均压强增大，原因是来流量增大后，台阶上覆水深产生的正压力增大，最大负压有所减小。但在溢洪道坡度为 60°时，10 号台阶和 22 号台阶在流量增大时，凸缘下缘的负压反而有所增大，负压在台阶凸角下缘增大是必须注意的问题。

3) 台阶水平面相对时均压强沿程分布

实测了台阶式溢洪道距凹角 0.17b、0.5b 和 0.965b(51.3°为 0.975b)水平面的相对时均压强沿程分布，结果见图 2.37 和图 2.38。图中 x' 为从第一级台阶起算的下游水平长度，E 为测点以上总水头，L 为台阶段水平总长度。

由图 2.37 和图 2.38 可以看出，台阶式溢洪道水平面相对时均压强沿程分布的总规律为：每隔一级台阶的压强较大或较小，也就是说，如果在某一级台阶上出现压强较大值，在下一级台阶上必然出现压强较小值，即相对时均压强沿程分布是一个波峰、一个波谷的交替出现，台阶上的相对时均压强沿程变化规律具有起伏的性质，相对时均压强以两个台阶为周期，交替出现波峰和波谷，这就是台阶

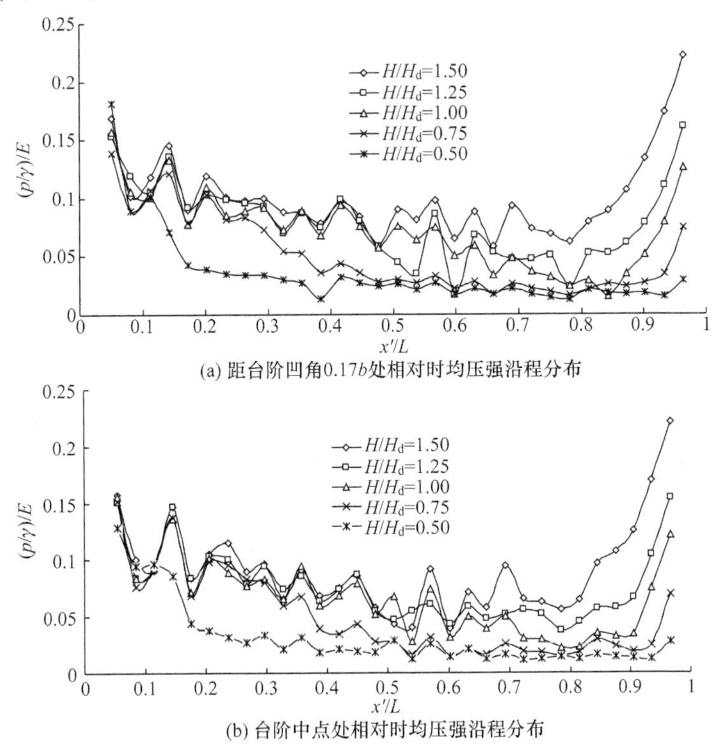

(a) 距台阶凹角0.17b处相对时均压强沿程分布

(b) 台阶中点处相对时均压强沿程分布

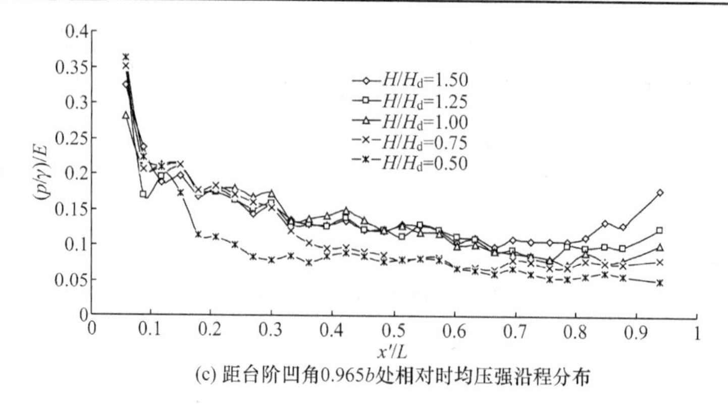

(c) 距台阶凹角0.965b处相对时均压强沿程分布

图 2.37　坡度为 60°时台阶式溢洪道水平面相对时均压强沿程分布

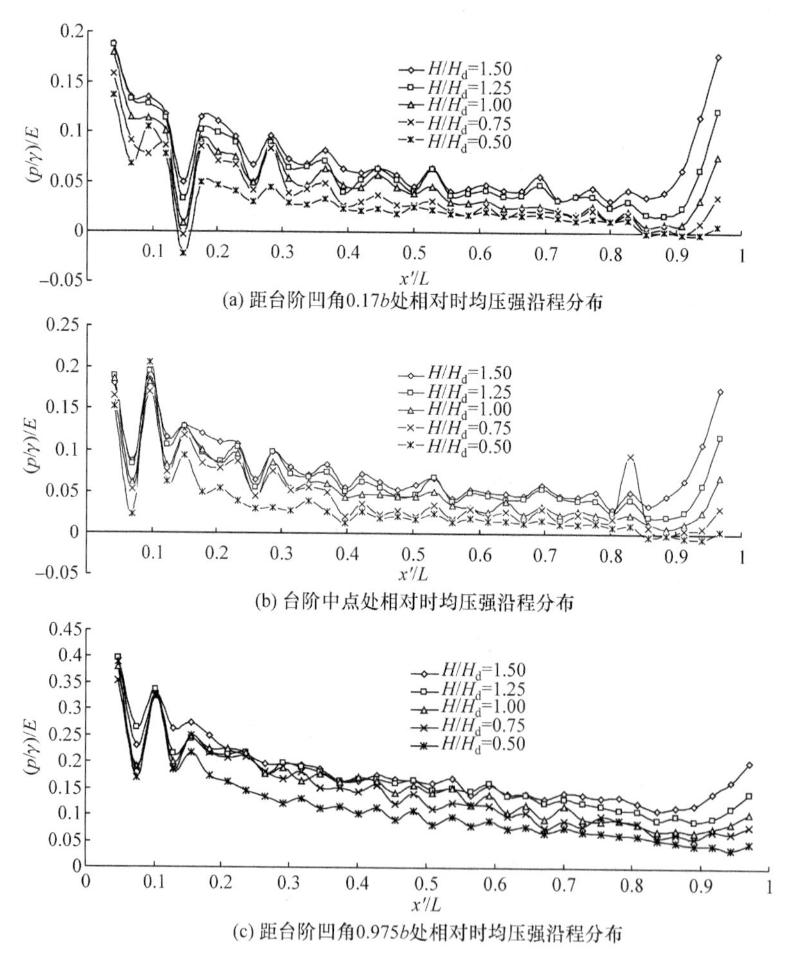

(a) 距台阶凹角0.17b处相对时均压强沿程分布

(b) 台阶中点处相对时均压强沿程分布

(c) 距台阶凹角0.975b处相对时均压强沿程分布

图 2.38　坡度为 51.3°时台阶式溢洪道水平面相对时均压强沿程分布

式溢洪道水平面相对时均压强沿程分布的特点。与光滑溢洪道相对时均压强沿程逐渐降低形成了明显的对比。为什么会出现这样的压强分布呢？分析原因，主要是当上一级台阶受到水流的冲击时，压强必然较大，同时台阶对水流有反弹作用，反弹水流掠过下一级台阶，必然在该台阶上出现压强较小值，当水流回落到第三级台阶上时，压强又增加，如此压强沿程一个波峰、一个波谷地交替出现。

由图 2.37 和图 2.38 可以看出，当溢洪道坡度为 60°时，在距台阶凹角 0.17b、台阶中点和距台阶凹角 0.965b 处的相对时均压强均为正值，没有负压。当溢洪道坡度为 51.3°时，在距台阶凹角 0.17b、台阶中点和距台阶凹角 0.975b 处的大部分台阶上相对时均压强为正值，在个别台阶上为负值，但负压值不大。

由图 2.37 和图 2.38 还可以看出，在 x'/L 小于 0.85 以前，相对时均压强沿程减小，在 x'/L 大于 0.85 以后，压强有所回升。这主要是台阶式溢洪道在下游转向，受离心力作用压强有所增大。

郑阿漫[44]对坡度为 30°的台阶式溢洪道水平面的沿程时均压强的试验表明，台阶上的相对时均压强分布规律与溢洪道坡度为 60°和 51.3°时的相同，在台阶中点也发现有较小的负压。

4) 台阶竖直面相对时均压强沿程分布

台阶式溢洪道竖直面相对时均压强沿程分布如图 2.39 和图 2.40 所示。由图 2.39 可以看出，当溢洪道坡度为 60°时，竖直面凸角下缘处的相对时均压强几乎全为负压，只是在台阶式溢洪道的末段附近相对压强受水流转向离心力的影响变为正压强；竖直面中点的相对时均压强有正压也有负压；竖直面凹角处的相对时均压强均为正压。当溢洪道的坡度为 51.3°时，竖直面凸角下缘的相对时均压强有正压也有负压，但均较小；在竖直面的中点相对时均压强有正有负；在竖直面凹角处相对时均压强仍均为正压强，沿程变化幅度较大。相对时均压强随堰上相对水头的变化情况总的趋势是堰上相对水头越大，或来流量越大，沿程相对时均压强越大，但也有相反的情况。

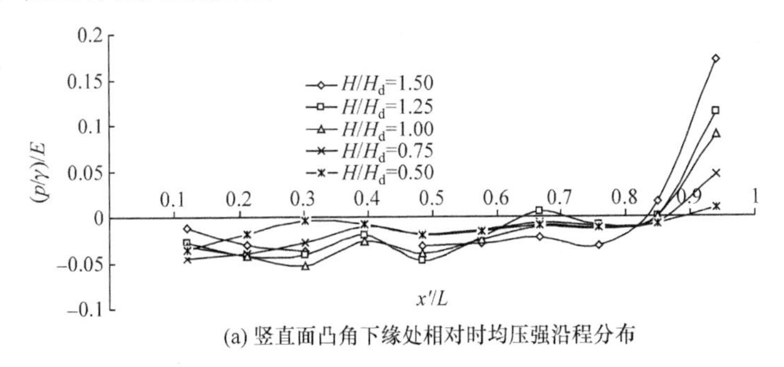

(a) 竖直面凸角下缘处相对时均压强沿程分布

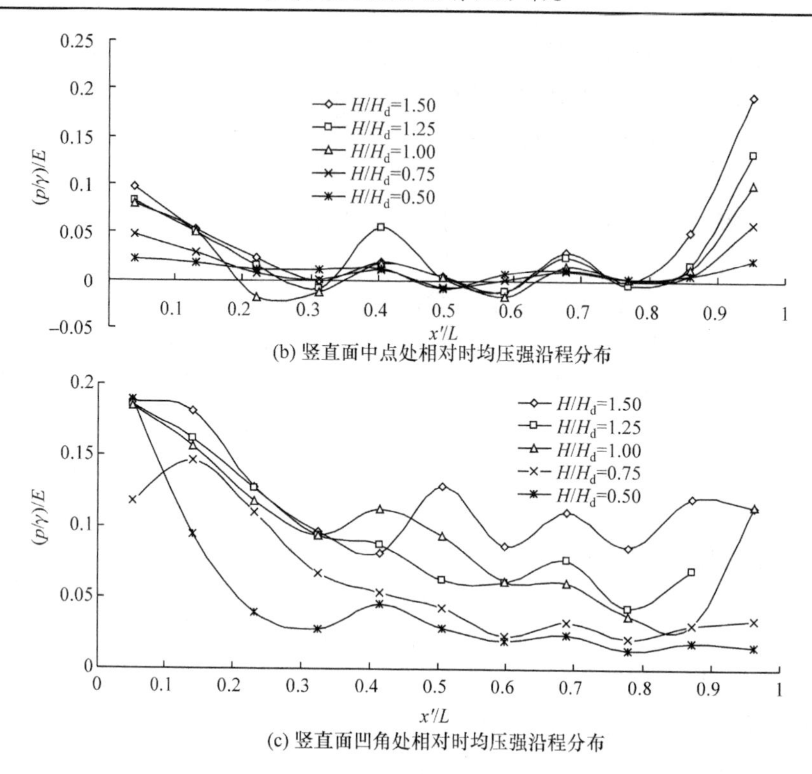

(b) 竖直面中点处相对时均压强沿程分布

(c) 竖直面凹角处相对时均压强沿程分布

图 2.39　坡度为 60°时台阶式溢洪道竖直面相对时均压强沿程分布

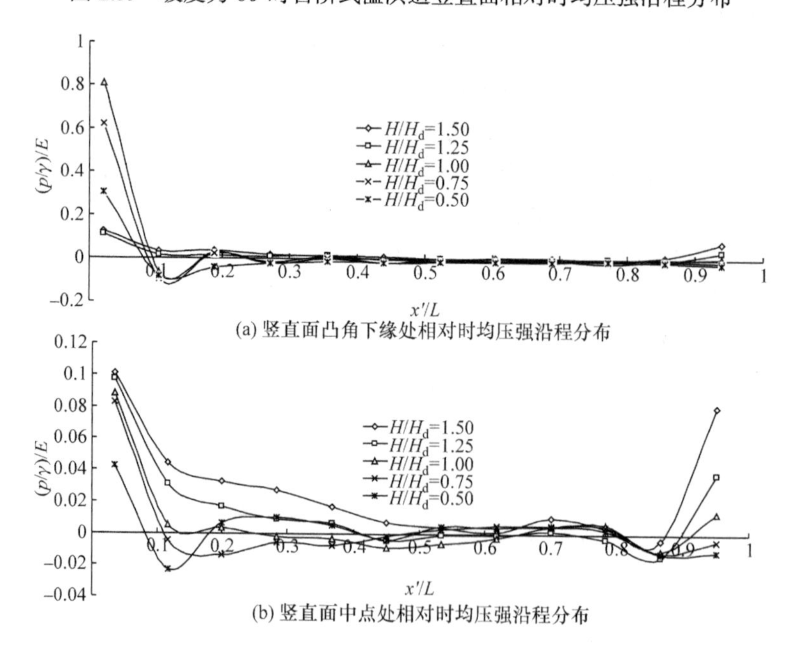

(a) 竖直面凸角下缘处相对时均压强沿程分布

(b) 竖直面中点处相对时均压强沿程分布

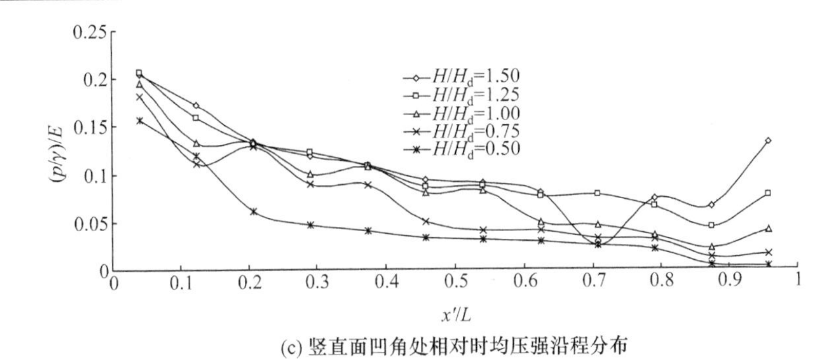

(c) 竖直面凹角处相对时均压强沿程分布

图 2.40　坡度为 51.3°时台阶式溢洪道竖直面相对时均压强沿程分布

对于竖直面的相对时均压强沿程分布，曾东洋[19]和郑阿漫[44]均做过试验研究。结果表明，竖直面相对时均压强沿程分布也有起伏的性质，凹角处压强最大，且均为正值，台阶步高的中点处相对时均压强起伏较大，有正值也有负值，凸角下缘处的相对时均压强均为负值，且随着台阶尺寸的增大和溢洪道坡度的增大负压值增大，随着流量的增大负压值减小，和本次试验的结果是一致的。

3. 台阶式溢洪道脉动压强的分布特性

表征脉动压强振幅的统计特征值是均方差，又称脉动压强强度。均方差表示随机变量在其期望值附近分散和偏离程度，其表达式为

$$\sqrt{D_{\mathrm{p}}}=\sqrt{\frac{\sum\limits_{i=1}^{n}(p_i-\overline{p})^2}{n}}=\sqrt{\frac{\sum\limits_{i=1}^{n}p_i'^2}{n}} \tag{2.55}$$

式中，p_i' 为脉动压强；D_{p} 为均方差；p_i 为瞬时压强；$\overline{p}$ 为时均压强；$n=T/\Delta t$ 为采样点数，T 为采样时间，Δt 为采样间隔。试验中采样点数为 8192；采样间隔为 0.005s；采样时间为 40.96s。

为了研究台阶式溢洪道的脉动压强，在溢洪道沿程均匀分布的四个台阶上，每个台阶设置 5 个测压孔，如图 2.41 所示。具体设置传感器的台阶为：当坡度为 60°时，台阶分别为 6 号、13 号、22 号、28 号；当坡度为 51.3°时，台阶分别为 8 号、13 号、21 号、28 号。其中，台阶竖直面顶部和底部分别设置一个测压孔，其中第一个测压孔距凹角 $0.04a$，第二个测压孔距凹角 $0.96a$；台阶水平面设置 3 个测压孔，坡度为 60°时，距凹角的距离分别为 $0.07b$、$0.5b$ 和 $0.93b$；坡度为 51.3°时，距凹角的距离分别为 $0.05b$、$0.5b$ 和 $0.95b$。

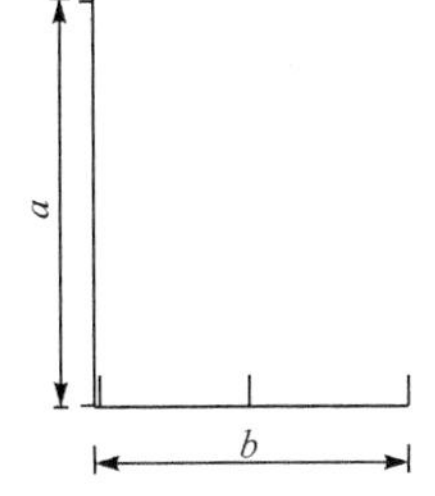

图 2.41　脉动压强测点布置图

1) 单个台阶水平面脉动压强分布

单个台阶水平面脉动压强分布如图 2.42 和图 2.43 所示。由图中可以看出，水平面的脉动压强最大值在台阶的边缘处，此处是水流剪切和转向的位置，旋涡强度大，流速大，因此脉动压强大；在凹角处，因为壁面对旋涡的阻滞作用，旋涡强度有所减弱，所以脉动压强有所减小。由图 2.42 和图 2.43 还可以看出，随着来流量的增加，脉动压强强度增大；坡度对脉动压强强度的影响比较复杂，表现为在凸角附近脉动压强变化较大，从凸角向凹角其影响逐渐减弱。例如，当坡度为 60°，堰上相对水头 H/H_d=1.50 时，13 号台阶的脉动压强值从凸角向凹角依次为 1.66kPa、1.0kPa 和 0.56kPa，而坡度为 51.3°时依次为 1.72kPa、0.93kPa 和 0.38kPa。在 28 号台阶，当坡度为 60°时，脉动压强值从凸角向凹角依次为 1.24kPa、1.31kPa 和 0.6kPa，而坡度为 51.3°时依次为 1.89kPa、1.34kPa 和 0.65kPa。

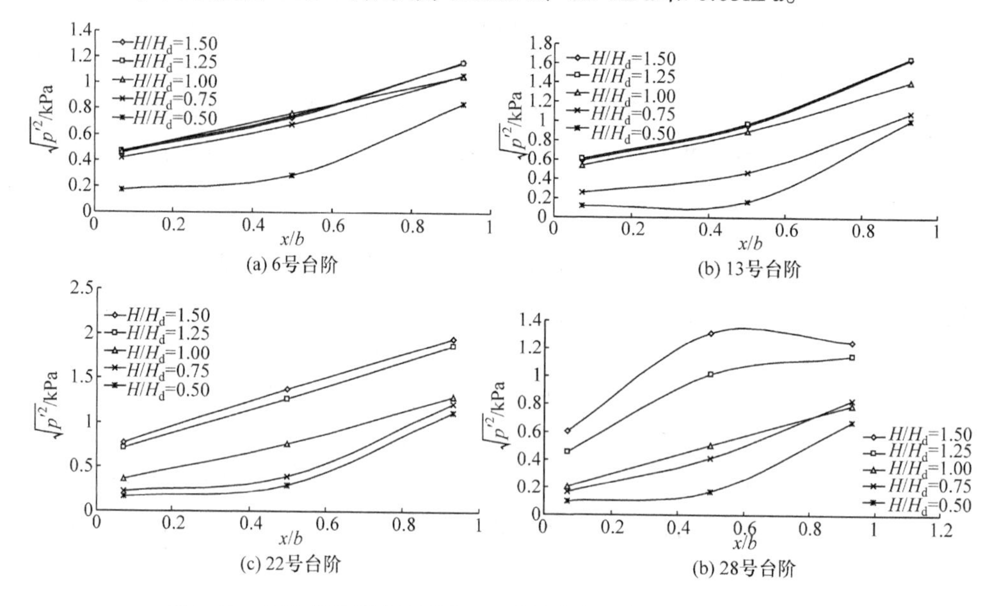

(a) 6号台阶　(b) 13号台阶　(c) 22号台阶　(b) 28号台阶

图 2.42　台阶式溢洪道坡度为 60°时单个台阶水平面脉动压强分布

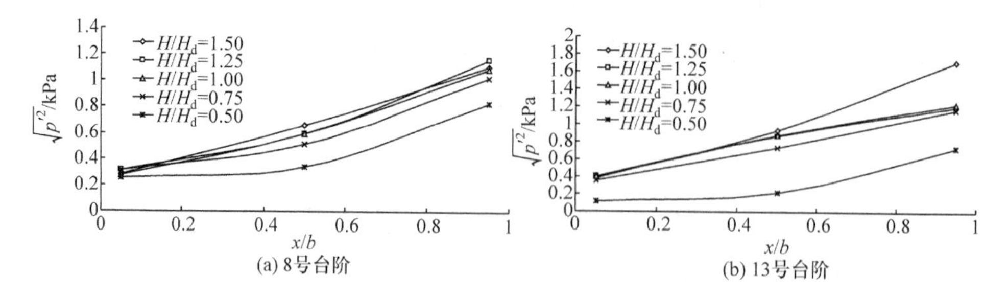

(a) 8号台阶　(b) 13号台阶

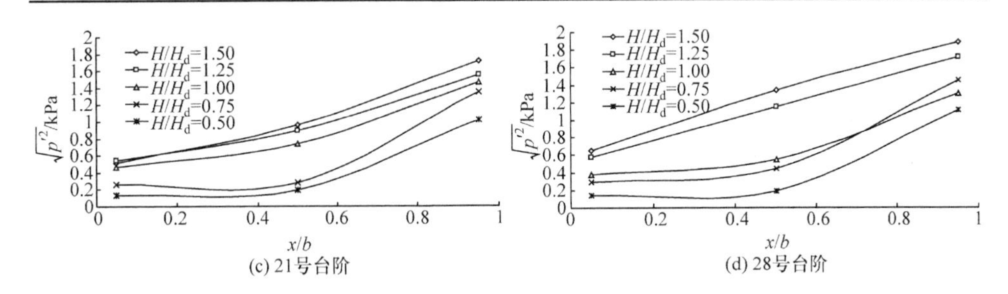

图 2.43 台阶式溢洪道坡度为 51.3°时单个台阶水平面脉动压强分布

2)台阶水平面脉动压强沿程分布

对于台阶水平面的脉动压强沿程分布，曾东洋[19]做过溢洪道坡度为 51.3°和 60°的试验研究。结果如图 2.44 所示。由图中可以看出，脉动压强沿程分布规律与时均压强相似，表现为以波峰和波谷交替出现的波浪式分布。脉动压强沿程随着流量的增大而增大，距凹角 1/6 步长处的脉动压强强度较小，波动幅度较小；凸角处的脉动压强强度最大，波动的幅度也最大，所以脉动压强强度从凸角向凹角逐渐减弱。

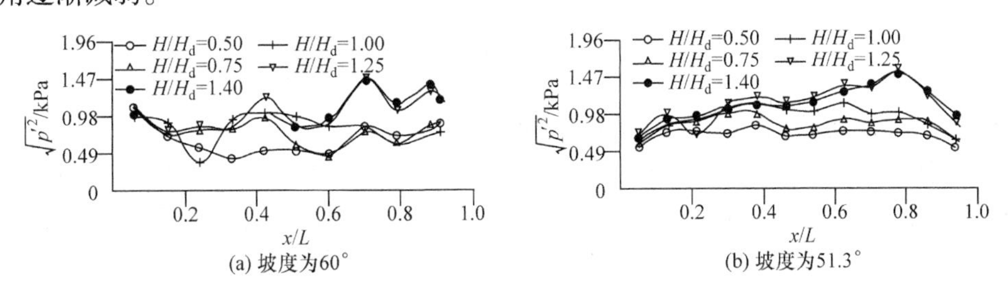

图 2.44 台阶水平面脉动压强沿程分布图

曾东洋[19]还做过台阶高度不同的脉动压强强度的对比试验，结果表明，随着台阶高度的增大，脉动压强沿程分布规律不变，但脉动压强强度值略有增加。

3)台阶竖直面脉动压强沿程分布

实测单个台阶竖直面脉动压强沿程分布见图 2.45 和图 2.46。由图中可以看出，台阶凸角下缘处的脉动压强强度明显大于凹角处的脉动压强强度。坡度为 60°时凸角下缘的脉动压强大于坡度为 51.3°凸角下缘的脉动压强，说明坡度越陡，凸角处的脉动压强越大。这与坡度越陡，流速越大，紊动强度越大相符合。

4)台阶水平面和竖直面的脉动压强系数

脉动压强系数定义为

$$C'_p = \frac{\sqrt{p'^2}}{0.5\rho v^2} \tag{2.56}$$

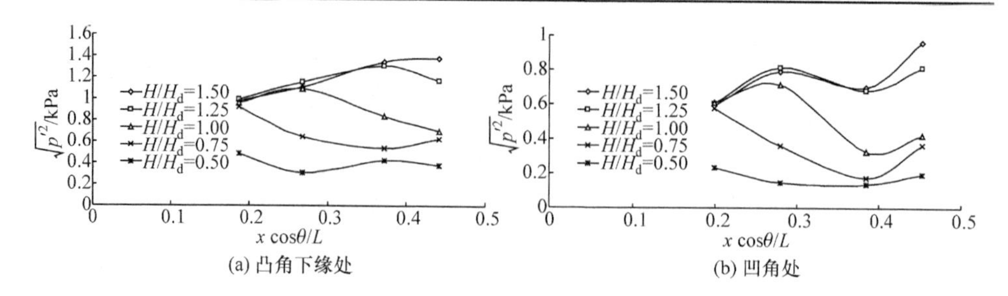

(a) 凸角下缘处　　(b) 凹角处

图 2.45　坡度为 60°时台阶竖直面脉动压强沿程分布

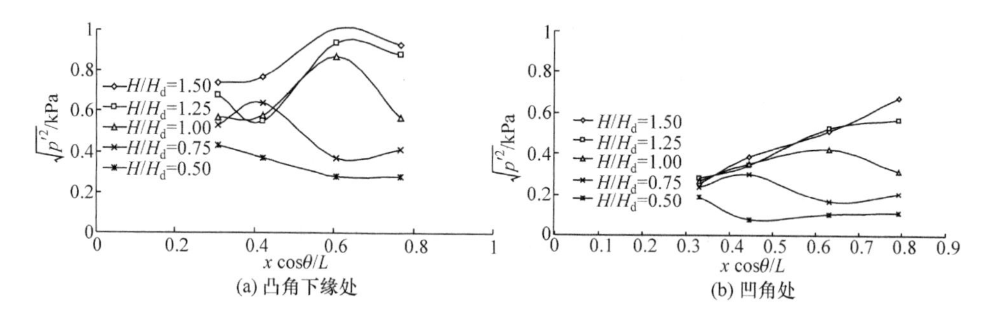

(a) 凸角下缘处　　(b) 凹角处

图 2.46　坡度为 51.3°时台阶竖直面脉动压强沿程分布

式中，ρ 为水流的密度；v 为断面平均流速。

实测台阶式溢洪道堰上相对水头 H/H_d=1.00、1.25 和 1.50 时台阶水平面的脉动压强系数见图 2.47 和图 2.48。由图中可以看出，脉动压强系数从台阶凹角到凸角逐渐增大，随着堰上相对水头的增大而减小。由此可以看出，在台阶凸角处由于水流剪切、转向，脉动压强系数较大，说明紊动强度较大。脉动压强系数随堰上相对水头的增大而减小的原因是，实测脉动压强强度在堰上相对水头为 1.00～1.50，虽然脉动压强强度随着堰上相对水头的增加有所增加，但增加量很小，量级不变；而水流的断面平均流速随堰上相对水头的增大而增加的较大，使得脉动压强系数随堰上相对水头的增大而减小。

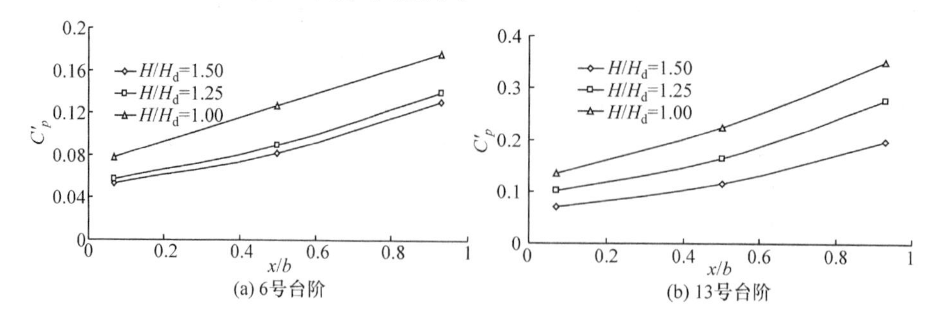

(a) 6号台阶　　(b) 13号台阶

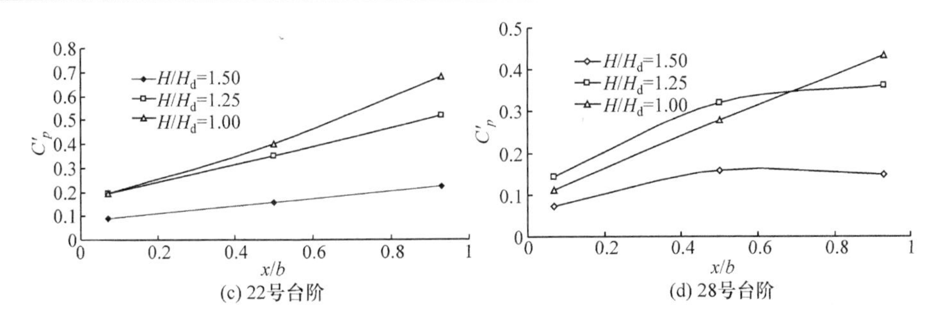

(c) 22号台阶　　(d) 28号台阶

图 2.47　脉动压强系数 C'_p 与 x/b 的关系(坡度为 60°)

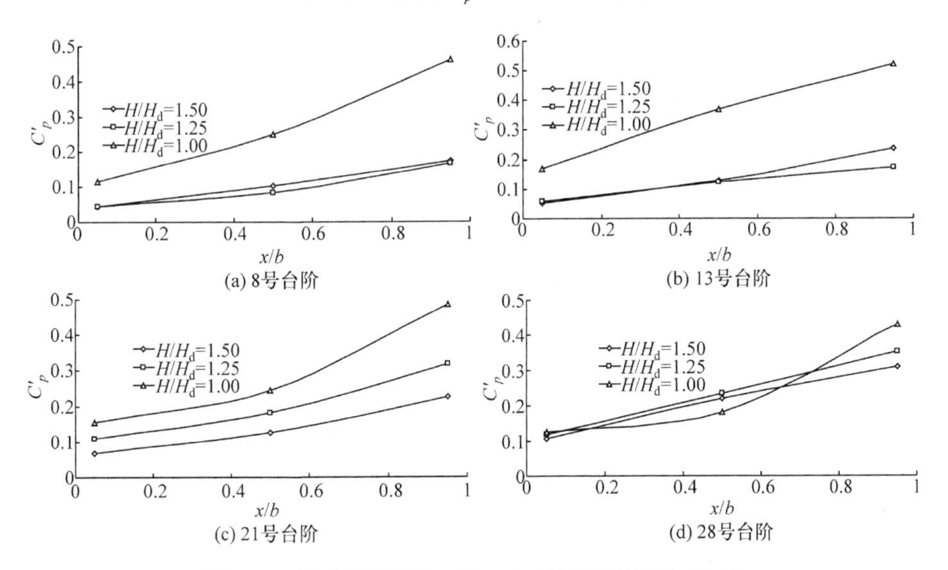

(a) 8号台阶　　(b) 13号台阶

(c) 21号台阶　　(d) 28号台阶

图 2.48　脉动压强系数 C'_p 与 x/b 的关系(坡度为 51.3°)

竖直面的脉动压强系数在凸角下缘与水平面凸角处脉动压强系数比较见表 2.3。由表 2.3 可以看出，台阶凸角下缘脉动压强系数与凸角处相比较小，可能是在凸角处水流直接冲击台阶，而在凸角下缘水流是背离台阶造成的。

表 2.3　水平面凸角和竖直面凸角下缘处脉动压强系数比较

台阶号	H/H_d=1.00		H/H_d=1.25		H/H_d=1.50	
	凸角	凸角下缘	凸角	凸角下缘	凸角	凸角下缘
6 号	0.176	0.161	0.140	0.120	0.131	0.111
13 号	0.351	0.272	0.277	0.194	0.197	0.133
22 号	0.680	0.441	0.515	0.362	0.223	0.153
28 号	0.434	0.386	0.363	0.369	0.149	0.165

5) 台阶水平面和竖直面的脉动压强频谱特性

曾东洋[19]实测了台阶式溢洪道脉动压强的功率谱密度和概率密度。功率谱密度分布在 0～2Hz，属于窄带噪声型分布，脉动压强功率谱主要受大涡体紊动惯性作用，优势频率为低频，频带较窄，对建筑物一般不会造成共振破坏。

台阶上的脉动压强概率密度如图 2.49 所示，由图中可以看出，台阶式溢洪道脉动压强的概率分布并不是严格的正态分布。

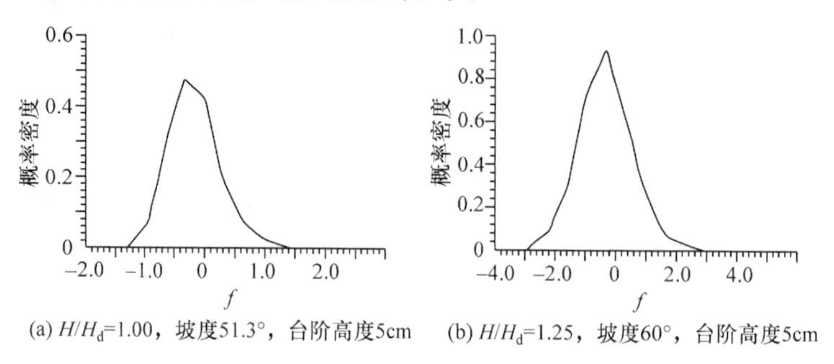

图 2.49　台阶式溢洪道脉动压强的概率分布

2.5　台阶式溢洪道消能效果的研究

台阶式溢洪道由于其特殊的构造，消能效果远大于光滑溢洪道，这已为试验所证实。近年来，科研工作者对台阶式溢洪道的消能率进行了大量的研究，通过对模型试验和原型观测，一致认为台阶式溢洪道具有相当好的消能效果。

台阶式溢洪道消能率的计算，比较直接的一种方法是根据能量守恒原理，分别计算出坝体上下游断面处的水流能量 E_0 和 E_1，从而得出消能率 η 的表达式为

$$\eta = \frac{E_0 - E_1}{E_0} \times 100\% \tag{2.57}$$

另外一种方法是计算台阶式溢洪道相对于光滑溢洪道的消能率。一般采用两者在下游坝趾处的动能差与光滑溢洪道坝趾处的动能进行比较

$$\eta = \frac{v_s^2 - v_t^2}{v_s^2} \times 100\% \tag{2.58}$$

式中，v_s 和 v_t 分别为光滑和台阶式溢洪道下游坝趾处的流速。

2.5.1　滑行水流消能率的计算公式

Stephenson[45]通过模型试验认为，采用台阶式溢洪道坡度为 1：10～1：5 时的消能效果最好，但是大坝体积将会增大，增加工程投资。当坡度较陡，台阶上

的水深大约为临界水深的 1/3 时，台阶上的消能效果将增加，可以看出通过增加台阶尺寸来提高消能效果是可行的。滑行水流消能率的计算公式为

$$\frac{\Delta E}{E_0}=1-\left(\frac{4S}{\lambda}+1\right)\left(\frac{\lambda}{8S}\right)^{1/2}\frac{h_k}{E_0} \tag{2.59}$$

式中，ΔE 为上、下游水位差；能量比降 $S=q^2/(8gh^3)$（q、h 分别为单宽流量和水深）；临界水深 $h_k=(q^2/g)^{1/3}$；λ 为沿程阻力系数，可由式(2.60)计算

$$\lambda=\frac{1}{\left[1.14+2\lg(h_k/k_s)(8\lambda/S)^{1/3}\right]^2} \tag{2.60}$$

2000 年，吴宪生[46]对具有相同堰面曲线，但比尺不同、台阶尺寸不同的台阶式溢洪道进行模型试验。结果表明，台阶式溢洪道的消能效果随坝面台阶相对高度的增加而增大，随下泄流量的增加而减小，不同比尺模型的试验结果一致性较好，并认为台阶式溢洪道与光滑溢洪道的区别在于下游坝面的粗糙度不同，因此以光滑溢流坝的研究成果为基础，建立了消能率与单宽流量的关系，并经过回归分析，得出消能率的表达式为

$$\eta=-0.3916-0.2247\ln[(q/P^{1.5})(0.014/n)^{2.4}] \tag{2.61}$$

式中，P 为下游坝高；n 为下游坝面的粗糙率，根据河床床面沙粒阻力的概念，可表示为

$$n=k_s^{1/6}/G \tag{2.62}$$

式中，G 是根据河床泥沙颗粒的大小与排列整齐程度不同，取 19～26。在吴宪生的分析中，考虑到台阶高度一般在数十厘米以上，故取较大值 24，k_s 的单位以 m 计。

Rajaratnam[1]给出了在滑行水流时，主流与台阶底部回流之间产生的平均雷诺剪切应力表达式。由此提出能量损失的计算方法，并把台阶坝面看作均匀加糙的明渠，根据受力平衡条件推导出台阶消能率的半经验公式为

$$\frac{\Delta E}{E_0}=\frac{E_0-E_1}{E_0}=\frac{(1-A')+\dfrac{Fr'^2}{2}\dfrac{A'^2-1}{A'^2}}{1+Fr'^2/2} \tag{2.63}$$

式中，$A'=(c_f/c_f')^{1/3}$，c_f、c_f' 分别为台阶和光滑溢洪道坝面摩擦系数；Fr' 为光滑溢洪道坝趾处的弗劳德数。c_f 近似为 0.18，c_f' 近似为 0.0065，则 $A'=3$。

当 Fr' 较大时，$\Delta E/E_0=(A'^2-1)/A'^2\approx 8/9$，可见台阶式溢洪道能够消耗约 90%的能量。

Christodoulou[47]对台阶高宽比为 1：0.7 的台阶式溢洪道进行了模型试验。他指出影响消能率最重要的因素是临界水深 h_k 与台阶高度 a 的比值 h_k/a，并由无量

纲分析得出消能率的函数式为

$$\Delta E / E_0 = f(N, h_k / a, b / a) \tag{2.64}$$

式中，N 为台阶级，级数。

当 h_k/a 较小时，能量耗散较大，接近于 1。随着 h_k/a 的增大，消能率降低；对于一定的 h_k/a 值，消能率随着台阶级数 N 的增多而增大。他将试验结果与前人的研究成果进行对比，建立了消能率与 h_k/a 和 N 以及 $h_k/(Na)$ 之间的关系分别如图 2.50 和图 2.51 所示。由图中可以看出，在 $h_k/(Na) < 0.15$ 以前，消能率随着相对临界水深 $h_k/(Na)$ 的增大而迅速减小，在 $h_k/(Na) > 0.15$ 以后，消能率减小的速率明显减慢，基本趋于一个常数。

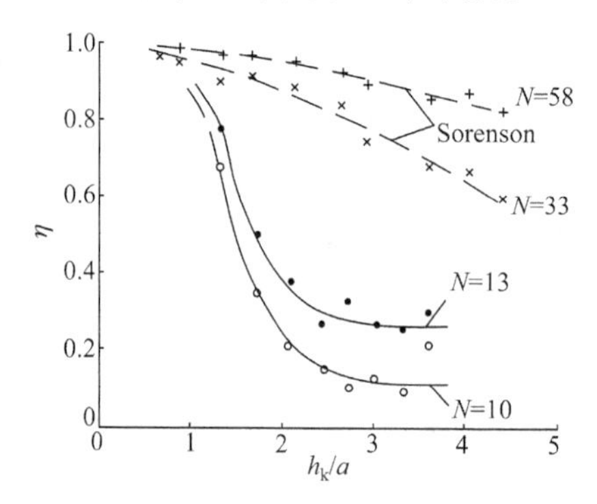

图 2.50　消能率 η 与 h_k/a 和 N 的关系

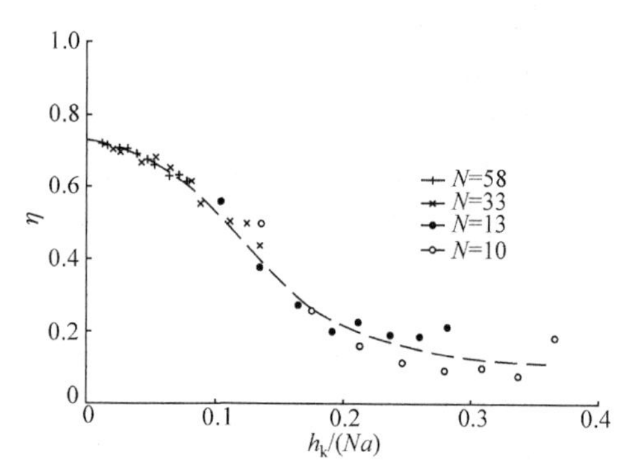

图 2.51　消能率 η 与 $h_k/(Na)$ 的关系

Chanson[3]给出了开敞式和闸板式溢洪道两种情况下滑行水流消能率的计算公式。

开敞式溢洪道：

$$\frac{\Delta E}{E_0} = 1 - \frac{\left(\frac{f}{8\sin\theta}\right)^{\frac{1}{3}}\cos\theta + \frac{1}{2}\left(\frac{f}{8\sin\theta}\right)^{-\frac{2}{3}}}{P / h_k + 3/2} \tag{2.65}$$

闸板式溢洪道：

$$\frac{\Delta E}{E_0} = 1 - \frac{\left(\frac{f}{8\sin\theta}\right)^{\frac{1}{3}}\cos\theta + \frac{1}{2}\left(\frac{f}{8\sin\theta}\right)^{-\frac{2}{3}}}{(E_0 + P) / h_k} \tag{2.66}$$

式中，摩擦系数 f 可由能量方程推得

$$f = \frac{8gh^2}{q^2}\frac{R}{4}\frac{\Delta E}{\Delta l} \tag{2.67}$$

式中，$\Delta E / \Delta l$ 为摩擦坡度。由于台阶式溢洪道上的水深不容易确定，f 也较难确定。

土耳其的 Yildiz 等[48]分别对坡度为 30°、51.3°和 60°的台阶式溢洪道进行了试验研究。当流量一定时，坡度为 30°和 51.3°的能量耗散随台阶高度的增加而增大，说明台阶高度对消能有明显影响。但是当坡度为 60°时，台阶高度对消能率影响很小。

张志昌等[12]通过实测下游收缩断面水深得出了坝下消能率，他指出台阶式溢洪道消能率的主要影响因素是台阶总高度、坡度和上游来水流量。当坡度为 30°～60°时，对于给定的上游来流量，增加台阶步高，消能率将有所增加。为了进行对比，将 Yildiz 等[48]在坡度为 30°、51.3°和 60°、堰上水头为 8～24.7cm、单宽流量为 $0.04\sim0.24\,\mathrm{m^3/(s\cdot m)}$、台阶步高分别为 2.5cm 和 7.5cm、坝高为 275cm 的试验结果与自己的实测结果进行比较，结果见图 2.52，由图可见二者非常吻合，图中还给出了汤升才等[38]和 Sorenson[30]的试验数据。

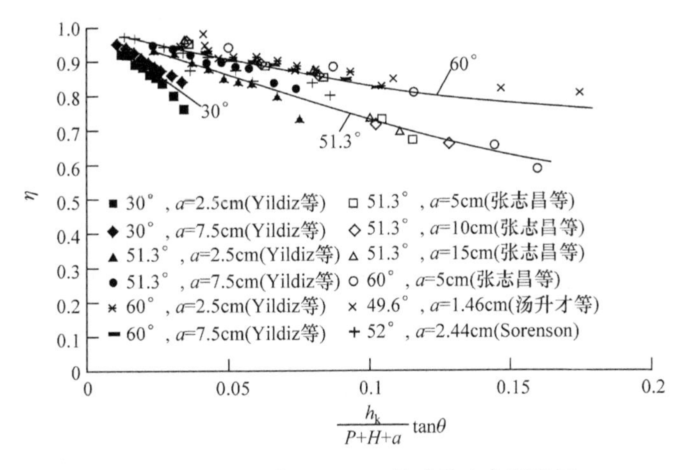

图 2.52　张志昌等和 Yilidiz 等消能率实测结果

张志昌等[12]根据自己和 Yildiz 等[48]的试验资料，提出消能率的计算公式为

当坡度为 30°时，

$$\eta=-111.87\left(\frac{h_{\mathrm{k}}}{P+H+a}\tan\theta\right)^2-1.447\left(\frac{h_{\mathrm{k}}}{P+H+a}\tan\theta\right)+0.9702 \tag{2.68}$$

当坡度为 51.3°时，

$$\eta=-16.163\left(\frac{h_{\mathrm{k}}}{P+H+a}\tan\theta\right)^2-0.671\left(\frac{h_{\mathrm{k}}}{P+H+a}\tan\theta\right)+0.9664 \tag{2.69}$$

当坡度为 60°时，

$$\eta=-18.907\left(\frac{h_{\mathrm{k}}}{P+H+a}\tan\theta\right)^2+0.9327\left(\frac{h_{\mathrm{k}}}{P+H+a}\tan\theta\right)+0.9249 \tag{2.70}$$

张志昌等[12]的试验结果与 Yildiz 等[48]的试验结果一致，且坡度范围较大，具有通用性。

Peyras 等[49]在坡度分别为 1∶1、1∶2 和 1∶3，台阶高度范围在 0.2～1.0m，单宽流量小于 3 $m^3/(s \cdot m)$ 的条件下，绘出单位质量水体的水头损失和坝趾处的水深随 $q^2/(g \cdot \Delta E^3)$ 的变化曲线，得到消能率随坡度和 $q^2/(g \cdot \Delta E^3)$ 的增大而减小的变化规律。

Rice 等[50]根据一座坡度为 1∶2.5、台阶步高为 0.61m、步长为 1.524m 的台阶式溢洪道的模型试验得出：在没有采取任何曲线和过渡台阶的情况下，堰顶到台阶的过渡水流非常平稳，台阶消能作用非常明显，消能率为光滑溢洪道的 2～3 倍，大大减小了下游消力池的规模。

1994 年，才君眉等[2]通过对坡度为 1∶0.35 和 1∶0.5 的试验认为，台阶式溢洪道的消能率远高于光滑溢洪道，甚至可达 90%以上，但是随着单宽流量的增大，消能率降低；坡度对台阶式溢洪道的消能率影响较小，陡坡略小于缓坡，台阶消能主要与台阶尺寸和数量有关。

2003 年，陈群等[51]为探求提高台阶式溢洪道消能率的措施，采用紊流数值模拟的方法，对影响消能率的主要因素，如单宽流量、坝坡、台阶高度以及是否设反弧段等参数进行研究。计算得出坝面消能率随单宽流量的增大而显著降低；坝坡越缓，台阶长高比越大，消能率越高；而台阶高度对消能率的影响甚小。同时，数据结果显示不设反弧段时，最后几级台阶和水平段上的紊动耗散率都很大，故消能率比设反弧段时要大得多，因此在设计时，可以在坝面抗冲能力足够的前提下考虑不设反弧段以提高消能率。

2015 年，张峰等[52]研究了台阶式溢洪道超出光滑溢洪道消能率的问题，研究的坡度为 32°、38.7°和 55°。结果表明，不同单宽流量和台阶高度下的纯台阶消能率差值均不超过 5%，纯台阶消能率与流程长度之间呈现良好的线性规律，单位流程纯台阶消能率在不同流量和台阶高度下可以作为常量，当溢洪道坡度由 55°减至 32°时，纯台阶消能率提高了 10.4%。

2.5.2　台阶式溢洪道跌落水流和滑行水流消能率的统一公式

田嘉宁[11]根据试验提出了跌落水流和滑行水流可以共用的一个经验公式为

$$\frac{\Delta E}{E_0}=\frac{P/h_k}{M_0+N_0 P/h_k} \tag{2.71}$$

式中，M_0、N_0 计算如式(2.72)～式(2.75)。

当 5.7°≤ θ <30°时，

$$M_0=3.00175+0.065750\theta \tag{2.72}$$

$$N_0=\theta/(0.26813+1.0079\theta) \tag{2.73}$$

当 30°≤ θ ≤60°时，

$$M_0=1/(0.12393-0.000177650\theta) \tag{2.74}$$

$$N_0 = 0.9475 + 0.00127850\theta \quad (2.75)$$

田嘉宁的试验结果认为，消能率随着相对坝高 P/h_k 的增加而增大，随着坝坡的变陡而减小。台阶高度对消能率影响很小，大约只有 1%；消能率随流量的增大而减小。

由以上对消能率的众多研究可以看出，台阶式溢洪道确实比光滑溢洪道有着更好的消能效果。研究者已经提出了消能率的一些计算公式，但由于影响消能率的因素很多，如单宽流量、水流流态、台阶尺寸、台阶级数、溢洪道坡度和水流掺气等，以及各公式的试验范围不同，其计算公式也不同，有的甚至相差较大。而张志昌等[12]和 Yildiz 等[48]的试验结果有很好的相关性，因此建议在坡度范围为 30°～60°时采用张志昌等[12]的公式计算消能率，在坡度范围为 5.7°～30°时，采用田嘉宁[11]的公式计算消能率。

参 考 文 献

[1] RAJARATNAM N. Skimming flow in stepped spillways[J]. Journal of hydraulic engineering, 1990, 116(4): 587-591.

[2] 才君眉, 薛慧涛, 冯金鸣. 碾压混凝土坝采用台阶式溢洪道消能初探[J]. 水利水电技术, 1994, (4): 19-21.

[3] CHANSON H. Comparison of energy dissipation between nappe and skimming flow regimes on stepped chutes[J]. Journal of hydraulic research, 1994, 32(2): 213-218.

[4] CHANSON H, TOOMBES L. Flow aeration at stepped cascades[R]. Research Report No. CE 155, Brisbane: The University of Queensland, 1997.

[5] CHAMANI M R, RAJARATNAM N. Onset of skimming flow on stepped spillways[J]. Journal of hydraulic engineering, 1999, 125(9): 969-971.

[6] CHANSON H. Hydraulic design of stepped spillways and downstream energy dissipators[J]. Dam engineering, 2001, 11(4): 205-242.

[7] 什瓦英什高 A M. 台阶式溢流坝及其消能[J]. 刘正启, 译. 水利水电快报, 2000, 21(6): 1-6.

[8] YASUDA Y, OHTSU I. Flow resistance of skimming flow in stepped channels[C]. Graz, Austria: Proceeding of 28th IAHR Congress, 1999.

[9] OHTSU I, YASUDA Y, TAKAHASHIM. Discussion of onset of skimming flow on stepped spillways[J]. Journal of hydraulic engineering, 2001, 127(6): 522-524.

[10] BOES R M, HAGER W H. Hydraulic design of stepped spillways[J]. Journal of hydraulic engineering, 2003, 129(9): 671-679.

[11] 田嘉宁. 台阶式泄水建筑物水力特性试验研究[D]. 西安: 西安理工大学, 2005.

[12] 张志昌, 曾东洋, 刘亚菲. 台阶式溢洪道滑行水流水面线和消能效果的试验研究[J]. 应用力学学报, 2005, 22(1): 30-35.

[13] 张志昌, 李建中, 牛争鸣. 陡坡紊流边界层的分析与计算[J]. 陕西机械学院院报, 1991, (1): 53-59.

[14] 付奎, 刘韩生, 杨顺玉. 台阶式溢洪道滑掠水流水面线计算公式初探[J]. 人民黄河, 2009, 31(6): 117-118.

[15] 夏震寰. 现代水力学(三)紊动力学[M]. 北京: 高等教育出版社, 1992: 454-455.

[16] SHERRY L, HUNT K C, KADAVY S R, et al. Temple impact of converging chute walls for roller compacted concrete stepped spillways[J]. Journal of hydraulic engineering, 2008, 134(7): 1000-1003.

[17] 华东水利学院. 水工设计手册第六卷(泄水与过坝建筑物)[M]. 北京: 水利电力出版社, 1987: 178-179.
[18] 黄智敏. 溢流坝水面线计算分析和观测[J]. 水动力学研究与进展, 1998, 13 (3): 31-36.
[19] 曾东洋. 台阶式溢洪道水力特性的试验研究[D]. 西安: 西安理工大学, 2002.
[20] 骈迎春. 台阶式溢洪道强迫掺气水流水力特性的试验研究[D]. 西安: 西安理工大学, 2007.
[21] BOES R M. Scale effects in modeling two-phase stepped spillway flow[C]. Rotterdam: Hydraulics of stepped spillways, 2000: 53-60.
[22] 潘瑞文. 台阶溢流坝的水流特性与消能效果[J]. 云南工业大学学报, 1995, 11(4): 1-7.
[23] WOOD I R, AEKERS P, LOVELESS J. General method for critical point on spillways[J]. Journal of hydraulic engineering, 1983, 109(2): 308-312.
[24] CHANSON H.Hydraulics of skimming flow over stepped channels and spillways[J]. Journal of hydraulic research, 1994, 32(3): 445-460.
[25] 埃尔维罗 V. 西班牙台阶式溢洪道的研究[J]. 李桂芬, 译. 水利水电快报, 1996, 17(7): 1-6.
[26] 汝树勋, 唐朝阳, 梁川. 曲线型台阶溢流坝坝面掺气发生点位置的确定[J]. 长江科学院院报, 1996, 13(2): 7-10.
[27] ZHOU H, WU S Q, JIANG S H.Hydraulic performances of skimming flow over stepped spillway[J]. Journal of hydrodynamics, 1997, (3): 80-86.
[28] BOES R M, HANS E M. Inception point characteristics of stepped spillways[C]. Beijing: Proceeding of 29th IAHR Congress, 2001: 680-686.
[29] 陈丽红, 熊耀湘, 尹亚敏. 台阶式泄槽溢洪道设计方法综述[J]. 人民长江, 2005, 36(1): 18-20.
[30] SORENSON R M.Stepped spillway hydraulic model investigation[J]. Journal of hydraulic engineering, 1985, 111(12): 1461-1472.
[31] 廖华胜, 汝树勋, 吴持恭. 台阶溢流坝水力特性实验研究[C]//水利水电泄水工程与高速水流信息网, 水利部松辽委员会水利科学研究院. 泄水工程与高速水流论文集. 成都: 成都科技大学出版社, 1994: 95-97.
[32] YANG S L, LIN F M.Flaring pier-stepped spillways-a bucket of combined energy dissipater[C]. Beijing: The International Conference on Hydropower, 1996: 231-242.
[33] 吴宪生. 台阶式溢流坝水力特性初探[J]. 四川水力发电, 1998, 17(1): 73-77.
[34] 杨敏, 滕显华, 任红亮, 等. 阶梯溢流面的几个水力学问题[C]//水利水电泄水工程与高速水流信息网，东北勘测设计研究院水利科学研究院. 泄水工程与高速水流论文集. 长春: 吉林科学技术出版社, 1998: 29-32.
[35] 杨庆. 阶梯溢流坝水力特性和消能机理试验研究[D]. 成都: 四川大学, 2002.
[36] SANCHEZ J M, POMARES J, DOLZ J. Pressure field in skimming flow over a stepped spillways[C]. Rotterdam: Hydraulics of stepped spillways, 2000: 137-145.
[37] MATOS J, QUINTELA A.Air entrainment and safety-against cavitation damage in stepped spillways over RCC dams[C]. Rotterdam: Hydraulics of stepped spillways, 2000: 69-76.
[38] 汤升才, 金峰, 石教豪. 台阶式溢流坝试验研究与消能率计算[J]. 人民长江, 2008, 39(12): 43-46.
[39] 陈群, 戴光清. 鱼背山水库岸边阶梯溢流道流场的三维数值模拟[J]. 水力发电学报, 2002, (3): 62-71.
[40] 金瑾. 台阶式溢洪道水力特性的数值模拟[D]. 西安: 西安理工大学, 2009.
[41] 钱忠东, 胡晓清, 槐文信. 阶梯溢流坝水流数值模拟及特性分析[J]. 中国科学: E 辑, 2009, 39(6): 1104-1111.
[42] OHTSU I, YASUDA Y. Characteristics of flow condition on stepped channels[C]. San Francisco: Proceeding of 27th IAHR Congress, 1997: 583-588.
[43] 张志昌, 曾东洋, 郑阿漫, 等. 台阶式溢洪道滑行水流压强特性的试验研究[J]. 水动力学研究与进展, 2003, 18(5): 652-659.
[44] 郑阿漫. 掺气分流墩台阶式溢洪道水力特性的研究[D]. 西安: 西安理工大学, 2001.
[45] STEPHENSON D. Energy dissipation down stepped spillway[J]. Waterpower and dam construction, 1991, (9):

27-30.

[46] 吴宪生. 台阶式溢流坝的消能试验与计算[J]. 水电站设计, 2000, 16(1): 83-87.

[47] CHRISTODOULOU G C. Energy dissipation on stepped spillways[J]. Journal of hydraulic engineering, 1993, 119(5): 644-650.

[48] YILDIZ D, KAS I. Hydraulic performance of stepped chute spillways[J]. Hydropower and dams, 1998, 5(4): 64-70.

[49] PEYRAS L, ROYET P, DEGOUTTE G. Flow and energy dissipation over stepped gabion weirs[J]. Journal of hydraulic engineering, 1992, 118(5): 707-717.

[50] RICE C E, KADVY K C. Model study of a roller compacted concrete stepped spillway[J]. Journal of hydraulic engineering, 1996, 122(6): 292-297.

[51] 陈群, 戴光清. 影响阶梯溢流坝消能率的因素[J]. 水力发电学报, 2003, 22(4): 95-104.

[52] 张峰, 刘韩生. 台阶式溢洪道纯台阶消能率的研究[J]. 水力发电学报, 2015, 34(4): 47-50.

第3章　台阶式溢洪道水力特性的数值模拟

3.1　数值模拟在台阶式溢洪道上的应用状况和计算模型

3.1.1　数值模拟在台阶式溢洪道上的应用状况

随着计算机技术的迅速发展，数值模拟逐渐成为一种强有力的研究手段。计算流体动力学(computational fluid dynamics，CFD)是通过计算机数值计算和图像显示，对包含有流体流动的热传导等相关物理现象的系统所做的分析。CFD的基本思想可以归结为：把原来在时间域及空间域上连续的物理量的场，如速度场和压强场，用一系列有限个离散点上的变量值的集合来代替，通过一定的原则和方式建立起关于这些离散点上场变量之间关系的代数方程组，然后求解代数方程组获得场变量的近似值[1]。CFD可以看作是在流动基本方程(质量守恒方程、动量守恒方程、能量守恒方程)控制下对流动的数值模拟。通过这种数值模拟，可以得到复杂问题的流场内各个位置上的基本物理量(如速度、压强、温度和浓度等)的分布，以及这些物理量随时间的变化情况，确定旋涡分布特性、空化特性及脱流区等。

关于台阶式溢洪道的数值模拟，从目前掌握的资料来看，我国在这方面研究最早的是廖华胜等。1995年，廖华胜等[2]就采用“残压反馈”法研究了台阶式溢洪道上的流场。所谓“残压反馈”法就是利用非收敛自由面上的残剩压强，按一定规律反馈到自由面中去，得到新的自由面及其残压，然后再进行反馈，直到自由面被修正到残压接近于零。

2002年，陈群等[3, 4]首先利用FLUENT软件，采用三维k-ε双方程模型，引入VOF模型对台阶式溢洪道进行了数值模拟，主要研究了台阶式溢洪道滑行水流的水流流态。计算结果认为，在台阶虚拟底板内存在着顺时针方向的旋涡，台阶式坝面上的滑行水流的速度大于旋涡的速度，滑行水流沿水流流动方向速度分布很均匀，从自由表面到台阶内部速度逐渐减小，速度方向与自由表面平行，但这与实际水流流速分布有所不同。当水流冲击台阶边缘时，水流由于反弹，流速方向有向外偏转的趋势，当水流掠过台阶时，受重力作用水流流速有向下偏转的趋势；台阶水平面上的压强分布规律为，从台阶内部向台阶边缘压强先减小，然后增大到最大，在台阶边缘又有所降低，在台阶竖直面，台阶凹角处压强最大，从凹角向凸角压强逐渐变小并在上半部分易出现负压。研究表明，用该软件可以较好地模拟台阶式坝面的流场。

2004 年，程香菊等[5]引入水气两相流模型，用 k-ε 紊流数学模型研究了台阶式溢洪道自由表面掺气特性，计算模型为 Chanson 的试验模型。数值计算表明，台阶式溢洪道上越接近台阶边缘含气率越低，距台阶边缘越远含气率越高，说明离台阶边缘越近气液两相间的接触面积越小、相互作用减小，使得台阶边缘附近的掺气浓度减小；计算的断面流速分布与实测流速分布有一定的差距，实测流速分布在含气率为 90%处流速最高，而计算值在含气率为 40%～70%时所得流速最大。

2006 年，Dong[6]对坡度较缓的台阶式溢洪道进行了数值模拟，模拟的台阶式溢洪道坡度为 7.5°～20°，模拟的主要内容包括台阶式溢洪道上的水面线、阻力系数、掺气浓度和流速分布。研究表明，采用 FLUENT6.1 软件和 VOF 模型计算的水面线与实测水面线一致，台阶式溢洪道上清水的阻力系数远大于光滑溢洪道上清水的阻力系数。例如，当溢洪道坡度为 20°、流量为 11.69L/s 时，在前三级台阶上阻力系数都沿程增加，但台阶式溢洪道上最大阻力系数可达 0.02，光滑溢洪道上最大阻力系数为 0.015；随后台阶式溢洪道上阻力系数沿程发生波动，变化不大，其平均值约为 0.018，而光滑溢洪道上阻力系数沿程逐渐减小，在第 25 级台阶处阻力系数降为 0.003，随后阻力系数沿程基本不变。在同样的流量下，溢洪道坡度为 10°时，从第 5 级台阶开始直到第 34 级台阶，当相对水深小于 0.8 时，台阶上几乎不掺气，当相对水深大于 0.8 时，掺气浓度突然增大，直到水面掺气浓度达到 100%；各台阶上的断面流速分布具有相似性，从台阶底部开始，向水面方向流速逐渐增大，当相对水深约为 0.8 时流速达到最大，随后向水面方向流速逐渐减小。

罗树焜等[7]结合布西水电站泄洪洞阶梯消能布置方案进行了数值模拟。布西水电站位于四川省凉山州木里县境东南侧的鸭嘴河中游，其中泄洪洞布置在河道左岸，全长约 357.87m，最大泄量为 178.5m^3/s，进口高程为 3295m，出口高程为 3180m，泄洪洞溢流面采用台阶形式，台阶尺寸为 2m×2m(步长×步高)，陡坡段坡度为 45°，数值模拟的计算工况为设计水位 3301.69m，流量为 161.8m^3/s。主要研究了台阶起始位置的布置，采用三种台阶起始高程，其高程分别为 3279.01m、3268.80m 和 3258.65m，对应的流速分别为 20.0m/s、21.5m/s 和 25.0m/s，弗劳德数 Fr 分别为 5.25、6.07 和 7.48。研究表明，前两种布置方式水流流态沿程分布平稳，台阶处的流态为滑行水流，台阶段和反弧段的掺气效果明显；第三种布置方式台阶处产生射流流态，说明台阶起始位置不能布置在流速太大或 $Fr>7.0$ 处。由此可以看出，台阶起始端的流速不能太大，综合分析认为，第二种布置方式($Fr=6.07$)消能效果佳，流态和掺气良好，为推荐方案。但该工程是针对单宽流量较小的情况下得到的，对于大单宽流量、低弗劳德数情况下的布置方式还需进一步研究。

钱忠东等[8]针对混合多相流模型，分别采用 Realizable k-ε 模型、SSTk-w 模型、v^2-f 模型和大涡模拟(LES)模型对台阶式溢洪道溢流面水流特性进行了数值模拟，并与试验结果进行了对比分析。结果表明，Realizable k-ε 模型考虑了流体微团的旋转效应，能够较好地适用于台阶式溢洪道的旋滚水流，并对曲率较大的流动、旋流和涡流具有良好的适应性，而其他模型不同程度地存在着不适应或计算精度低等问题，因此建议对台阶式溢洪道的数值模拟采用 Realizable k-ε 模型。

2016 年，赵相航等[9]利用 FLUENT 软件，采用标准 k-ε 模型和 VOF 模型模拟了坡度为 33.69°，台阶高度为 1.8m，单宽流量为 5.72m^3/(s · m)时台阶式溢洪道的水面线、流速场、压强场、紊动能和紊动耗散率，并与模型试验进行了对比，结果表明，计算值与实测值吻合良好，用标准 k-ε 模型和 VOF 模型可以较好地获得台阶式溢洪道的流场信息。

本章利用 FLUENT 软件作为计算工具，结合计算流体力学的相关知识对台阶式溢洪道的水力特性进行数值模拟。

3.1.2 计算模型

计算采用的模型为文献[10]的试验模型，包括上游水库、标准的 WES 曲线堰、过渡段、台阶段和下游水槽。WES 曲线堰的曲面方程为 $y/H_d = 0.5(x/H_d)^{1.85}$，其中 H_d 为设计水头，试验中取 H_d=20cm，如图 3.1 所示。

计算时选择了 4 种体型进行数值模拟，具体尺寸见表 3.1，溢流堰上游水库水位分别为 5cm、10cm、20cm 和 28cm，相应的堰上相对水头 H/H_d 为 0.25、0.50、1.00 和 1.40，单宽流量分别为 0.0196m^3/(s · m)、0.0585m^3/(s · m)、0.1809m^3/(s · m)和 0.313m^3/(s · m)，堰上流能比 $K = q/(\sqrt{g}H^{1.5})$ 分别为 0.560、0.591、0.646 和 0.675。

表 3.1 模型体型的尺寸数据

体型	坡度 /(°)	过渡段长度 /cm	台阶段总长 /cm	溢洪道陡坡段总长 /cm	台阶步长 /cm	台阶步高 /cm	台阶级数 /级
1	51.3	5.75	230.64	236.40	4	5	36
2	51.3	5.75	230.64	236.40	8	10	18
3	51.3	5.75	230.64	236.40	12	15	12
4	60.0	5.17	184.75	189.92	2.88	5	32

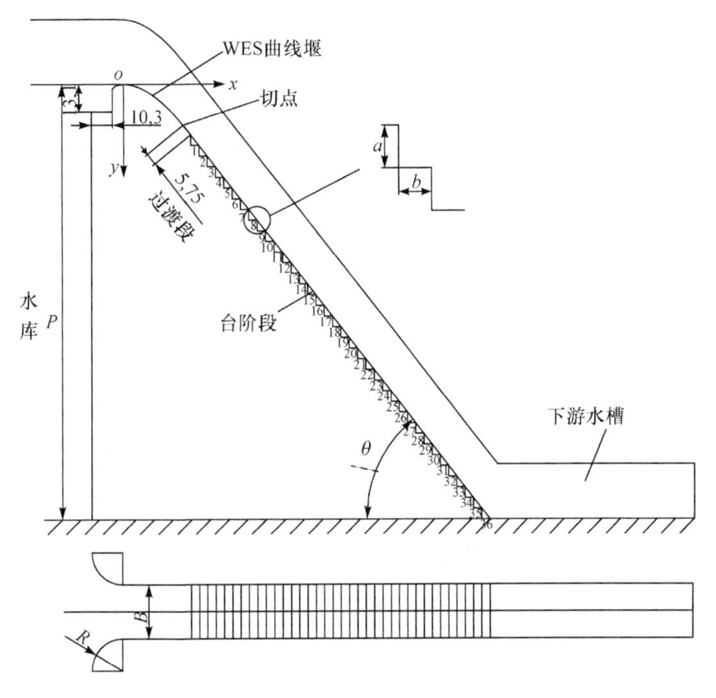

图 3.1　模型示意图

3.2　紊流数值模拟理论及数值方法

3.2.1　基本控制方程的建立

由于计算模型不考虑热交换，是单纯流场计算问题，紊流模型流动的控制方程为连续性方程、动量方程、k 方程和ε方程，表达式如下。

连续方程
$$\frac{\partial \rho}{\partial t}+\frac{\partial(\rho u_i)}{\partial x_i}=0 \tag{3.1}$$

动量方程
$$\frac{\partial(\rho u_i)}{\partial t}+\frac{\partial(\rho u_i u_j)}{\partial x_i}=-\frac{\partial p}{\partial x_i}+\frac{\partial}{\partial x_j}\left[(\mu+\mu_t)\left(\frac{\partial u_i}{\partial x_j}+\frac{\partial u_j}{\partial x_i}\right)\right] \tag{3.2}$$

k 方程
$$\frac{\partial(\rho k)}{\partial t}+\frac{\partial(\rho k u_i)}{\partial x_i}=\frac{\partial}{\partial x_j}\left[\left(\mu+\frac{\mu_{\mathrm{t}}}{\sigma_k}\right)\frac{\partial k}{\partial x_j}\right]+G-\rho\varepsilon \tag{3.3}$$

ε方程
$$\frac{\partial(\rho\varepsilon)}{\partial t}+\frac{\partial(\rho\varepsilon u_i)}{\partial x_i}=\frac{\partial}{\partial x_j}\left[\left(\mu+\frac{\mu_{\mathrm{t}}}{\sigma_\varepsilon}\right)\frac{\partial \varepsilon}{\partial x_j}\right]+C_{1\varepsilon}\frac{\varepsilon}{k}G-C_{2\varepsilon}\rho\frac{\varepsilon^2}{k} \tag{3.4}$$

式中，t 为时间；u、x 为速度分量和坐标分量；ρ 和 μ 分别为体积分数平均密度和

分子黏性系数；p 为压强；μ_t 为紊流黏性系数，可由式(3.5)求出

$$\mu_t = \rho C_\mu k^2 / \varepsilon \tag{3.5}$$

式中，C_μ=0.09 为经验常数；σ_k 和 σ_ε 分别为 k 和 ε 的紊流普朗特数，σ_k=1.0，σ_ε=1.3；$C_{1\varepsilon}$ 和 $C_{2\varepsilon}$ 为方程常数，$C_{1\varepsilon}$=1.44，$C_{2\varepsilon}$=1.92；G 为平均速度梯度引起的湍动能 k 的产生项，定义为

$$G = \mu_t \left(\frac{\partial u_i}{\partial x_j} + \frac{\partial u_j}{\partial x_i} \right) \frac{\partial u_i}{\partial x_j} \tag{3.6}$$

3.2.2 紊流模型

紊流模型采用 Realizable k-ε 双方程模型。Realizable k-ε 模型的 k 和 ε 的运输方程为

$$\frac{\partial(\rho k)}{\partial t} + \frac{\partial(\rho k u_i)}{\partial x_i} = \frac{\partial}{\partial x_j}\left[\left(\mu + \frac{\mu_t}{\sigma_k}\right)\frac{\partial k}{\partial x_j}\right] + G - \rho\varepsilon \tag{3.7}$$

$$\frac{\partial(\rho \varepsilon)}{\partial t} + \frac{\partial(\rho \varepsilon u_i)}{\partial x_i} = \frac{\partial}{\partial x_j}\left[\left(\mu + \frac{\mu_t}{\sigma_\varepsilon}\right)\frac{\partial \varepsilon}{\partial x_j}\right] + \rho C_1 E\varepsilon - \rho C_2 \frac{\varepsilon^2}{k + \sqrt{\nu\varepsilon}} \tag{3.8}$$

式中，σ_k=1；σ_ε=1.2；C_1=max[0.43，$\eta/(\eta+5)$]；C_2=1.9；$E_{ij} = 0.5(\partial u_i / \partial x_j + \partial u_j / \partial x_i)$；$\eta = (2E_{ij} \cdot E_{ij})^{1/2} k / \varepsilon$；$\mu_t$ 按式(3.5)计算，式(3.5)中的 C_μ 为

$$C_\mu = 1 / [4.0 + \sqrt{6} \cos\phi U^* k / \varepsilon] \tag{3.9}$$

式中，$\phi = 1/3\arccos(\sqrt{6}W)$；$W = E_{ij}E_{jk}E_{kj} / \sqrt{E_{ij}E_{ij}}$；$U^* = \sqrt{E_{ij}E_{ij} + \hat{\Omega}_{ij}\hat{\Omega}_{ij}}$；$\hat{\Omega} = \Omega_{ij} - 2\varepsilon_{ijk}\omega_k$；$\hat{\Omega}_{ij}$ 是从角速度为 ω_k 的参考系中观察到的时均转动速率的张量；对于无旋转流场，U^*计算式中根号第二项为零，可见这一项是考虑旋转影响因素的。

3.2.3 自由水面的确定

因为自由水面形状不规则，且自由水面的形状和位置与自由水面的边界条件相联系，造成自由水面在计算前完全是未知的，所以自由水面的追踪成为台阶式溢洪道数值模拟的难题。

目前自由水面确定的方法比较多，常用的有“刚盖”法、标高函数法、网格标记(MAC)法和体积率(VOF)法等。本小节采用 VOF 法追踪自由水面。

VOF 法根据体积比函数 $F(x,y,z,t)$表示流体自由面的位置和流体所占的体积。若 F=1，则说明该单元全部为指定相流体所占据；若 F=0，则该单元为无指定相流体单元；当 $0<F<1$ 时，则该单元称为交界面单元。通过求解体积率函数

$$\frac{\partial \alpha_{\mathrm{w}}}{\partial t}+u_i\frac{\partial \alpha_{\mathrm{w}}}{\partial x_i}=0 \tag{3.10}$$

得到界面的区域，然后采用界面附近插值方法得到界面的形状。

VOF 法原理简单，计算精确，可以处理自由面重入等强非线性现象，计算时间短、存储量少，是目前计算流体动力学中模拟自由表面水流问题较理想的方法。

因为在 VOF 模型中，可认为水和气具有相同的速度和压强场，所以水气两相流可用同一组方程来描述流场。引入 VOF 法后的 k-ε 紊流模型的方程和单向流的 k-ε 紊流模型是相同的，只是引入 VOF 后的 k-ε 紊流模型中的 ρ 和 μ 不再是常数，而是容积分数的函数，具体计算公式为

$$\rho=\alpha_{\mathrm{w}}\rho_{\mathrm{w}}+(1-\alpha_{\mathrm{w}})\rho_{\mathrm{a}} \tag{3.11}$$

$$\mu=\alpha_{\mathrm{w}}\mu_{\mathrm{w}}+(1-\alpha_{\mathrm{w}})\mu_{\mathrm{a}} \tag{3.12}$$

式中，α_{w} 为水的体积分数；ρ_{w} 和 ρ_{a} 分别为水和气的密度；μ_{w} 和 μ_{a} 分别为水和气的分子黏性系数。

从式(3.10)可以看出，水的体积分数与时间和空间都有关系，即为时间和空间坐标的函数，随着时间和空间坐标的变化而变化。因此，VOF 两相流模型对水流流场的求解需要采用瞬时求解，即系非恒定过程，通过对时间的逐步迭代求解最终达到稳定。

3.2.4　计算模型的网格划分

计算模型借助 Gambit 软件进行网格划分，采用结构网格和非结构网格结合的形式。因为计算的着重点在于台阶坝面附近的水力要素，所以在台阶处的网格划分较密而在上游库区网格划分较疏。图 3.2 是体型 1 的网格划分图，虽然体型尺寸不同，但是划分网格的方法和网格的形式基本一致。

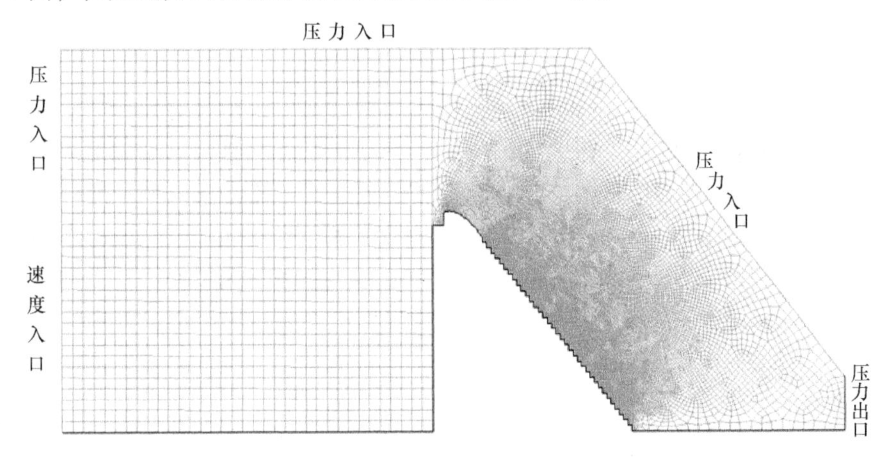

图 3.2　计算模型的网格划分及边界条件

3.2.5 边界条件的处理

边界条件是指在求解区域的边界上所求解的变量或其一阶导数随地点及时间变化的规律。确定合理的边界条件是得出正确解的关键，本书计算模型的边界条件处理详见图 3.2。

1. 进口边界条件

进口边界条件分别选用了速度进口边界条件和压强入口边界条件。

水的入口采用速度入口边界条件，在速度入口根据流量和水深可求出入口的平均速度，作为边界条件输入。在使用 k-ε 模型时，要给定进口边界上 k 和 ε 的估算值，目前没有精确计算这两个参数的公式，对于没有任何已知条件的前提下，可根据以下公式估计进口的 k 和 ε 值，即

$$k = 3(\bar{u}I)^2 / 2 \tag{3.13}$$

$$I = u' / \bar{u} = 0.16 Re_{D_{\text{H}}}^{-1/8} \tag{3.14}$$

$$\varepsilon = C_\mu^{3/4} k^{3/2} / l \tag{3.15}$$

式中，u' 和 $\bar{u}$ 为湍流脉动速度和平均速度；I 为湍流强度；$Re_{D_{\text{H}}}$ 为按水力直径 D_{H} 计算得到的雷诺数；l 为湍流长度尺度，l=0.07L，L 为关联尺寸，可取为水力直径；C_μ=0.09。

压强进口边界条件为：压强进口边界条件用于定义流动进口的压强以及流动的其他标量特性参数。所有气体边界(包括气体入口)都设为压强边界条件，气体边界处压强都为大气压，但气体流入或流出边界的时间 t 未知，因此都采用压强边界条件。k 和 ε 的估算值同样采用式(3.13)～式(3.15)。

2. 出口边界条件

出口边界条件是指在几何出口处给定流动参数。出口边界条件一般选在几何扰动足够远的地方来施加。在这样的位置，流动是充分发展的，沿流动方向没有变化。本书中模型的出口是由气体和水两部分组成，水流在出口处一般较平顺，可以采用均匀流出口(outflow)边界条件，但因为求解前出口水深未知，水和气体的边界无法分开，所以只能作为同一个出口边界。考虑到气体的任意流动和水的自由流出，故采用压强边界较为合适，由于出口水流为自由出流，与大气相通，设置出口压强为大气压强值。

3. 固壁边界条件

整个台阶溢流坝面均为固壁边界，定义为无滑移边界条件，对黏性底层采用

标准壁面函数来求解近壁区域的流动。

4. FLUENT 求解步骤

FLUENT 是一个 CFD 求解器，在使用 FLUENT 进行求解之前，必须借助 Gambit、Tgrid 或其他 CAD 软件生成网格模型。求解步骤为：

(1) 创建几何模型和网格模型(在 Gambit 或其他前处理软件中完成)。
(2) 启动 FLUENT 求解器。
(3) 导入网格模型。
(4) 检查网格模型是否存在问题。
(5) 选择求解器及运行环境。
(6) 决定计算模型，即是否考虑热交换，是否考虑黏性，是否存在多相等。
(7) 设置材料特性。
(8) 设置边界条件。
(9) 调整用于控制求解的有关参数。
(10) 初始化流场。
(11) 开始求解。
(12) 显示求解结果。
(13) 保存求解结果。
(14) 如果必要，修改网格或计算模型，然后重复上述过程重新进行计算。

3.3　台阶式溢洪道的水面线及水流流态

以往的研究表明，在台阶式溢洪道上存在三种水流流态，即滑行水流、过渡水流和跌落水流。在滑行水流流态中，水流在溢洪道上产生明显的分层，主流掠过台阶泄向下游，台阶内伴有急剧的旋滚。跌落水流流态会在整个溢洪道上形成多级不连续跌落，水流沿台阶逐级跌落并在台阶上发生完全或不完全水跃。过渡水流流态则介于滑行水流和跌落水流之间。

本节对台阶式溢洪道的4种体型在不同水头作用下的16种工况进行了数值模拟计算，得到了台阶式溢洪道溢流面水流的自由水面线。

3.3.1　不同时刻的自由水面线

计算采用 VOF 模型追踪出了台阶式溢洪道溢流面的自由水面线，图 3.3 是体型 1 在上游相对水头为 H/H_d=1.00 的工况下台阶式溢洪道不同时刻的水流流态。以水流从上游水库开始下泄为初始状态，当 t=2s 时，下泄水流的水舌流动到台阶式溢洪道的中部，t=4s 时水舌已达到台阶的末端，水流进入下游矩形泄槽内，t=6s 时，水流已经到达泄槽出口。图 3.3(a)、(b)和(c)是分别对应于 t=2s、4s、6s 的水流流态。大约在 12s 时，入口和出口的流量达到平衡，水流达到了稳定状态，水流流态如图 3.3(d)所示。从图中可以看出，水流经过堰顶到达过渡段处水面有明显降低，进入台阶段后坝面水深先沿程减小之后逐渐趋于稳定，溢洪道水面线沿程光滑，水流流态稳定。

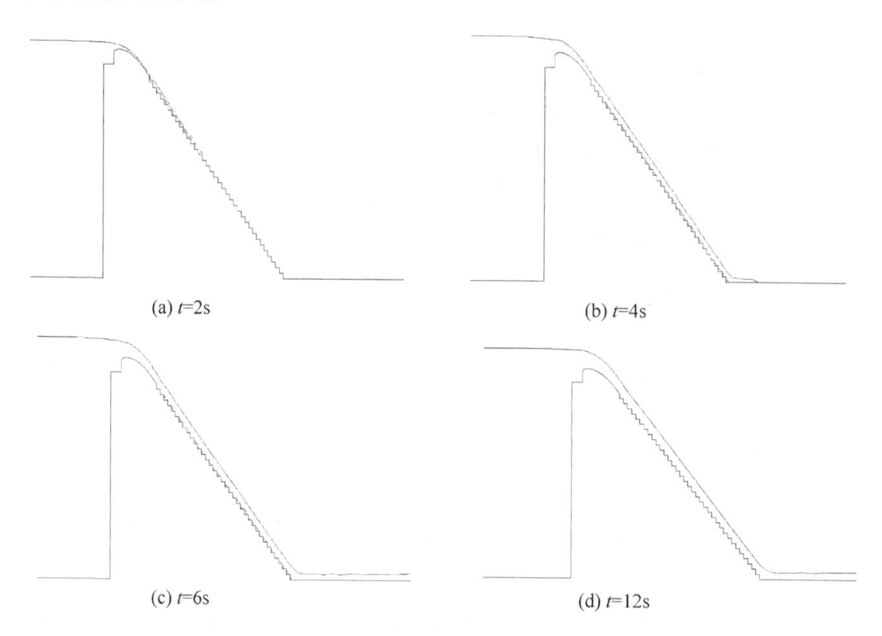

(a) t=2s　(b) t=4s

(c) t=6s　(d) t=12s

图 3.3　体型 1 在相对水头 H/H_d=1.00 作用下不同时刻的水流流态图

3.3.2　单个台阶上的水流流态

通过计算得到的台阶流速矢量图可以清楚地看出溢洪道单个台阶内的水流流态，如图 3.4 所示。

图 3.4(a)为滑行水流，滑行水流有明显的分层现象，台阶内部有一个较大的顺时针旋涡，主流在旋涡外边缘与台阶凸角连线形成的虚拟底板上流动，如同在光滑溢洪道上流动一样。由图 3.4(a)还可以看出，在距台阶凹角约 4/5 步长处，水流对台阶有冲击作用，这也是此处压强增大的原因。图 3.4(b)为跌落水流，水流流过台阶时，在台阶的凹角附近仍有旋滚，但相对于滑行水流旋涡较小，跌落到台阶上的水流对台阶产生较大的冲击范围，然后顺着台阶的水平面流向下一级台阶。

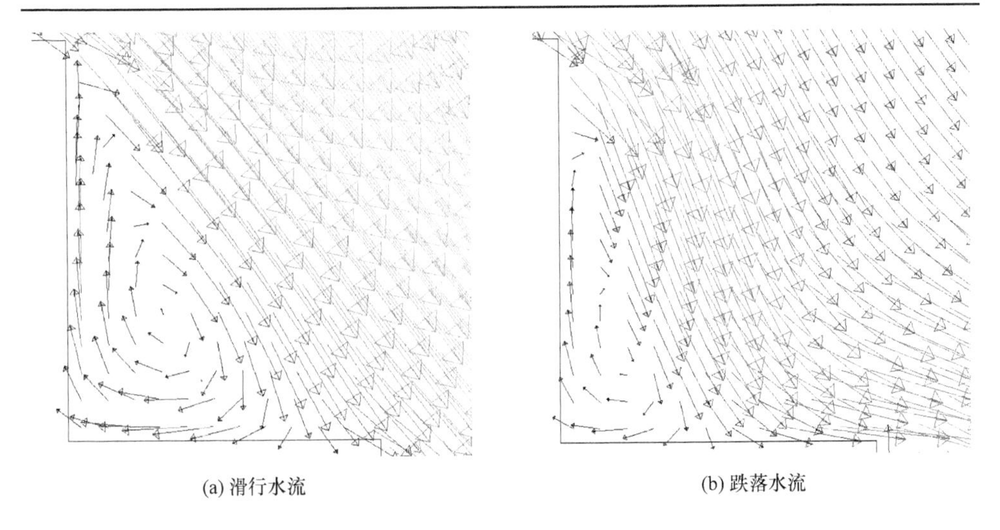

(a) 滑行水流　　(b) 跌落水流

图 3.4 单个台阶内的水流流态

3.3.3 不同工况下的自由水面线

通过数值模拟计算得到了 4 种体型的台阶式溢洪道在不同水头作用下坝面水流的自由水面线，图 3.5 是各种工况下水流达到稳定时溢洪道上的水面曲线图。从图中可以看出，体型 1 和体型 4 在上游所有水头作用下均是滑行水流流态，体型 2 和体型 3 在堰上相对水头 H/H_d=0.25 作用下水流为跌落水流流态，在其余水头作用下均为滑行水流，体型 3 在 H/H_d=0.50 作用下前面三级台阶上水流不稳定，但水流仍为滑行水流。文献[10]的试验表明，体型 1 与体型 4 在上游各级水头条件下台阶式溢洪道上均为滑行水流；体型 2 和体型 3 当堰上相对水头 H/H_d=0.25 时为跌落水流，体型 3 中的主挑射流跨越多级台阶，在跌落后台阶上由于台阶作用使得水流反弹，并在下一级台阶上形成小跌流，跌落水流特征十分明显；体型 3 在堰上相对水头为 H/H_d=0.50 时前面几级台阶上有水流跌落。由此可以看出，数值计算与文献[10]的试验结果是相同的。

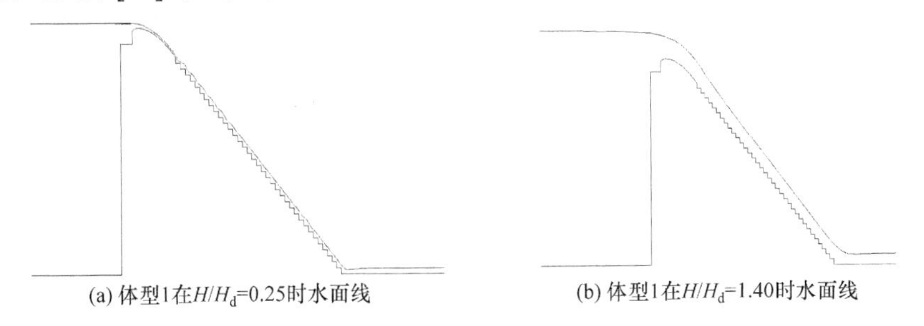

(a) 体型1在H/H_d=0.25时水面线　　(b) 体型1在H/H_d=1.40时水面线

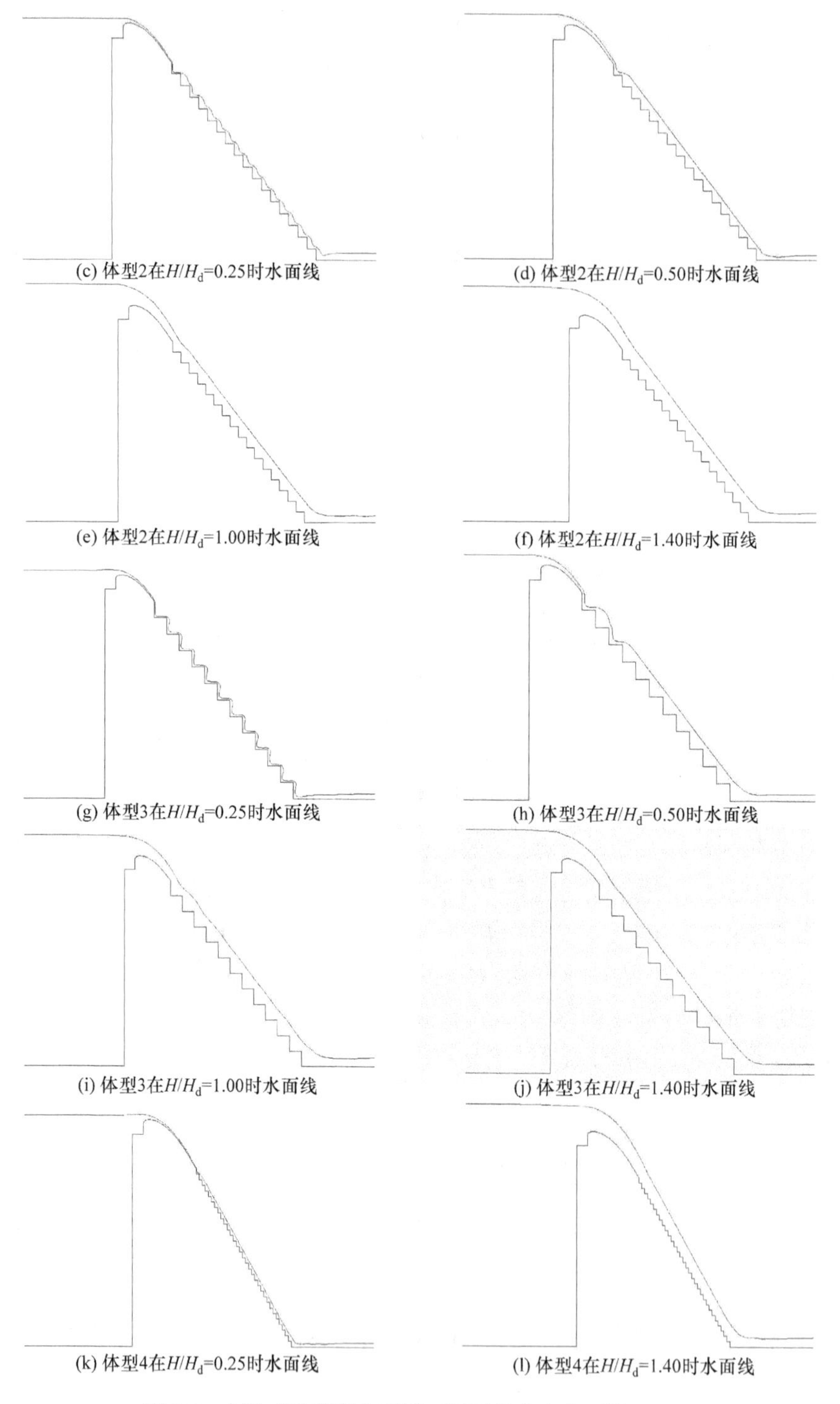

(c) 体型2在H/H_d=0.25时水面线　(d) 体型2在H/H_d=0.50时水面线

(e) 体型2在H/H_d=1.00时水面线　(f) 体型2在H/H_d=1.40时水面线

(g) 体型3在H/H_d=0.25时水面线　(h) 体型3在H/H_d=0.50时水面线

(i) 体型3在H/H_d=1.00时水面线　(j) 体型3在H/H_d=1.40时水面线

(k) 体型4在H/H_d=0.25时水面线　(l) 体型4在H/H_d=1.40时水面线

图 3.5　台阶式溢洪道在不同工况下的自由水面线

跌落水流相当于在台阶上形成一系列跌水，水流跌落到台阶上并与台阶水平面撞击而形成不完全水跃，从而将台阶水流中的大量能量消散，消能效果显著，但文献[10]的试验研究表明，跌落水流的流态不稳定，对边界几何尺寸非常敏感，不利于水流的平稳过渡。在实际工程中，跌落水流一般采用大台阶，在大台阶上采取一定的工程措施使其在台阶上形成完整的水跃，这在水力学上已有成熟的计算方法。而对一系列小台阶上的跌落水流，一般形成不完整的水跃，这种跌落水流有其特殊的水力特性，目前的研究成果甚少，本研究对跌落水流也不做深入的探索。

从图 3.5 可以看出，在滑行水流流态下，自由水面线的总体变化规律是：水流经过堰顶到达过渡段处因为失重水面先有所降低，接着下游台阶对水流的抬升作用使水面略有回升，水流进入台阶段后，势能不断转化为动能，台阶对水流产生的阻力作用所消耗的能量小于水流的动能，水流流速增加，水面线沿程降低，当台阶对水流产生的摩阻消耗和水流的动能基本持平时水面线趋于平稳，水流达到稳定状态，此时的水流与明渠均匀流相似。

由图 3.5 还可以看出，对于滑行水流，台阶上的水深随着堰上相对水头或流量的增加而增加。对于体型 2 和体型 3，当来流量较小时，台阶式溢洪道上出现跌落水流流态，随着流量的增大，水流由跌落水流向滑行水流转变，当水流为滑行水流之后水流流态不再发生改变，坝面和出口处水深同样随着堰上相对水头的增加而增大。由此可见，堰上相对水头对台阶式溢洪道水流流态和水面线有很大的影响。

当台阶式溢洪道高度和台阶的步高一定时，改变溢洪道的坡度，对消能效果也有影响。以体型 1 和体型 4 为例，体型 1 和体型 4 的台阶步高相同，但溢洪道坡度变大，同一堰上相对水头作用下溢流面和出口处的水深略有降低，溢洪道坡度变大，水流下泄流速增大，水流在台阶凸角附近的紊动能增加，但紊动耗散率最大值的范围缩小，且溢洪道变短，台阶消能率会略有降低。

当台阶式溢洪道坡度和上游水头一定时，台阶步长和台阶步高的变化也会影响台阶式溢洪道上的水流流态。溢洪道坡度均为 51.3°时，体型 1 在堰上相对水头 H/H_d=0.25 时为滑行水流流态，体型 2 和体型 3 在相同水头作用下由于台阶尺寸的增大水流变为了跌落水流，由此认为当溢洪道上的水流流态为滑行水流流态时，台阶尺寸增大到某一值后，溢洪道上的水流流态将由滑行水流流态向跌落水流流态发生转变。

综上所述，台阶式溢洪道上的水流流态与上游来流量、溢洪道坡度和台阶尺寸等因素密切相关。

3.4　计算结果与试验结果的对比

为了验证数值模拟所得结果的正确性，现将不同工况下水面线的计算值和试验值同绘于图 3.6 中进行对比。图中 x'为距第一级台阶式溢洪道的水平距离，以 WES 堰面末端为起始点，沿着溢洪道下游方向为正方向，h 为台阶式溢洪道的水深，L 为溢洪道台阶段水平距离总长，h_0 为台阶式溢洪道的正常水深，用式(2.54)计算。通过比较可知，体型 1、体型 2、体型 3 数值计算所得水深比试验实测值略小，而体型 4 计算的水面线略高于试验值。分析原因认为，模型试验中水流下泄总会有大量的空气掺入，计算模型和模型试验的掺气情况可能有所不同，所以会造成二者有差别，由于数值模型并未对掺气的内容做深入研究，对这种现象仍需要进一步分析，但是总体而言水面线沿程变化的规律是一致的。

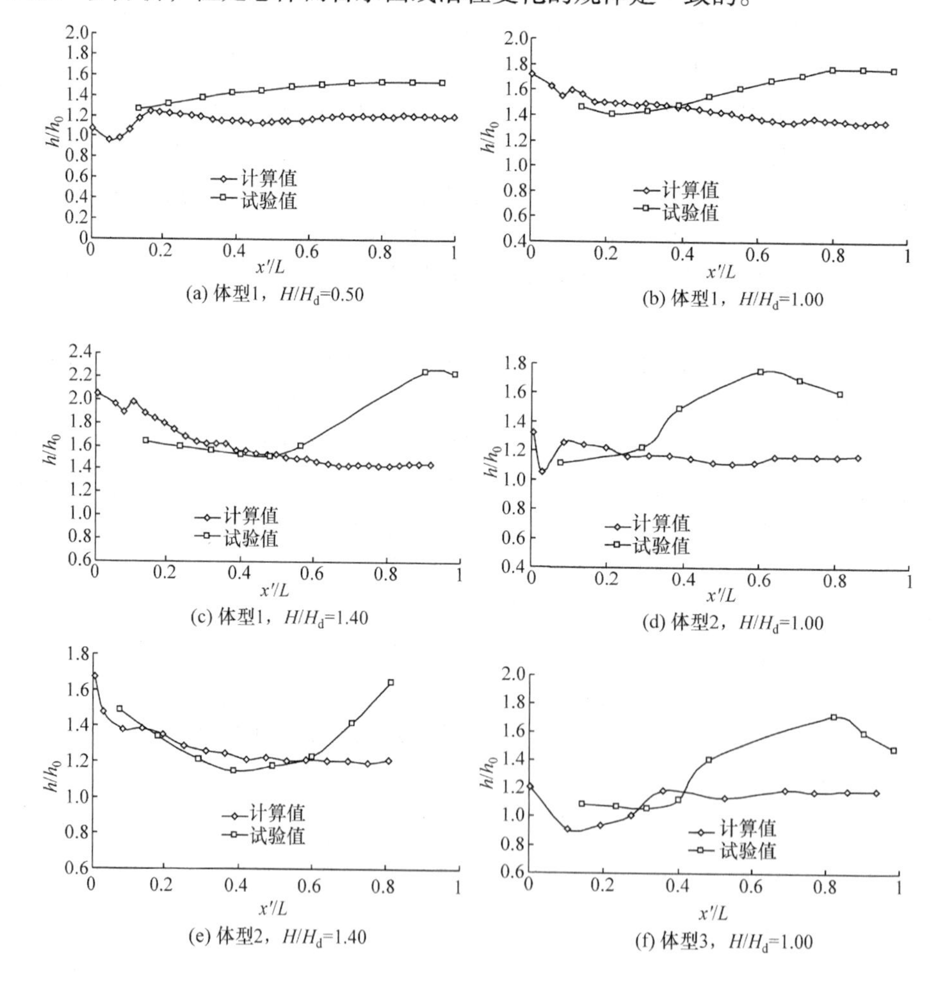

(a) 体型1，H/H_d=0.50　　(b) 体型1，H/H_d=1.00

(c) 体型1，H/H_d=1.40　　(d) 体型2，H/H_d=1.00

(e) 体型2，H/H_d=1.40　　(f) 体型3，H/H_d=1.00

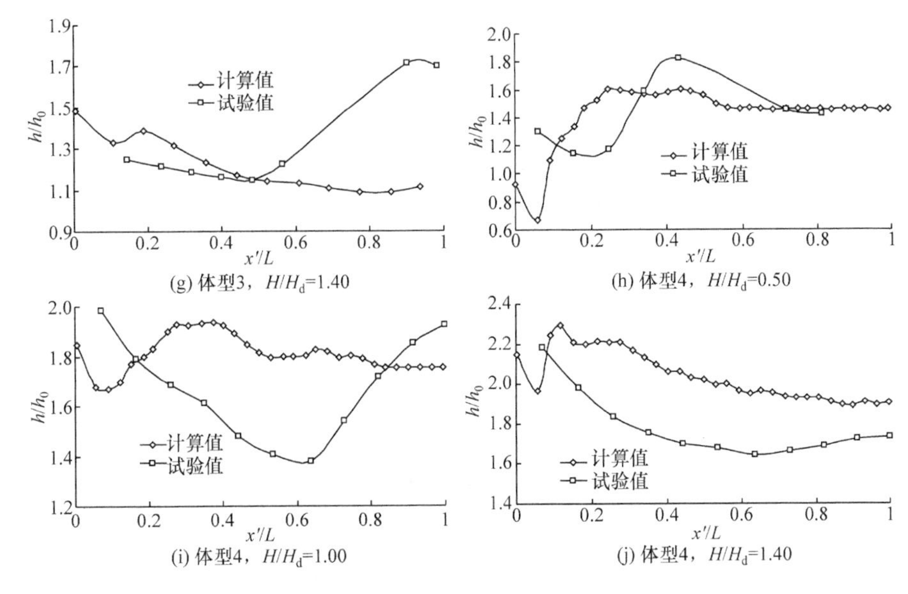

图 3.6　台阶式溢洪道水面线计算值与试验值对比

3.5　台阶式溢洪道压强场的研究

3.5.1　台阶式溢洪道的压强等值线分布

1. 台阶式溢洪道溢流面压强等值线分布规律

图 3.7 是体型 3 在堰上相对水头 H/H_d=1.00 工况下溢洪道的压强等值线图。图中 X 为计算模型水平方向的坐标值，起点在距坝前 3.6m 处，Y 为以坝底为起始点的计算模型竖直方向的坐标值。由于整个溢洪道较长，为了能够更加清楚地看到台阶上的压强分布情况，把 7 号台阶压强等值线图进行局部放大，以便清晰地了解台阶上的压强分布规律。由图 3.7 可以看出，滑行水流流态下，各个台阶上的压强等值线分布规律相似，台阶水平面上的压强变化趋势是从台阶凹角向凸角逐渐增大，在台阶外边缘不远处出现最大值，随后压强减小，自由水面处压强为零。台阶竖直面压强在凹角处最大，沿着凹角向上压强逐渐降低，达到某一部位后压强为零，再向上一直到台阶凸角下缘处为负压区。

2. 台阶式溢洪道在不同工况下的溢流面压强等值线分布规律

通过计算得到了不同工况下台阶上的压强等值线图，因为溢洪道每个台阶上的压强分布规律基本相似，为了使结果在图中显示的清晰，故选取局部台阶作为研究对象不会影响结论的正确性。为了表述得更明确，把台阶从上游到下游按顺

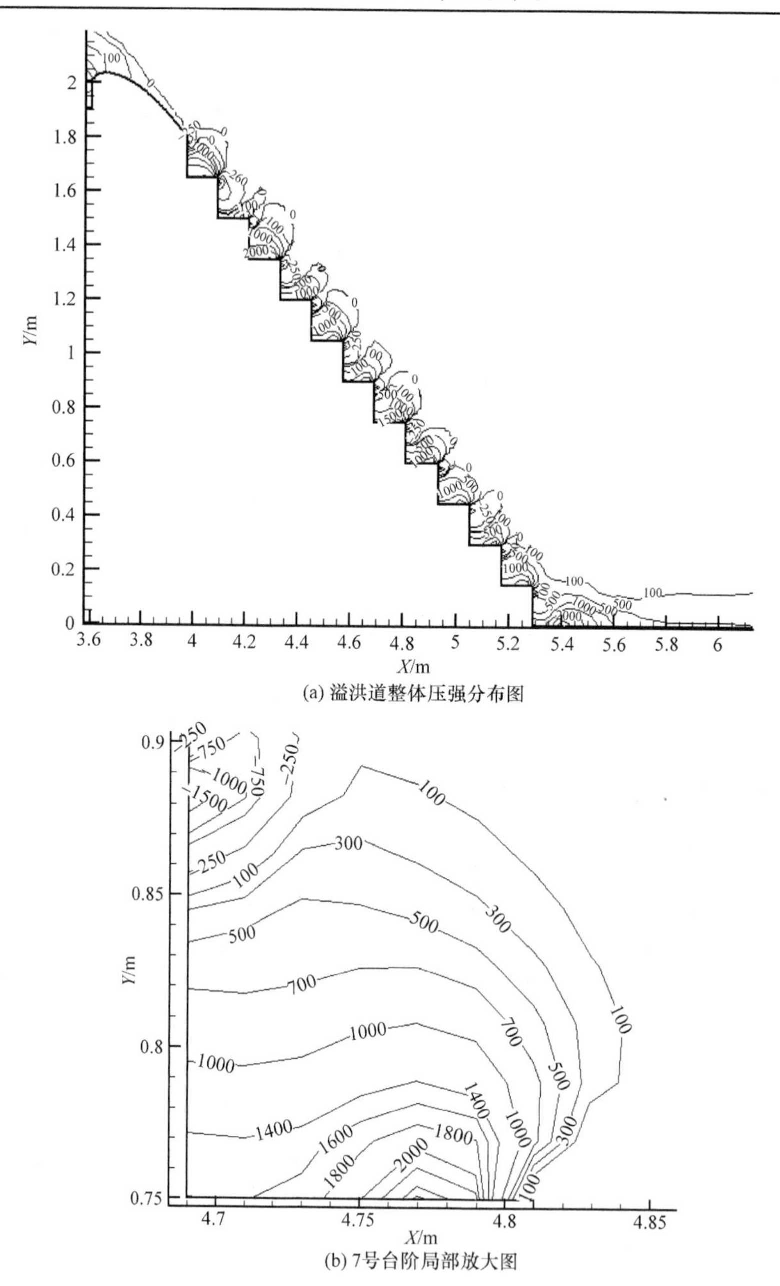

(a) 溢洪道整体压强分布图

(b) 7号台阶局部放大图

图 3.7　体型 3 在 H/H_d=1.00 工况下台阶式溢洪道压强等值线图(单位：Pa)

序编号，对体型 1 选取 12～16 号台阶段，体型 2 选取 5～9 号台阶段，体型 3 选取 5～8 号台阶段，体型 4 选取 12～16 号台阶段作为研究对象，将所选取台阶段的压强等值线绘于图 3.8 中。

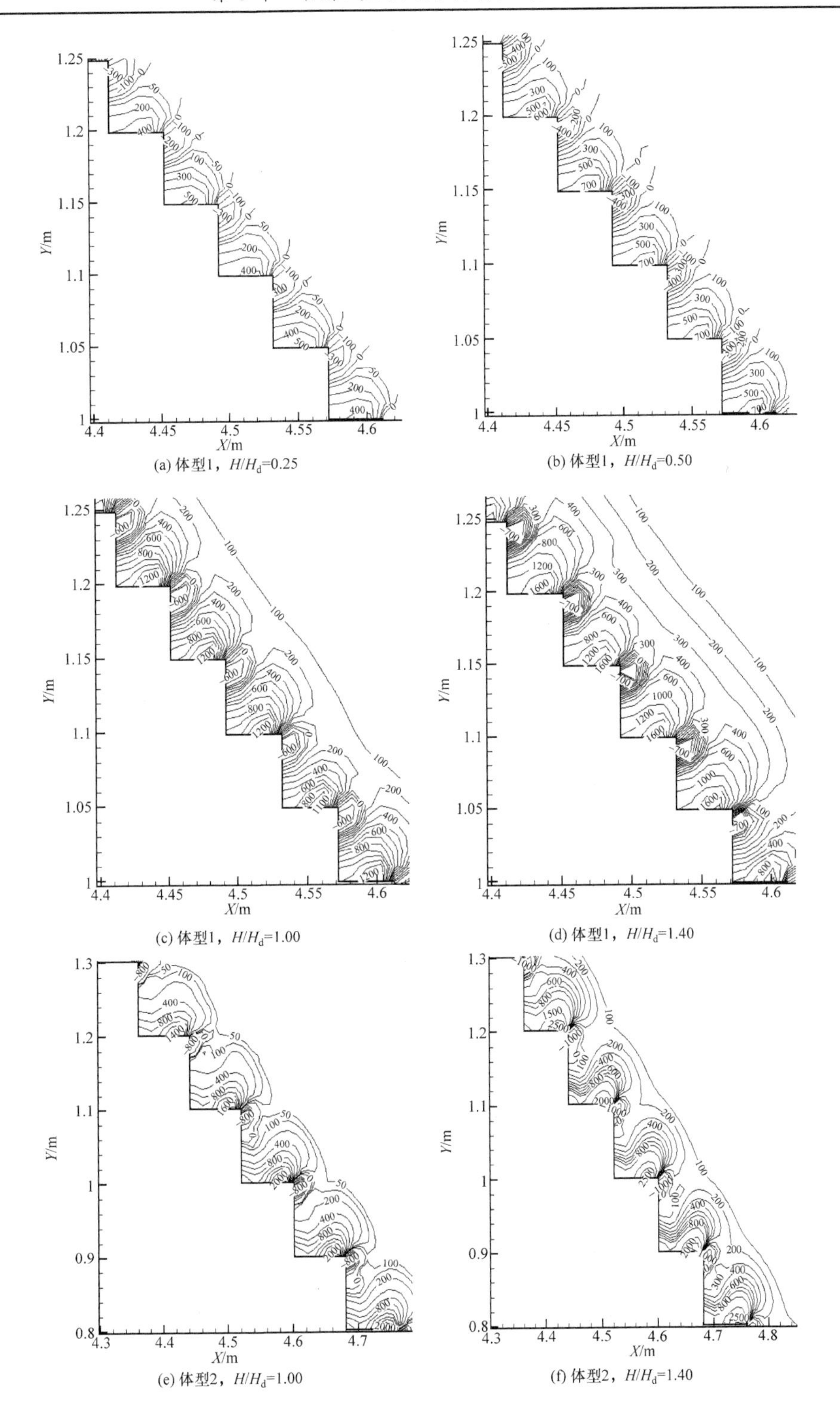

(a) 体型1，H/H_d=0.25

(b) 体型1，H/H_d=0.50

(c) 体型1，H/H_d=1.00

(d) 体型1，H/H_d=1.40

(e) 体型2，H/H_d=1.00

(f) 体型2，H/H_d=1.40

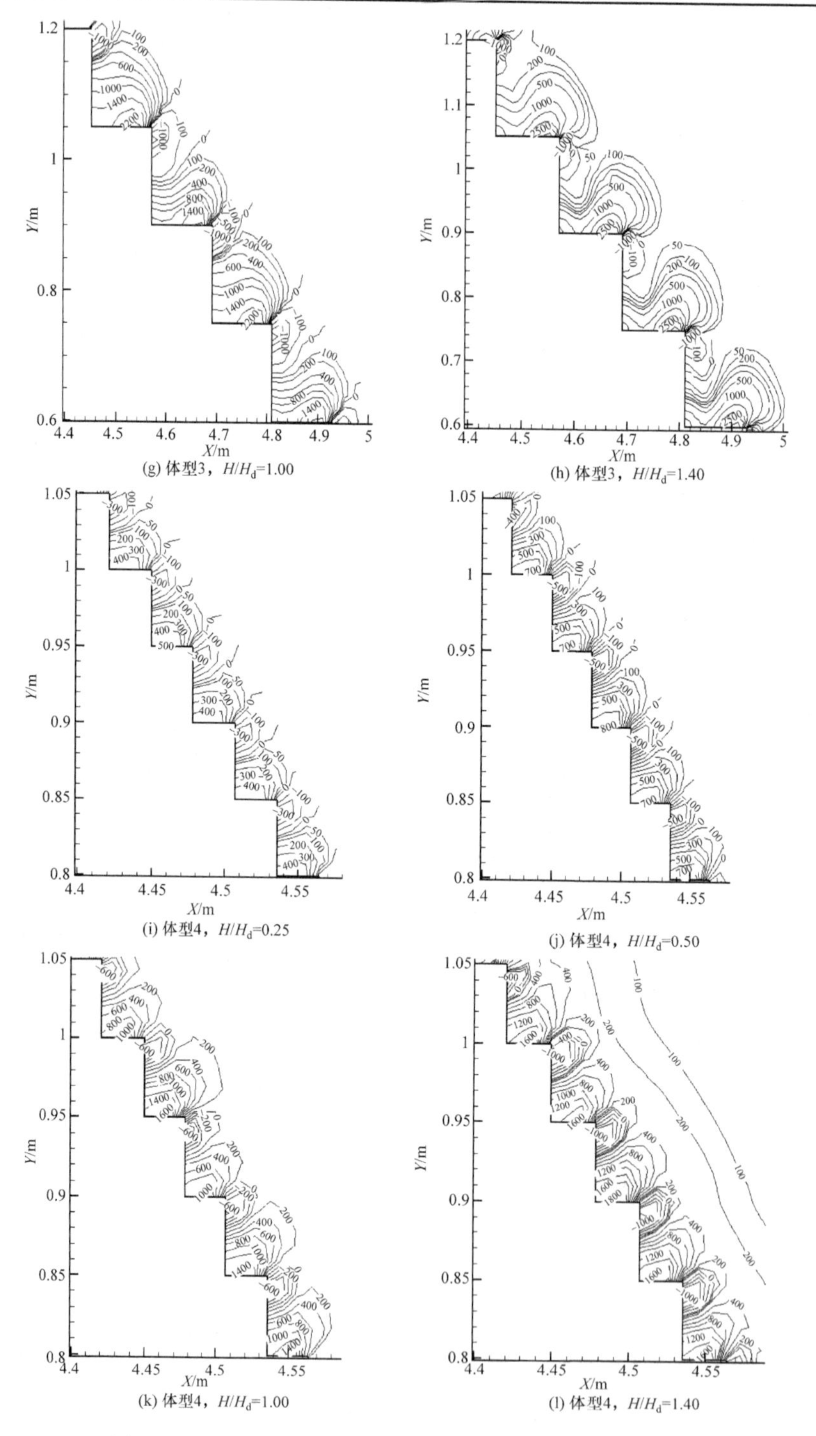

图 3.8　不同工况下台阶式溢洪道压强等值线图(单位：Pa)

从图 3.8 可以看出，不同工况下台阶内的压强分布与上面所描述的台阶内的压强分布规律一致。不管坡度是多少，台阶尺寸如何，对于同一种体型的台阶式溢洪道而言，台阶水平面的压强随着上游来流量的增大而增大，台阶竖直面的负压区和负压的最大值也随着来流量的增大而增大；当坡度一定时，台阶尺寸的增大会使台阶水平面压强增大，同时也会使旋滚区的范围增大，导致竖直面负压区和负压值增大；坡度的改变对溢洪道水平面的压强影响不明显，但是溢洪道坡度的增大会使竖直面负压区和负压最大值增大。

3.5.2　台阶内的压强分布规律

1. 台阶水平面的压强分布规律

图 3.9 为体型 3 在不同水头作用时台阶水平面上相对压强的计算值和试验值。从图 3.9 可以看出，在台阶式溢洪道上出现滑行水流流态时，台阶水平面的相对压强分布规律是凹角处相对压强较大，从台阶凹角处开始向外相对压强先逐渐减小，在距凹角约 0.3b 处达到最小值，然后又逐渐增大，约距凹角 0.8b 处相对压强升至最大，然后又逐渐减小。虽然堰上相对水头 H/H_d 的大小不一样，但是台阶水平面的相对压强变化规律基本相同，并且计算值与文献[10]的试验结果基本一致。

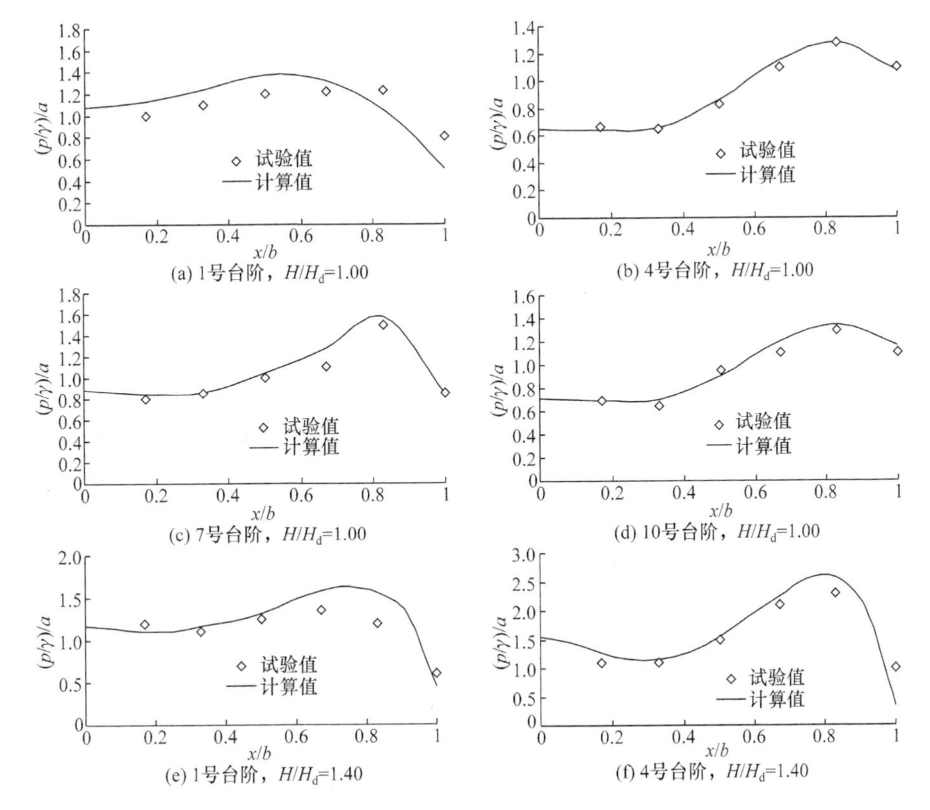

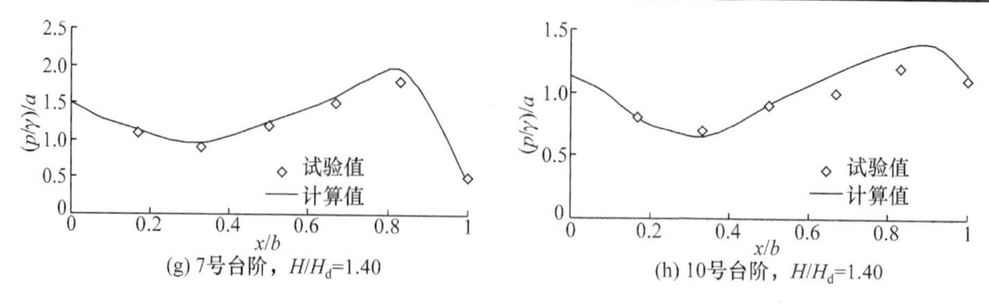

(g) 7号台阶，H/H_d=1.40　　(h) 10号台阶，H/H_d=1.40

图 3.9　台阶水平面相对压强计算值与试验值的对比(体型 3)

滑行水流流态下，水流会在台阶上形成顺时针方向的旋涡，在旋涡遇到台阶竖直面发生转向时会背离台阶水平面运动，这样就必将在台阶水平面上产生一个压强最小点，因此压强先会降低；而水流沿主流方向下滑会对台阶水平面产生冲击作用，冲击点就是压强的最大值点，在台阶凸角处，主流的冲击以及主流和旋滚的剪切作用又会造成压强的相对减小，因此台阶水平面的压强从台阶凹角向凸角处先降低后逐渐增大，在台阶外边缘附近出现最大值，然后压强再降低。台阶水平面压强最小值在距台阶凹角约 3/10 步长附近，最大值在距台阶凹角约 4/5 步长附近。因为 1 号台阶紧接着过渡段，水流刚进入台阶时流态不够稳定，所以产生的误差较大，除了 1 号台阶上计算值和试验值相差较大之外别的台阶两者数据符合得都很好。

为了更加清楚地了解台阶式溢洪道的压强分布规律，在同一体型的台阶式溢洪道中挑出个别台阶，将计算所得的压强值进行对比分析，结果如图 3.10 所示。由图中可以看出，4 种台阶体型的台阶水平面的压强分布规律与图 3.9 的分布规律相同。

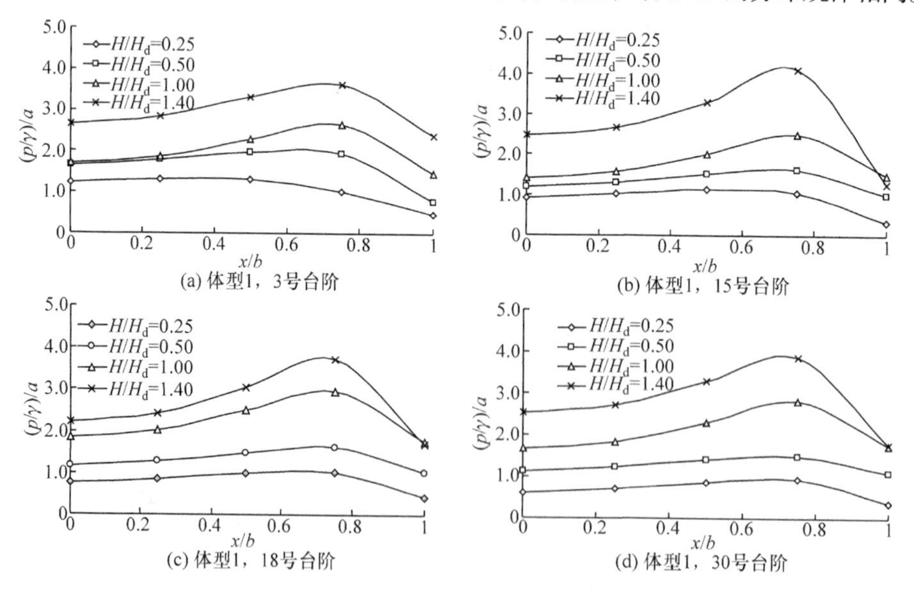

(a) 体型1，3号台阶　　(b) 体型1，15号台阶

(c) 体型1，18号台阶　　(d) 体型1，30号台阶

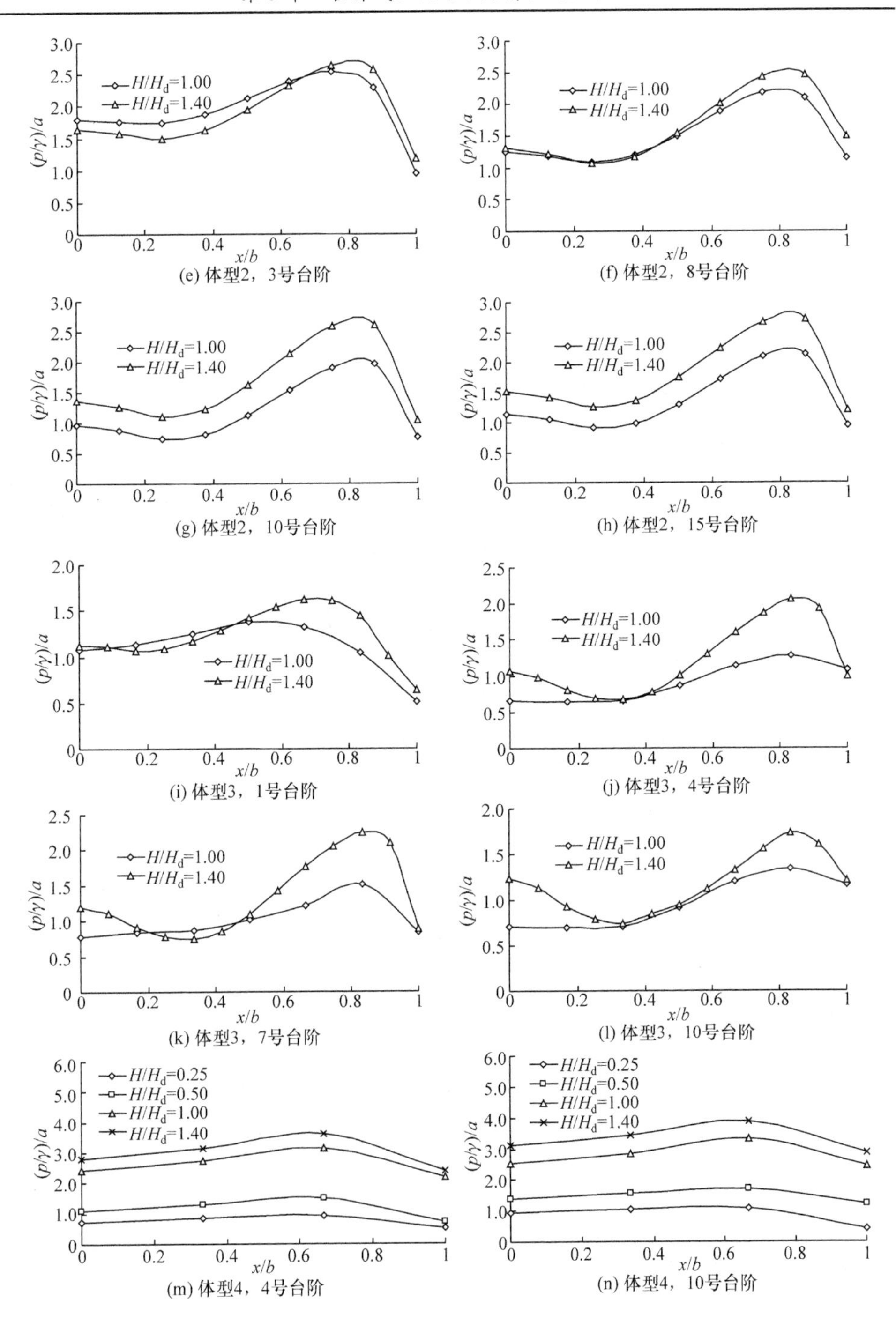

(e) 体型2，3号台阶

(f) 体型2，8号台阶

(g) 体型2，10号台阶

(h) 体型2，15号台阶

(i) 体型3，1号台阶

(j) 体型3，4号台阶

(k) 体型3，7号台阶

(l) 体型3，10号台阶

(m) 体型4，4号台阶

(n) 体型4，10号台阶

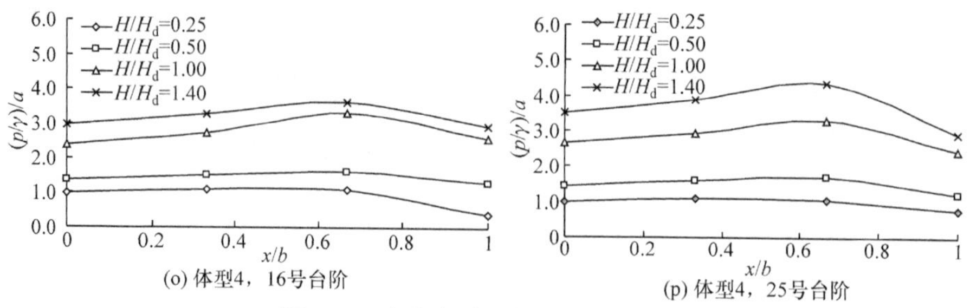

(o) 体型4，16号台阶　　(p) 体型4，25号台阶

图 3.10　台阶水平面的相对压强分布

由图 3.10 还可以看出，台阶水平面的相对压强$(p/\gamma)/a$随着堰上相对水头H/H_d的增大而增大，对于同一体型而言，台阶高度a是相同的，堰上设计水头H_d也是相同的，说明台阶水平面的压强随着堰上水头的增大而增大。同一溢洪道坡度情况下，数值计算和试验均表明，水平面的压强值随着台阶尺寸的增大而增大，这是由于台阶步高加大后，台阶内空间增大，水流流经台阶时对台阶的冲击力加大，使得压强增大，但台阶上的相对压强$(p/\gamma)/a$却随着台阶尺寸的增大而减小，这是由于台阶步高加大后，台阶水平面的压强虽有增加，但增加的幅度有限，而台阶步高a的增加幅度超过了压强的增加幅度，因此比值却减小了。

在同一台阶高度情况下，溢洪道坡度的变化对台阶水平面的压强也有影响。台阶水平面的相对压强随着溢洪道坡度的增加而减小，分析原因是溢洪道坡度增大后，动能增大，势能减小，从而使得台阶水平面的相对压强有所减小。

2. 台阶竖直面的压强分布规律

图 3.11 是体型 3 在不同水头作用下台阶竖直面上的相对压强分布情况。从图中可以看出，台阶竖直面相对压强分布的规律是台阶凹角处相对压强最大，沿竖直面向上相对压强逐渐减小，至某一高度处相对压强由正值变为负值，然后沿高度方向相对压强继续减小至某一最小值，至凸角下缘相对压强又有所增加，但始终为负值。

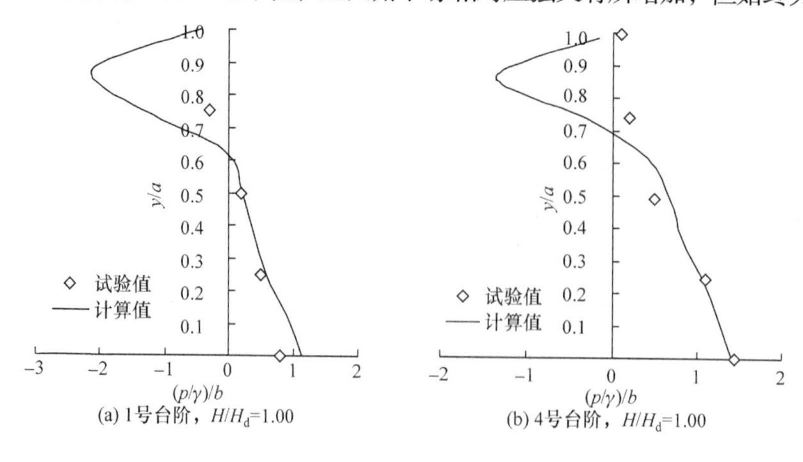

(a) 1号台阶，H/H_d=1.00　　(b) 4号台阶，H/H_d=1.00

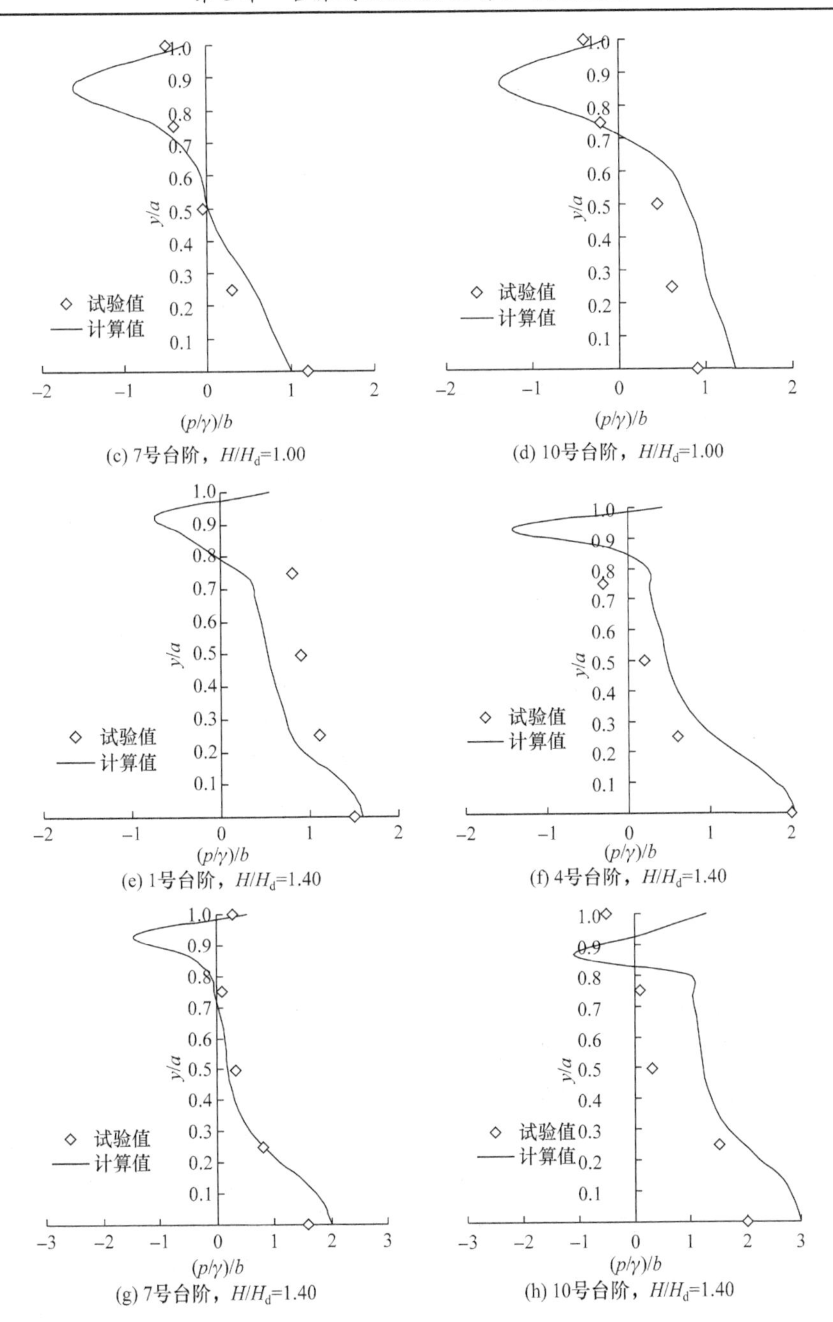

(c) 7号台阶，H/H_d=1.00

(d) 10号台阶，H/H_d=1.00

(e) 1号台阶，H/H_d=1.40

(f) 4号台阶，H/H_d=1.40

(g) 7号台阶，H/H_d=1.40

(h) 10号台阶，H/H_d=1.40

图 3.11　台阶竖直面相对压强计算值与试验值的对比(体型 3)

图 3.11 中还给出了文献[10]的相对压强试验结果，由图中可以看出，在相对压强由正值变为负值的这一段，数值计算与试验结果吻合较好，但试验中并未测

量到竖直面上压强的最小值，分析原因，试验时事先不知道压强最小值的位置，而在最小值的位置未设测点所致，而数值计算弥补了此不足。

台阶竖直面相对压强分布规律是由台阶的特殊形式决定的。当台阶内的旋涡到达竖直面时，旋涡向凹角流动，转向时产生的离心力会使凹角处压强增大，当水流沿台阶高度旋转时，由于旋转方向或旋涡中心随着水流的脉动不断变化，当水流背离台阶竖直面时会使台阶竖直面上的压强减小，甚至出现负压，负压的位置随着堰上相对水头和旋涡强度的不同而不同。例如，体型 3 在堰上相对水头 H/H_d=1.00 时，1 号台阶负压出现的位置在 y/a=0.6 处，4 号、7 号和 10 号台阶则分别在 y/a=0.7、0.55 和 0.7 处，当堰上相对水头 H/H_d=1.40 时，1 号、4 号、7 号和 10 号台阶的相对负压则分别出现在 y/a=0.8、0.85、0.75 和 0.82 处。台阶竖直面最小相对压强的位置在同一相对水头情况下则相对比较固定。例如，体型 3 在堰上相对水头情况下，最小相对压强的位置为 y/a=0.87 左右，而堰上相对水头为 1.40 时为 y/a=0.93 左右，可见最小相对压强的相对位置随着堰上相对水头的增加而增加。

在台阶的凸角下缘，水流转向主流方向，与壁面发生分离，此处理论上压强最小，负压最大，但奇怪的是，从图 3.11 的数值计算结果来看，此处并不是负压最大处。陈群等[4]的数值模拟结果与其相同。分析原因，当水流流过台阶凸角处时，凸角虽然对水流产生剪切作用，但水流产生的上覆荷载和水流离开台阶产生的失重迫使台阶竖直面的旋涡中心向竖直面的下方偏移，因此最大负压发生在距凹角某一高度处而非在凸角下缘处。

总之，台阶竖直面的压强分布规律是从台阶凹角向上，压强在竖直面上总趋势是逐渐减小的，最大值出现在台阶的底部凹角处，在距离台阶凹角(1/2～1)步高范围内形成负压区，负压区的大小和上游水头有关。

图 3.12 为 4 种台阶体型情况下台阶竖直面的压强分布情况。从图中可以看出，台阶式溢洪道台阶内的压强分布规律除了与图 3.11 描述的一致外，对于不同的体型、不同的堰上相对水头、负压产生的位置和压强最小值的位置不尽相同。对于体型 1，负压产生的位置在 y/a=0.50～0.62，体型 2 负压产生的位置在 y/a=0.55～0.75，体型 3 为 y/a=0.55～0.82，体型 4 负压产生的位置在 y/a=0.53～0.60；最大负压的位置体型 1 和体型 4 为 y/a=0.80，体型 2 为 y/a=0.90，体型 3 为 y/a=0.87～0.93。

由图 3.12 还可以看出，台阶竖直面的相对压强随堰上相对水头的关系变化比较复杂。对于体型 1、体型 2 和体型 4，从台阶凹角至负压出现的位置以前，相对压强总的趋势是堰上相对水头越大，相对压强越大，而体型 3 则不严格地遵循这一规律，有的台阶随着堰上相对水头的增大相对压强也增大，而有的台阶却相反，

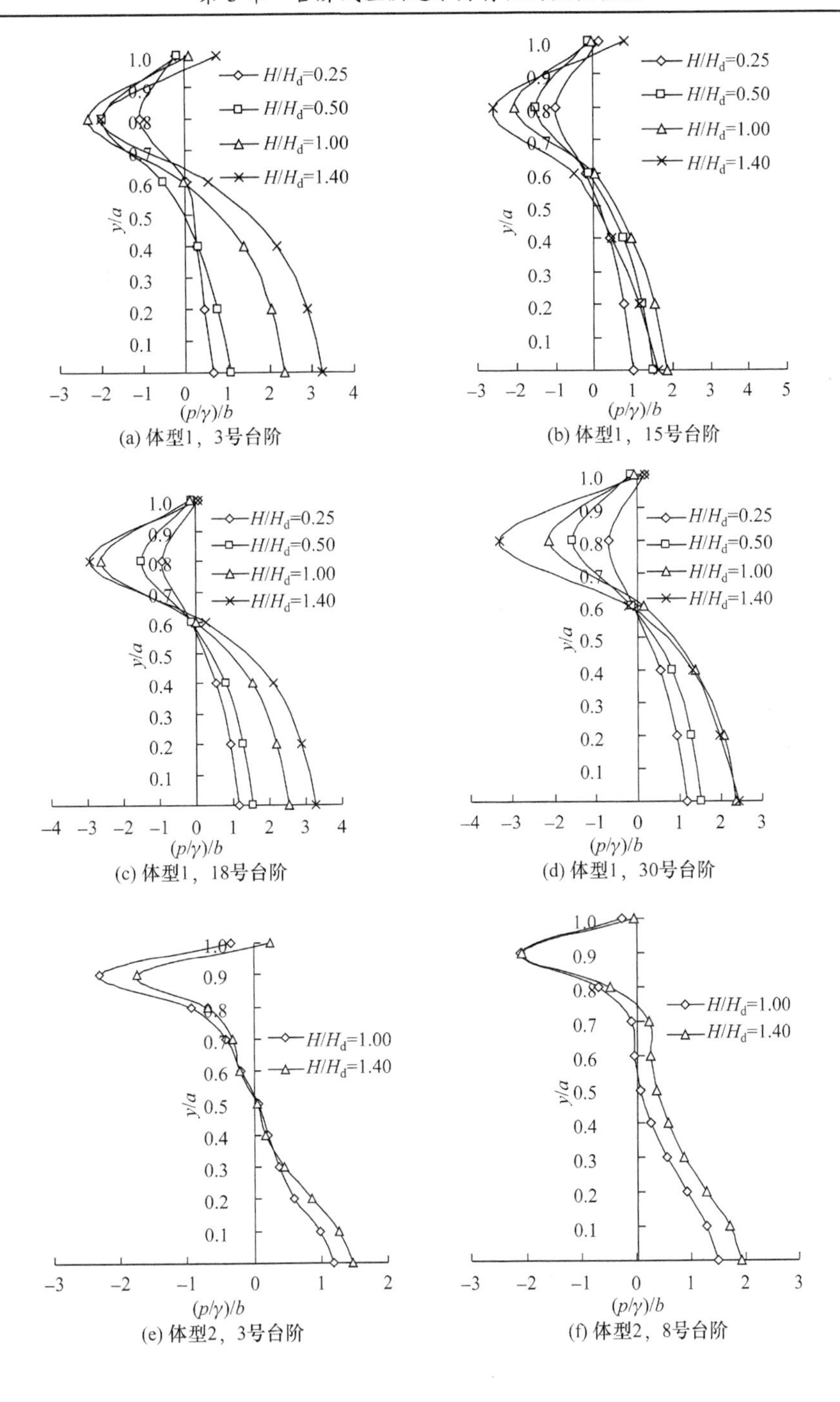

y/a
(p/γ)/b
H/Hd=0.25
H/Hd=0.50
H/Hd=1.00
H/Hd=1.40
(a) 体型1，3号台阶
(b) 体型1，15号台阶
(c) 体型1，18号台阶
(d) 体型1，30号台阶
(e) 体型2，3号台阶
(f) 体型2，8号台阶

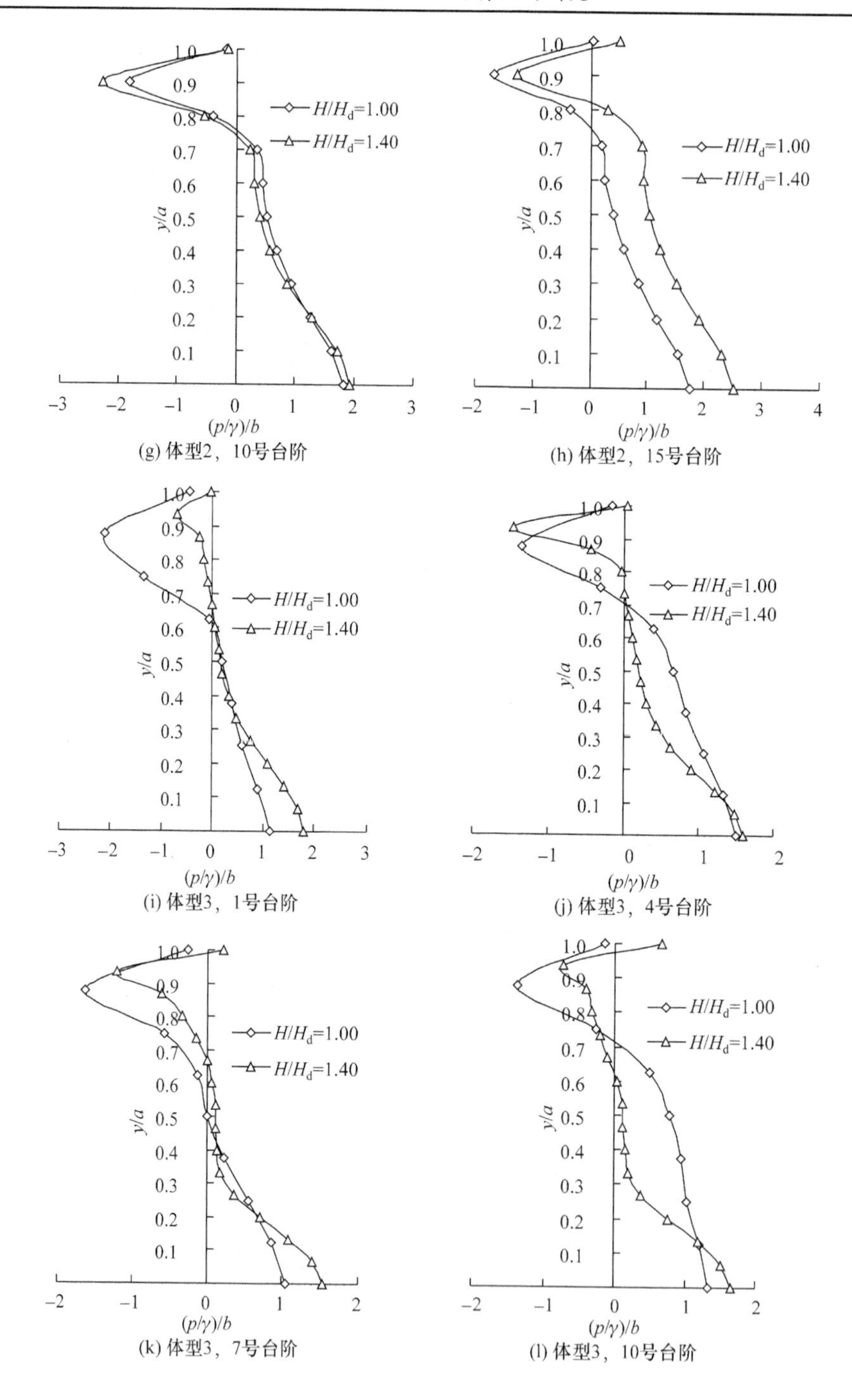

(g) 体型2，10号台阶

(h) 体型2，15号台阶

(i) 体型3，1号台阶

(j) 体型3，4号台阶

(k) 体型3，7号台阶

(l) 体型3，10号台阶

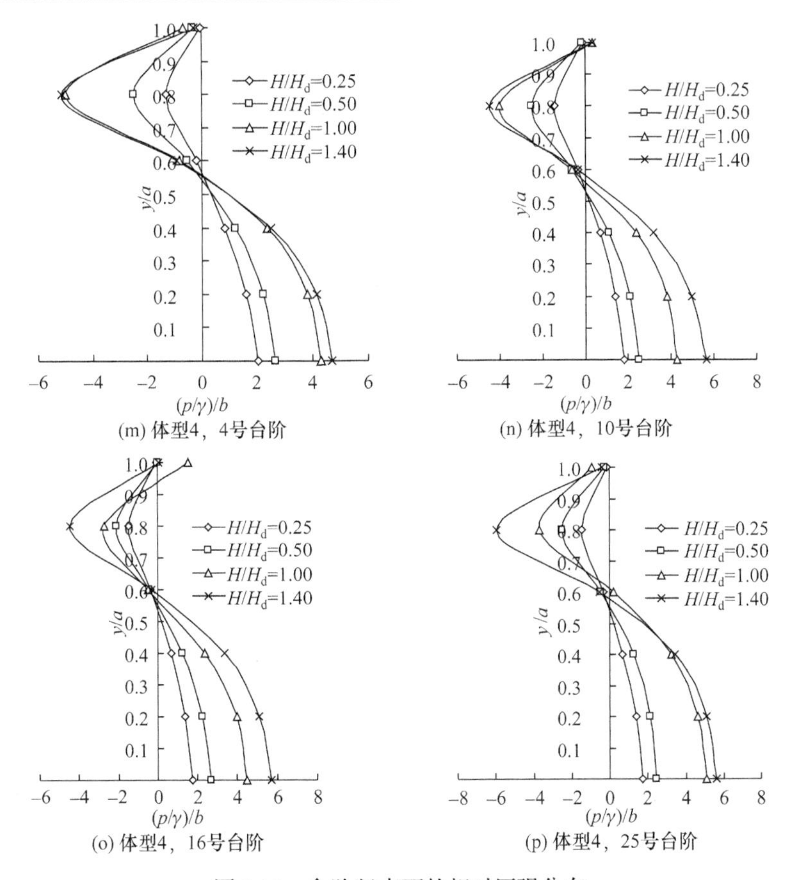

(m) 体型4，4号台阶　(n) 体型4，10号台阶

(o) 体型4，16号台阶　(p) 体型4，25号台阶

图 3.12　台阶竖直面的相对压强分布

说明台阶越高，对水流的扰动越大，台阶上的水流流态越复杂。从相对压强变为负压开始的位置到台阶竖直面的最大负压位置，对于体型 1、体型 2 和体型 4、随着堰上相对水头的增大，相对压强总的趋势是减小，即负压变大；对于体型 3，堰上的相对水头越大，相对压强越大，即负压减小。

竖直面的负压随堰上相对水头增大而增大的情况值得注意。在以往的试验中，文献[10]～[12]的试验结果均是随着堰上相对水头的增大而竖直面的相对压强增大。陈群等[4]在对鱼背山水库岸边台阶式溢洪道的试验研究中，实测了台阶竖直面的相对压强。结果表明，当流量较大时，台阶竖直面上最低点的压力有较明显的增大；其数值计算也表明，流量增大时，台阶竖直面上的相对压强计算值增大，最大负压有所减小。由此可以看出，竖直面上的最大负压随堰上相对水头的变化规律有待进一步的研究。

由以上研究可以看出，每一级台阶的竖直面上从压强变为负压的位置开始直到台阶边缘，均为负压区。负压增大了台阶式溢洪道发生空蚀破坏的可能性，因此系统地了解台阶固壁面上的压强分布规律，对于预测台阶式溢洪道可能空蚀的部位，以及在设计中采取合理的工程措施是必要的。尤其在大单宽流量作用下的台阶式溢洪道设计中，综合考虑安全性和经济性，采取合理的坡度以及台阶尺寸，另外还应采取强迫掺气的办法来减小负压，以保证台阶式溢洪道的安全运行。

3. 相对压强沿程分布规律

1) 台阶水平面相对压强沿程分布规律

图 3.13 为计算所得溢洪道台阶水平面的相对压强沿程分布图，图中分别绘出了 4 种体型的台阶水平面凸角和距凹角 4/5 步长处的相对压强沿程分布。

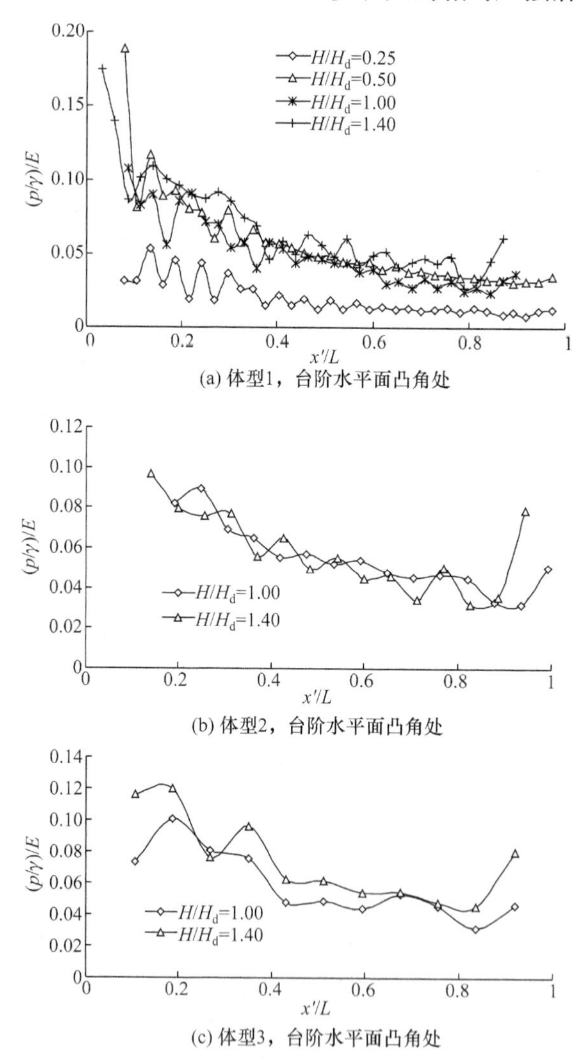

(a) 体型1，台阶水平面凸角处

(b) 体型2，台阶水平面凸角处

(c) 体型3，台阶水平面凸角处

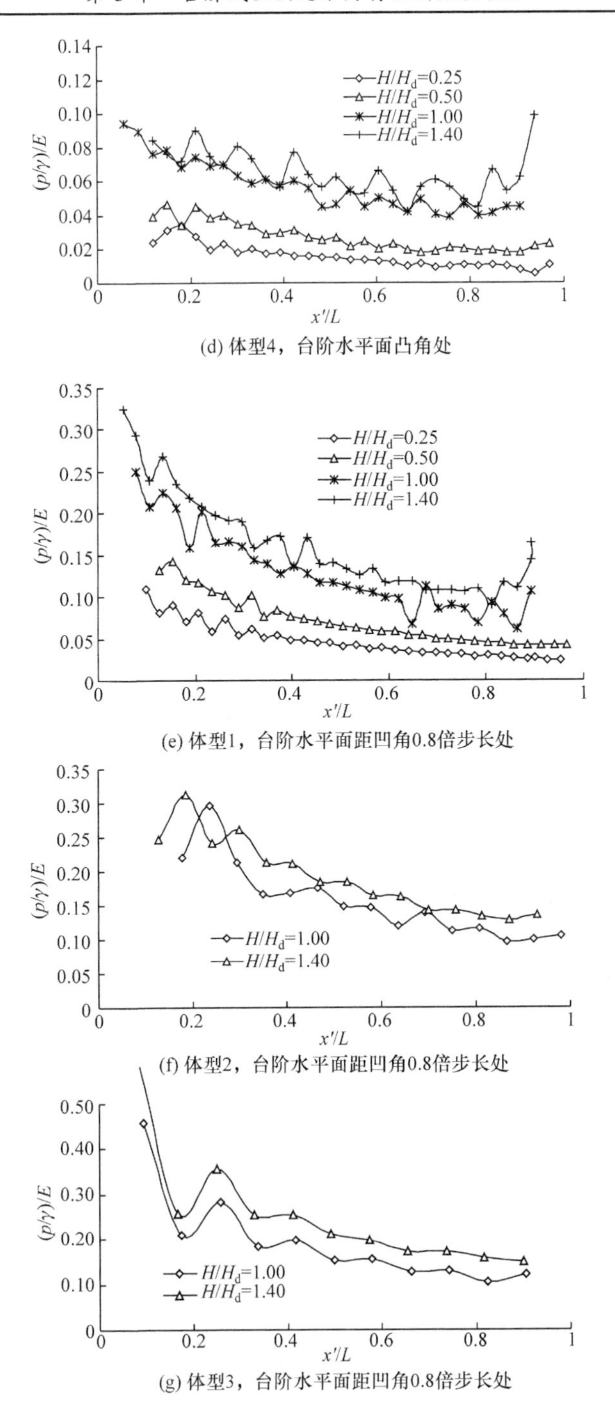

(d) 体型4，台阶水平面凸角处

(e) 体型1，台阶水平面距凹角0.8倍步长处

(f) 体型2，台阶水平面距凹角0.8倍步长处

(g) 体型3，台阶水平面距凹角0.8倍步长处

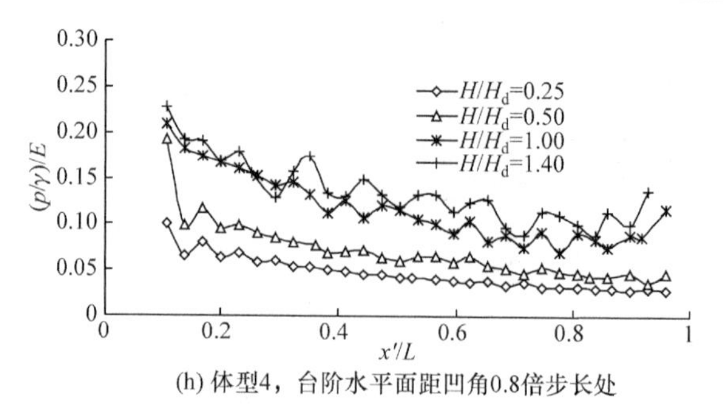

(h) 体型4，台阶水平面距凹角0.8倍步长处

图 3.13　台阶水平面的相对压强沿程分布

由图 3.13 可以看出，台阶水平面凸角和距凹角 4/5 步长处的相对压强最大值和最小值是交替出现的，这种波浪形的分布规律说明台阶式溢洪道上的水流流态与光滑溢洪道上的水流流态完全不同。文献[10]～[12]的试验表明，台阶水平面的相对压强沿程分布规律具有起伏的性质，如第 2 章的图 2.37 和图 2.38 所示。数值模拟重演了模型试验，分析认为，当水流冲击上一级台阶时，台阶对水流必然有一个反向的作用力，致使水流在流动的过程中发生弹射，使水流的轨迹发生改变，可能掠过下一级或几级台阶而冲击后面的台阶。同一体型的溢洪道，堰上相对水头越大相对压强沿程增加得越多；坡度相同时，台阶尺寸增大，相对压强最大值和最小值沿程分布的起伏也越明显。

2) 台阶竖直面相对压强沿程分布规律

图 3.14 为台阶竖直面凸角下缘和凹角处的相对压强沿程分布。由图中可以看出，台阶竖直面上的相对压强沿程分布也呈波浪形分布，这和第 2 章的图 2.39 和图 2.40 是一致的。台阶凸角下缘处的相对压强值均为负值，负压值随着流量、台阶尺寸和溢洪道坡度的增大而增大；台阶凹角处相对压强均为正值，是台阶竖直面压强最大的位置。上游水头增大，相对压强起伏变化的幅度随之增大；台阶尺寸变大后，相对压强起伏变化的幅度也会增大。

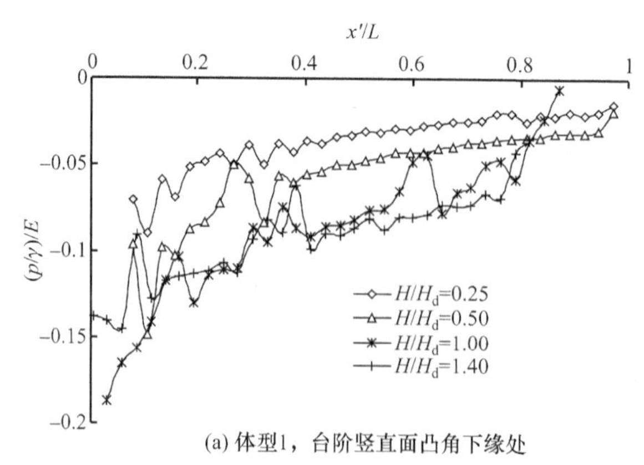

(a) 体型1，台阶竖直面凸角下缘处

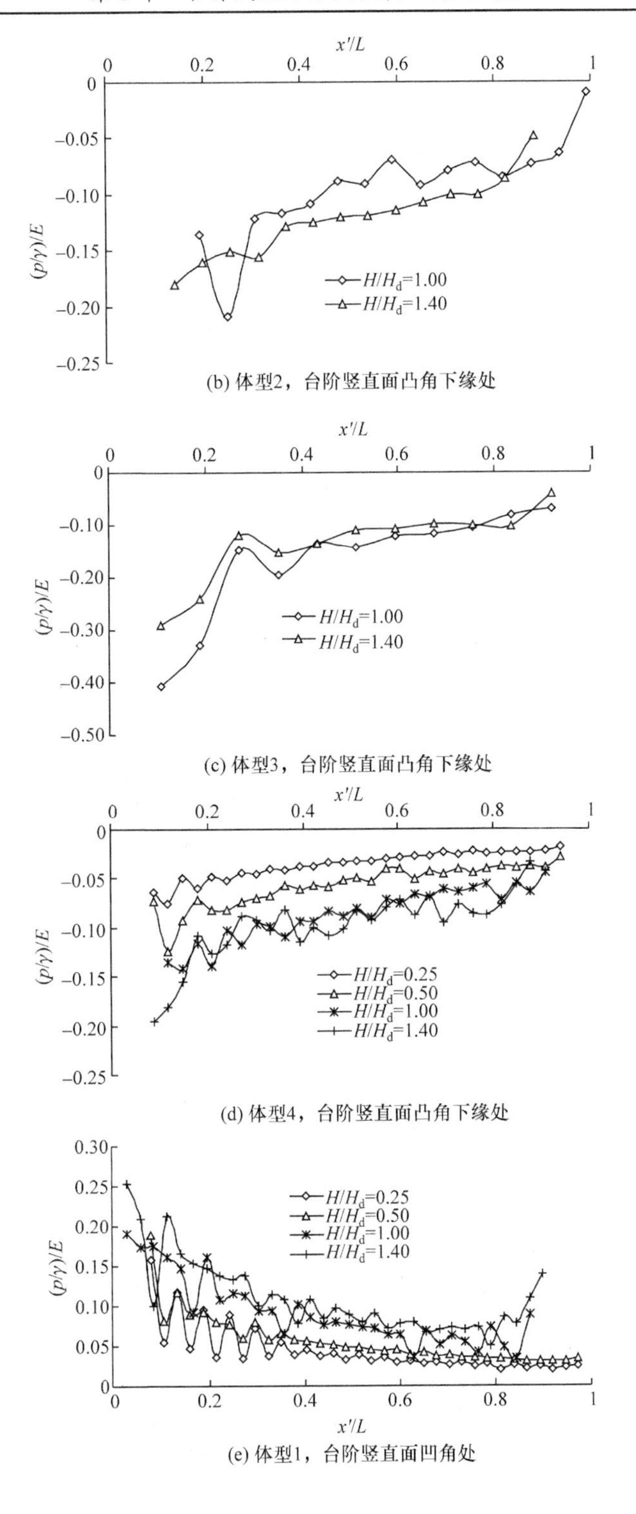

(b) 体型2，台阶竖直面凸角下缘处

(c) 体型3，台阶竖直面凸角下缘处

(d) 体型4，台阶竖直面凸角下缘处

(e) 体型1，台阶竖直面凹角处

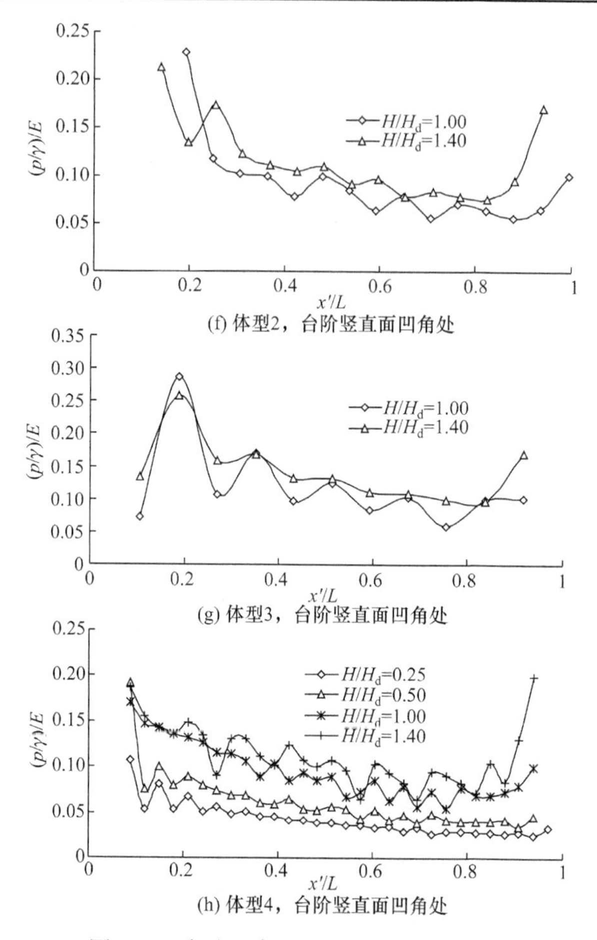

(f) 体型2，台阶竖直面凹角处

(g) 体型3，台阶竖直面凹角处

(h) 体型4，台阶竖直面凹角处

图 3.14　台阶竖直面的相对压强沿程分布

3.6　台阶式溢洪道的流速场

图 3.15 为体型 3 在堰上相对水头 H/H_d=1.40 时 7 号台阶的流速矢量放大图，图中可以明显看出台阶凹角内有顺时针方向的旋涡，旋涡中心处的流速趋近于零，向四周速度逐渐增大，最大值不超过自由表面处的流速，旋涡有良好的消能作用；主流在台阶凸角与台阶内部旋涡组成的虚拟底板上滑行流动，滑行水流的流速沿着溢洪道法向方向逐渐增大，在自由表面附近达到最大值，高速水流的拖曳作用致使水面附近的气体也有较高的流速。对于其他台阶，流速矢量分布规律相同。

为了比较不同工况下台阶内的流速矢量分布情况，将体型 1、体型 4 在堰上相对水头 H/H_d=1.00，体型 2 在 H/H_d=1.00 和 1.40 作用下溢洪道个别台阶内的流速矢量绘于图 3.16 中，可以看出，同一体型的台阶式溢洪道在堰上相对水头增大

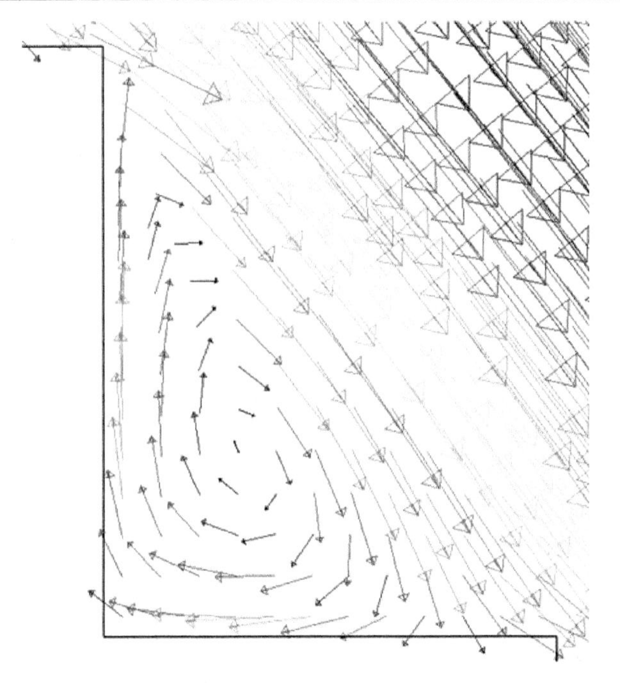

图 3.15　体型 3 在 H/H_d=1.40 时 7 号台阶的流速矢量分布图

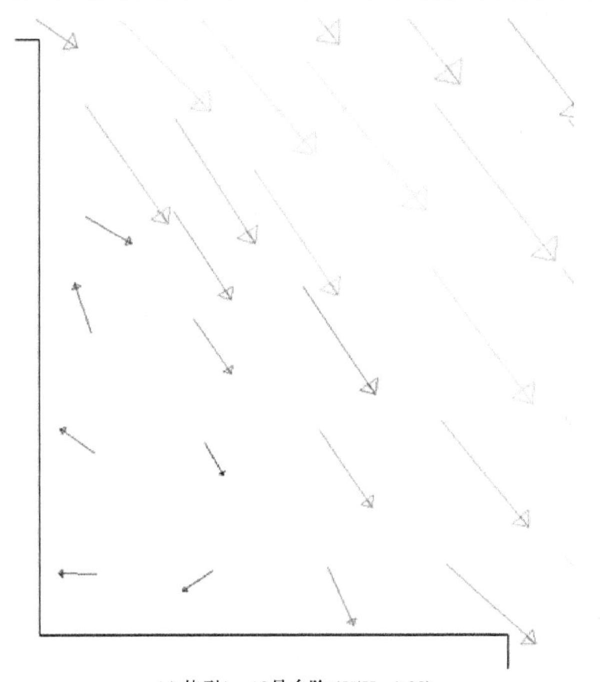

(a) 体型1，12号台阶 (H/H_d=1.00)

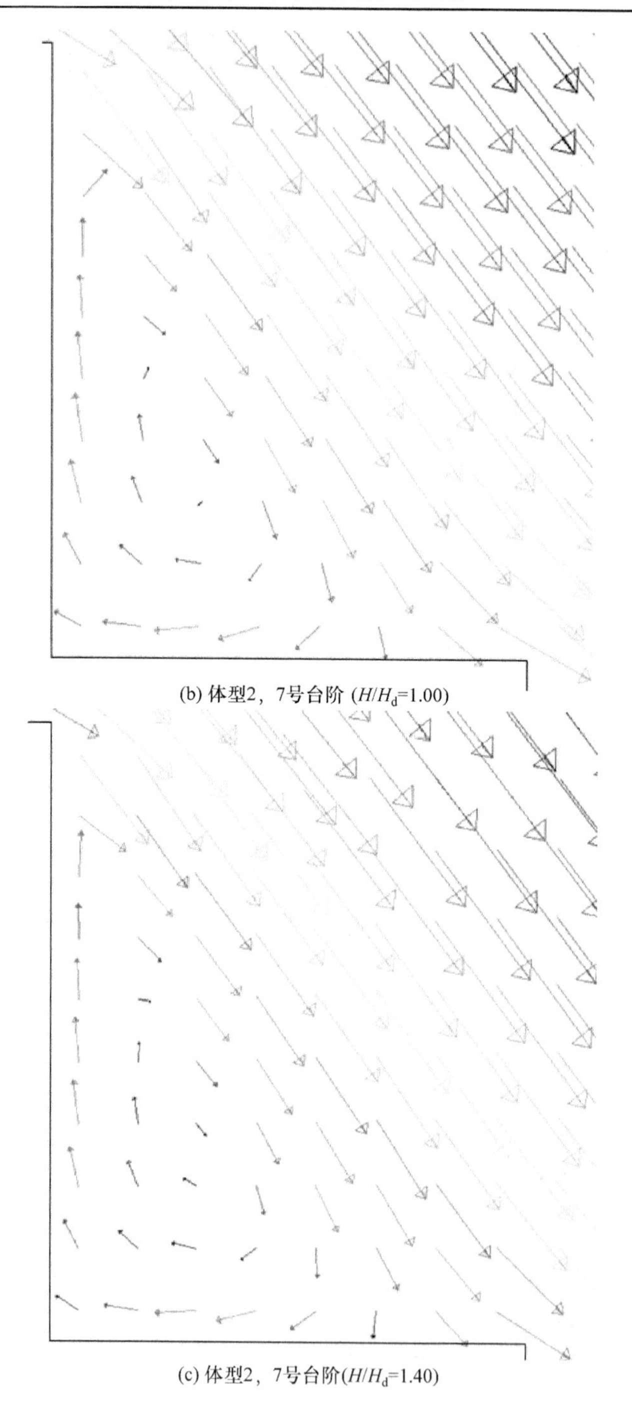

(b) 体型2，7号台阶 (H/H_d=1.00)

(c) 体型2，7号台阶(H/H_d=1.40)

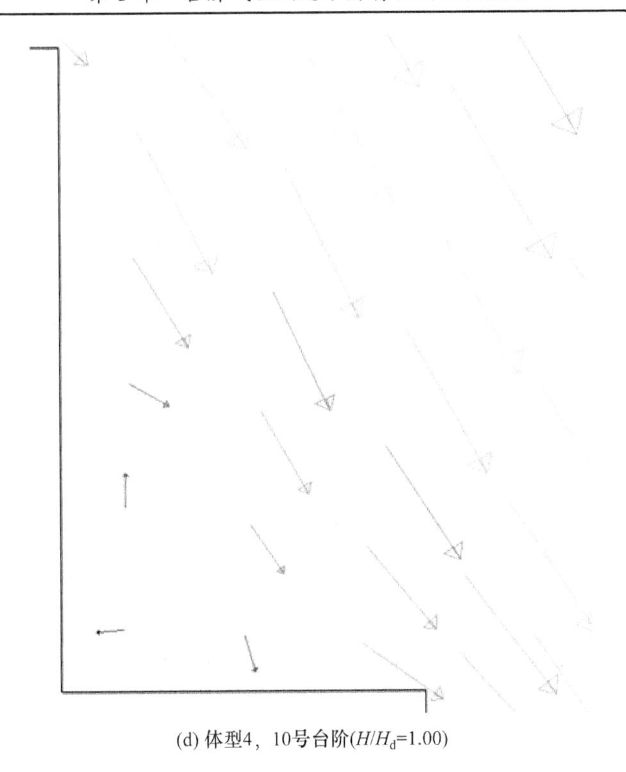

(d) 体型4，10号台阶(H/H_d=1.00)

图 3.16　不同工况下溢洪道台阶内流速矢量分布图

时，台阶内的水流流速矢量分布越密集，说明流量越大台阶内旋涡旋滚得越剧烈，台阶式溢洪道上的流速越大；同一坡度的溢洪道，增大台阶尺寸会增大台阶内旋涡的旋滚范围；保持台阶步高不变，增大溢洪道的坡度，会使台阶内的旋涡中心下移。

3.7　台阶式溢洪道消能率的研究

3.7.1　溢洪道坝面紊动能和紊动耗散率的分布规律

通过计算得到了不同体型的台阶式溢洪道坝面紊动能和紊动耗散率的等值线，为了使结果更加清晰，将体型 1 在 H/H_d=0.50 和 1.00 时的 12～16 号台阶段、体型 3 在 H/H_d=1.00 时的 5～8 号台阶段、体型 4 在 H/H_d=1.00 时的 12～16 号台阶段的紊动能等值线和耗散率绘于图 3.17 和图 3.18。

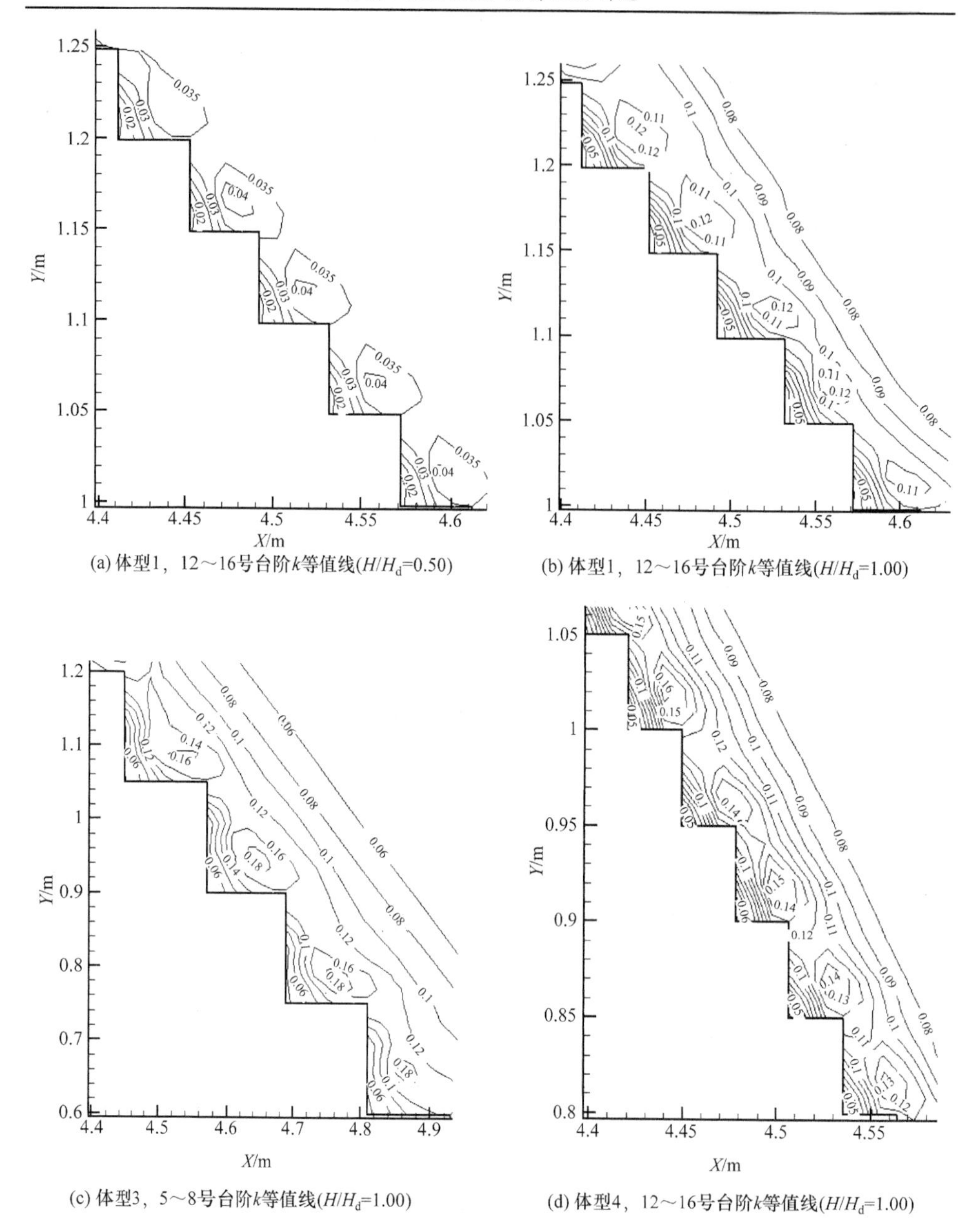

(a) 体型1，12～16号台阶k等值线(H/H_d=0.50)

(b) 体型1，12～16号台阶k等值线(H/H_d=1.00)

(c) 体型3，5～8号台阶k等值线(H/H_d=1.00)

(d) 体型4，12～16号台阶k等值线(H/H_d=1.00)

图 3.17　不同工况下溢洪道坝面紊动能的分布规律(单位：m^2/s^2)

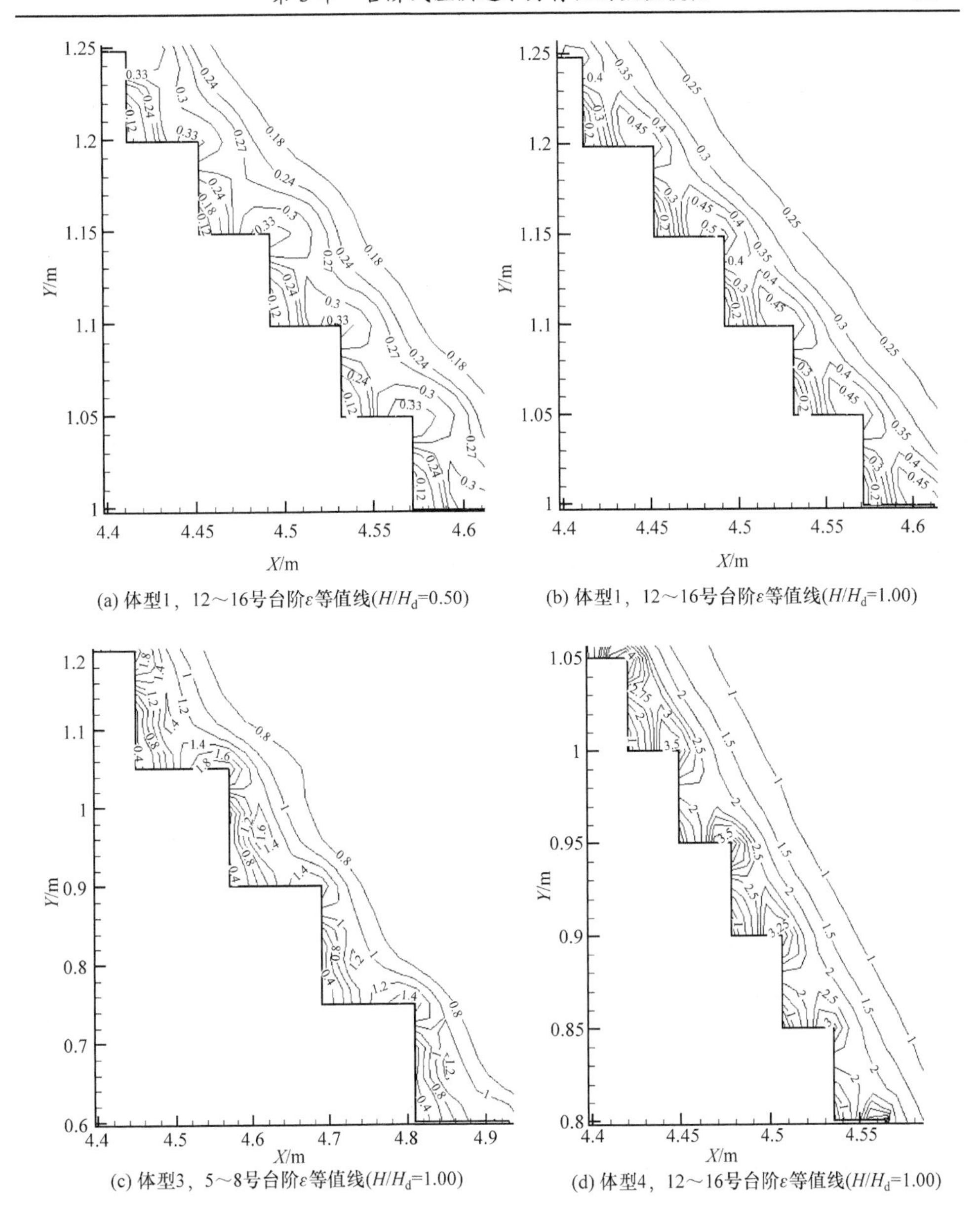

(a) 体型1，12～16号台阶ε等值线(H/H_d=0.50)　(b) 体型1，12～16号台阶ε等值线(H/H_d=1.00)

(c) 体型3，5～8号台阶ε等值线(H/H_d=1.00)　(d) 体型4，12～16号台阶ε等值线(H/H_d=1.00)

图 3.18　不同工况下溢洪道坝面紊动耗散率的分布规律(单位：m^2/s^3)

由图 3.17 和图 3.18 可知，每个台阶内的紊动能和紊动耗散率变化规律基本相同，滑行水流的紊动能和紊动耗散率沿坝面法向方向由大变小，紊动能在台阶内旋涡和滑行水流的相互作用处达到最大值，紊动耗散率在台阶凸角处最大。

上游来流量增大、台阶尺寸增大、溢洪道坡度增大均能增大台阶式溢洪道溢流面的紊动能和紊动耗散率。当溢洪道体型相同时，上游水头增大，紊动能和紊动耗散率虽然都增大，但是二者增大的比例不一样，紊动能增大的幅度要比紊动耗散率增大的幅度大得多，紊动耗散率是指单位时间内紊动能的耗散量，流量增大使紊动能迅速增大，而紊动耗散率却没有呈相应比例的增大，这是消能率随单宽流量增大而降低的根本原因。

3.7.2　台阶式溢洪道台阶内紊动能和紊动耗散率的分布规律

为了清晰地说明紊动能和紊动耗散率在台阶内的分布情况，将体型 3 在 H/H_d=1.00 时 7 号台阶内的紊动能和紊动耗散率等值线绘于图 3.19 中。可以看出，紊动能在台阶内旋涡和滑行水流的交界处达到最大值，此处台阶内旋涡和滑移水流产生强烈的紊动剪切作用，导致紊动能加剧；紊动耗散率在台阶凸角处最大，在台阶凸角处，水流与台阶发生碰撞、剪切使大量能量消耗于此，此外旋涡在台阶内不断旋滚也能消耗大量的能量，故此处紊动耗散率也相对较大。

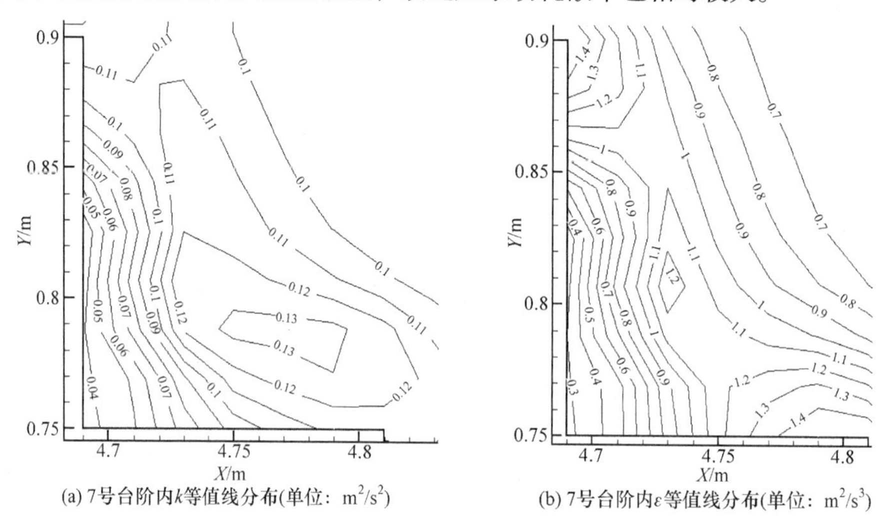

(a) 7号台阶内k等值线分布(单位：m^2/s^2)　(b) 7号台阶内ε等值线分布(单位：m^2/s^3)

图 3.19　体型 3 在 H/H_d=1.00 水头作用下 7 号台阶内紊动能和紊动耗散率等值线图

3.7.3　台阶式溢洪道的消能率

1. 台阶式溢洪道和光滑溢洪道消能率的比较

为了研究台阶式溢洪道的消能效果，把体型 4 的台阶全部去除改为光滑溢洪道进行计算，把光滑溢洪道和台阶式溢洪道的两种水面线进行对比，如图 3.20 所示。由图中可以看出，台阶式溢洪道水面线要比光滑溢洪道水面线高。在 H/H_d=1.00 时，台阶式溢洪道水面线比光滑溢洪道水面线高出近 2cm，通过计算该工况下光滑溢洪道的消能率约为 68%，而台阶式溢洪道的消能率约为 82%，由比较结果可知，台阶式溢洪道的消能率远比光滑溢洪道的消能率高得多。

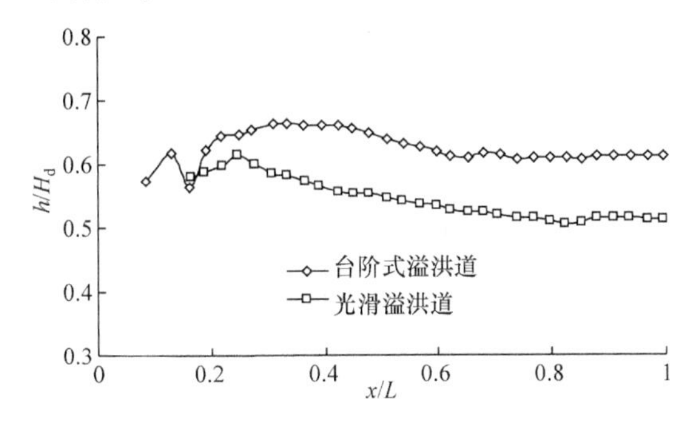

图 3.20　光滑溢洪道和台阶式溢洪道的水面线比较

体型 4，H/H_d=1.00

2. 不同工况下台阶式溢洪道消能率的数值模拟结果

对不同工况下台阶式溢洪道的消能率进行了计算，消能率的计算公式见式(2.57)。

表 3.2 为 4 种体型工况下的台阶式溢洪道的数值模拟与模型试验的对比情况。由表中可以看出，随着上游水头增大，水流与台阶碰撞所消耗能量占总能量的比值减小，从而使得台阶式溢洪道上的消能率降低；台阶尺寸增大，水流与台阶碰撞加剧，内部紊动剪切作用得到加强，使得消能率增大；坝高相同坡度变大，水流流速增大，导致紊动能增加，但台阶步长减小，紊动耗散率最大值的范围缩小，而且溢洪道变短致使消能率降低。由表还可以看出，数值计算的消能率与模型试验得到的消能率接近，最大误差为 6.12%。

表 3.2　台阶式溢洪道在不同工况下的消能率

体型	上游水头/cm	H_1/m	E_1/m	H_2/m	E_2/m	$\eta_{计算}$/%	$\eta_{试验}$/%	误差/%
1	5	2.0864	2.086405	0.04620	0.055383	97.3455	—	—
	10	2.1364	2.136428	0.05060	0.100219	95.3091	95.3	–0.01
	20	2.2364	2.236757	0.06902	0.443542	80.1703	85.4	6.12
	28	2.3164	2.317368	0.08940	0.739006	68.1101	67.2	–1.35
2	20	2.2364	2.236757	0.07530	0.389957	82.5660	86.0	3.99
	28	2.3164	2.317368	0.09080	0.720529	68.9074	66.1	–4.24
3	20	2.2364	2.236757	0.08810	0.317966	85.7845	87.4	1.85
	28	2.3164	2.317368	0.09230	0.701727	69.7188	69.4	–0.46

续表

体型	上游水头/cm	H_1/m	E_1/m	H_2/m	E_2/m	$\eta_{计算}$/%	$\eta_{试验}$/%	误差/%
4	5	2.0864	2.086405	0.04280	0.053500	97.4358	—	—
	10	2.1364	2.136428	0.04543	0.106984	94.9924	94.2	−0.84
	20	2.2364	2.236757	0.06341	0.507133	77.3273	81.0	4.53
	28	2.3164	2.317368	0.07640	0.965885	58.3197	58.7	0.65

参考文献

[1] 陶文铨. 数值传热学[M]. 第 2 版. 西安: 西安交通大学出版社, 2002: 15-16.

[2] 廖华胜, 汝树勋, 吴持恭. 阶梯溢流坝流场的数值模拟[J]. 成都科技大学学报, 1995, (5): 27-33.

[3] 陈群, 戴光清, 刘浩吾.带有曲线自由水面的阶梯溢流坝面流场的数值模拟[J]. 水利学报, 2002, (9): 20-26.

[4] 陈群, 戴光清, 刘浩吾. 阶梯溢流坝面流场的紊流数值模拟[J]. 天津大学学报, 2002, 35(1): 23-27.

[5] 程香菊, 罗麟, 赵文谦, 等. 阶梯溢流坝自由表面掺气特性数值模拟[J]. 水动力学研究与进展, 2004, 19(2): 152-157.

[6] DONG Z Y. Numerical simulation of skimming flow over mild stepped channel[J]. Journal of hydrodynamics, 2006, 18(3): 367-371.

[7] 罗树焜, 李连侠, 褥勇伸, 等. 布西水电站泄洪洞阶梯消能布置方案数值模拟研究[J]. 水力发电学报, 2010, 29(1): 50-56.

[8] 钱忠东, 胡晓清, 槐文信, 等. 阶梯溢流坝水流数值模拟及特性分析[J]. 中国科学: E 辑, 2009, 39(6): 1104-1111.

[9] 赵相航, 谢宏伟, 郭鑫, 等. 基于 VOF 模型的台阶式溢洪道数值模拟[J]. 水利与建筑工程学报, 2016, 14(3): 143-148.

[10] 曾东洋. 台阶式溢洪道水力特性的试验研究[D]. 西安: 西安理工大学, 2002.

[11] 郑阿漫. 掺气分流墩台阶式溢洪道水力特性的研究[D]. 西安: 西安理工大学, 2001.

[12] 骈迎春. 台阶式溢洪道强迫掺气水流水力特性的试验研究[D]. 西安: 西安理工大学, 2007.

第 4 章　台阶式溢洪道与掺气挑坎联合应用水力特性的试验研究

4.1　试 验 模 型

试验模型由上游水库、WES 曲线堰、过渡段、台阶段和下游矩形水槽组成，如图 4.1 所示。堰上设计水头为 $H_{\mathrm{d}}=20\mathrm{cm}$，模型进口采用标准的 WES 曲线，上游曲线采用三段复合圆弧相接，三段圆弧的半径分别为 $0.04H_{\mathrm{d}}$、$0.2H_{\mathrm{d}}$、$0.5H_{\mathrm{d}}$，下游曲线方程为 $y/H_{\mathrm{d}}=0.5(x/H_{\mathrm{d}})^{1.85}$，溢洪道进口为半径 R=15cm 的圆弧，溢洪道宽度为 25cm，台阶段的尺寸在表 4.1 中列出，溢洪道末端与等宽的矩形水槽相连。试验中，台阶式溢洪道分别采用 51.3°和 60°两种坡度，坝高分别为 202.94cm 和 203.64cm。在台阶段首端设掺气挑坎，国内外采用的挑坎坡度范围一般为 1∶15～1∶5，试验采用 1∶5 和 1∶10 两种坡度。根据试验，1∶5 坡度的水流流态紊乱，经挑坎的水舌起挑高，入射角大，落点远，相当多的台阶均处于空腔中；1∶10 坡度的水流流态平顺，因此选择 1∶10 的坡度为掺气挑坎的坡度。

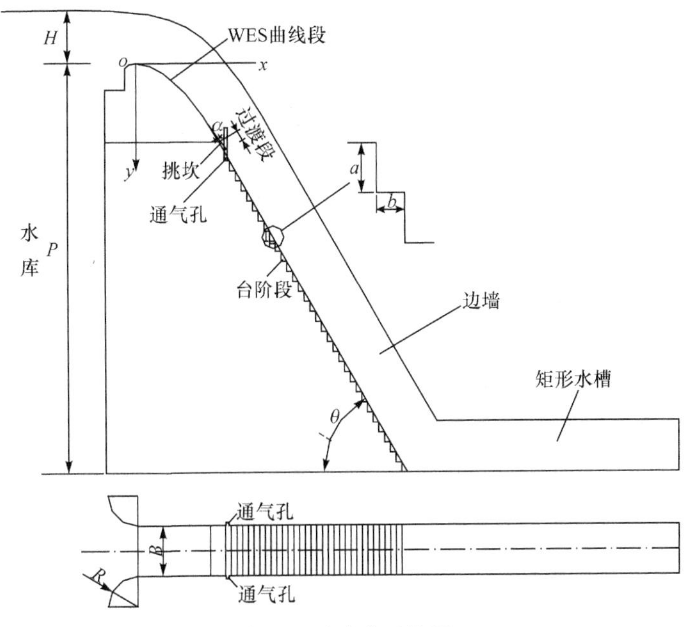

图 4.1　试验装置简图

表 4.1　试验模型参数

体型	坡度 /(°)	台阶步长 /cm	台阶步高 /cm	过渡段长度 /cm	台阶段长度 /cm	溢洪道总长 /cm	台阶级数 /级
1	60	2.88	5	5.17	183.75	189.92	32
2	51.3	4.00	5	4.80	230.51	235.31	36

试验中堰上水头 H 分别为 10cm、15cm、20cm、25cm 和 30cm，与设计水头 H_d 相比分别为 0.5、0.75、1.00、1.25 和 1.50。对应的单宽流量分别为 0.0585 $m^3/(s \cdot m)$、0.1132$m^3/(s \cdot m)$、0.1809$m^3/(s \cdot m)$、0.2602$m^3/(s \cdot m)$和 0.3502$m^3/(s \cdot m)$，堰上流能比 $q/(\sqrt{g}H^{1.5})$ 分别为 0.591、0.623、0.646、0.665 和 0.681。

根据已有的研究成果，跌落水流与滑行水流的界限分别由第 2 章的式(2.5)和式(2.7)计算。当坡度为 51.3°，单宽流量为 0.0585$m^3/(s \cdot m)$时，计算的最大台阶高度分别为 7.98cm 和 7.1cm；对于 60°坡度，计算的最大台阶高度为 9.9cm 和 6.7cm；要保证滑行水流流态，实际应用中台阶高度必须小于计算值，根据已建工程，台阶高度一般不大，所以模型选用的台阶高度为 5cm。

对于掺气挑坎高度，时启燧通过室内试验得出挑坎的下限高度应满足的条件为

$$(\Delta / R) \geqslant 23.5\left[\frac{U}{\sqrt{gR}} \cdot \frac{1}{\cos\theta\cos\alpha}\right]^{-3} \tag{4.1}$$

式中，Δ 为下限坎高；R 为坎上的水力半径；U 为坎上平均流速；α 为挑坎角度；θ 为台阶式溢洪道的坡度。

因为坎的高度未定，坎上水深、坎上平均流速和水力半径未知，所以坎高无法计算。为此，试验测量了未设掺气挑坎时的水面线，并以拟设坎处的实测水深近似认为是坎上水深，依次求得溢洪道坡度为 51.3°，单宽流量为 0.0585$m^3/(s \cdot m)$、0.1809$m^3/(s \cdot m)$、0.3502$m^3/(s \cdot m)$时的下限坎高分别为 1.7mm、2.4mm 和 4.1mm。试验中取最低坎高为 5mm。为了观察不同坎高情况下水流的掺气情况，试验中选择四种挑坎高度，即坎高为 0.5cm、0.75cm、1.0cm、1.5cm 作为试验的坎高，坎高与台阶高度比 Δ/a 分别为 0.1、0.15、0.2 和 0.3。放水后，经实测坎上水深与未设挑坎时的水深相差不大，因此坎高的选择是合理的。

挑坎位置的选择原则一般应设在水流空化数较小，易产生空蚀破坏的部位。台阶式溢洪道一般空蚀的部位在前几级台阶，也就是说在初始掺气点以前，因此掺气挑坎应设在台阶首部段比较合适。为了设置掺气挑坎，在溢洪道设计中，考虑将溢洪道切点以下延长一定的长度，以增大挑坎上的流速，并在此长度范围内

布置掺气挑坎。在掺气挑坎的两侧边墙上设通气孔，通气孔的任务是给掺气挑坎的底部补充空气，通气孔的尺寸为 1.5cm×1.5cm。

台阶式溢洪道坡度为 60°和 51.3°，从溢洪道曲线段与下游直线段的切点算起的过渡段长度、台阶步长、台阶步高、台阶段总长、溢洪道总长和台阶级数如表 4.1 所示。

4.2　设掺气挑坎后台阶式溢洪道的水流流态

在台阶段首部设掺气挑坎，形成挑坎和台阶组合形式的掺气设施，其作用是：利用台阶作为通气槽，在通气槽两端设通气孔与大气形成通道。台阶段首部未设掺气挑坎和设掺气挑坎的水流流态见图 4.2。由图 4.2 可以看出，当来流量较小，未设掺气挑坎时，水流流经第一级台阶在台阶上折冲起挑，水舌挑起较高；设掺气挑坎后，水流受挑坎的导引作用平顺的跌落，流态有了较大的改善。

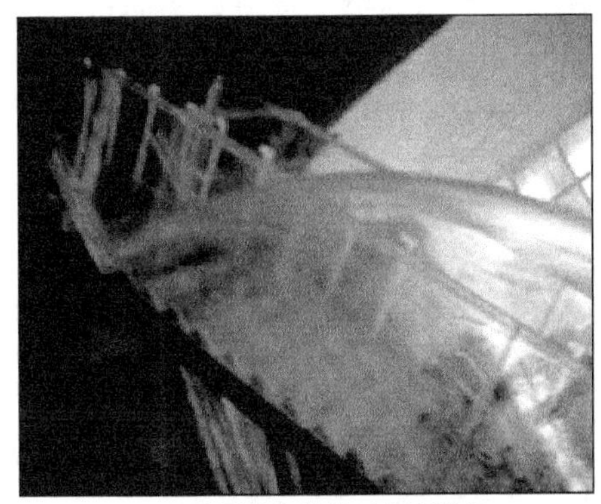

(a) 未设掺气挑坎时水流流态

(b) 设掺气挑坎后水流流态

图 4.2　台阶段首部未设掺气挑坎和设掺气挑坎的水流流态

由图 4.3 可以看出，水流经过挑坎产生分离，把水流分为两部分：一是掺气挑坎后的空腔，二是空腔上部的实体水流。由试验可知，水流经过掺气挑坎时水面有局部抬高现象，在挑坎后形成掺气空腔；当挑射水流重新回落到台阶式溢洪道的底板时，水流已挟带了大量的空气，在空腔末端，水流断面含气量最高，由于重力和紊动扩散，断面含气量沿程逐渐向水流内部扩散；掺气挑坎高度越高，空腔长度越大；在水舌落点即空腔末端有反向旋滚，反向旋滚的程度视空腔内负压大小而定，负压越大，空腔长度越大。

(a) 坎高0.75cm

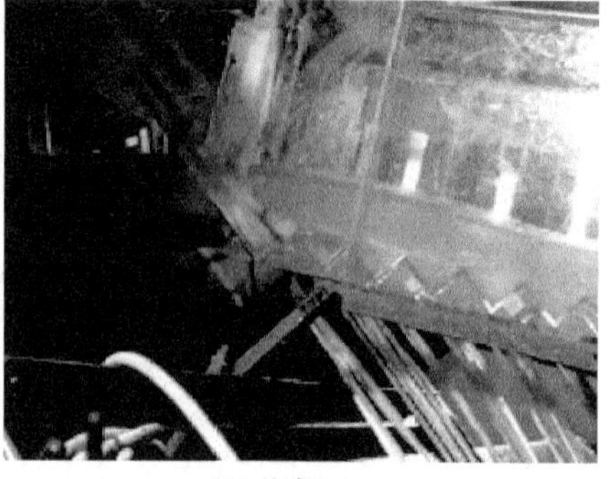
(b) 坎高1.5cm

图 4.3　设掺气挑坎后台阶上的水流流态

空腔上部为实体水流，实体水流的表面与空气接触，水流在流动过程中，随着紊流边界层发展到水面和水面波的破碎，水股顶部开始掺气，水股顶部的掺气水流在流动过程中逐渐向水流内部扩散，表现为水流表面掺气层厚度沿程逐渐增加。这样，底部的掺气水流沿程逐渐向水面发展，水面的掺气水流逐渐向水流内部发展，在两股掺气水流的交汇点前形成了底部掺气、上部掺气，而中间为清水的楔形区域，两股掺气水流交汇以后，整个断面均掺入空气，经过充分混合后形成充分发展的掺气水流，如图 4.4 所示。

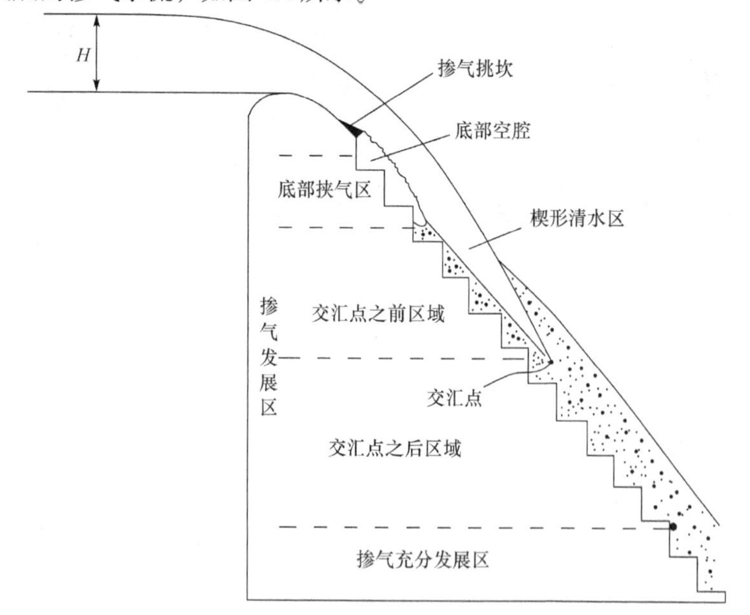

图 4.4　设掺气挑坎后台阶上的水流流态示意图

掺气挑坎和通气孔的作用，使得挑坎后一段距离内水流掺气较大，这样底部的近壁水流掺气浓度保持不小于某一规定值，可以保证一段距离内的建筑物过流面不受空蚀破坏。

4.3　设掺气挑坎后台阶式溢洪道的水面线

在台阶段首端增设掺气挑坎后，水面线变化的规律是：来流量越大，溢洪道上的水深越大；坡度越陡，掺气挑坎越高，对水面的扰动越大；掺气量越大，水体膨胀，水深增大。试验中观测到，当水流经过掺气挑坎时，挑坎迫使水流挑起，使得挑坎附近的水面线有所抬高，当库水位较低时，挑坎对水流的扰动较大；当库水位较高时，由于挑坎高度相对于溢洪道上的水深较低，水面抬高不大。挑射水流的回落点处，水深最小，在回落点以后，水面又有所抬高，远离挑坎后的水面线逐渐趋于稳定；在楔形清水区，水深沿程减小；当水面破碎以后，空气从水流表面开始向水流内部扩散时，水深沿程逐渐增大；在充分掺气区，水深值趋于稳定，相当于明渠均匀流。坡度为 60°的水面线沿程变化较 51.3°的水面线变化剧烈，这可能是由于 60°坡度的水流速度较大，对水面变化影响较大。

设掺气挑坎后，影响台阶式溢洪道水面线的因素有：单宽流量 q，水流密度 ρ，动力黏滞系数 μ，重力加速度 g，水流流速 v，溢洪道的坡度 i，台阶高度 a，测点距溢流堰顶的距离 x，测点以上总水头 E，掺气挑坎的高度 $\varDelta$，溢洪道总长度 L，堰上水头 H 和下游坝高 P 等。

分析认为，影响水深的主要因素是流能比 $q/(\sqrt{g}E^{1.5})$、台阶式溢洪道的坡度、相对台阶尺寸、测点距坝顶的相对长度、相对挑坎高度以及相对堰上水头等。现以相对水深 $y=(h+a\cos\alpha+\varDelta)/[Pq/(\sqrt{g}E^{1.5})]$ 为纵坐标，x/L 为横坐标，不同挑坎高度、来流量、不同坡度，不同体型情况下水面线沿程分布如图 4.5 和图 4.6 所示。由图中可以看出，相对水深随相对距离的增加而增加，当堰上相对水头 H/H_d= 0.50 时，水面线变化比较剧烈，说明在堰上水头和台阶上的水深较小时，挑坎对水面扰动较大，随着来流量增大，掺气挑坎对水面的扰动相对降低，水面线逐渐变得平滑稳定。

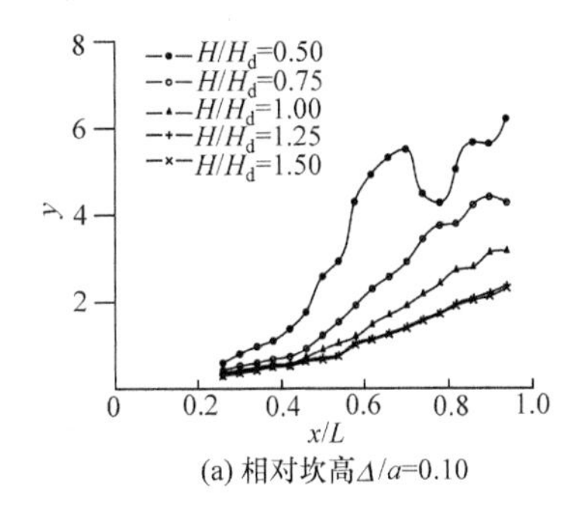

(a) 相对坎高 $\varDelta/a$=0.10

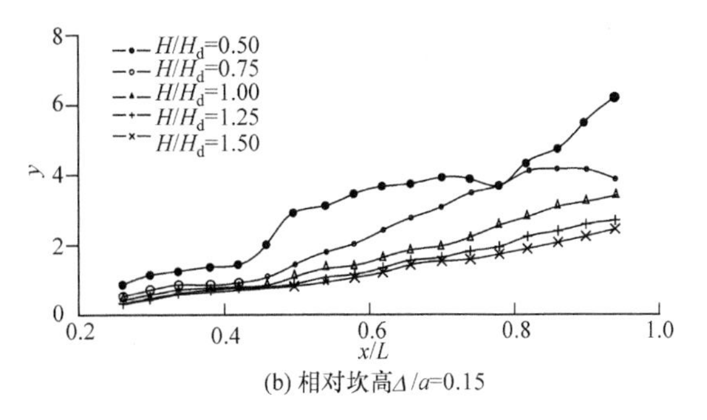

(b) 相对坎高 $\varDelta/a$=0.15

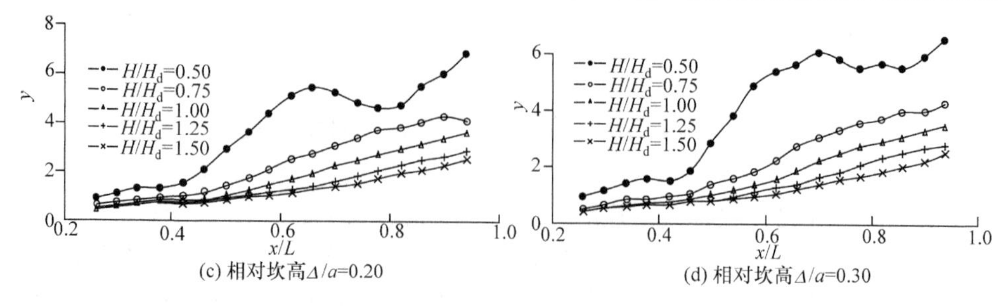

图 4.5　溢洪道坡度为 60°时水面线沿程分布

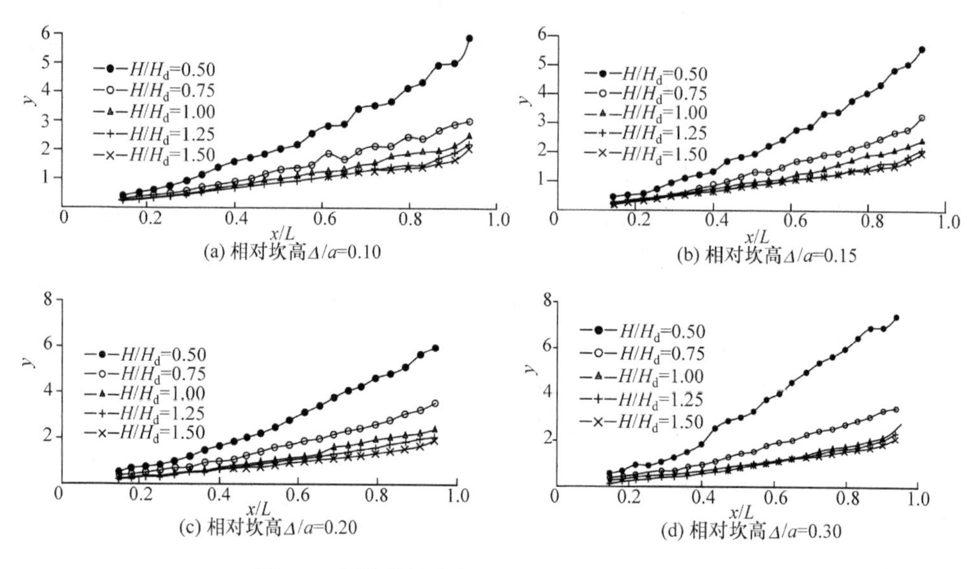

图 4.6　溢洪道坡度为 51.3°时水面线沿程分布

拟合图 4.5 和图 4.6 中的关系为

$$\frac{(h+a\cos\theta+\varDelta)}{Pq/(\sqrt{g}E^{1.5})}=A_0\left(\frac{x}{L}\right)^2+B_0\left(\frac{x}{L}\right)+C_0 \tag{4.2}$$

式中，h 为台阶式溢洪道上的水深；a 为台阶高度；θ 为溢洪道坡度；$\varDelta$ 为挑坎高度；P 为从下游河床算起的溢流坝高度；q 为单宽流量；g 为重力加速度；E 为测点以上的总水头；x 为测点距溢流坝顶的水平距离；L 为从坝顶算起的溢洪道的水平总长度；A_0、B_0、C_0 为系数，表达式为

$$A_0(B_0,\ C_0)=a_0\left(\frac{H+P}{h_k}\right)^2+b_0\left(\frac{H+P}{h_k}\right)+c_0 \tag{4.3}$$

式中，H 为堰上水头；$h_k=(q^2/g)^{1/3}$ 为临界水深；a_0、b_0、c_0 为系数，其值见表 4.2。

表 4.2　系数 a_0、b_0、c_0 值

溢洪道坡度/(°)	A_0			B_0			C_0		
	a_0	b_0	c_0	a_0	b_0	c_0	a_0	b_0	c_0
60	−0.076	2.17	−11.05	0.087	−2.08	11.12	−0.019	0.420	−1.79
51.3	−0.028	0.92	−5.27	0.034	−0.89	6.15	−0.003	0.075	−0.20

式(4.2)适应的条件为相对坎高 $\Delta/a=0.1\sim0.3$，堰上流能比 $q/(\sqrt{g}H^{1.5})=0.591\sim0.681$。

4.4　设掺气挑坎后台阶式溢洪道的相对时均压强分布

4.4.1　台阶水平面的相对时均压强分布

1. 溢洪道坡度为 60°时的相对时均压强分布

在台阶式溢洪道台阶段首部设掺气挑坎后，当溢洪道的坡度为 60°时，台阶水平面的相对时均压强分布如图 4.7 所示。

由图 4.7 可以看出，当坡度为 60°时，设掺气挑坎后，单个台阶上的相对时均压强分布仍然是从凹角向凸角出现一个最小值，最小值位置和未设掺气挑坎时基本相同，仍在(0.2～0.4)b，随后压强又开始回升，约在步长的 7/10 处压强较大，此压强维持到凸角附近基本不变。这和未设掺气挑坎时压强一直增加是不同的，由于增设掺气挑坎后，改变了水流的流态，水流经挑坎挑射再回落到台阶上时，水流的角度发生了改变，因此改变了对台阶的冲击位置。

由图 4.7 还可以看出，不管相对坎高如何变化，相对时均压强在水平面的分布规律不变，说明相对坎高对台阶式溢洪道水平面的相对时均压强分布规律影响很小。

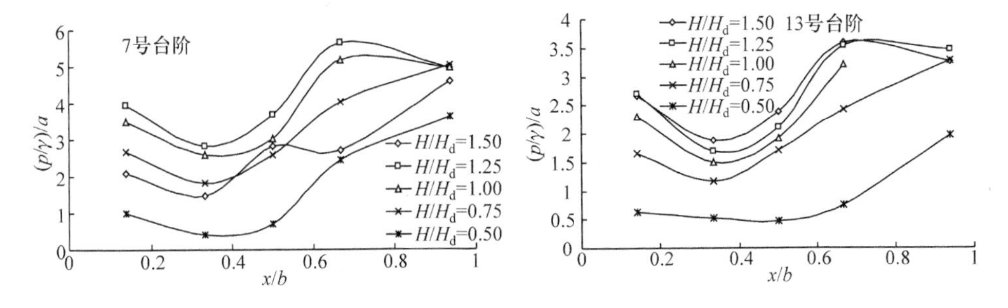

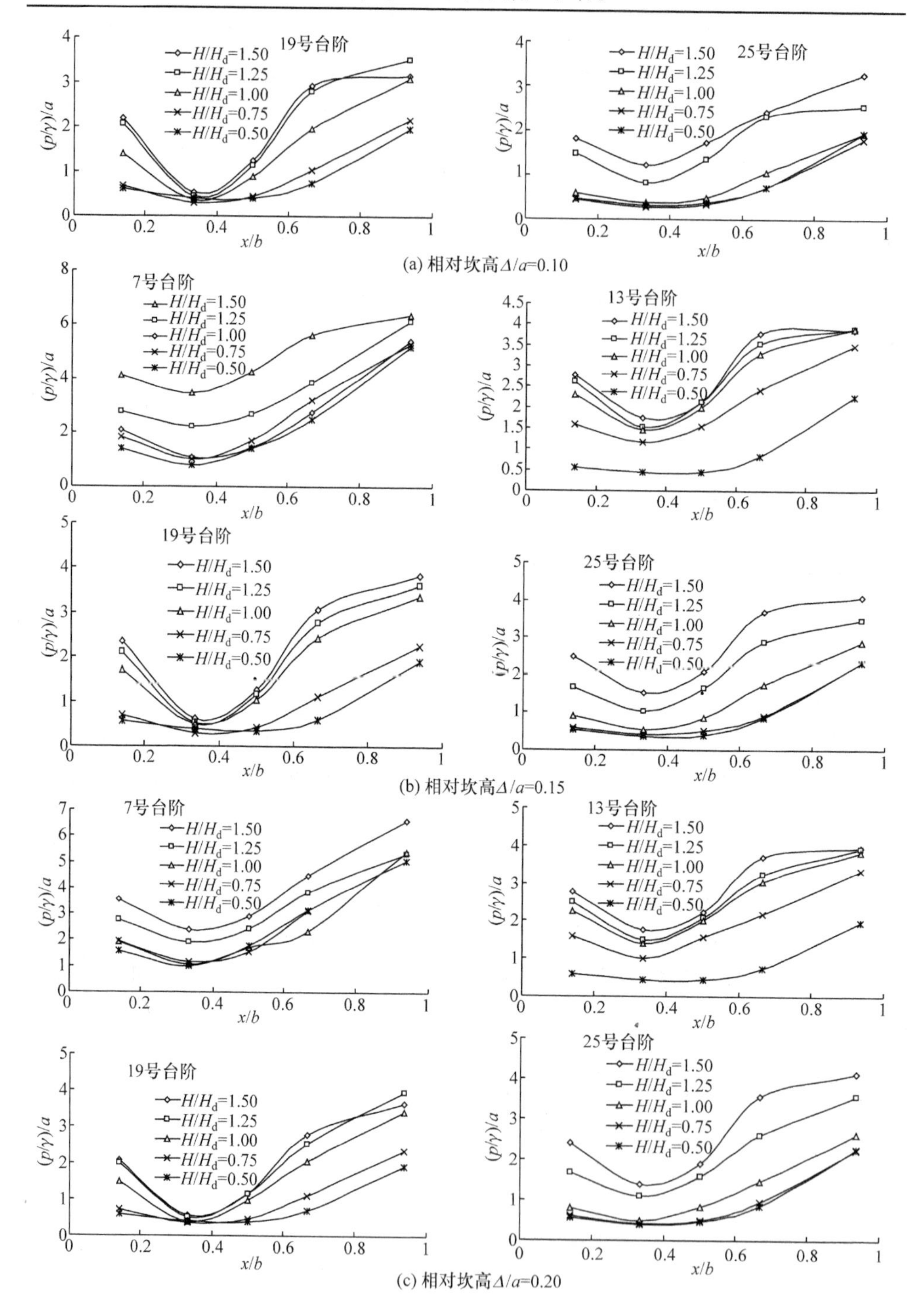

(a) 相对坎高Δ/a=0.10

(b) 相对坎高Δ/a=0.15

(c) 相对坎高Δ/a=0.20

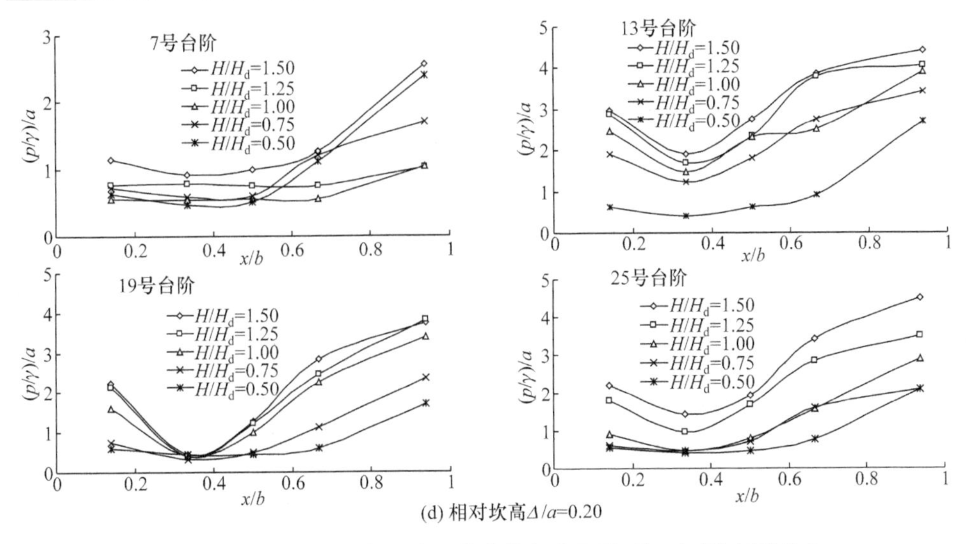

(d) 相对坎高Δ/a=0.20

图 4.7　坡度为 60°的台阶式溢洪道的台阶水平面相对时均压强分布

2. 溢洪道坡度为 51.3°时的相对时均压强分布

坡度为 51.3°的台阶式溢洪道台阶水平面的相对时均压强分布见图 4.8。由图 4.8 可以看出，坡度为 51.3°时，相对时均压强分布规律与单纯台阶式溢洪道上相对时均压强分布规律基本一致，最小值仍在(0.2～0.4)b，最大值约在 0.8b。与单纯台阶式溢洪道最大值在(0.8～0.9)b 相比较，最大值的位置略向凹角方向偏移。相对坎高仍对水平面的相对时均压强分布规律影响很小。

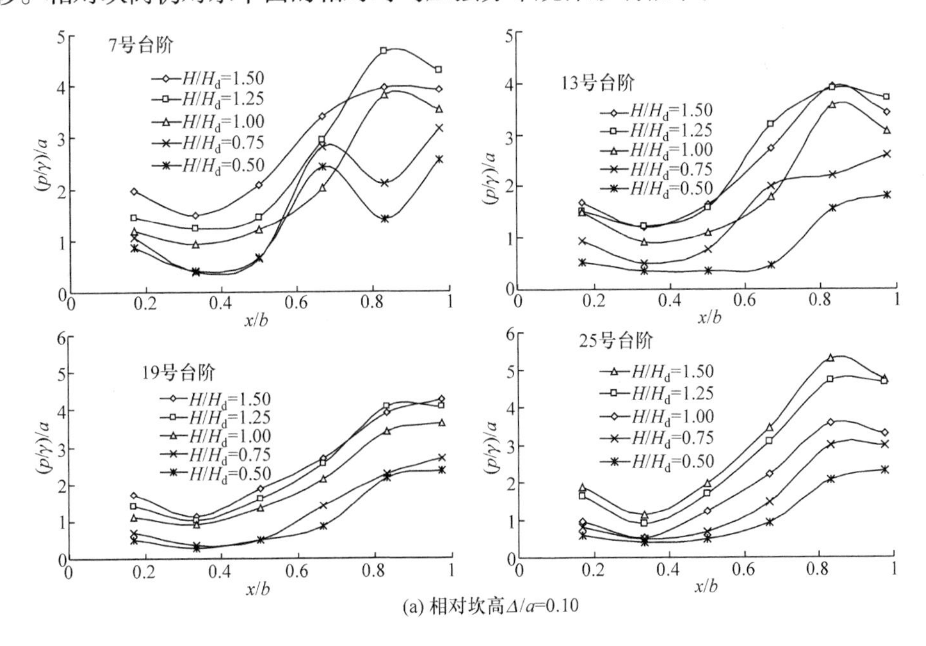

(a) 相对坎高Δ/a=0.10

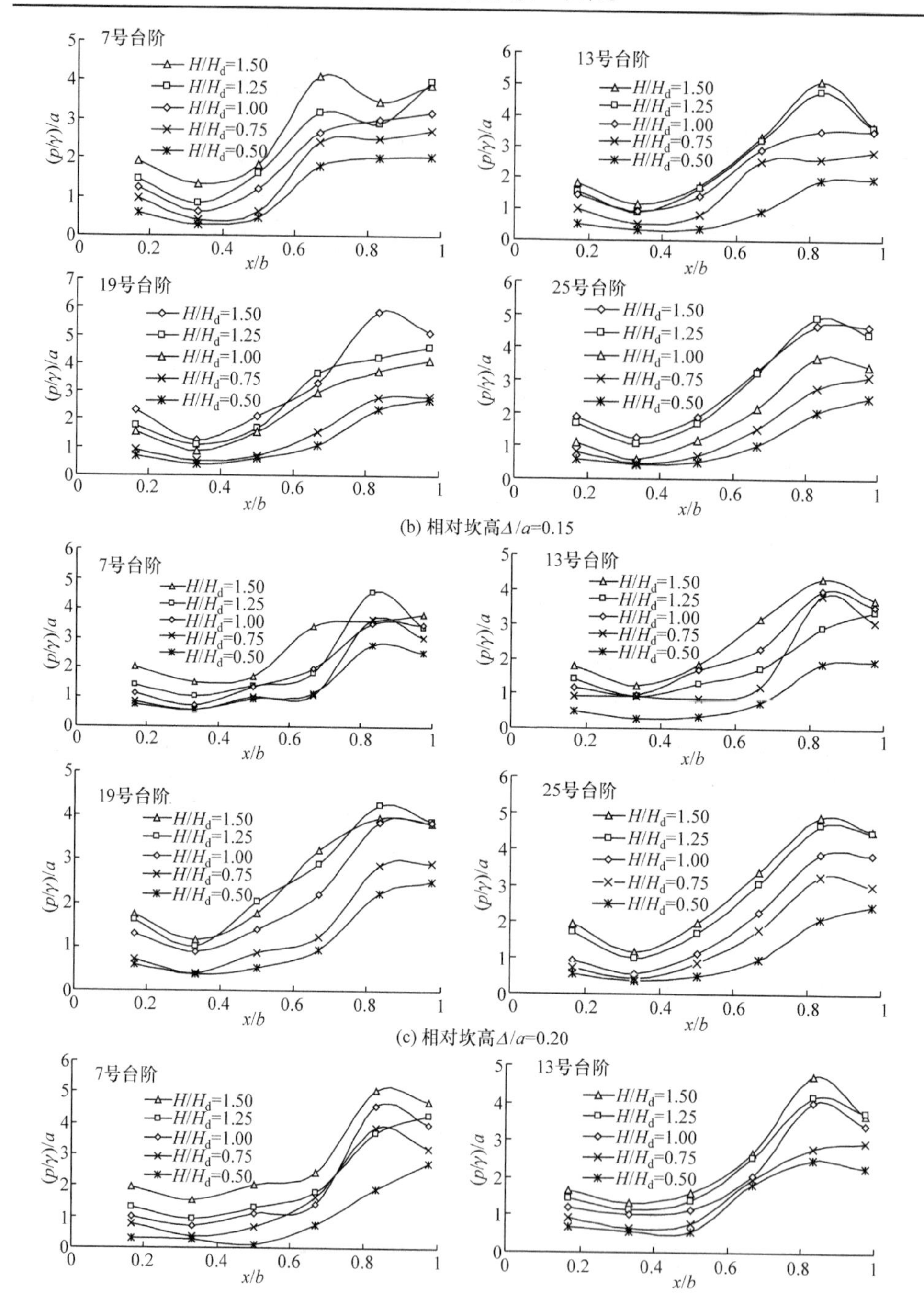

(b) 相对坎高Δ/a=0.15

(c) 相对坎高Δ/a=0.20

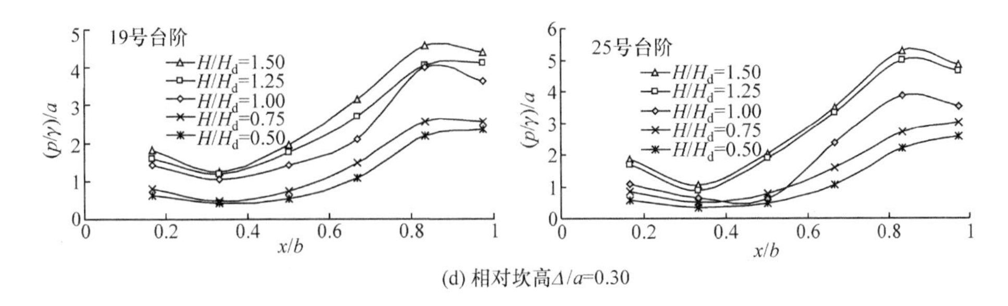

(d) 相对坎高Δ/a=0.30

图 4.8　坡度为 51.3°的台阶式溢洪道台阶水平面相对时均压强分布

3. 设计水位时不同相对坎高水平面相对时均压强分布的比较

在设计水位时，不同相对坎高情况下台阶式溢洪道的相对时均压强分布如图 4.9 和图 4.10 所示。由图中可以看出，设置掺气挑坎后，台阶水平面的相对时均压强分布规律与未设掺气挑坎时基本相同，最小相对时均压强和最大相对时均压强的位置也基本相同。当溢洪道坡度为 60°时，相对时均压强的最大最小值没有明显的区别；当溢洪道坡度为 51.3°时，增设挑坎后最大相对时均压强有所增大，7 号台阶增加的最大，增加了 24.7%，其余台阶增加的幅度范围为 0.5%～5.6%，这说明除了挑坎在局部范围内对台阶水平面上的压强由于射流冲击造成压强有所增大外，在水舌落点以后挑射水流对相对时均压强的影响很小。

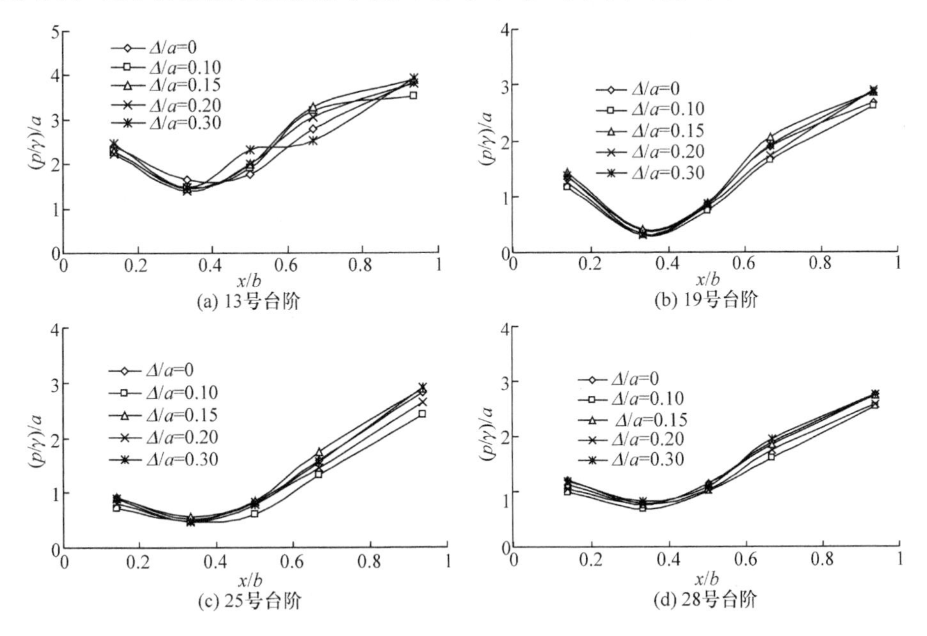

(a) 13号台阶　(b) 19号台阶　(c) 25号台阶　(d) 28号台阶

图 4.9　设计水位时不同相对坎高水平面相对时均压强分布(坡度为 60°)

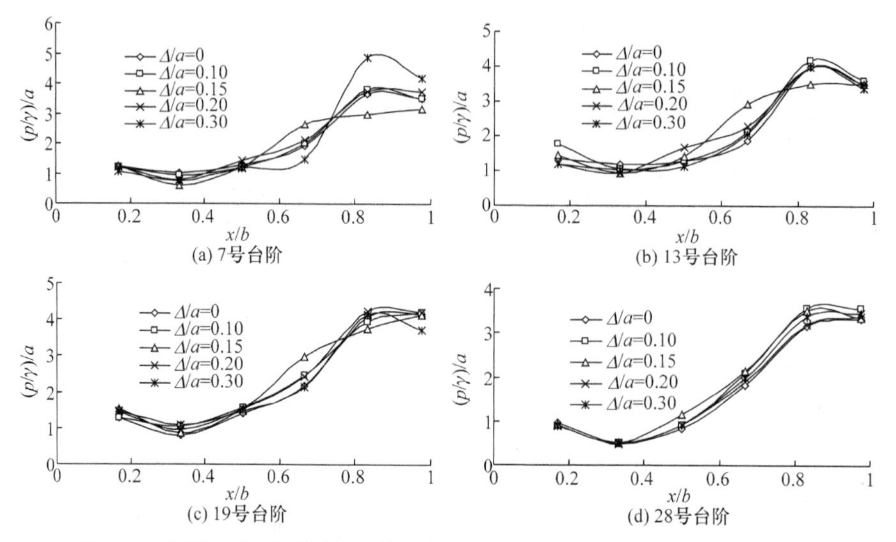

(a) 7号台阶　(b) 13号台阶　(c) 19号台阶　(d) 28号台阶

图 4.10　设计水位时不同相对坎高水平面相对时均压强分布(坡度为 51.3°)

4.4.2　台阶竖直面的相对时均压强分布

设掺气挑坎后台阶竖直面相对时均压强分布如图 4.11 和图 4.12 所示。由图中可以看出，设掺气挑坎后竖直面的相对时均压强分布在台阶的凹角处最大，沿台阶高度方向相对时均压强逐渐减小，约在台阶高度的 $0.5a$ 处相对时均压强降到最小，随后相对时均压强有所增加，在台阶下缘相对时均压强又有所减小。由图还可以看出，台阶竖直面的相对时均压强随着 H/H_d 的增大而增大，说明来流量越大，竖直面的相对时均压强越大。

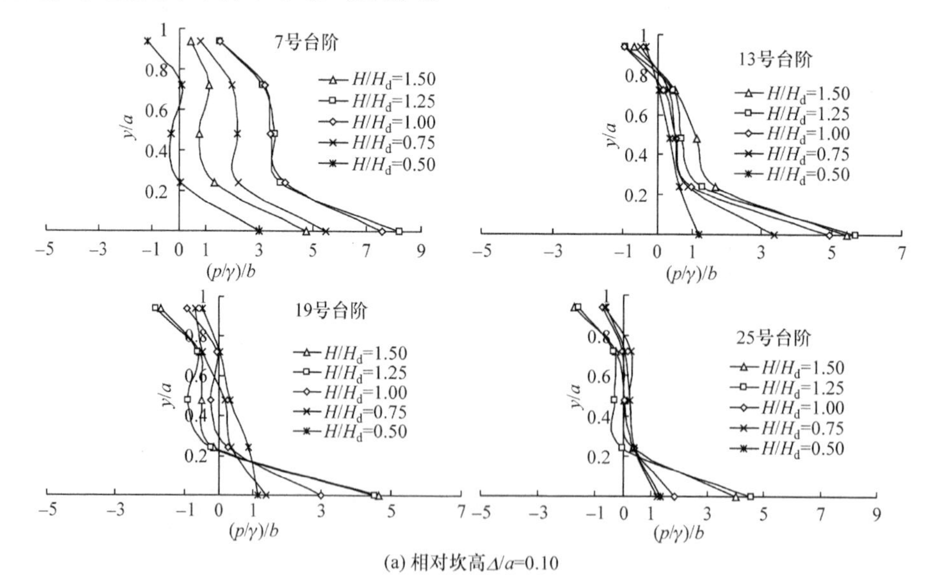

(a) 相对坎高Δ/a=0.10

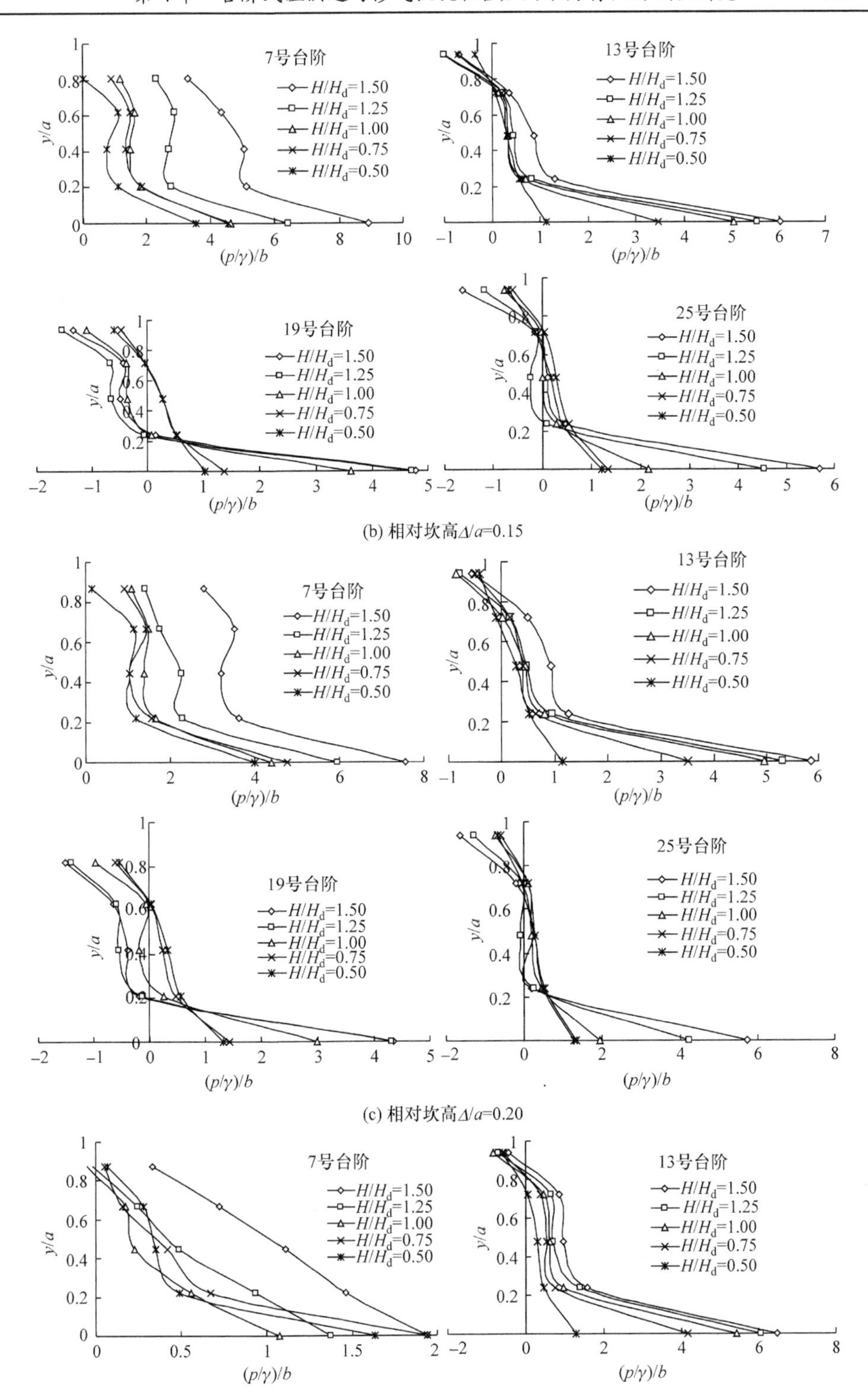

(b) 相对坎高Δ/a=0.15

(c) 相对坎高Δ/a=0.20

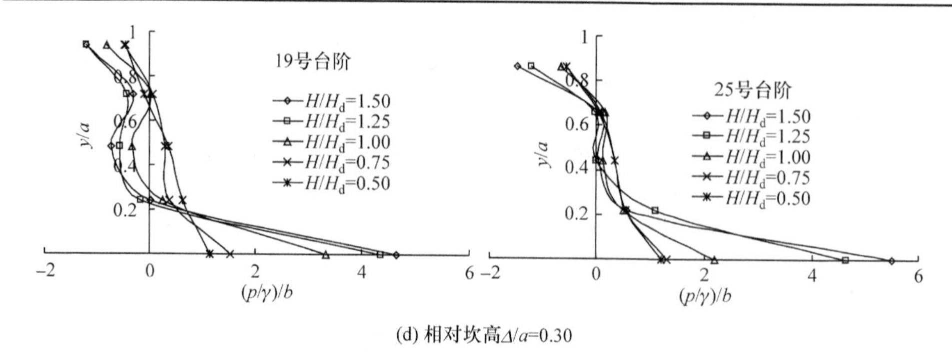

(d) 相对坎高Δ/a=0.30

图 4.11　坡度为 60°时台阶式溢洪道台阶竖直面相对时均压强分布

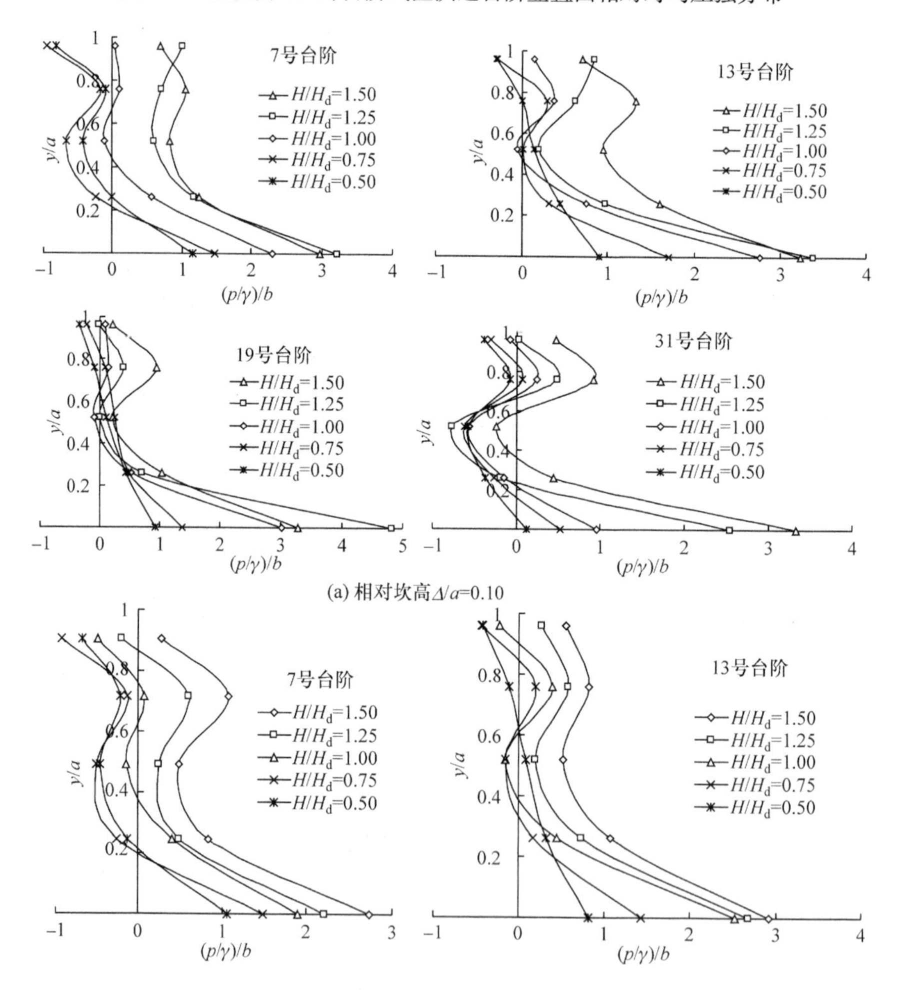

(a) 相对坎高Δ/a=0.10

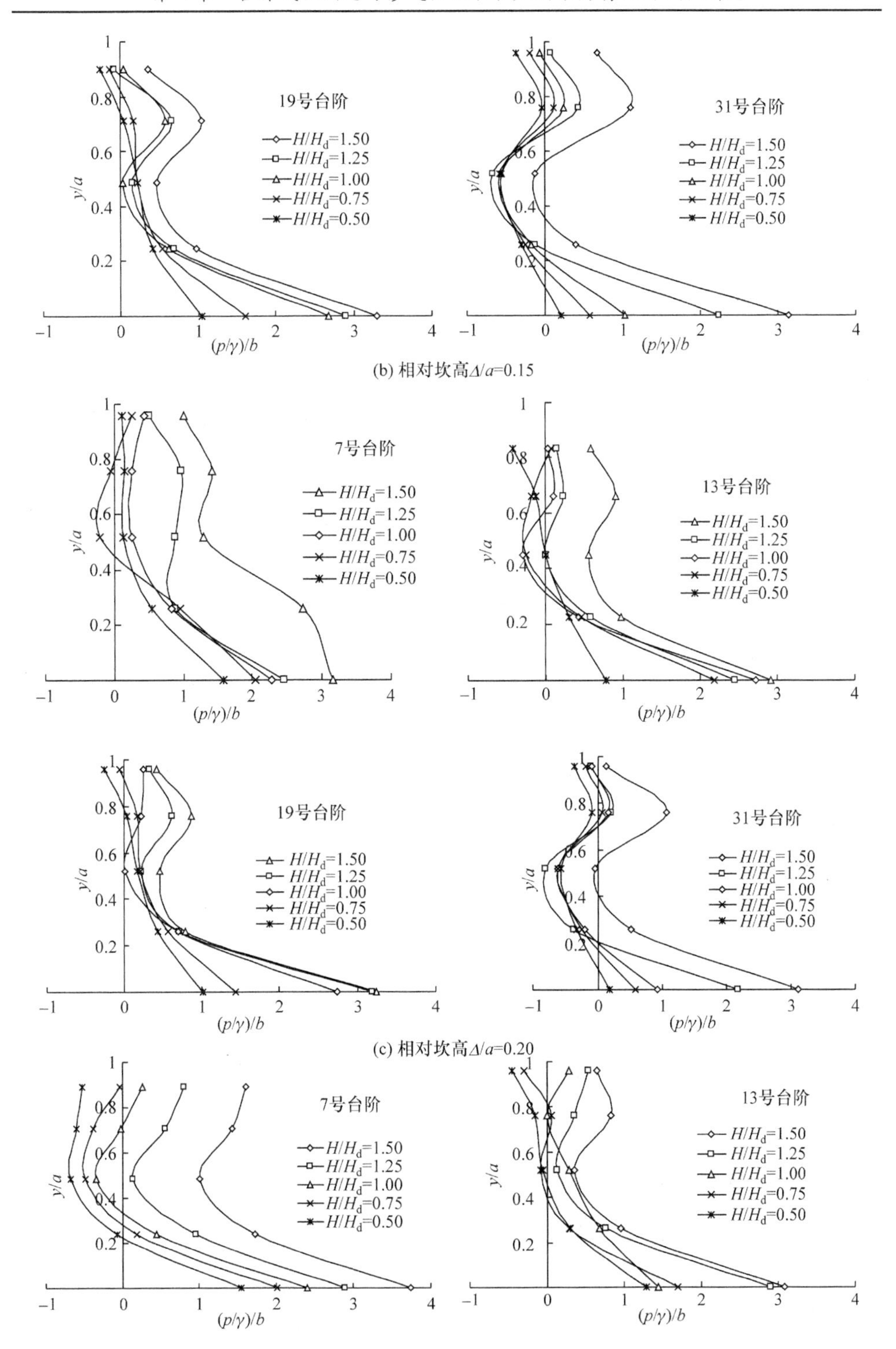

(b) 相对坎高Δ/a=0.15

(c) 相对坎高Δ/a=0.20

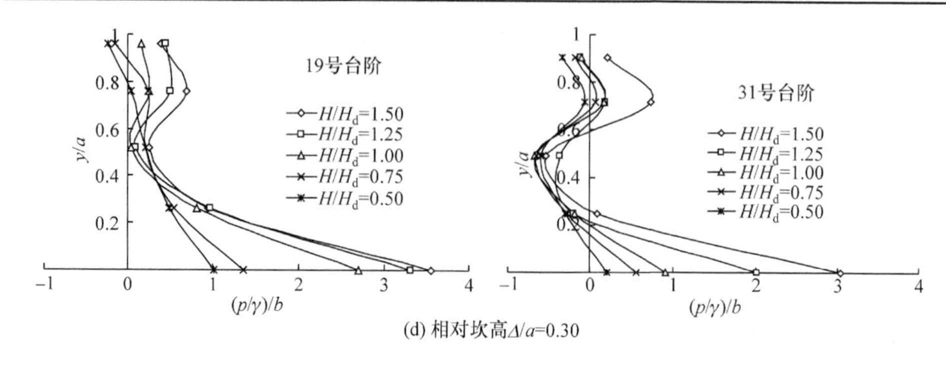

图 4.12　坡度为 51.3°时台阶式溢洪道台阶竖直面相对时均压强分布

图 4.13 和图 4.14 是设计水位情况下不同掺气挑坎高度时竖直面的相对时均压强分布。可以看出，设掺气挑坎后竖直面的相对时均压强分布规律与未设掺气挑坎时的规律相同。当坡度为 60°时，设掺气挑坎后竖直面中点、凸角下缘附近的相对时均压强有较明显的提高，负压有所减小，说明设掺气挑坎后对竖直面的相对时均压强有所改善；当坡度为 51.3°时，与未设掺气挑坎比较，相对时均压强分布规律、各测点的相对时均压强值没有明显的变化。

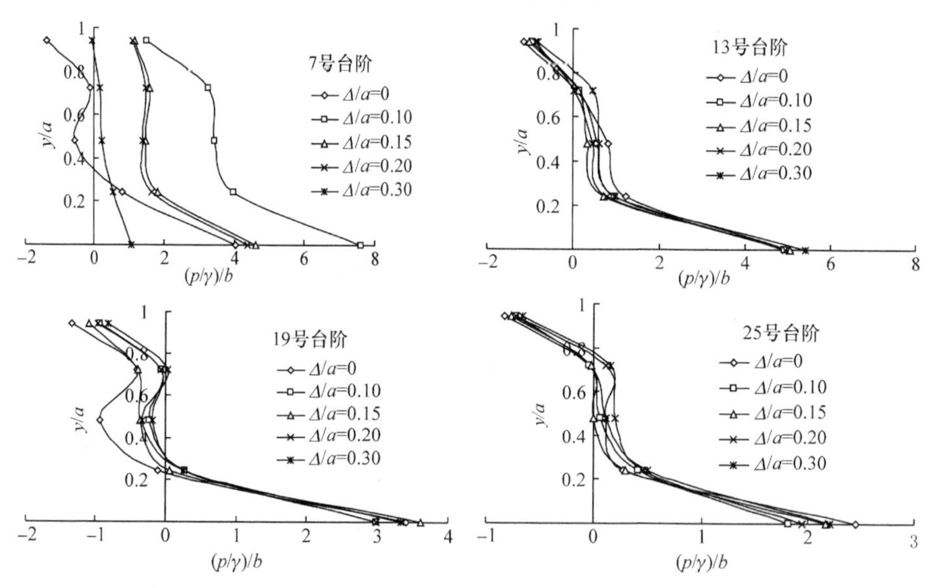

图 4.13　设计水位情况下不同相对坎高台阶竖直面相对时均压强分布(坡度为 60°)

4.4.3　台阶水平面的相对时均压强沿程分布

掺气挑坎相对高度Δ/a=0.10 和Δ/a=0.30，H/H_d=0.50～1.50 时台阶水平面凹角、中点和凸角处的相对时均压强沿程分布见图 4.15 和图 4.16。

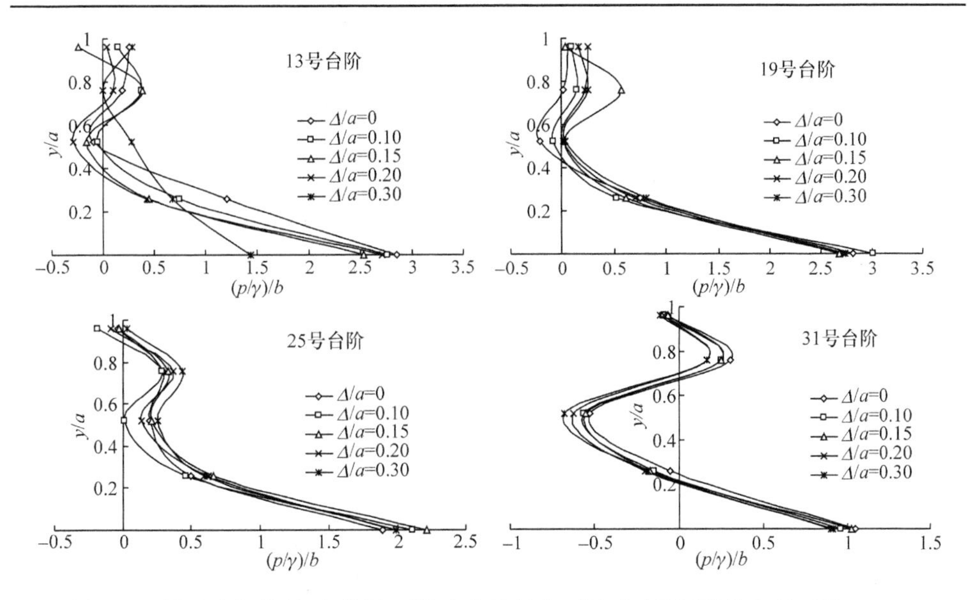

图 4.14　设计水位情况下不同相对坎高台阶竖直面相对时均压强分布(坡度为 51.3°)

由图 4.15 和图 4.16 可以看出，台阶水平面的相对时均压强沿程分布规律为一个波峰，一个波谷的交替向下游发展，相对时均压强沿程呈波浪式变化。对比第 2 章的图 2.37 和图 2.38 可以看出，与无挑坎不同的是，无挑坎时，沿程相对时均压强曲线首先出现的是凹曲线，即第一个测点相对时均压强最大，然后相对时均压强减小，随后又上升，出现凹曲线；设掺气挑坎后，沿程相对时均压强曲线首先出现的是凸曲线。这是由于增设掺气挑坎后，水流首先挑起，然后回落，回落时冲击台阶，使得冲击点处相对时均压强最大。冲击点位置不同，相对时均压强最大值的位置也就不同。在同一相对坎高情况下，堰上相对水头越大，相对时均压强越大。设掺气挑坎后，当坡度为 51.3°时，凹角附近在流量较小时有负压，但负压很小，其余部位未发现负压。

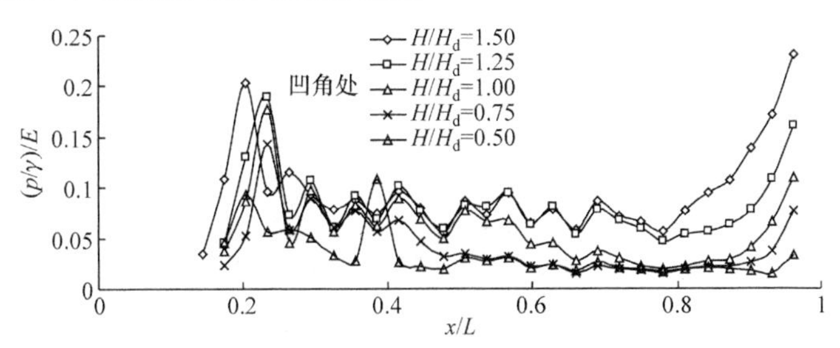

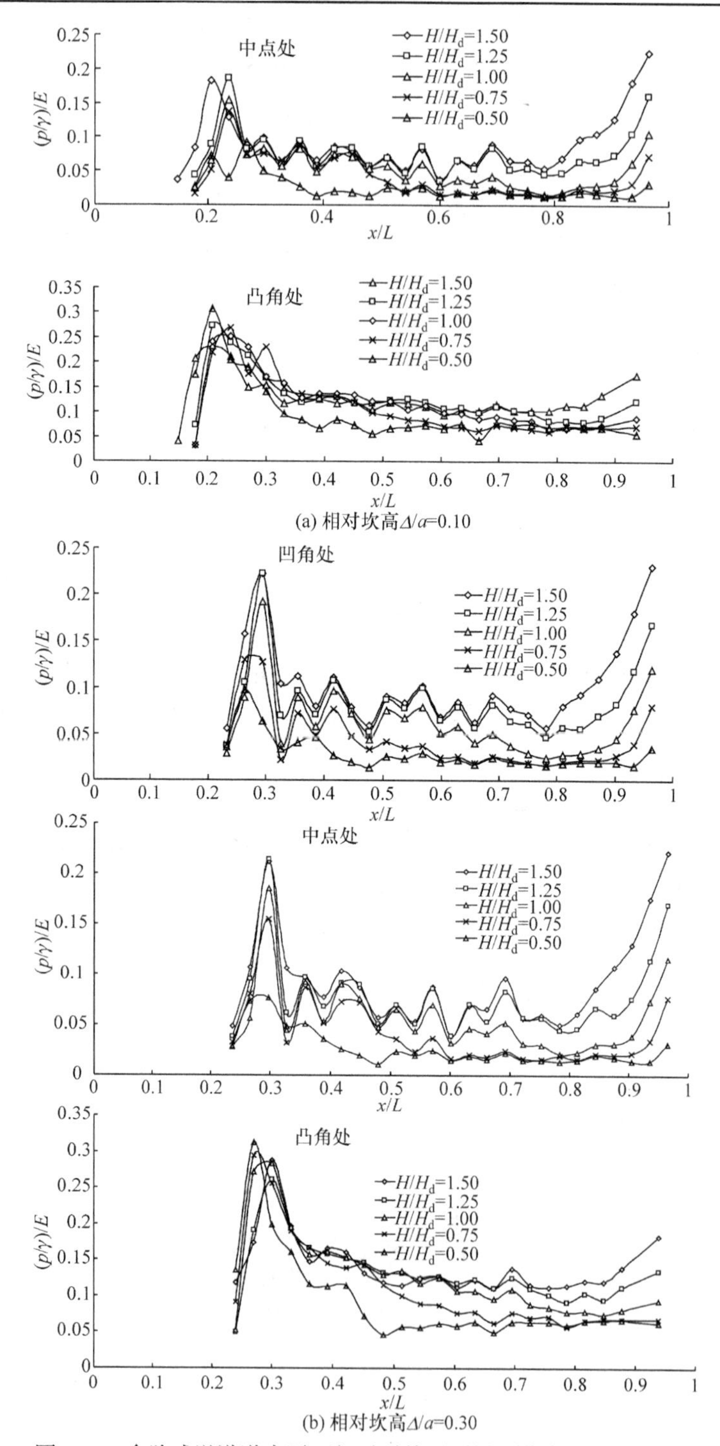

图 4.15　台阶式溢洪道水平面相对时均压强沿程分布(坡度为 60°)

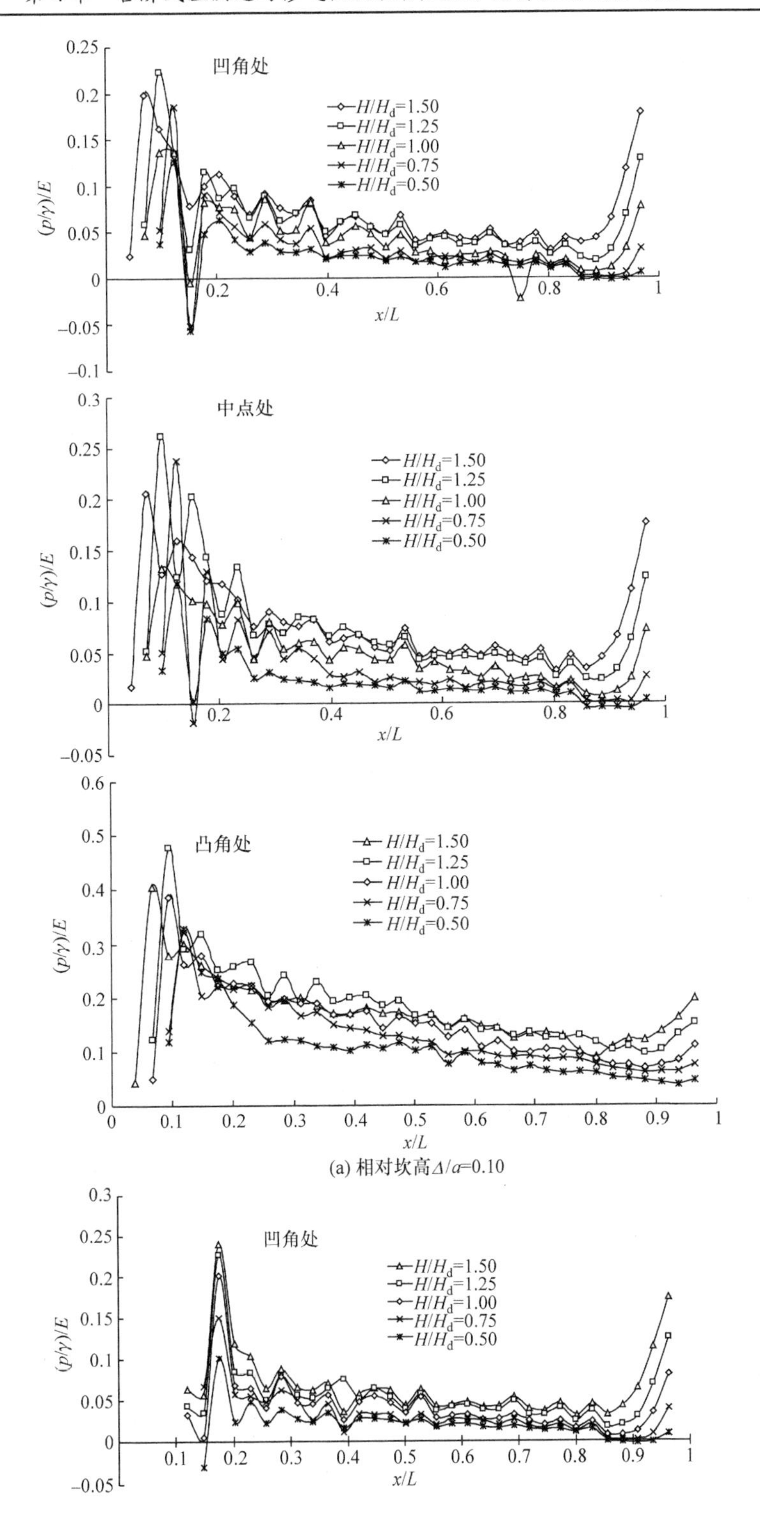

(a) 相对坎高Δ/a=0.10

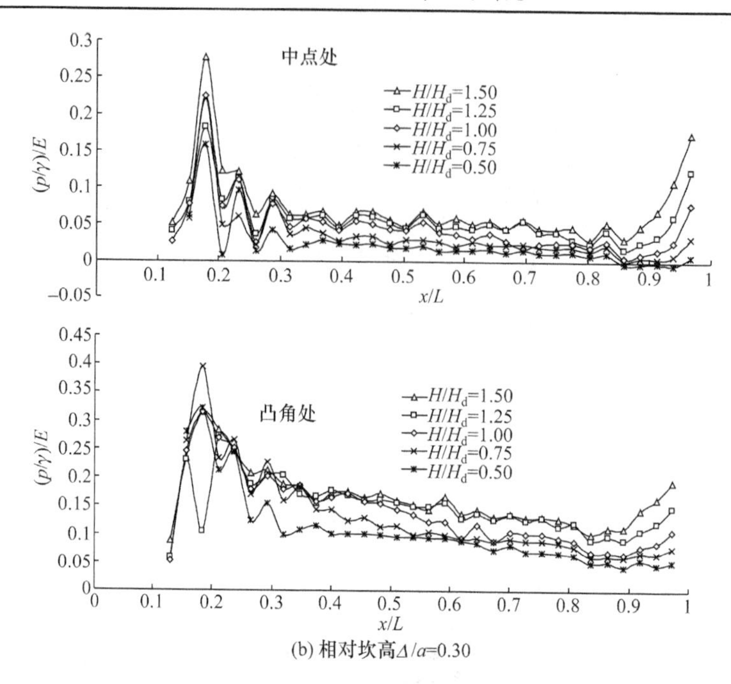

(b) 相对坎高Δ/a=0.30

图 4.16　台阶式溢洪道水平面相对时均压强沿程分布(坡度为 51.3°)

当Δ/a=0.15 和Δ/a=0.20 时，相对时均压强分布规律与Δ/a=0.10 和Δ/a=0.30 时的完全相同。

设掺气挑坎后，水舌落点处的时均压强最大，在水舌落点以后，时均压强沿程逐渐减小。水舌落点位置对台阶式溢洪道的结构设计至关重要。模型实测溢洪道坡度为 51.3°和 60°时，不同相对坎高和堰上相对水头的台阶中点的水舌落点位置如表 4.3 所示。

表 4.3　不同相对坎高和堰上相对水头水舌落点位置

H/H_d	溢洪道坡度为 51.3°时的 x/L(台阶级数)				溢洪道坡度为 60°时的 x/L(台阶级数)			
	Δ/a=0.10	Δ/a=0.15	Δ/a=0.20	Δ/a=0.30	Δ/a=0.10	Δ/a=0.15	Δ/a=0.20	Δ/a=0.30
1.50	0.070(2)	0.100(3)	0.151(5)	0.178(6)	0.206(6)	0.236(7)	0.267(8)	0.297(9)
1.25	0.100(3)	0.100(3)	0.151(5)	0.178(6)	0.236(7)	0.267(8)	0.267(8)	0.297(9)
1.00	0.100(3)	0.124(4)	0.151(5)	0.178(6)	0.236(7)	0.267(8)	0.267(8)	0.297(9)
0.75	0.124(4)	0.124(4)	0.151(5)	0.178(6)	0.236(7)	0.267(8)	0.267(8)	0.297(9)
0.50	0.124(4)	0.124(4)	0.151(5)	0.178(6)	0.267(8)	0.297(9)	0.297(9)	0.297(9)

由表 4.3 可以看出，在同一坡度和同一相对堰上水头情况下，相对坎高越大，水舌落点越远。在同一相对坎高情况下，当坎高较小时，随着堰上相对水头的减小，相对水舌挑距越远；当坎高较大时，相对水舌挑距几乎不变或变化很小，对

水平面的凹角和凸角附近的实测结果也是如此。

必须指出的是，水舌是以分散水股的形式落入台阶的，除了水舌中点的相对压强较大外，在水舌中点的某一范围内，分散水股对台阶的冲击作用也较大，相对时均压强也较大；另外，水舌落入台阶后，会在台阶上产生反弹，反弹水舌的能量是逐渐衰减的，在水舌落点后的数级台阶上压强仍较大，在设计中应引起注意。由图 4.15 和图 4.16 可以看出，当溢洪道坡度为 60°时，从水舌落点到 x/L=0.4 范围内相对时均压强较大；当溢洪道坡度为 51.3°时，从水舌落点到 x/L=0.3 范围内相对时均压强较大；在此范围内，台阶结构的设计可按最大相对压强考虑。图 4.17 为模型实测的台阶水平面最大相对压强与堰上相对水头的关系，由图可以看出，随着堰上相对水头的增大，台阶上的最大相对压强减小，此图可供设计时参考。

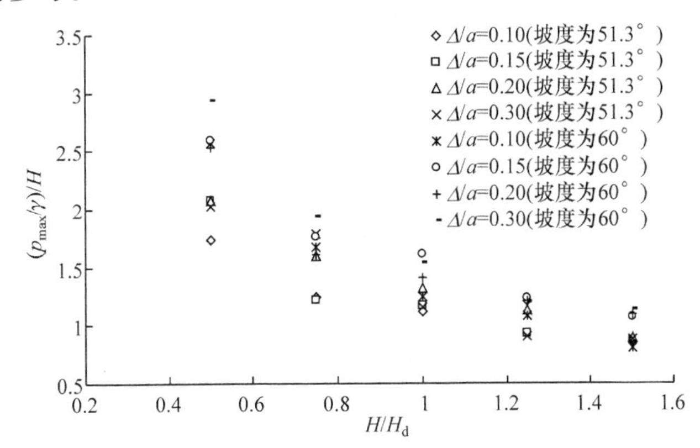

图 4.17　台阶水平面最大相对压强与堰上相对水头的关系

4.4.4　台阶竖直面的相对时均压强沿程分布

增设掺气挑坎后，竖直面相对时均压强沿程分布如图 4.18 和图 4.19 所示。实测结果表明，竖直面的相对时均压强与水平面的相对时均压强分布规律类似，沿程仍为波浪式变化。由图 4.18 和图 4.19 可以看出，对于坡度为 60°和 51.3°的台阶式溢洪道，在竖直面的凹角处相对时均压强均为正压，堰上相对水头越大，相对时均压强越大，可见台阶上顺时针旋转的水流对台阶竖直面的凹角处有挤压作用，使得凹角处的相对时均压强均为正值；在台阶竖直面的中点和凸角下缘处，相对时均压强有正有负。对于台阶中点，台阶上顺时针旋转的水流背离台阶竖直面，对于台阶凸角下缘，台阶凸角对滑行水流的剪切作用，使得台阶竖直面的中点和凸角下缘附近处的压强减小甚至为负压。

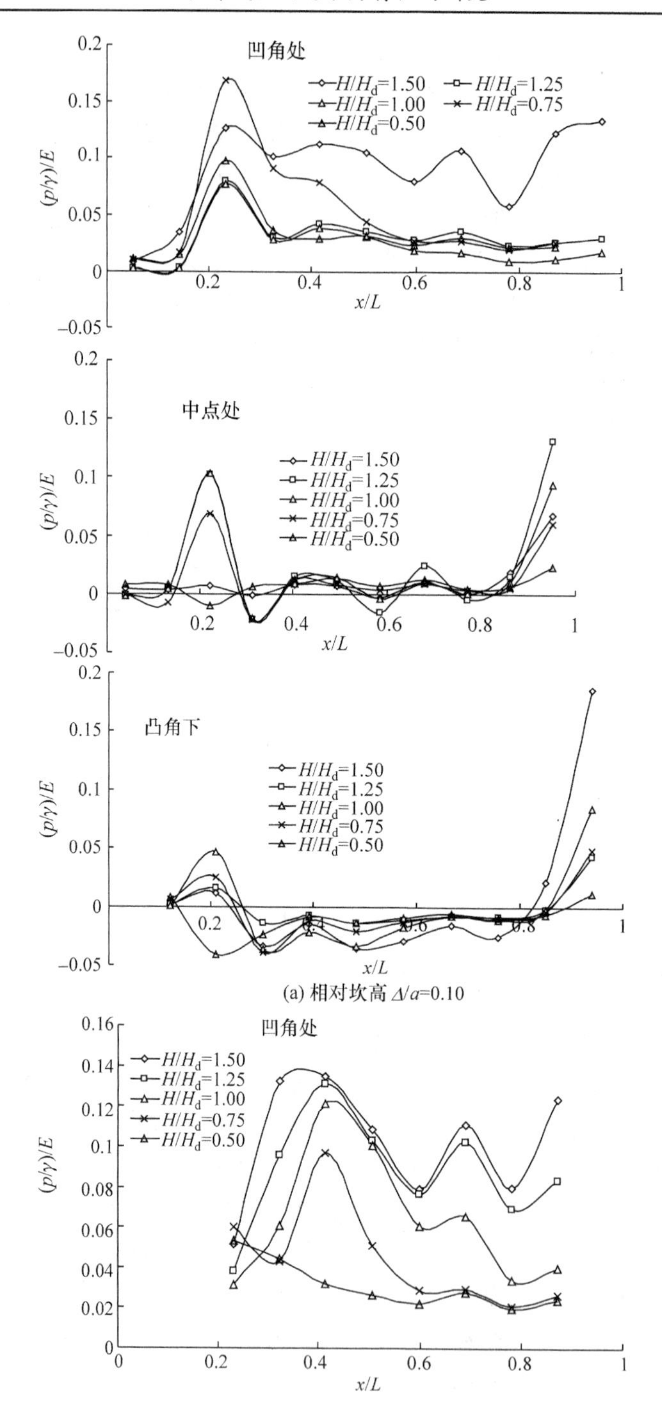

凹角处
H/H_d=1.50
H/H_d=1.25
H/H_d=1.00
H/H_d=0.75
H/H_d=0.50
$(p/\gamma)/E$
x/L
中点处
H/H_d=1.50
H/H_d=1.25
H/H_d=1.00
H/H_d=0.75
H/H_d=0.50
$(p/\gamma)/E$
x/L
凸角下
H/H_d=1.50
H/H_d=1.25
H/H_d=1.00
H/H_d=0.75
H/H_d=0.50
$(p/\gamma)/E$
x/L
(a) 相对坎高 Δ/a=0.10
凹角处
H/H_d=1.50
H/H_d=1.25
H/H_d=1.00
H/H_d=0.75
H/H_d=0.50
$(p/\gamma)/E$
x/L

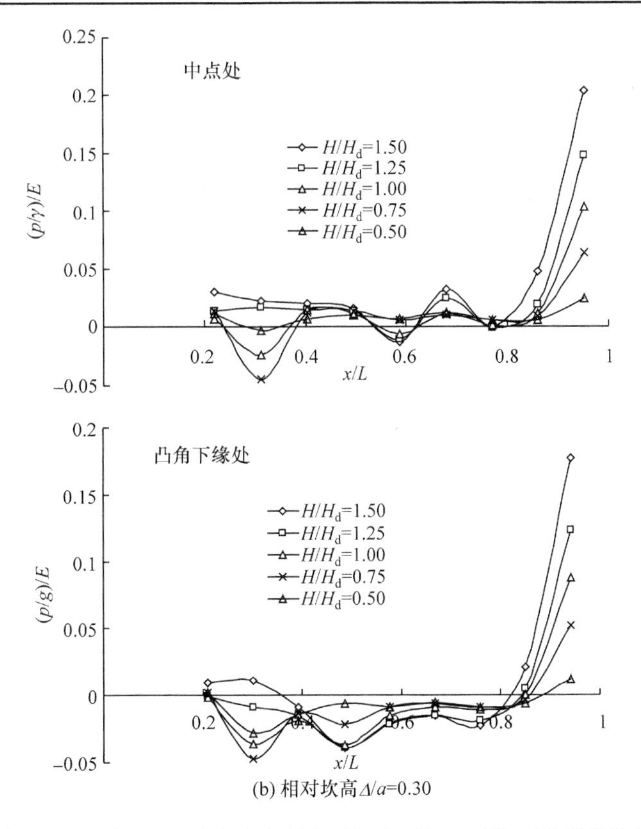

(b) 相对坎高Δ/a=0.30

图4.18　坡度为60°时台阶式溢洪道竖直面相对时均压强沿程分布

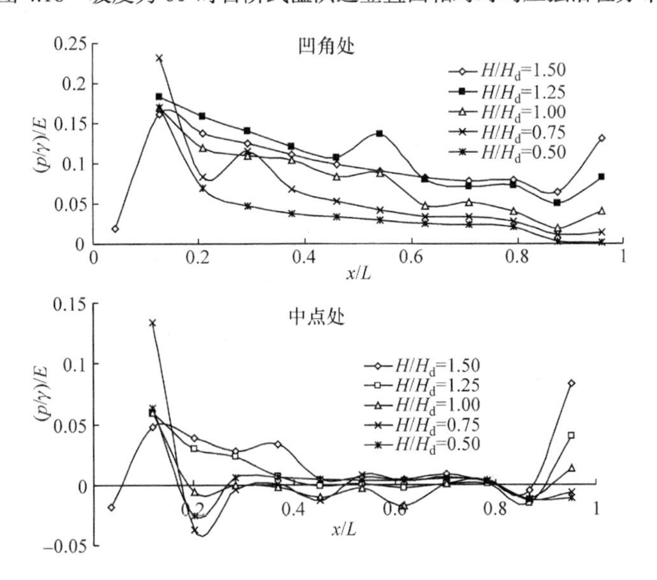

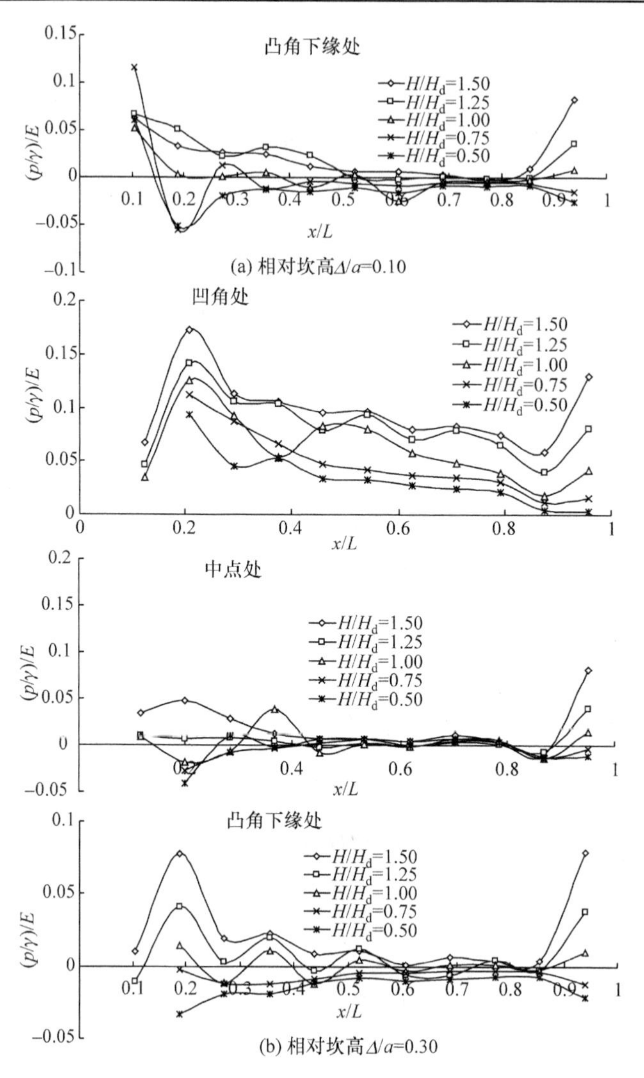

图 4.19　坡度为 51.3°时台阶式溢洪道竖直面相对时均压强沿程分布

当溢洪道坡度为 60°时，竖直面凸角下缘附近在 x/L 为 0.3～0.85 时的相对时均压强均为负压；而坡度为 51.3°时，竖直面凸角下缘附近在堰上相对水头较小时，相对时均压强沿程分布均为负压，当堰上相对水头较大时，负压逐渐减小乃至消失；台阶竖直面中点在 x/L 为 0.2～0.4 时负压较大，其余点有的地方有很小的负压，而有的地方为正压。

随着堰上相对水头的增大，竖直面相对时均压强增大；溢洪道坡度增大后，动能增大，势能减小，从而台阶竖直面上的相对时均压强值也有所减小。

试验表明，最小相对压强发生在竖直面的凸角下缘附近。图 4.20 为竖直面凸角下缘附近处最小相对压强与堰上相对水头的关系，由图中可以看出，最小相对压强均为负压，堰上相对水头越小，负压越大。在同一相对坎高 Δ/a 的情况下，坡度越陡，负压越大。

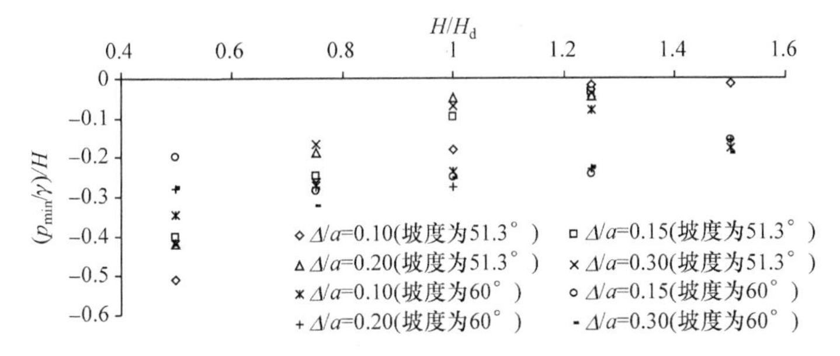

图 4.20 台阶竖直面凸角下缘附近处最小相对压强与堰上相对水头的关系

4.4.5 脉动压强测点布置

为了测量台阶上的脉动压强，在溢洪道沿程均匀分布的四个台阶上，每个台阶设置 5 个测压孔，如图 4.21 所示。具体设置传感器的台阶为：当坡度为 60°时，台阶分别为 6 号、13 号、22 号和 28 号；当坡度为 51.3°时，台阶分别为 8 号、13 号、21 号和 28 号。其中，台阶竖直面顶部和底部分别设置一个测压孔，第一个测压孔距凹角 $0.04a$，第二个测压孔距凹角 $0.96a$；台阶水平面设置 3 个测压孔，坡度为 60°时，距凹角的距离分别为 $0.07b$、$0.5b$ 和 $0.93b$；坡度为 51.3°时，距凹角的距离分别为 $0.05b$、$0.5b$ 和 $0.95b$。

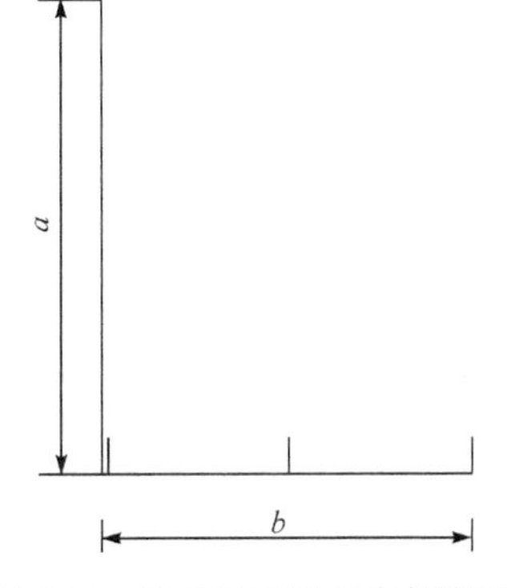

图 4.21 脉动压强测点分布简图

试验中各参数如下：采样点数 8192；采样间隔 0.005s；采样时间 41s。

4.4.6 台阶水平面脉动压强分布

实测了设置掺气挑坎后台阶水平面的脉动压强分布，其中 Δ/a=0.10 和 Δ/a=0.30 的实测结果见图 4.22 和图 4.23。由图可以得到以下结论：①对比第 2 章的图 2.42 和图 2.43 可以看出，设置掺气挑坎后，台阶上脉动压强分布规律与未设掺气挑坎时相同。②脉动压强的强度从凹角向凸角逐渐增大，在凸角附近脉动压强强度最大。例如，当坡度为 60°，堰上相对水头 H/H_d=1.50 时，13 号台阶在相对坎高 Δ/a=0.10，从凸角向凹角脉动压强强度分别为 1.59kPa、0.89kPa 和 0.56kPa，相对坎高为 Δ/a=0.30 时，脉动压强强度分别为 1.69kPa、1.05kPa 和 0.67kPa；28 号台阶在相对坎高 Δ/a=0.15，从凸角向凹角脉动压强强度分别为 1.30kPa、1.21kPa

和 0.65kPa，相对坎高为 Δ/a=0.30 时，脉动压强强度分别为 1.87kPa、1.31kPa 和 0.79kPa。③脉动压强强度随着堰上相对水头 H/H_d 的增加而增加。

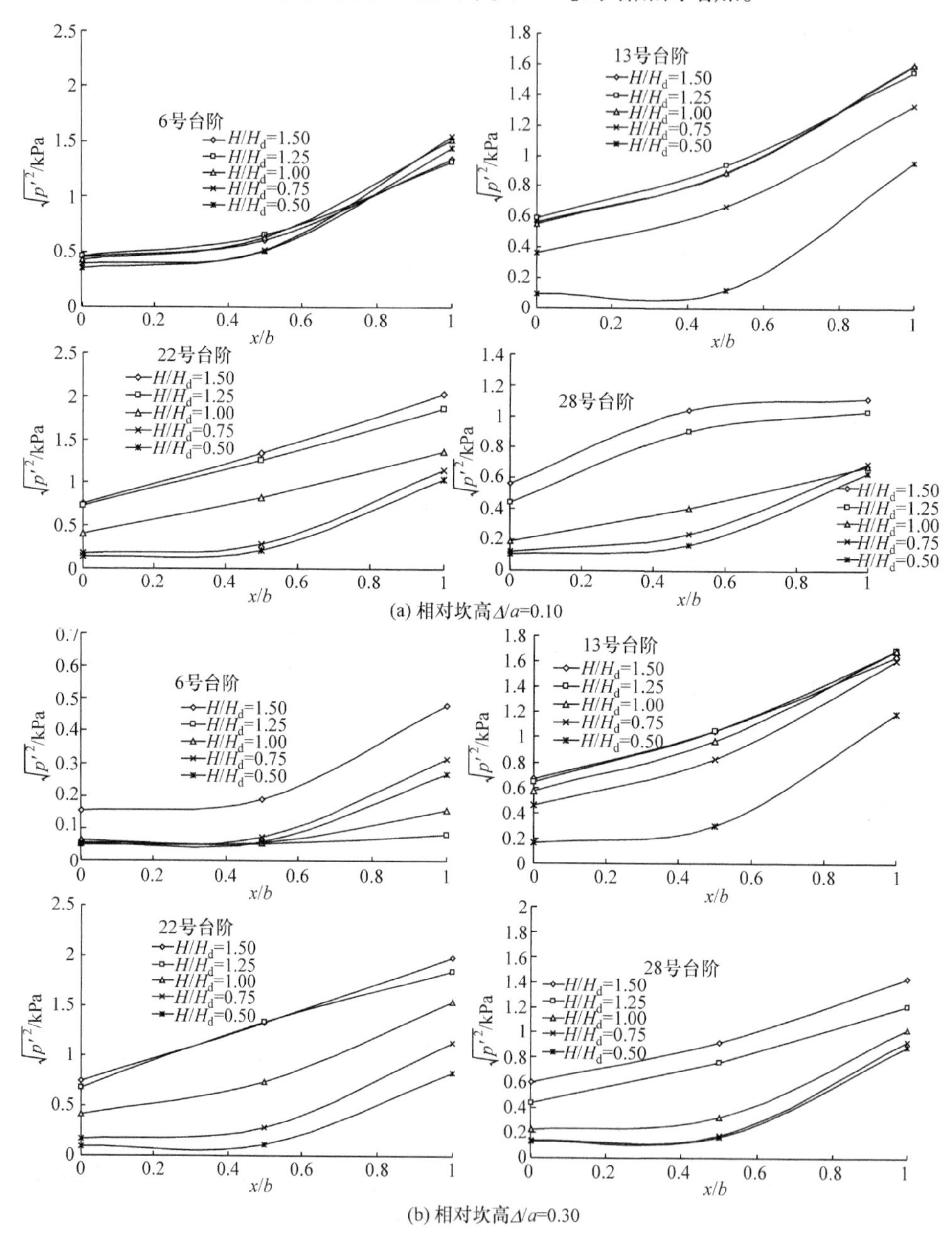

(a) 相对坎高Δ/a=0.10

(b) 相对坎高Δ/a=0.30

图 4.22　坡度为 60°时台阶水平面脉动压强分布

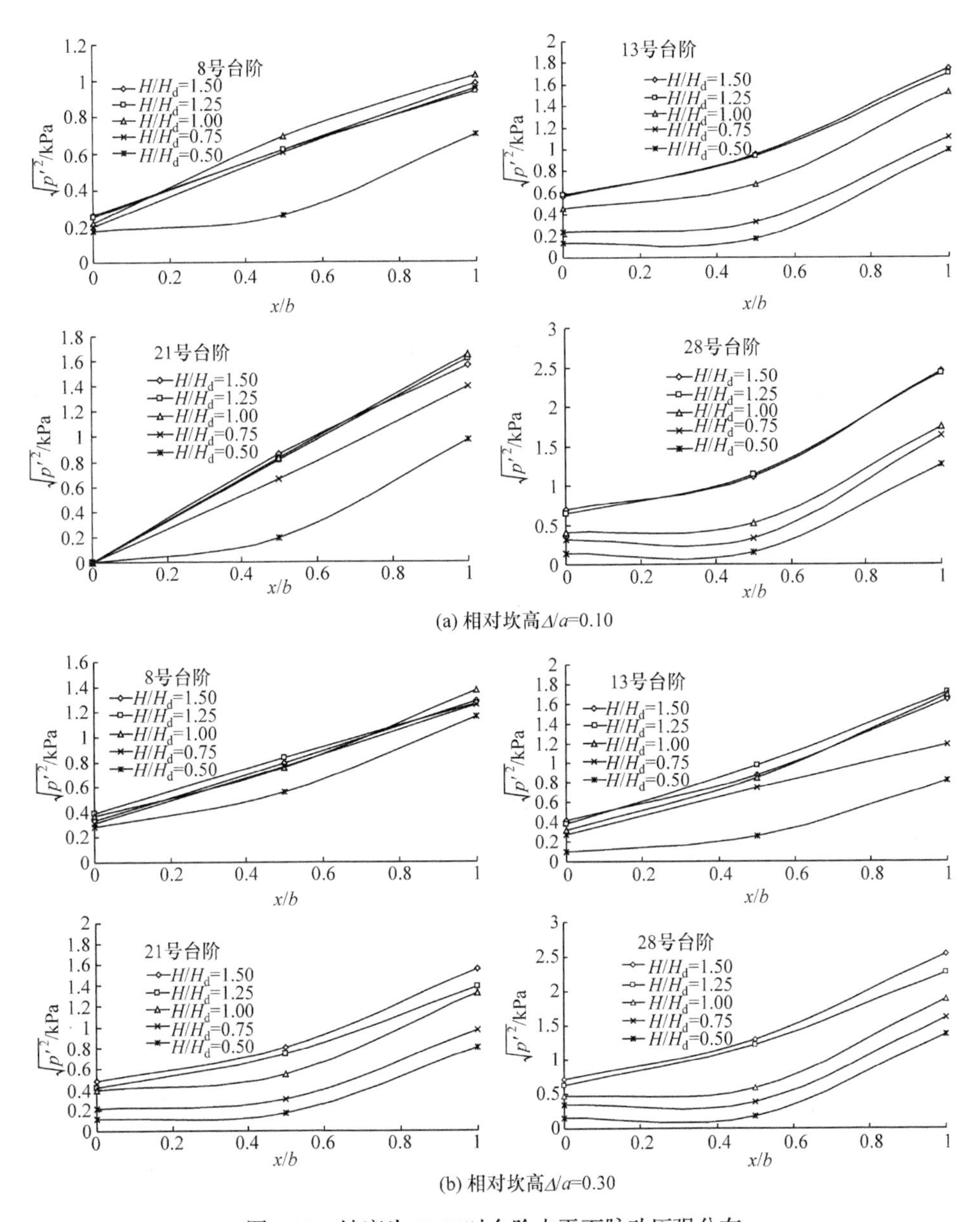

(a) 相对坎高Δ/a=0.10

(b) 相对坎高Δ/a=0.30

图 4.23　坡度为 51.3°时台阶水平面脉动压强分布

为了研究不同坎高对台阶上脉动压强强度的影响，图 4.24 给出了堰上相对水头 H/H_d=1.00，相对坎高 Δ/a=0～0.30 时 13 号台阶和 28 号台阶的脉动压强强度沿台阶水平面的分布情况。

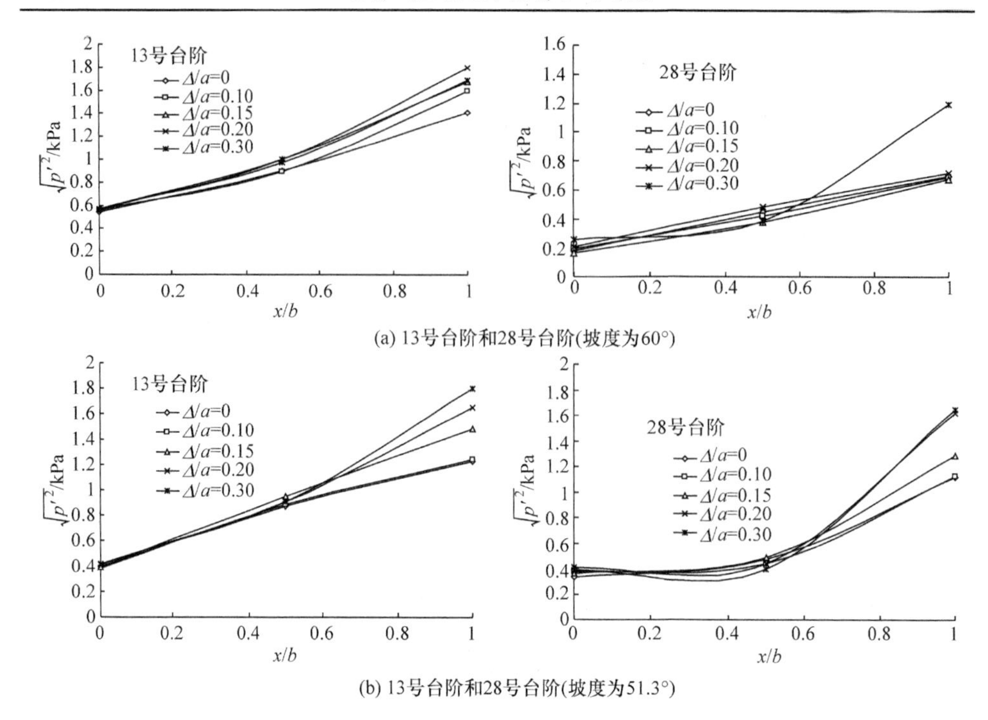

(a) 13号台阶和28号台阶(坡度为60°)

(b) 13号台阶和28号台阶(坡度为51.3°)

图 4.24　不同相对坎高情况下台阶上脉动压强强度比较

由图 4.24 可以看出，相对坎高对脉动压强强度的影响表现为：在同一水位情况下，不管相对坎高如何变化，在台阶水平面上的脉动压强分布规律基本相同，都是从凹角向凸角脉动压强强度逐渐增大。在台阶凹角处，相对坎高对脉动压强的影响很小，设挑坎与未设挑坎时的脉动压强强度基本一样；在台阶中点，脉动压强强度随着相对坎高的增大稍有增加，但增加的幅度不明显；在台阶凸角附近，相对坎高越大，脉动压强强度越大。

设置掺气挑坎后，水流在挑坎起始处转折，受挑坎的影响，在前几级台阶上，水流对台阶的冲击会使得台阶上的脉动压强强度增大。图 4.25 是坡度为 51.3°时 8 号台阶的脉动压强分布情况，此台阶基本处于水流的冲击范围内，可以看出，与未设掺气挑坎相比较，相对坎高越大，台阶上的脉动压强强度越大。而 Δ/a=0.30 时，脉动压强减小的原因可能是在此高度范围内，水舌冲击点后移造成的。对比图 4.24 可以看出，在水舌冲击区，脉动压强强度的量级并未改变。

由以上试验可以看出，通过掺气挑坎的水流，从掺气挑坎的末端到水舌落入台阶上的这一段，水流为挑流，在挑流的下方为掺气空腔区。在空腔区的末端，由于水舌的冲击作用，较未设掺气挑坎时台阶上的脉动压强强度增大。在水舌冲击区的下游，掺气挑坎对水流的扰动作用，使得台阶上的掺气量增加，虽然水流在流动过程中流态不断地进行调整，但与未设掺气挑坎比较，水流紊动和掺气量的增加，水舌落点后台阶上的脉动压强仍大于未设掺气挑坎的脉动压强。但由于水流中掺有大量的空气，台阶式溢洪道不会发生空蚀破坏。

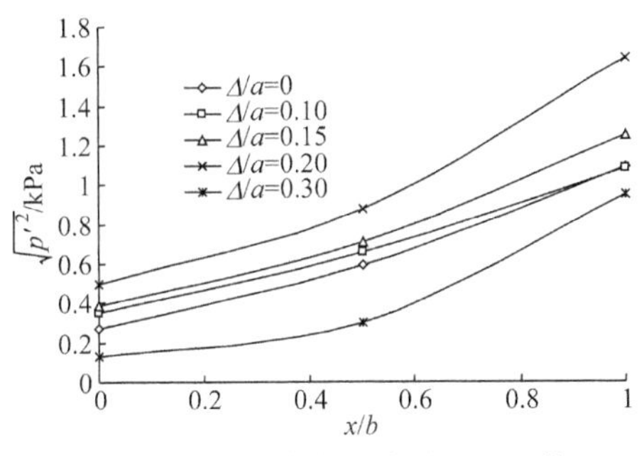

图 4.25 水舌冲击区脉动压强比较

8 号台阶，坡度为 51.3°，H/H_d=1.00

4.5 设掺气挑坎后台阶式溢洪道的水流掺气浓度

水流掺气浓度仍采用中国水利水电科学研究院的 CQ6-2005 型掺气浓度仪测量，如第 2 章图 2.24 所示。在试验中，每个测点测量 6 组数据，然后取其平均值作为该测点的掺气浓度值。

通风管的风速采用北京陶然亭医疗器械制造厂的热球式电风速仪测量。

4.5.1 设掺气挑坎后台阶式溢洪道的水流掺气现象

设置掺气挑坎后的水流掺气现象见图 4.4。由图中可以看出，水流经过掺气挑坎时，在掺气挑坎后形成挑流和掺气空腔，由于空腔中的压强为负压，空气经通气孔和掺气槽进入溢洪道。当挑射水流回落到溢洪道台阶上时，水流已挟带了大量的空气。近壁掺气浓度可保持一个相当大的数值，从而在一段距离内台阶式溢洪道可免受空蚀破坏。空腔以上的实体水流在流动过程中，随着水面波的破碎而伴随着水流表面开始掺气，进而通过紊动扩散作用，将水面附近加入的气泡输运至水流内部。由试验中可以看到，当紊动扩散达到一定强度时，水面变粗糙，水流表面“白水”厚度沿程增加。这样，底部的掺气水流和表面的掺气水流沿程逐渐向水流内部扩散，在两股掺气水流的交汇点前形成了底部掺气、上部掺气而中间为清水的楔形区域，两股掺气水流交汇以后，整个断面均掺入空气，形成充分发展的掺气水流。

4.5.2 空腔长度的确定

影响掺气挑坎底空腔长度 L_k 的主要因素有掺气设施的体型、尺寸和空腔压力等。一般而言，挑坎越高，空腔越长，掺气量越大；但并非空腔越长越好，空腔越长，空腔负压越大，容易在空腔末端形成反向旋滚，反而影响顺利通气。同时，挑坎越高，水舌落点的动水压强增大，对建筑材料强度的要求加大；水面线抬高，对边墙的高度要求增大。但挑坎过低，影响通气。因而要确定空腔长度，必须首先确定挑坎的高度及坡度。

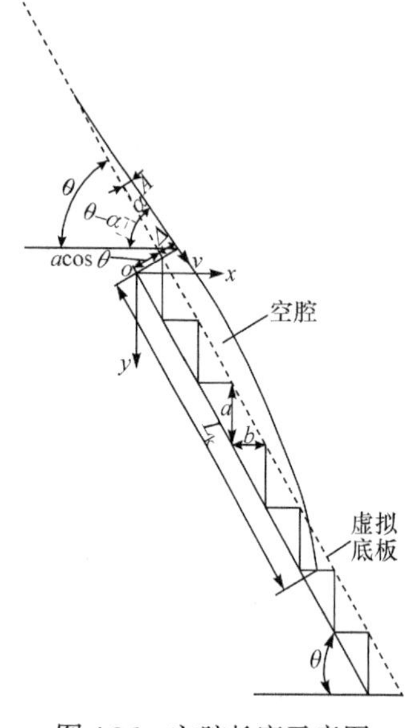

图 4.26　空腔长度示意图

把台阶段的各凸角点的连线看作溢洪道的虚拟底板，建立挑流水舌抛射体轨迹运动方程，并根据水流的运动轨迹方程来推求空腔长度与掺气挑坎高度的关系。

取挑坎顶部一微元体如图 4.26 所示，设其流速为 v，与水平面的夹角为$(\theta-\alpha)$，挑坎的高度为$\varDelta$，空腔长度为 L_{k}，水舌落点在台阶上的坐标为(x, y)。根据图 4.26 的几何关系，质点的轨迹坐标为

$$x = v\cos\theta t + (\varDelta + a\cos\theta)\sin\theta \tag{4.4}$$

$$y = v\sin(\theta-\alpha)t + 0.5gt^2 - (\varDelta + a\cos\theta)\cos\theta \tag{4.5}$$

$$\frac{y}{x} = \frac{v\sin(\theta-\alpha)t + 0.5gt^2 - (\varDelta + a\cos\theta)\cos\theta}{v\cos\theta t + (\varDelta + a\cos\theta)\sin\theta} = \tan\theta \tag{4.6}$$

式中，g 为重力加速度；t 为水舌运动的时间；α 为挑坎与虚拟底板的夹角；θ 为溢洪道的坡度；$\varDelta$为挑坎高度。

由式(4.6)解出时间 t，代入式(4.4)中，并在公式两边同时除以坎上水深 h 得

$$\frac{x}{h} = \frac{(\varDelta + a\cos\theta)\sin\alpha}{h} + \frac{v\cos(\theta-\alpha)}{\sqrt{gh}\cos\theta}\left[\frac{v\sin\alpha}{\sqrt{gh}} + \sqrt{\frac{v^2\sin^2\alpha}{gh} + \frac{2(\varDelta + a\cos\theta)\cos\theta}{h}}\right] \tag{4.7}$$

设挑坎上弗劳德数为 $Fr = v/\sqrt{gh}$，从图 4.26 可以看出 $x = L_{\mathrm{k}}\cos\theta$，$L_{\mathrm{k}}$ 为空腔长度，则

$$\begin{aligned}\frac{L_{\mathrm{k}}}{h} = \frac{1}{\cos\theta}\Bigg\{&\frac{(\varDelta + a\cos\theta)\sin\alpha}{h} \\ &+ Fr\frac{\cos(\theta-\alpha)}{\cos\theta}\left[Fr\sin\alpha + \sqrt{Fr^2\sin^2\alpha + \frac{2(\varDelta + a\cos\theta)\cos\theta}{h}}\right]\Bigg\}\end{aligned} \tag{4.8}$$

式(4.8)即为空腔长度的计算式，但该式没有考虑空腔压力。在实际工程中，坎顶水深一般是不知道的，但坎上水头是已知的，因此采用空腔长度与坎顶以上

总水头的比值作为参数，则式(4.8)可以写成

$$\frac{L_{\mathrm{k}}}{E_{\Delta}}=\frac{1}{\cos\theta}\left\{\frac{(\Delta+a\cos\theta)\sin\alpha}{E_{\Delta}}+Fr_{\mathrm{H}}\frac{\cos(\theta-\alpha)}{\cos\theta}\left[Fr_{\mathrm{H}}\sin\alpha+\sqrt{Fr_{\mathrm{H}}^{2}\sin^{2}\alpha+\frac{2(\Delta+a\cos\theta)\cos\theta}{E_{\Delta}}}\right]\right\} \tag{4.9}$$

式中，E_{Δ} 为坎顶以上总水头；$Fr_{\mathrm{H}}=U/\sqrt{gE_{\Delta}}$ ；$U=\sqrt{2gE_{\Delta}}$ 。由式(4.9)计算的空腔长度与实测空腔长度比较结果差异较大，分析原因，主要是公式中的流速用的是掺气挑坎上的势流流速，而挑坎顶部的流速远小于势流流速。

为了计算空腔长度，将实测空腔长度和计算空腔长度相比较，其比值 λ 与 E_{Δ}/Δ 的关系见图 4.27，λ 与 E_{Δ}/Δ 的关系为

$$\lambda=a_{1}\left(\frac{E_{\Delta}}{\Delta}\right)^{2}+b_{1}\left(\frac{E_{\Delta}}{\Delta}\right)+c_{1} \tag{4.10}$$

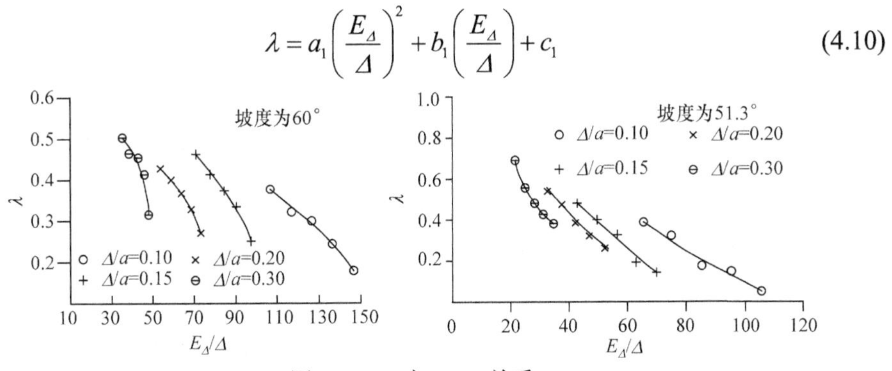

图 4.27　λ 与 E_{Δ}/Δ 关系

各种相对坎高情况下式(4.10)中的系数见表 4.4。

表 4.4　式(4.10)中系数 a_1、b_1、c_1 值

相对坎高 Δ/a	溢洪道坡度为 51.3°			溢洪道坡度为 60°		
	a_1	b_1	c_1	a_1	b_1	c_1
0.10	6×10^{-5}	−0.0191	1.4621	−0.00005	0.00671	0.255
0.15	2×10^{-5}	−0.0170	1.2487	−0.00010	0.01010	0.220
0.20	0.0002	−0.0317	1.4810	−0.00020	0.01474	0.250
0.30	0.0014	−0.1055	2.3866	−0.00090	0.06320	−0.612

求出系数 λ 后，公式(4.9)变为

$$\frac{L_{\mathrm{k}}}{E_{\Delta}}=\frac{\lambda}{\cos\theta}\left\{\frac{(\Delta+a\cos\theta)\sin\alpha}{E_{\Delta}}+Fr_{\mathrm{H}}\frac{\cos(\theta-\alpha)}{\cos\theta}\left[Fr_{\mathrm{H}}\sin\alpha+\sqrt{Fr_{\mathrm{H}}^{2}\sin^{2}\alpha+\frac{2(\Delta+a\cos\theta)\cos\theta}{E_{\Delta}}}\right]\right\} \tag{4.11}$$

4.5.3　设掺气挑坎情况下掺气交汇点位置的确定

掺气交汇点定义为掺气空腔底部的空气掺入水流中，沿程逐渐向水面扩散，水面的掺气水流逐渐向水流内部扩散，当两股掺气水流混合时定义为掺气交汇点。在交汇点以前，水流底部掺气、上部掺气而中间为清水的楔形区域。

实测相对掺气交汇点与流能比 $q/(\sqrt{g}E_{\Delta}^{1.5})$ 的关系如图 4.28 所示。由图中可以看出，掺气交汇点的位置随流能比的增大而增大。当坡度为 60°时，掺气交汇点随着相对坎高的增大而增大；当坡度为 51.3°时，掺气交汇点随着相对坎高的增大而减小。说明在同一流能比情况下，坡度越缓，相对掺气交汇点位置越近。

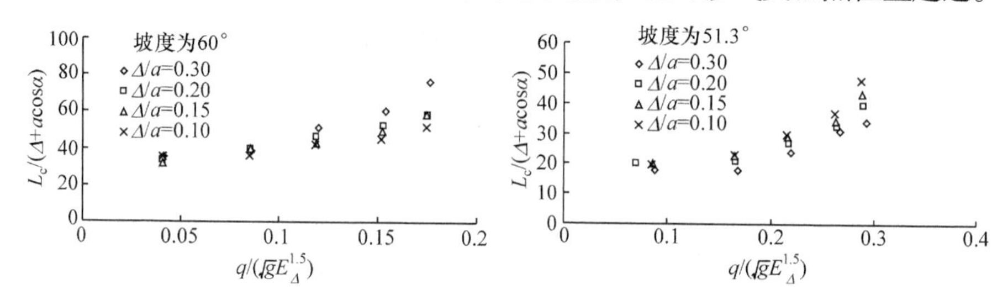

图 4.28　相对掺气交汇点与流能比的关系

拟合图 4.28 中的曲线，得到掺气交汇点位置与流能比的关系为

$$\frac{L_c}{(\Delta+a\cos\alpha)}=a_2\left(\frac{q}{\sqrt{g}E_{\Delta}^{1.5}}\right)^2+b_2\left(\frac{q}{\sqrt{g}E_{\Delta}^{1.5}}\right)+c_2 \tag{4.12}$$

式中，q 为单宽流量；L_c 为挑坎出口距交汇点的距离；a_2、b_2、c_2 为系数。

式(4.12)中的系数见表 4.5。

表 4.5　系数 a_2、b_2、c_2 查算表

相对坎高 Δ/a	溢洪道坡度为 51.3°			溢洪道坡度为 60°		
	a_2	b_2	c_2	a_2	b_2	c_2
0.10	821.07	−176.43	29.23	940.03	−73.06	38.244
0.15	636.76	−128.09	26.47	788.98	26.04	31.683
0.20	615.04	−133.40	26.47	535.58	80.40	30.983
0.30	558.87	−122.81	23.96	2355.10	−197.30	40.878

4.5.4　设掺气挑坎情况下通气孔通气量的确定

单位宽度的通气量为

$$q_a=kL_k v \tag{4.13}$$

式中，L_k 为空腔长度；v 为挑坎坎顶平均流速；q_a 为通气量；k 为系数。

系数 k 在不同情况有不同的取值范围。如果将式(4.13)应用于台阶式溢洪道，把流速 v 写成 $v=q/h$，则 $q_a=kL_k q/h$，h 为挑坎上的水深。式(4.13)可写成

$$q_a/q=kL_k/h \tag{4.14}$$

令 $q_a/q=\beta$，将式(4.8)代入式(4.14)得

$$\beta=\frac{k}{\cos\theta}\left\{\frac{(\Delta+a\cos\theta)\sin\alpha}{h}+Fr\frac{\cos(\theta-\alpha)}{\cos\theta}\left[Fr\sin\alpha+\sqrt{Fr^2\sin^2\alpha+\frac{2(\Delta+a\cos\theta)\cos\theta}{h}}\right]\right\} \tag{4.15}$$

式中，β 为通气比；仿照式(4.9)的处理办法，可得

$$\beta=\frac{k}{\cos\theta}\left\{\frac{(\Delta+a\cos\theta)\sin\alpha}{E_\Delta}+Fr_H\frac{\cos(\theta-\alpha)}{\cos\theta}\left[Fr_H\sin\alpha+\sqrt{Fr_H^2\sin^2\alpha+\frac{2(\Delta+a\cos\theta)\cos\theta}{E_\Delta}}\right]\right\} \tag{4.16}$$

实测 β 与流能比 $q/(\sqrt{g}E_\Delta^{1.5})$ 的关系如图 4.29 所示，可以看出，β 随流能比的增大而减小，随相对坎高的增大而增大。

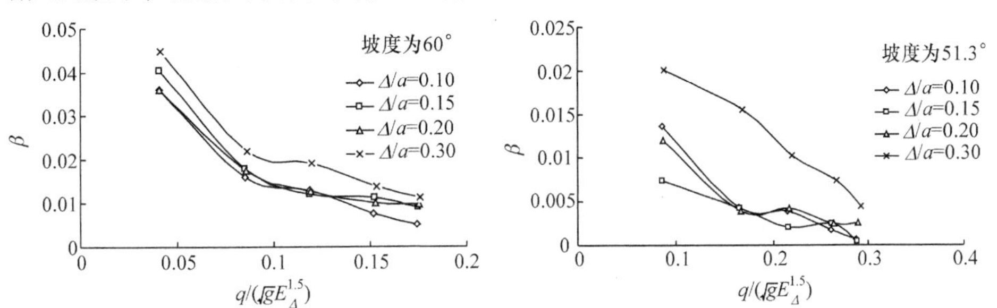

图 4.29　掺气挑坎通气比 β 与流能比 $q/(\sqrt{g}E_\Delta^{1.5})$ 的关系

β 与流能比 $q/(\sqrt{g}E_\Delta^{1.5})$ 的关系为

$$\beta=a_3\left(\frac{q}{\sqrt{g}E_\Delta^{1.5}}\right)^2+b_3\left(\frac{q}{\sqrt{g}E_\Delta^{1.5}}\right)+c_3 \tag{4.17}$$

式中，系数 a_3、b_3 和 c_3 根据相对坎高由表 4.6 查算。

表 4.6　系数 a_3、b_3、c_3 查算表

相对坎高 Δ/a	溢洪道坡度为 51.3°			溢洪道坡度为 60°		
	a_3	b_3	c_3	a_3	b_3	c_3
0.10	0.3349	−0.1923	0.0290	1.7087	−0.5861	0.0563

续表

相对坎高 Δ/a	溢洪道坡度为 51.3°			溢洪道坡度为 60°		
	a_3	b_3	c_3	a_3	b_3	c_3
0.15	0.0778	−0.0645	0.0132	2.5715	−0.7716	0.0670
0.20	0.3668	−0.1869	0.0267	2.0813	−0.6379	0.0583
0.30	−0.1096	−0.0442	0.0274	2.0245	−0.6716	0.0680

4.5.5 设掺气挑坎情况下台阶式溢洪道掺气浓度分布

1. 断面掺气浓度的变化规律

为了说明断面掺气浓度的变化规律，现以堰上相对设计水头 H/H_d=1.00 为例进行说明。坡度为 60°和 51.3°的台阶式溢洪道在不同相对坎高Δ/a 情况下实测的断面掺气浓度的变化见图 4.30 和图 4.31。由图 4.30 和图 4.31 可以看出，相对坎高范围为 0.10～0.30 时，各台阶断面掺气浓度分布的规律是从台阶式溢洪道虚拟底板的底部到水面逐渐增大。对于 H/H_d=0.50、0.75、1.25 和 1.50 的情况变化规律均相同。由图中还可以看出，随着台阶数的增加，掺气浓度值逐渐增大。

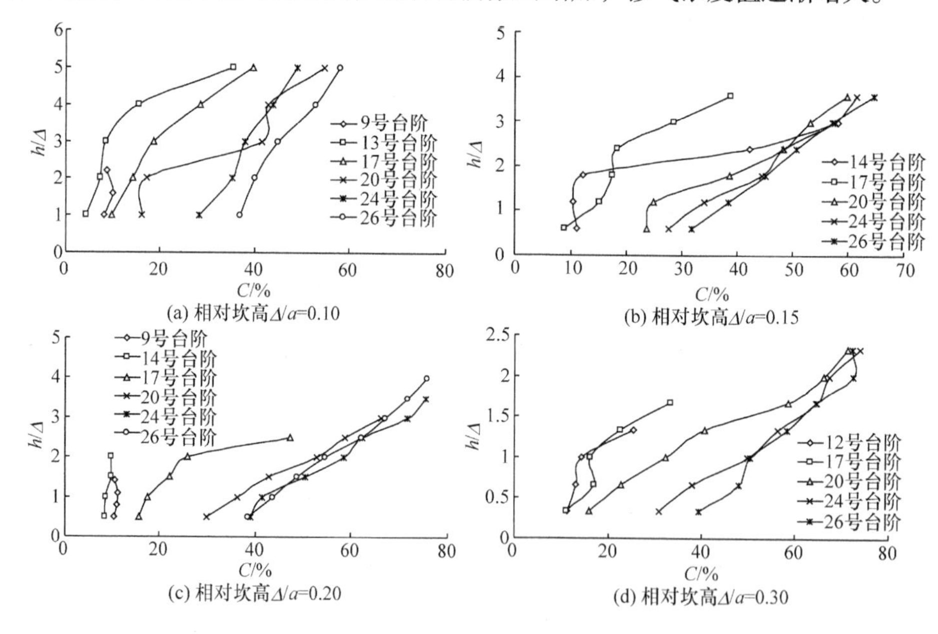

图 4.30　H/H_d=1.00，坡度为 60°时掺气浓度沿水深方向变化

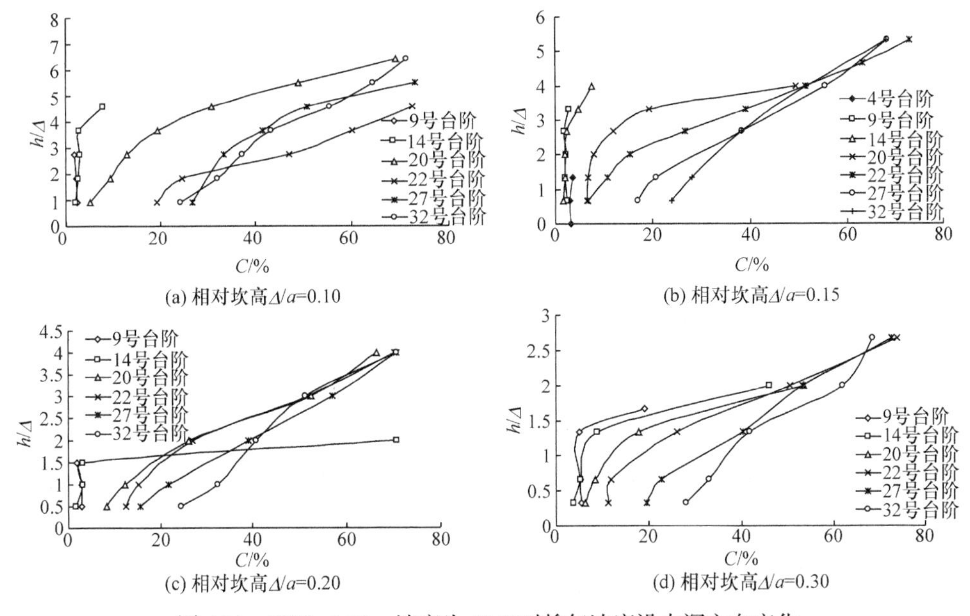

(a) 相对坎高Δ/a=0.10　(b) 相对坎高Δ/a=0.15

(c) 相对坎高Δ/a=0.20　(d) 相对坎高Δ/a=0.30

图 4.31　H/H_d=1.00，坡度为 51.3°时掺气浓度沿水深方向变化

2. 断面掺气浓度随堰上相对水头的变化规律

堰上相对水头 H/H_d 对台阶式溢洪道的掺气浓度影响较大。图 4.32 和图 4.33 为相对挑坎高度Δ/a=0.10 和Δ/a=0.30，台阶式溢洪道坡度为 60°和 51.3°，不同堰上相对水头的断面掺气浓度分布情况。由图中可以看出，堰上相对水头对台阶式溢洪道断面掺气浓度有明显的影响，在同一相对坎高情况下，随着堰上相对水头的增大，台阶断面上的掺气浓度减小，或者说断面掺气浓度随着单宽流量的增加而减小，随着单宽流量的减小而增加。对于Δ/a=0.15 和Δ/a=0.20 的情况，试验结果与Δ/a=0.10 和Δ/a=0.30 的相同，说明不同的相对坎高台阶断面上掺气浓度分布规律是相同的。

断面掺气浓度随单宽流量的增加而减小的情况值得注意，如果掺气浓度减小到某一临界值，则台阶式溢洪道可能会因为掺气不足而发生空化和空蚀。由试验中可以看出，当水流通过掺气挑坎时，在挑坎下面形成掺气空腔，空腔长度随着坎上单宽流量的增加而减小，随着单宽流量的减小而增加。空腔水舌落点附近掺气浓度最大，随后空气向水流内部扩散。如果水层较厚，水流表面波破碎点后移，掺气交汇点位置较远，水流中由空腔获得的掺气量沿程不断均化，溢出、衰减，使得溢洪道在一定长度范围内水流中掺气浓度较小，对于这种情况，可在适当位置再设一道掺气坎，以增大水流中的掺气浓度。如果单宽流量较小，水层较薄，水流会很快进入掺气发展区。例如，当堰上相对水头 H/H_d=0.50 和 0.75 时，水流表面波破碎快，掺气交汇点位置前移，使得掺气挑坎以后的水流掺气量大，断面

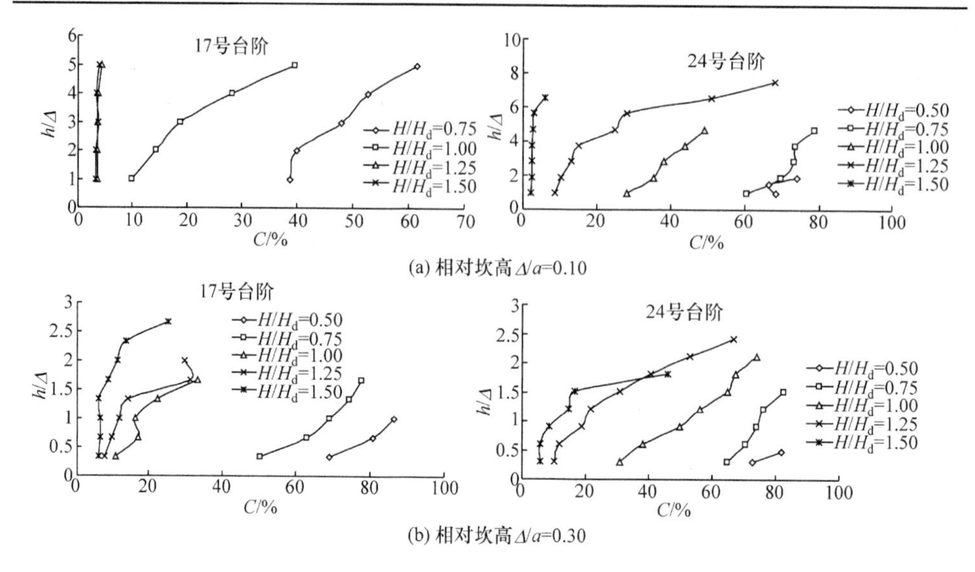

(a) 相对坎高Δ/a=0.10

(b) 相对坎高Δ/a=0.30

图 4.32　坡度为 60°时不同堰上相对水头台阶上断面掺气浓度分布

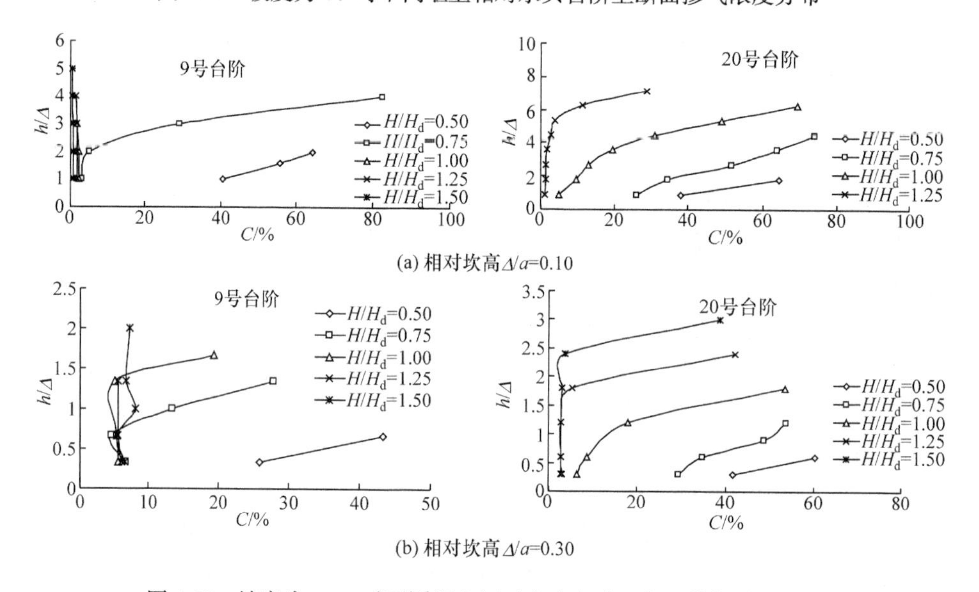

(a) 相对坎高Δ/a=0.10

(b) 相对坎高Δ/a=0.30

图 4.33　坡度为 51.3°时不同堰上相对水头台阶上断面掺气浓度分布

掺气浓度也大。

3. 相对坎高对掺气浓度的影响

现以设计的堰上相对水头 H/H_d=1.00 为例说明相对坎高对断面掺气浓度的影响。实测坡度为 60°和 51.3°时 20 号台阶断面的掺气浓度见图 4.34。由图中可以看出，随着相对坎高的增加，断面掺气浓度增加。这是因为随着相对坎高的增加，挑坎下面的空腔长度增加，掺气量增加，所以断面掺气浓度增加。

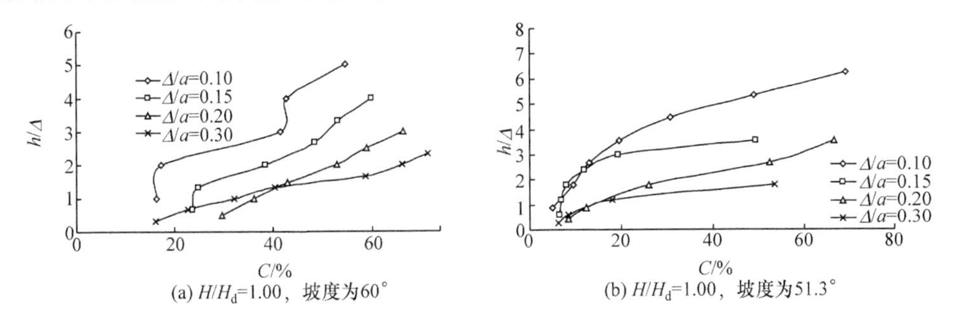

图 4.34 溢洪道坡度为 60°和 51.3°时 20 号台阶不同相对坎高的断面掺气浓度分布

4. 溢洪道坡度对掺气浓度的影响

图 4.35 是溢洪道坡度为 51.3°和 60°、堰上相对水头 H/H_d=1.00、相对坎高 Δ/a=0.10～0.30，相对距离 x/L=0.756 断面掺气浓度的分布情况，由图中可以看出，在同一相对坎高情况下，溢洪道坡度为 60°时的断面掺气浓度均大于溢洪道坡度为 51.3°时的掺气浓度。

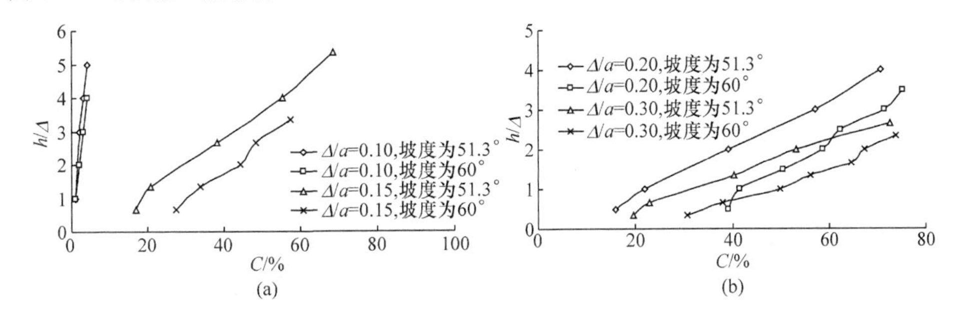

图 4.35 H/H_d=1.00，x/L=0.756 时坡度为 60°和 51.3°断面掺气浓度比较

实测距溢洪道底部 0.5cm 处，不同相对坎高情况下沿程掺气浓度见图 4.36，由图中可以看出，溢洪道坡度为 60°时的沿程掺气浓度明显大于坡度为 51.3°时的沿程掺气浓度。

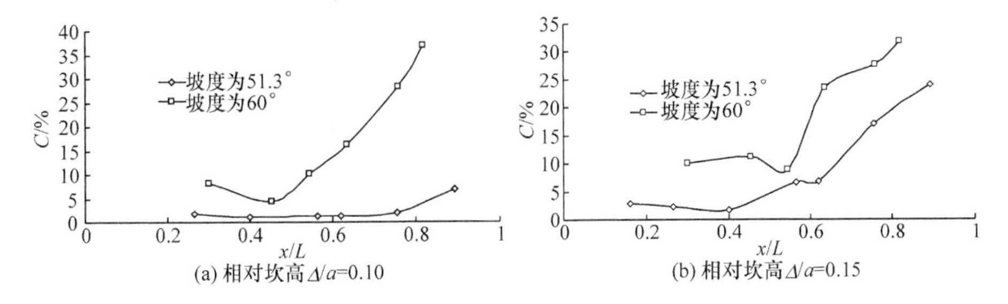

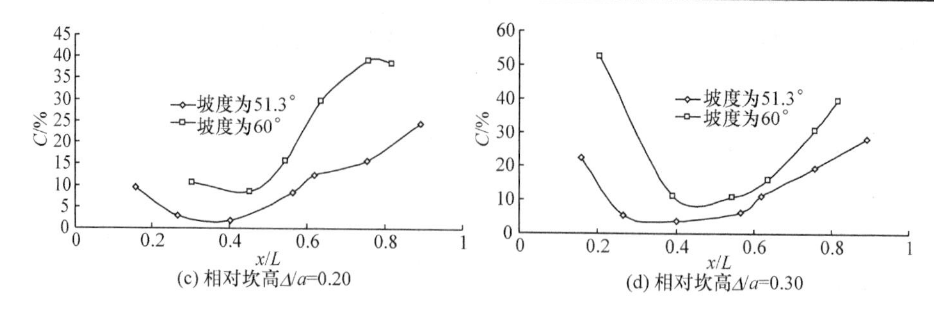

图 4.36 溢洪道坡度为 60°和 51.3°时不同相对坎高沿程掺气浓度分布比较(H/H_d=1.00)

由以上比较可以看出，在同一相对坎高情况下，坡度越大，断面掺气浓度和沿程掺气浓度越大。说明坡度越大掺气挑坎的掺气作用越明显。

5. 台阶式溢洪道底部附近沿程掺气浓度分布

台阶式溢洪道底部附近掺气浓度是工程中最为关注的问题，这是由于底部附近掺气浓度直接影响台阶式溢洪道的安全运行。为此测量了不同相对坎高、不同堰上相对水头、溢洪道坡度为 60°和 51.3°以及距台阶式溢洪道虚拟底板为 0.5cm 处的水流掺气浓度，测量结果见图 4.37 和图 4.38。由图 4.37 和图 4.38 可以看出，沿程掺气浓度变化比较复杂。对于同一相对坎高，当堰上相对水头较小时，沿程

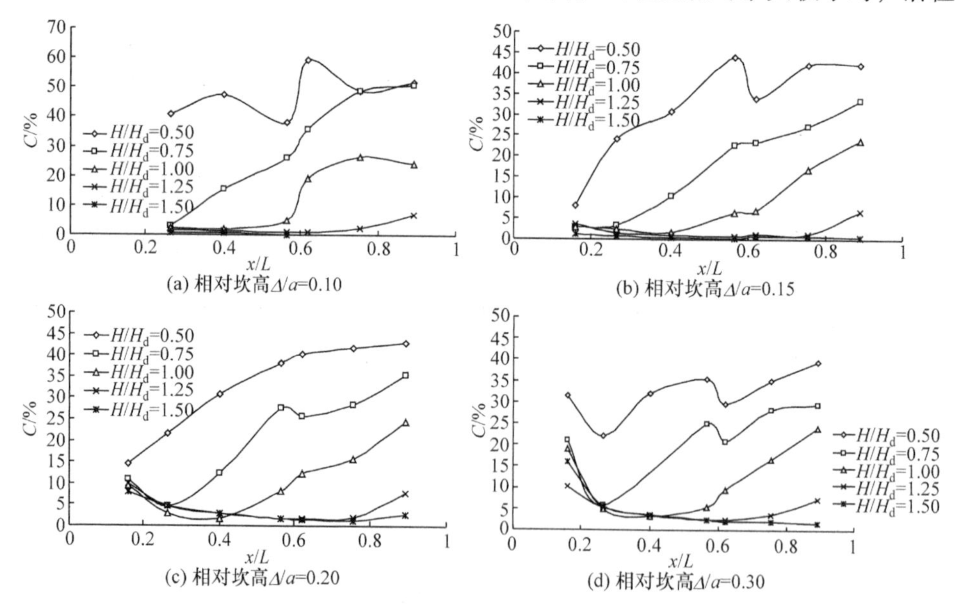

图 4.37 距台阶式溢洪道虚拟底板 0.5cm 处不同堰上相对水头时沿程掺气浓度分布(坡度为 51.3°)

掺气浓度在空腔末端最大，随后掺气浓度沿程有所减小至某一位置，以后基本上呈增加的趋势。例如，当 H/H_d=0.50 和 H/H_d=0.75 时，沿程掺气浓度沿程虽有起伏变化，但总的趋势是增加。当堰上相对水头 H/H_d=1.00 时，沿程掺气浓度先由大变小，再由小变大，其分界点约在 x/L=0.4。当堰上相对水头进一步增加，掺气浓度沿程基本上呈减小趋势。

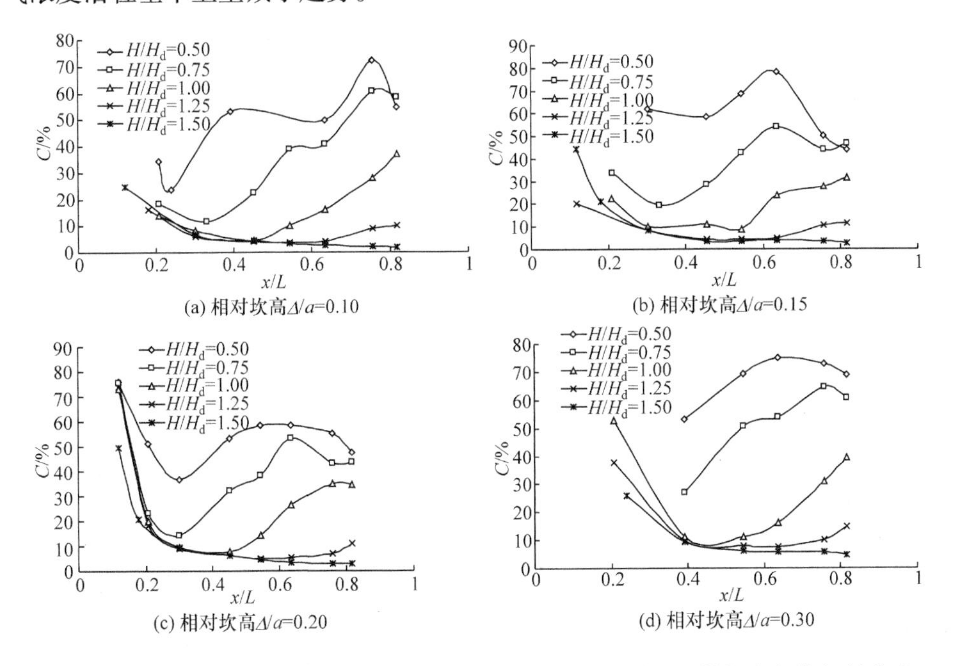

图 4.38　距台阶式溢洪道虚拟底板 0.5cm 处不同堰上相对水头时沿程掺气浓度分布(坡度为 60°)

实测台阶式溢洪道坡度为 51.3°和 60°、距虚拟底板 0.5cm 处的最小掺气浓度如图 4.39 所示。由图 4.39 可以看出，在溢洪道坡度为 60°时，当相对坎高 Δ/a=0.15、0.20 和 0.30 时，堰上相对水头 H/H_d=0.50～1.00，台阶式溢洪道上的最小掺气浓度维持在 8.62%，当相对坎高 Δ/a=0.10 时，台阶上的最小掺气浓度为 4.42%。当堰上相对水头 H/H_d=1.25 时，相对坎高 Δ/a=0.10、0.15、0.20 和 0.30 时，最小掺气浓度分别为 3.78%、4.32%、5.67%和 7.42%。当堰上相对水头 H/H_d=1.50 时，相对坎高 Δ/a=0.10、0.15、0.20 和 0.30 时的最小掺气浓度分别为 2.0%、2.85%、3.08%和 4.63%。溢洪道坡度为 51.3°时，台阶上的掺气浓度骤减，除了相对坎高 Δ/a=0.20～0.30、堰上相对水头为 0.50～0.75 时台阶上的最小掺气浓度在 4.52%以上外，其余工况台阶上的最小掺气浓度为 0.77%～3.84%。

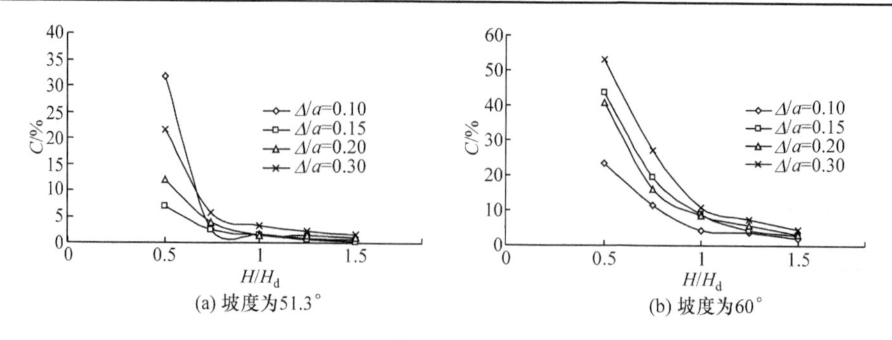

图 4.39　距台阶式溢洪道虚拟底板 0.5cm 处不同堰上相对水头和相对坎高时台阶上最小掺气浓度

6. 设掺气挑坎后台阶式溢洪道上沿程掺气浓度区域分析

以上从断面掺气浓度的变化规律、断面掺气浓度随堰上相对水头的变化规律、相对坎高对掺气浓度的影响、溢洪道坡度对掺气浓度的影响和台阶式溢洪道底部沿程掺气浓度分布等 5 个方面比较了设掺气挑坎后台阶式溢洪道掺气浓度的变化情况。可以看出，断面掺气浓度随着台阶数量的增加而增加，随着堰上相对水头的增加而减小，随着相对坎高的增加而增加，随着溢洪道坡度的增加而增加。

由图 4.4 可以看出，在台阶式溢洪道上设掺气挑坎后，台阶上的掺气分为 3 个区域，即底部挟气区、掺气发展区和掺气充分发展区。

底部挟气区是射流水舌下缘有相当薄一层掺气水流，此掺气水流是由掺气挑坎下面的空腔供给的，称为底部挟气区，该挟气区的长度实际上就是空腔长度。

掺气发展区又可以分为交汇点之前区域和交汇点到掺气发展稳定点之前区域两部分。第一部分，即空腔末端到交汇点之前的区域，该区域存在一楔形清水区，空腔末端和交汇点可以通过式(4.11)和式(4.12)来确定。在交汇点之前，水流掺气浓度主要是由底部空腔供给的。第二部分，交汇点到掺气稳定点之前区域，该区域是由表面掺气与底部掺气混合而成，在此区域内，由表面波破碎而形成的水面掺气和由底部空腔供给的水流扩散掺气为水流充分掺气奠定了基础。

掺气充分发展区是指溢出的气体与卷入的空气量达到平衡，断面平均掺气浓度不再发生变化的区域，称为掺气充分发展区。

由实测掺气浓度沿程变化的图 4.37 和图 4.38 可以看出，空腔末端之后有一个掺气浓度沿程降低过程，水位不同，降低过程的距离不同。当水位较高时，降低距离较长；水位较低时，距离相对较小。这时空气开始向水流内部扩散，属于掺气发展区的第一部分。当底部扩散水流与表面掺气水流交汇后，开始了掺气发展区的第二阶段，这时掺气浓度又开始沿程回升。当底部掺气和表面掺气充分混合后，整个断面的掺气浓度不再发生变化，沿程掺气浓度达到一个稳定值，即掺气充分发展区。

试验中可以看到，增设掺气挑坎后，当来流量较大(堰上相对水头为 H/H_d=1.50)、掺气挑坎较低时，掺气浓度沿程减小，没有出现掺气发展区，这是因为溢洪道长度不够长导致的；当水位较低时，可以看到掺气发展区(堰上相对水头 $H/H_d \leqslant 1.00$)；当堰上相对水头 H/H_d=0.50 时，已经可以看到掺气充分发展区。

4.5.6　增加台阶式溢洪道掺气浓度的措施

由以上分析可以看出，当溢洪道坡度为 51.3°时，虽然设了掺气挑坎，但在高水位时，台阶式溢洪道上的掺气浓度仍较小。增加台阶式溢洪道上掺气量的方法有两种，一是增加掺气挑坎的高度，二是将掺气挑坎的位置后移。增加掺气挑坎的高度对水流扰动较大，将掺气挑坎的位置后移可以增加掺气挑坎上的流速，进而提高台阶上的掺气浓度。

为了增加溢洪道上的掺气浓度，试验在坡度为 51.3°的台阶式溢洪道上将光滑溢洪道从切点向下游延长了 24.01cm，然后再设掺气挑坎，对此种工况测量了台阶上的掺气浓度。试验表明，掺气浓度在台阶式溢洪道上的分布规律与未加长过渡段的分布规律完全一样。但断面掺气浓度有了程度不同的增加，沿程掺气浓度也有所增加。

图 4.40 是不同相对坎高和堰上相对水头，距虚拟底板 0.5cm 处的沿程掺气浓度分布情况，可以看出，台阶上的掺气浓度在堰上相对水头较小时仍然是沿程呈增加的趋势，当堰上相对水头超过 H/H_d=1.00 时，掺气浓度沿程减小较大，只是在台阶式溢洪道的末端附近由于水流表面开始掺气，掺气浓度才有所回升。实测相对坎高 Δ/a=0.10～0.30、堰上相对水头 H/H_d=0.50～1.00 时，台阶式溢洪道上的最小掺气浓度在 5.13%以上；当堰上相对水头 H/H_d=1.25 和 1.50 时，台阶上的最小掺气浓度为 3.6%～1.31%。对比过渡段未加长的情况，可以看出，过渡段加长后掺气浓度有了明显的提高，其增加量也较大。这是由于过渡段加长后掺气挑坎也随之下移，挑坎上的流速增大，使得空腔长度增大，掺气量增加。

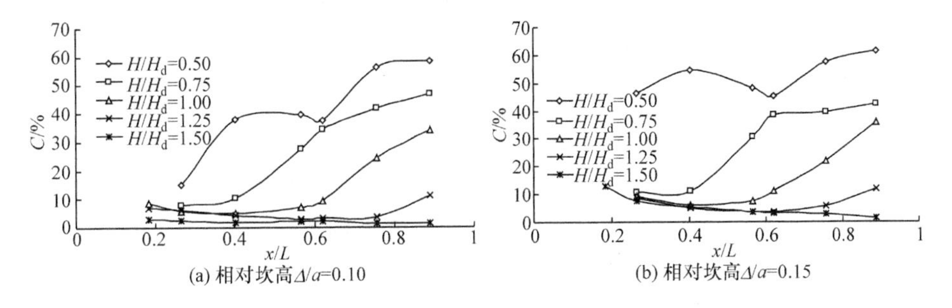

(a) 相对坎高Δ/a=0.10　　(b) 相对坎高Δ/a=0.15

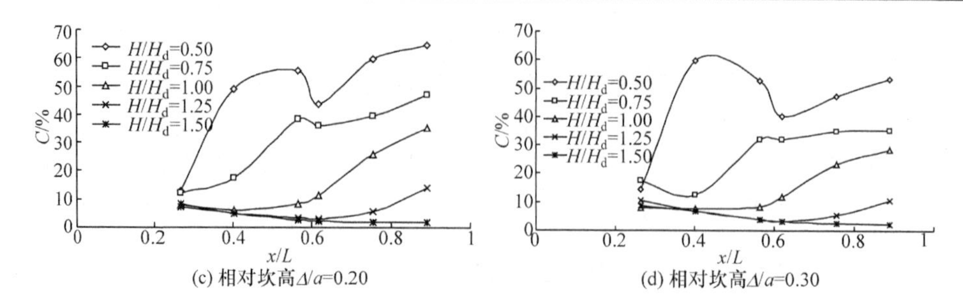

图 4.40 坡度 51.3°过渡段加长后距虚拟底板 0.5cm 处的掺气浓度沿程分布

4.6 设掺气挑坎后台阶式溢洪道的消能

为了测量台阶式溢洪道的消能效果，在溢洪道末端的水平段设置测量水深的断面，以此来计算台阶式溢洪道的消能率。消能率计算公式见式(2.57)。

实测设掺气挑坎后的台阶式溢洪道的消能率如图 4.41 所示。由图 4.41 可以看出，消能率随着流能比的增大而减小，增设掺气挑坎后，与不设掺气挑坎相比，消能率略有增加，挑坎高度对消能率影响很小。由图中还可以看出，在试验范围内，台阶式溢洪道的消能率为 60%～92%，可见其消能效果是非常显著的。

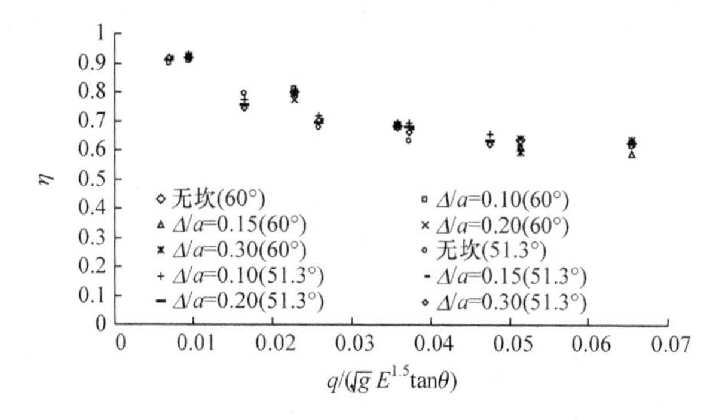

图 4.41 设掺气挑坎后台阶式溢洪道的消能率

4.7 掺气挑坎与台阶式溢洪道联合应用的其他研究成果

2006 年，Pfister 等[1]研究了掺气挑坎和台阶式溢洪道联合应用的水力特性，试验模型见图 4.42，试验的台阶高度为 0.093m，单宽流量为 0.109～0.866$m^3/(s \cdot m)$，溢洪道坡度为 50°，模型比尺为 1∶12.9。

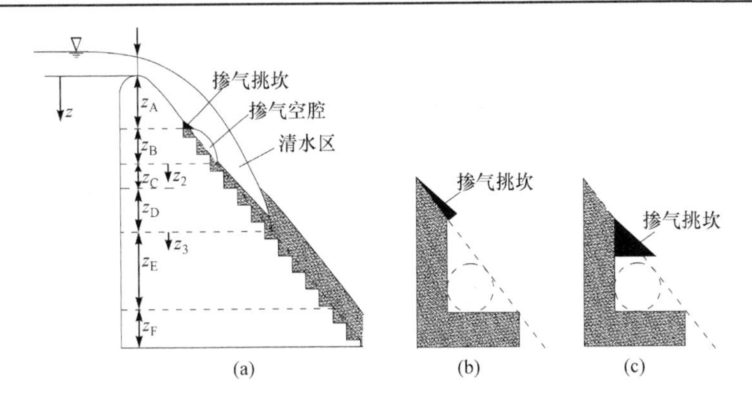

图 4.42　Pfister 试验模型

由图可以看出，Pfister 等[1]的研究模型图 4.42(b)与骈迎春[4]的试验模型相似，而图 4.42(c)的掺气挑坎设在台阶内部。他把整个台阶式溢洪道从坝顶到台阶末端的水流掺气分为六个区域，即 z_A、z_B、z_C、z_D、z_E、z_F 区。z_A 区为坝顶到掺气坎末端的区域，此区不掺气；z_B 区为掺气空腔，掺气空腔以后的台阶上均为掺气水流；z_C 区为紊流边界层发展到水面的初始掺气发生点到空腔末端的距离，在此区掺气空腔补给台阶底部水流的掺气浓度沿程减少，掺气水流厚度沿程增加；z_D 区为紊流边界层发展到水面的初始掺气发生点与整个水流开始掺气的发生点之间的距离；z_E 区为掺气水流混合发展区，此区为整个水流开始掺气与掺气水流充分发展区的过渡区；z_F 区为掺气水流充分发展区。

z_D 区的长度非常重要，这是由于从掺气空腔补给水流的掺气浓度从台阶底部向水流内部逐渐扩散，掺气浓度沿程减小，如果该区得不到有效的掺气补给，就会使台阶上的掺气浓度减小，当掺气浓度小于一定值时，台阶仍有发生空蚀破坏的危险。z_D 区与掺气挑坎的高度、来流量以及台阶高度有关，Pfister 等采用的掺气坎长度为 3/5 的台阶高度，掺气坎的高度与长度之比为 1∶7，在掺气挑坎给定的条件下，Pfister 等给出了各区域的计算公式为

$$z_B / h_k = 0.16(h_k / z_A)^{-2}, \quad 0.2 < h_k / z_A < 1.0 \tag{4.18}$$

$$z_C / a = 1.5 \tag{4.19}$$

$$z_D / a = 1.5(h_k / a)^2, \quad 1 < h_k / a < 3 \tag{4.20}$$

式中，a 为台阶高度；h_k 为临界水深。

Pfister 等给出了水流底部掺气浓度的计算方法为

$$C_b / C_{bu} = \tanh[0.22(z_3 / a)], \qquad z_3 \geqslant 0 \tag{4.21}$$

式中，z_3 为从 z_E 区起点算起的下游距离；C_b 为底部掺气浓度；C_{bu} 为充分发展区的底部掺气浓度，用式(4.22)计算

$$C_{\mathrm{bu}} = 0.268 - 5.69\times10^{-3} Fr_{*} \tag{4.22}$$

$$Fr_{*} = [q/(ga^{3}\sin\theta)]^{1/2}\text{ ,}\quad (\theta = 50^{\circ})$$

式中，q 为单宽流量；θ 为溢洪道坡度；g 为重力加速度。

2008 年，吴守荣等[2]研究了前置掺气坎与台阶式溢洪道的体型布置，该研究是结合毛儿盖水电站溢洪道进行的，该水电站坝高 147m，长度 540m，最大工作水头 140m，最大单宽流量 76m^3/(s · m)。溢洪道进口采用 WES 实用堰，沿溢洪道轴线底板为缓坡接陡坡的泄槽，泄槽的底坡为 1/3.75[2, 3]。研究进行了三个方案的对比，方案一采用光滑溢洪道，实测溢洪道出口流速高达 39.64m/s，挑距为 120～160m，水舌落水区严重影响右岸的滑坡体，一旦失事可能堵塞河道，后果不堪设想。方案二采用台阶式溢洪道，台阶高度在 0.5m、1.0m、1.5m、2.0m 中对比选择，试验表明台阶高度小于 2.0m 时消能率低，出口流速仍达到 30m/s，水舌落点与下游冲刷范围离滑坡体仍较近，最终选择台阶高度为 2.0m。该体型溢洪道出口流速降低到 26.7m/s，水舌挑距为 60～100m，离滑坡体较远，达到了消能和保护岸坡的作用，但由于单宽流量大，台阶高度大，在前七级台阶里面负压值达−23kPa，而前几级台阶掺气浓度低，发生空蚀的可能性较大。方案三在台阶式溢洪道前部的适当位置设置掺气挑坎(前置掺气坎)，掺气挑坎设置的原则是必须满足掺气条件，并有足够的挟气量，在实际工程中，掺气挑坎可以设置在水流流速为 20m/s 以上的位置，掺气挑坎以上的溢洪道为光滑溢洪道。

前置掺气挑坎的设置如图 4.43 所示，台阶高度为 2.0m，掺气挑坎高度为 0.5m，挑坎坡度为 1∶10，试验表明，在掺气挑坎下的第一级台阶底部掺气浓度已达到 5%以上，而且台阶面上的掺气浓度也大于 5%，台阶的抗空蚀特性大为改善，消能率也大为提高，与光滑溢洪道相比，在单宽流量为 76m^3/(s · m)时，光滑溢洪道的消能率为 17%，而阶梯式溢洪道的消能率高达 68%。

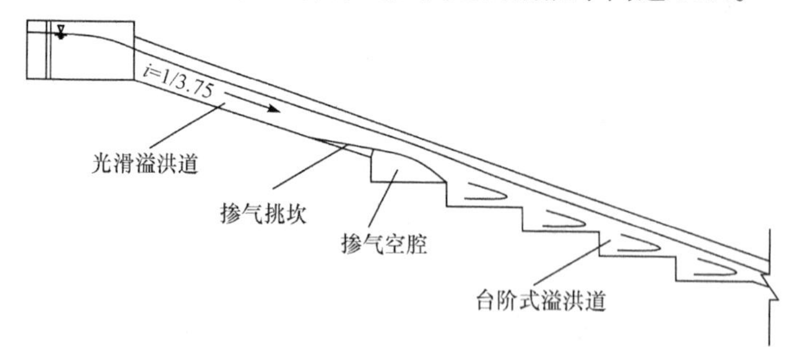

图 4.43　前置掺气挑坎台阶式溢洪道

参考文献

[1] PFISTER M, HAGER W H, MINOR H E. Bottom aeration of stepped spillways[J]. Journal of hydraulic engineering, 2006, 132(8): 850-853.

[2] 吴守荣, 张建民, 许唯临, 等. 前置掺气坎式阶梯溢洪道体型布置优化试验研究[J]. 四川大学学报, 2008, 40(3): 37-42.

[3] 彭勇, 张建民, 许唯临, 等. 前置掺气坎式阶梯溢洪道掺气水深及消能率的计算[J]. 水科学进展, 2009, 20(1): 63-68.

[4] 骈迎春. 台阶式溢洪道强迫掺气水流水力特性的试验研究[D]. 西安: 西安理工大学, 2007.

第5章　台阶式溢洪道与掺气挑坎联合应用水力特性的数值模拟

5.1　计 算 模 型

本章所采用的几何模型是基于文献[1]的试验模型所建立的，模型如图 4.1 所示。该台阶式溢洪道模型由上游水箱、WES 曲线堰、过渡段、台阶段、反弧段和下游矩形水槽几部分所组成。设计水头 H_d=20cm，堰顶采用标准 WES 曲线的三段复合圆弧相接，下游曲线方程为 $y/H_d = 0.5(x/H_d)^{1.85}$。水箱长 400cm，宽 300cm，高 350cm，溢洪道宽度为 25cm，台阶段的尺寸在表 5.1 中列出，末端通过半径为 16cm 的反弧段与长 260cm 的等宽矩形水槽相连。台阶式溢洪道分别采用 51.3°和 60°两种坡度，坝高分别为 202.94cm 和 203.64cm。在台阶段首部设置掺气挑坎，挑坎坡度为 1∶10，挑坎高度 Δ=1.0cm，台阶高度 a=5cm，挑坎高度 Δ 与台阶高度 a 之比 Δ/a=0.2。通气设施由台阶式溢洪道的第一个台阶和边墙上的通气孔组成，当溢洪道坡度为 60°时，通气孔的尺寸为 1.5cm×1.5cm；当溢洪道坡度为 51.3°时，通气孔的尺寸为 3.0cm×1.5cm，如图 5.1 所示。计算时取堰上水头为 20cm 和 30cm，堰上相对水头 H/H_d 为 1.00 和 1.50，对应的单宽流量分别为 0.1809m^3/(s · m)和 0.3502m^3/(s · m)。

表 5.1　四种计算模型的尺寸

体型	坡度/(°)	台阶步长/cm	台阶步高/cm	过渡段长度/cm	台阶段长度/cm	溢洪道总长/cm	台阶级数/级
1	60	2.88	5	5.17	184.64	245.19	32
2	51.3	4.00	5	24.01	224.11	281.07	35
3	60	—	—	5.17	—	245.19	—
4	51.3	—	—	24.01	—	281.07	—

数值模拟的光滑溢洪道模型就是将相应工况的台阶式溢洪道的第一个台阶保留，仍然和通气孔联合用作掺气设施，而将剩下的所有台阶的凸角进行连线作为虚拟光滑坝面。

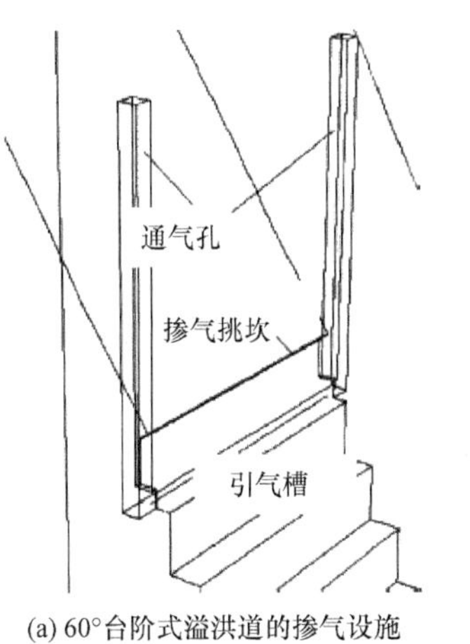

(a) 60°台阶式溢洪道的掺气设施

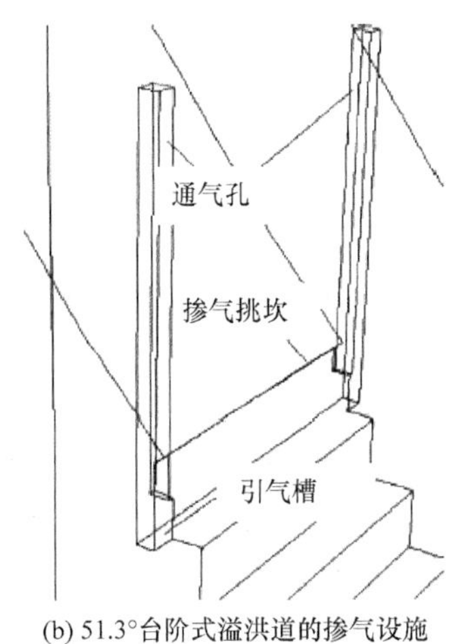

(b) 51.3°台阶式溢洪道的掺气设施

图 5.1　台阶式溢洪道的掺气设施示意图

5.2　紊流模型及控制方程

数学模型采用 RNG k-ε 双方程紊流模型，其连续方程、动量方程、k 和 ε 方程可表示为

$$\frac{\partial \rho}{\partial t}+\frac{\partial}{\partial x_i}(\rho u_i)=0 \tag{5.1}$$

$$\frac{\partial(\rho u_i)}{\partial t}+\frac{\partial(\rho u_i u_j)}{\partial x_i}=-\frac{\partial p}{\partial x_i}+\frac{\partial}{\partial x_j}\left[(\mu+\mu_i)\left(\frac{\partial u_i}{\partial x_j}+\frac{\partial u_j}{\partial x_i}\right)\right] \tag{5.2}$$

$$\frac{\partial(\rho k)}{\partial t}+\frac{\partial(\rho k u_i)}{\partial x_i}=\frac{\partial}{\partial x_j}\left[\alpha_k \mu_{\text{eff}}\frac{\partial k}{\partial x_j}\right]+G_k-\rho\varepsilon \tag{5.3}$$

$$\frac{\partial(\rho\varepsilon)}{\partial t}+\frac{\partial(\rho\varepsilon u_i)}{\partial x_i}=\frac{\partial}{\partial x_j}\left[\alpha_\varepsilon \mu_{\text{eff}}\frac{\partial \varepsilon}{\partial x_j}\right]+\frac{C_{1\varepsilon}^{*}\varepsilon}{k}G_k-C_{2\varepsilon}\rho\frac{\varepsilon^2}{k} \tag{5.4}$$

式中，t 为时间；ρ 为密度；p 为修正的压力；$\mu_{\text{eff}}=\mu+\mu_t$，$\mu$ 为动力黏滞系数，$\mu_t=\rho C_\mu k^2/\varepsilon$，$C_\mu=0.0845$；$\alpha_k=\alpha_\varepsilon=1.39$；$C_{1\varepsilon}^{*}=C_{1\varepsilon}-\eta(1-\eta/\eta_0)/(1+\beta\eta^3)$，$C_{1\varepsilon}=1.42$，$\eta=(2E_{ij}\cdot E_{ij})^{1/2}k/\varepsilon$，$E_{ij}=0.5(\partial u_i/\partial x_j+\partial u_j/\partial x_i)$，$\eta_0=4.377$，$\beta=0.012$；$C_{2\varepsilon}=1.68$；$G_k$ 为平均速度梯度引起的湍动能 k 的产生项。

对于自由表面的处理，仍采用 VOF 法，具体过程见第 3 章 3.2.3 小节。

5.3　带有掺气挑坎的台阶式溢洪道的三维数值模拟

5.3.1　划分计算网格

FLUENT 软件采用结构网格与非结构网格相结合的方式进行网格划分。FLUENT 可以划分二维的三角形和四边形单元，三维的四面体单元、五面体单元(包括楔形单元和金字塔形单元)以及六面体单元。

本模型为三维计算模型，相应的划分网格单元为四面体及六面体网格单元。就理论而言，数值计算网格剖分越细计算精度越高，但离散单元太多，将大大增加计算时间，这对三维模拟来说，更加明显。因此，本章采用分块划分网格的方法，台阶段网格较密，而其他部位在满足网格质量要求的前提下相对稀疏。底部台阶网格边长尺寸为 0.5cm，沿法线方向逐渐增大到 2.6cm。同时，法线方向的间隔也按等比数列逐渐增大的方式设置。下游矩形水槽由于几何形状规则，采用结构网格进行划分。整体计算域网格数量约为 19 万个，图 5.2 为三维计算域中心纵剖面上的网格划分图。

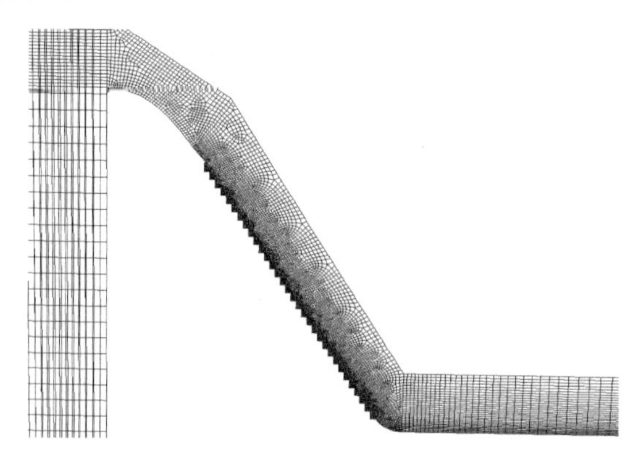

图 5.2　三维计算域中心纵剖面上的网格划分

5.3.2　选择计算模型及求解器类型

FLUENT 提供了多相流模型(VOF 模型、Mixture 模型、Eulerian 模型)、黏性模型、辐射模型以及污染物模型等。本章需要考虑自由液面的变化，因此结合所研究的内容，计算模型采用多相流模型中的 VOF 模型追踪自由液面进行数值计算。

因为研究的对象是台阶式溢洪道上水流的水力特性，其中求解自由水面线利用的方法为 VOF 法，所以在数值计算中采用 FLUENT 默认的求解器——分离式求解器进行求解计算。

5.3.3　设定边界条件

计算模型的边界条件为，水箱入口由液面以上的气体入口和液面以下的水入口两部分组成,气体入口采用压力入口边界条件,水入口采用速度入口边界条件。当堰上水头为 20cm 时，速度 v=0.00477m/s；堰上水头为 30cm 时，速度 v=0.00849m/s，相应紊动能 k 和紊动耗散率 ε 可由式(3.13)～式(3.15)计算，在计算时取 $C_{\mu}=0.0845$ 。

计算域顶面定义为压力入口，压强值取一个大气压，坝体下游的出口边界定义为压力出口，坝面和计算域所有的固壁边界都定义为无滑移边界条件。

5.3.4　流场初始条件

在初始流场中，首先对水箱中水入口以下部分的水的体积分数赋值为 1(一直延伸到堰顶)，即从水入口一直到堰顶处下面部分充满了水。除此之外，计算区域内的水的体积分数都赋值为零，即除了水箱中有水的部分以外，其余空间都充满了气体。对于速度场，整个计算区域的初始速度赋值为：当堰上水头 H=20cm 时，v=0.00477m/s；当堰上水头 H=30cm 时，v=0.00849m/s。

5.3.5　求解计算

本章在求解过程中对变量残差和出口质量流量进行了监视。对正在求解的动量方程的离散采用二阶迎风格式。本模型属非稳态计算，通过反复调试，时间步长定为 0.0005～0.003s。其他求解控制参数大多采用默认值。在上述设置完成后就可以开始求解计算了，当计算到入口和出口的流量基本平衡时，水流就达到了稳定状态，保存计算结果并进行数据的后处理工作。

5.4　三维数值模拟计算结果与分析

5.4.1　台阶式溢洪道不同时刻的自由水面线

计算采用 VOF 模型追踪台阶式溢洪道溢流面的自由水面线。以坡度 60°为例，当台阶式溢洪道在堰上水头 20cm 时，自水箱底部至堰上 20cm 水位之间区域充满水流时刻为数值计算的初始时刻，即此时 t=0；当 t=0.59s 时，下泄水流流到溢洪道台阶段的中部；当 t=0.84s 时，下泄水流流到溢洪道台阶段的末端；当 t=1.34s 时，下泄水流流至矩形水槽的中部；当 t=1.94s 时，下泄水流流至整个计算域的出口处。当计算到模型入口和出口的流量基本平衡时，就达到了稳定状态。由此可知，VOF 法可以较好地对水气交界面进行跟踪，得到具体时刻的自由水面线。其他工况下，不同体型台阶式溢洪道在不同时刻水流的流动位置如表 5.2 所示。

表 5.2　不同体型台阶式溢洪道在不同时刻水流的流动位置

坡度为 60°的台阶式溢洪道		坡度为 51.3°的台阶式溢洪道	
堰上水头 20cm		堰上水头 20cm	
t=0.59s	溢洪道台阶段的中部	t=0.55s	溢洪道台阶段约 1/3 处
t=0.84s	溢洪道台阶段的末端	t=0.80s	溢洪道台阶段的中部
t=1.34s	矩形水槽的中部	t=1.30s	矩形水槽约 1/3 处
t=1.94s	整个计算域的出口处	t=1.80s	整个计算域的出口处
堰上水头为 30cm		堰上水头为 30cm	
t=0.61s	溢洪道台阶段约 2/3 处	t=0.45s	溢洪道台阶段约 8 个台阶处
t=0.83s	溢洪道台阶段的末端	t=0.65s	溢洪道台阶段的中部
t=1.12s	矩形水槽的中部	t=0.85s	溢洪道台阶段的末端
t=1.38s	整个计算域的出口处	t=1.65s	整个计算域的出口处

5.4.2　台阶式溢洪道的水流流态

以坡度为 51.3°、堰上相对水头 H/H_d=1.00 为例，说明设掺气挑坎后台阶式溢洪道的水流流态。

图 5.3 为计算得到的溢流坝前、堰顶、过渡段和台阶式溢洪道整体水流流线图。图中坐标系以堰顶为原点，以水流方向为横坐标，以坝高方向为纵坐标。由图 5.3 可以看出，流线在水箱入口处分布均匀，说明入口处水流平稳流入计算域；在流动过程中由于坝体的阻挡作用，流线呈现逐渐上弯的趋势，坝踵处流线很稀，说明此处流速很小；当水流流到溢流堰顶时，由于受到溢流堰顶的挤压，流线变密，分布变得不均匀，流速增大。

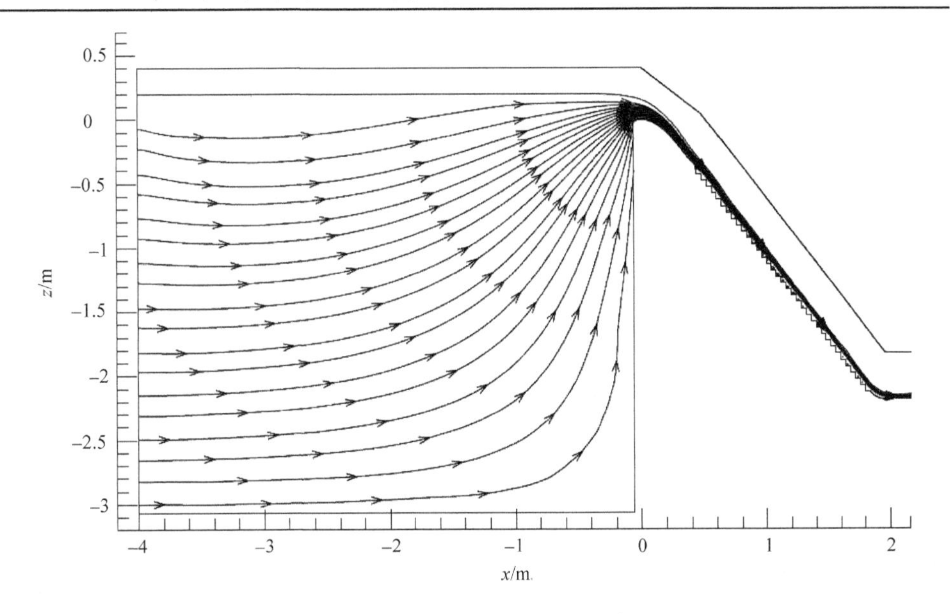

图 5.3　台阶式溢洪道的水流流线图

图 5.4 是台阶段掺气空腔区水流流线图。由流线的起伏变化可以看出，当水流流过挑坎时，水面被抬高，越过几级台阶回落到坝面上时水面下降，但同时由于水流与台阶相碰撞，水流有所反弹，水面又有回升。随后，水流逐渐调整为纯台阶式溢洪道的水流流态。

图 5.5 是水流达到稳定状态时的水面曲线图(坡度为 51.3°)。由图 5.5 可以看出，水流流态全部是滑行水流，其变化规律是：水流经过堰顶到达过渡段处由于失重水面线有所降低；接着水流流经掺气挑坎时，挑坎迫使水流挑起，使得挑坎附近水面线有所抬高，但由于挑坎高度较低，水面抬高不大，这时在掺气挑坎下面形成空腔区，挑坎顶部水流仍为实体水流；当水流回落到台阶上时，在回落点处水深有极小值；此后由于台阶对水流的反弹作用水面又有所回升，当回升到一定程度时，水深又有所减小；最后，水深沿程变化逐渐趋于稳定。

数值计算结果表明，当堰上相对水头 H/H_d=1.00 时，在台阶段的后半部分，水面线由沿程降低逐渐趋于平稳，当 H/H_d=1.50 时，由于坝面长度有限，水深则一直沿程减小，水面线持续降低，这说明同一体型的台阶式溢洪道流量越大，越难达到均匀流状态；溢洪道末端少数几个台阶，由于受到下游反弧段的影响，水深略有增加，水面线有所抬高；当台阶式溢洪道体型一定时，坝面水深随着作用水头的增大而增大；台阶步高不变，改变溢洪道的坡度，在同一水头作用下，坝面水深随着坡度的增大而减小。由此可见，作用水头和坝面坡度对台阶式溢洪道的水面线均有影响。

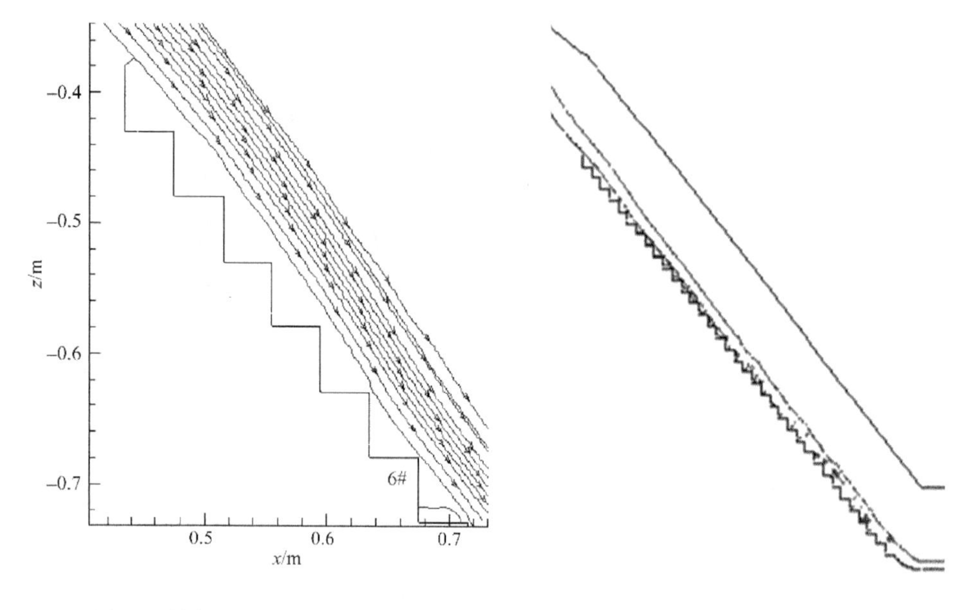

图 5.4　掺气空腔区的水流流线图　　图 5.5　水流达到稳定状态时的水面曲线图

5.4.3　计算结果与试验结果的对比

为了验证台阶式溢洪道数值模拟所得水面线的正确性以及比较台阶式溢洪道和光滑溢洪道水面线的差异，将台阶式溢洪道水面线的计算值和试验值以及相同坡度光滑溢洪道在相同水头作用下计算得到的水面线绘于同一图中进行对比分析，如图 5.6 所示。

图 5.6 中两条实线分别为台阶式溢洪道数值模拟的水面线与光滑溢洪道数值模拟的水面线，虚线为台阶式溢洪道实测的水面线。由图可以看出，在台阶式溢洪道上，水舌落点以前，计算的水面线和实测的水面线基本吻合，这是由于在落水点以前，水舌表面仍为实体水流，水舌破碎不严重，实测水深比较接近计算水深；在水舌落点以后，实测水面线开始逐渐高于计算水面线，而且随着流程的增加，水面线高度也有所增加，这是由于水流在流动过程中由空腔补给的气体沿程向水流内部发展，同时水流表面破碎后所形成的掺气水流也向水流内部膨胀，使得水流沿程掺气量越来越大，水面波动越来越强，此时试验所测为掺气水流水面的最高值，而计算是以各相体积分数为 50%的分界线为水气相交界的自由水面线，因此台阶式溢洪道水面线的实测值要大于计算值。另外，试验中的台阶式溢洪道在其后部掺气非常充分，水面线抬高较大，因此实测水面线相对于计算水面线的增高在台阶段后部较明显。由图 5.6 还可以看出，光滑溢洪道水深在掺气

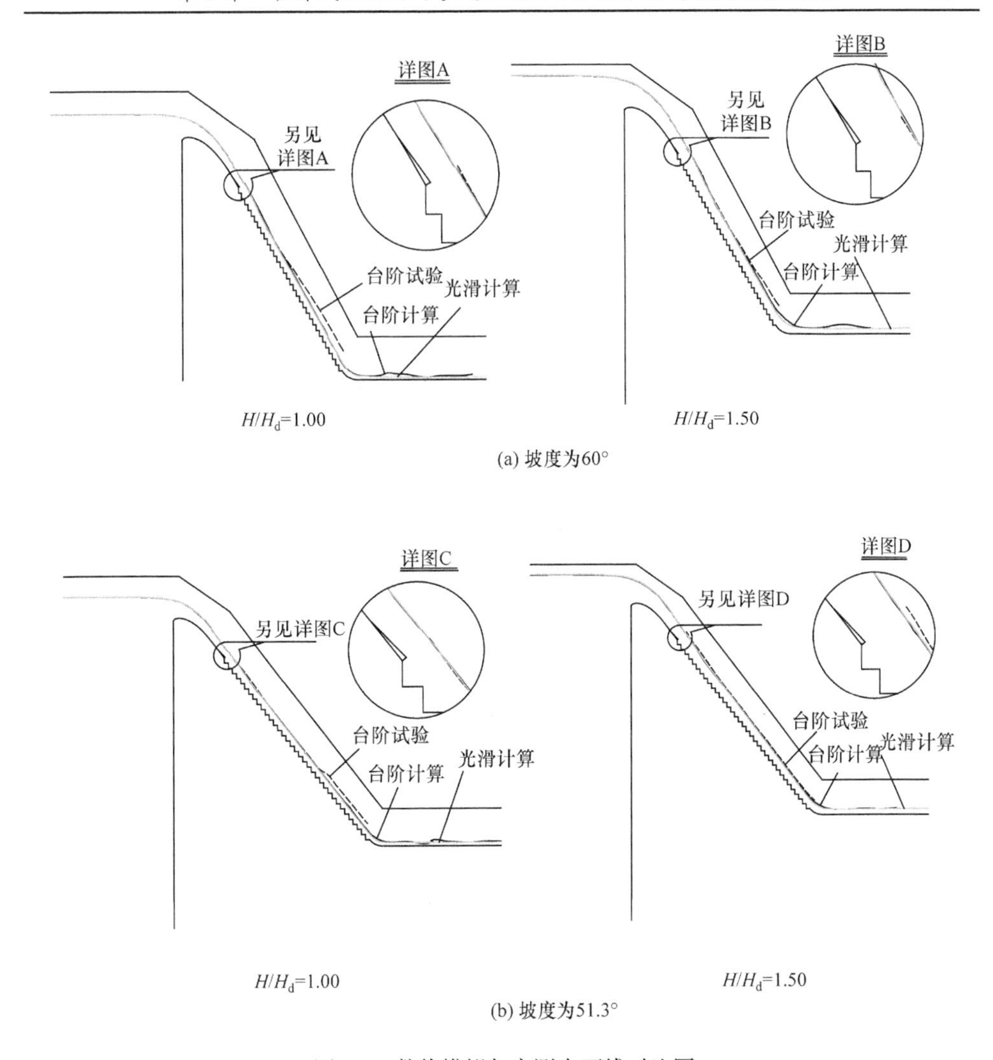

图 5.6　数值模拟与实测水面线对比图

挑坎的水舌落点以后，沿程逐渐减小；同一体型的光滑溢洪道，水头越大，水深越大；同一水头，坡度越大，光滑溢洪道水深越小。

图 5.7 为计算水面线与实测水面线的比较。图中横坐标代表测点距台阶首端即挑坎处的相对距离 x/L，纵坐标为测点处垂直于台阶式溢洪道虚拟底板即凸角连线的水深 h。由图 5.7 可以看出，实测台阶式溢洪道的水面线与计算的水面线在溢洪道的前部比较吻合，从某点开始，实测水面线突然大幅度升高，该点即为第 4 章所讲的掺气交汇点。由图 5.7 还可以看出，台阶式溢洪道的水面线明显高于光滑溢洪道的水面线，这说明台阶的大粗糙度对水面线有明显的影响，粗糙度

越大，溢洪道上的水深就越大；当 H/H_d=1.00 时，掺气挑坎处水面线抬高相对明显，反之，流量越大掺气量越小，台阶对水流的扰动越小，水面线抬高越不明显。

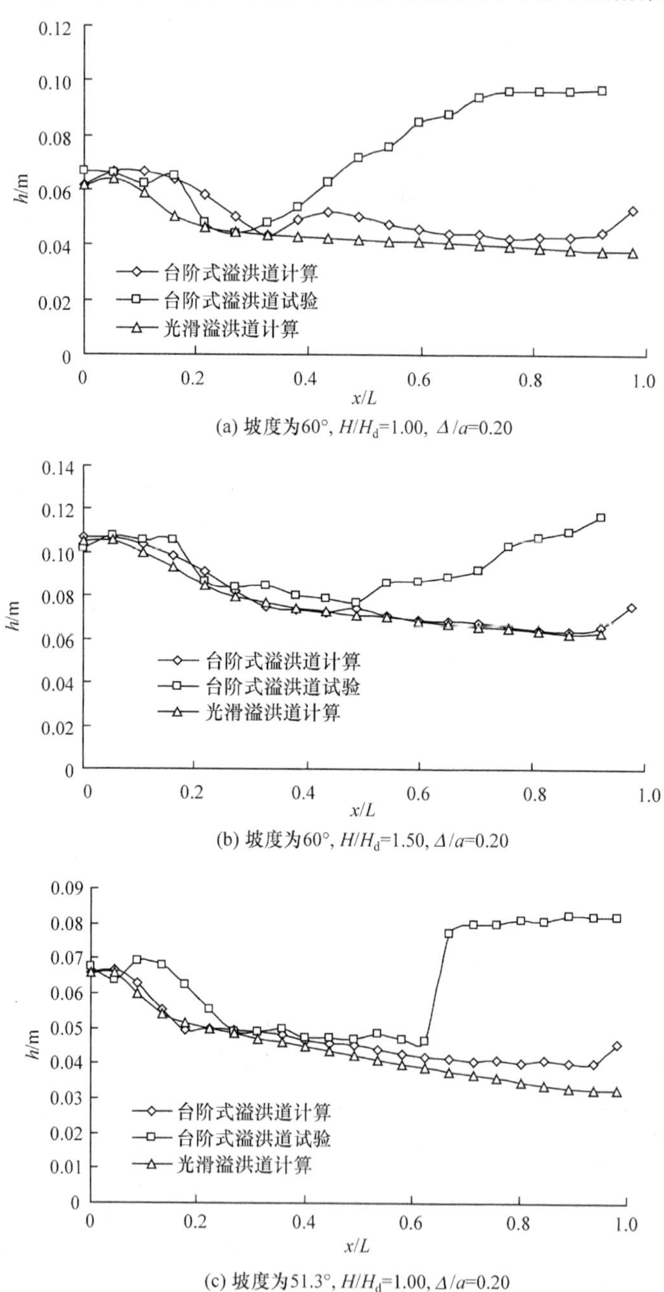

(a) 坡度为60°, H/H_d=1.00, Δ/a=0.20

(b) 坡度为60°, H/H_d=1.50, Δ/a=0.20

(c) 坡度为51.3°, H/H_d=1.00, Δ/a=0.20

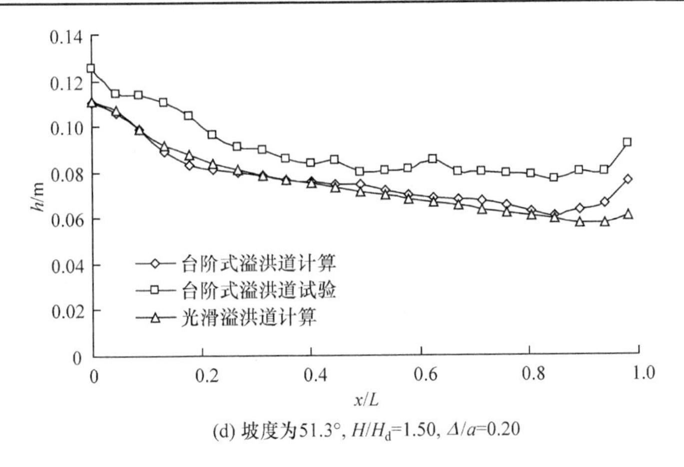

(d) 坡度为51.3°, H/H_d=1.50, Δ/a=0.20

图 5.7　计算和实测水面线比较

由此可以看出，在设计台阶式溢洪道的边墙高度时，必须考虑掺气对水深的影响，尤其是单宽流量较小时，更应注意掺气的作用，而一般的数值计算不能完全满足台阶式溢洪道水深沿程变化的要求，初步设计时可参照 2.3.4 小节的方法计算，对于重要工程，还需通过模型试验加以论证。

5.5　台阶式溢洪道的流速场

5.5.1　流速矢量分布

图 5.8 和图 5.9 为两种坡度情况下台阶式溢洪道 25 号台阶的流速矢量放大图。图中反映了台阶内旋涡速度的大小和方向，由台阶竖直面、水平面和凸角连线共同组成了三角旋涡区。

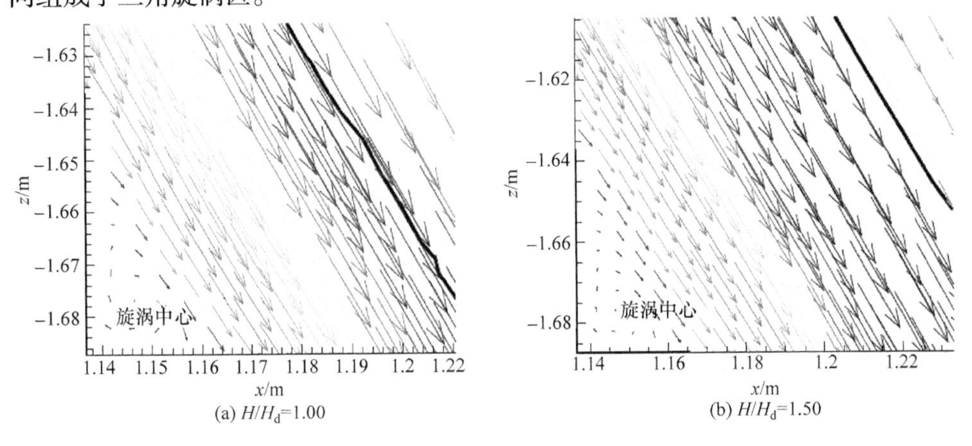

(a) H/H_d=1.00　　(b) H/H_d=1.50

图 5.8　坡度为 60°的台阶式溢洪道 25 号台阶的流速矢量放大图

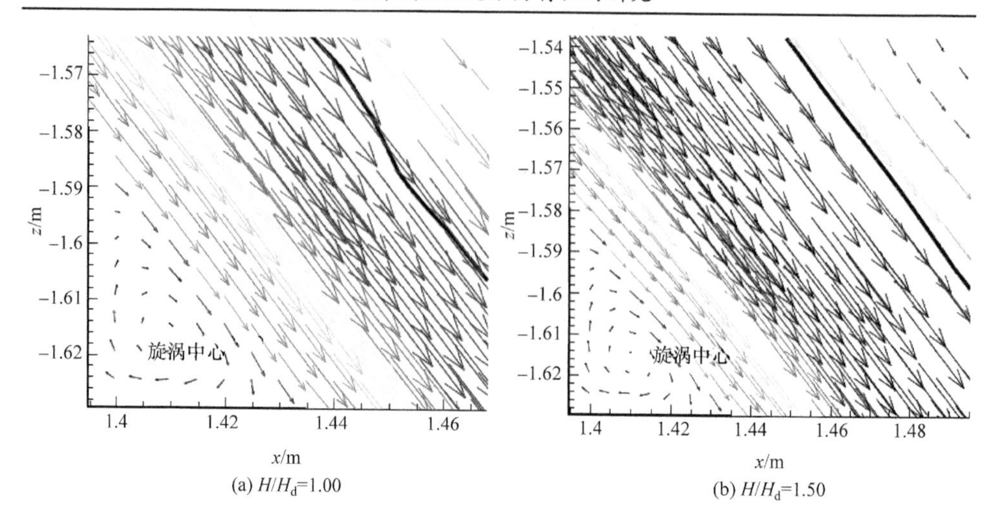

(a) H/H_d=1.00　　(b) H/H_d=1.50

图 5.9　坡度为 51.3°的台阶式溢洪道 25 号台阶的流速矢量放大图

在旋涡区内旋涡沿顺时针方向旋转，旋涡中心处的流速趋近于零，向四周逐渐增大，但小于滑行水流的流速。当台阶式溢洪道坡度为 60°时，旋涡中心距所在台阶凹角水平距离约为 7/20 步长(距凹角 1.008cm)；当台阶式溢洪道坡度为 51.3°时，旋涡中心距凹角水平距离约为 17/50 步长(距凹角 1.36cm)。

对比图 5.8 和图 5.9 可以看出，同一水头作用下的台阶式溢洪道当坡度变缓步长变大后，旋涡中心距台阶凹角的水平距离的绝对值也随之变大，这是因为当坝坡变缓时，下泄水流对台阶水平面的冲击位置发生改变，旋涡的发展空间变大，导致旋涡中心向凸角方向移动。

由图 5.8 和图 5.9 还可以看出，当水流掠过台阶时，主流在台阶凸角与台阶内部旋涡组成的虚拟底板上滑行流动，滑移主流的方向与坝坡面平行；滑移主流的流速沿着溢洪道的法线方向逐渐增大，在自由表面处由于空气阻力流速稍有减小；在旋涡与主流的交界面上，强烈的紊动交换，使得有一部分水流对台阶凸角附近有冲击作用；同时，高速水流的拖拽作用致使水面附近的气体也有较高的流速，随着离水面越来越远，气体的运动也越来越微弱。正是台阶内部旋涡流与滑移主流的动量交换、水流的强烈紊动以及水流的掺气，才使得台阶式溢洪道有较好的消能作用。

计算还表明，同一作用水头下，沿水流方向，台阶内旋涡的流速矢量分布越来越密集，说明旋涡的紊动随着水流的向下流动越来越剧烈，这是由于沿程势能不断转化成动能，滑行水流流速不断增大，提供的剪切力不断增大，促使旋涡紊动不断加强；同一体型的台阶式溢洪道，水头越大流速矢量分布越密集，台阶内旋涡旋滚得越剧烈。

图 5.10 为堰上相对水头 H/H_d 为 1.00 和 1.50 情况下，坡度为 60°的光滑溢洪道局部流速矢量分布。由图 5.10 可以看出，沿垂直于坝面的外法线方向，流速越来越大，

方向平行于坝面；水头越大，光滑坝面上的流速矢量分布越密集，流速越大。

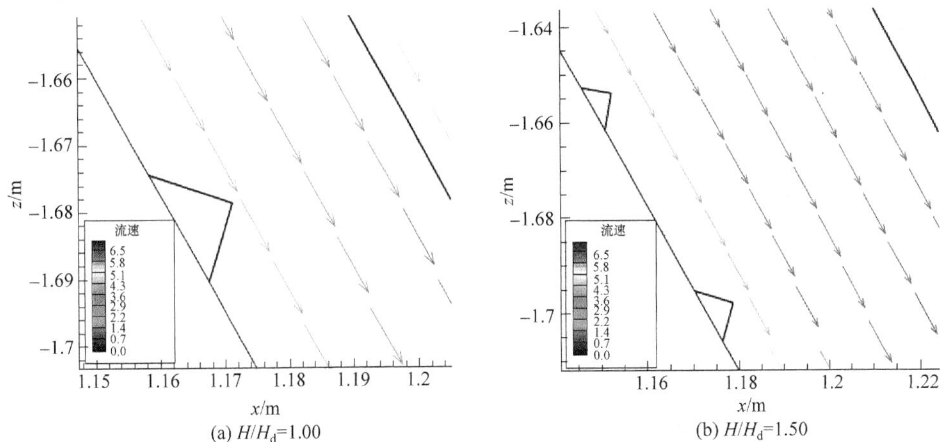

图 5.10　坡度为 60°的光滑溢洪道局部流速矢量分布图(单位：m/s)

对比图 5.8 和图 5.10 可以看出，台阶式溢洪道的滑行水流流态与光滑溢洪道的水流流态不同的是台阶式溢洪道除了台阶内部有旋滚外，在台阶凸角连线的上方虽然为滑行水流，但水流的紊乱程度远大于光滑溢洪道，台阶内部的旋涡流与滑移主流不断地进行动量交换；台阶式溢洪道滑行水流与光滑溢洪道的水流流态也有相似的情况，即主流均平行于溢流面(对台阶式溢洪道为虚拟底板)流动，流速亦是从溢流面向水流表面逐渐增大，来流量越大，流速矢量分布越密集。

5.5.2　流速等值线分布

图 5.11 为坡度为 51.3°和 60°的台阶式溢洪道在 H/H_d=1.50 时的水流流速等值线。由图 5.11 可以看出，台阶凹角内有封闭等值线，说明此处有旋涡存在；流速沿坝坡面方向变化的总体趋势是，在台阶首部流速较小，沿程逐渐增大，在开始几级台阶，流速增大的较快，以后流速增加的幅度有所减小。

数值计算表明，当 H/H_d=1.00 时，流速增加到某一级台阶后，沿程基本保持不变，水面线逐渐趋于平稳，水流基本达到均匀流状态，这是由于此时水流被台阶消耗的能量与增加的动能基本持平，流速维持不变；当 H/H_d=1.50 时，流速沿程不断增大，水深一直沿程减小，这是由于水流势能沿程逐渐转化为动能，而台阶对水流的摩阻作用不足以消耗增加的动能，水流速度就会加快，水面线降低。

图 5.12 和图 5.13 是坡度为 60°和 51.3°的台阶式溢洪道 25 号台阶的流速等值线放大图，其中黑色粗线为水气相的自由交界面。由图中可以看出，旋涡中心流速为零,从旋涡中心向四周速度逐渐增大;在两个台阶凸角连线的虚拟底板以下，流速较小，在虚拟底板以上，流速迅速增大，在水面附近，流速最大，流速梯度从台阶内向台阶外由大逐渐变小，到自由水面处流速的变化已经很小。由图中还

可以看出，在同一个台阶上，台阶法线的流速随着堰上相对水头的增大而增大。

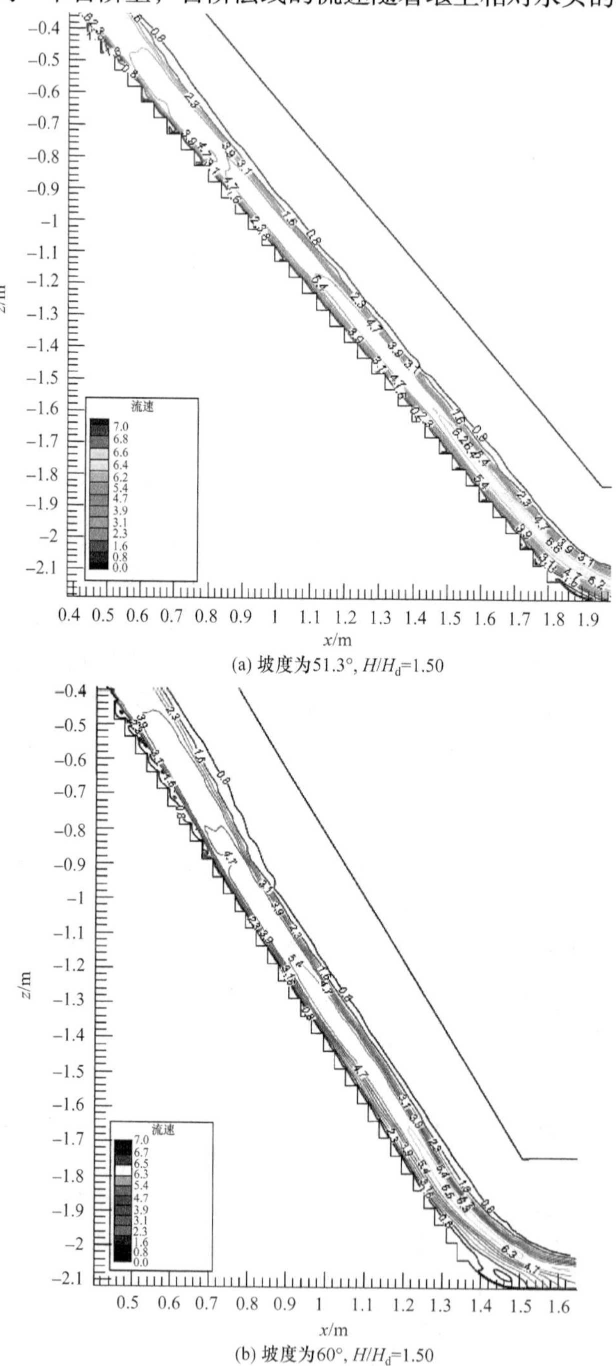

(a) 坡度为51.3°, H/H_d=1.50

(b) 坡度为60°, H/H_d=1.50

图 5.11　台阶式溢洪道流速等值线分布图(单位：m/s)

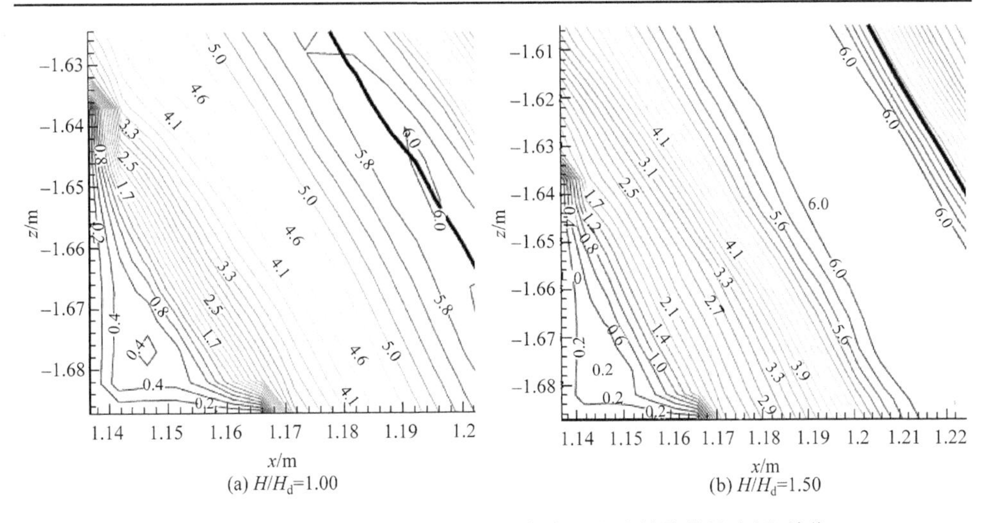

(a) H/H_d=1.00　　(b) H/H_d=1.50

图 5.12　坡度为 60°的台阶式溢洪道 25 号台阶的流速等值线放大图(单位：m/s)

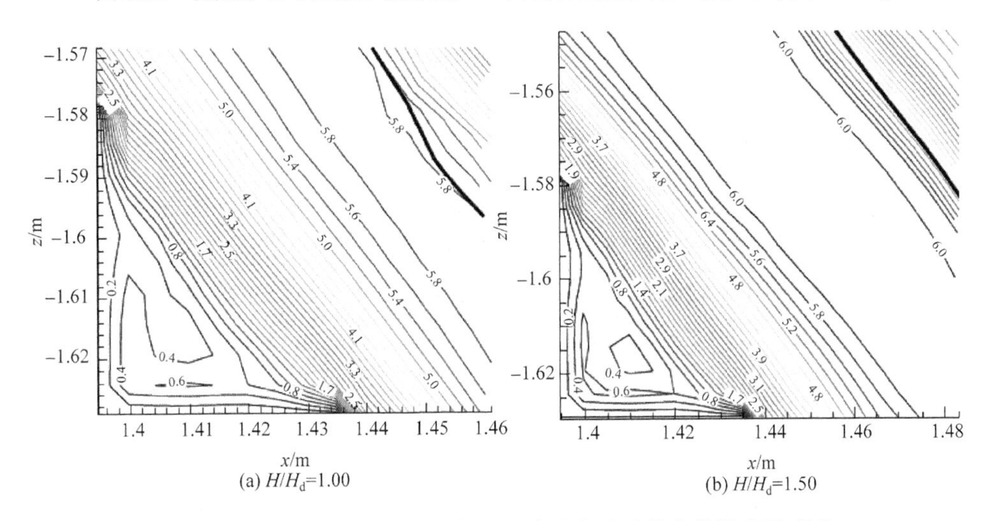

(a) H/H_d=1.00　　(b) H/H_d=1.50

图 5.13　坡度为 51.3°的台阶式溢洪道 25 号台阶的流速等值线放大图(单位：m/s)

图 5.14 是坡度为 60°的光滑溢洪道在 H/H_d 为 1.00 和 1.50 时的局部流速等值线分布图。由图中可以看出，光滑溢洪道的流速分布与台阶式溢洪道一样，沿溢流面外法线方向流速逐渐增大，到自由水面附近流速略有减小，流速梯度逐渐减小；当堰上相对水头增大时，流速也随之增大。与图 5.12 和图 5.13 相对比可以看出，台阶式溢洪道上流速等值线在台阶内为曲线分布，在虚拟底板以上也不是严

格与虚拟底板平行，而光滑溢洪道的流速等值线平行于溢流面；光滑溢洪道的流速在相同堰上水头情况下大于台阶式溢洪道的流速。

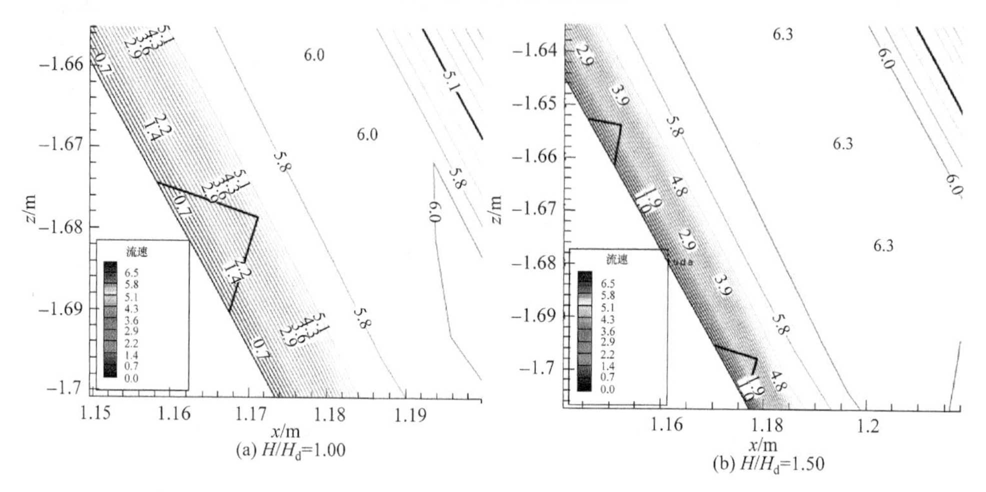

图 5.14　坡度为 60°的光滑溢洪道局部流速等值线分布图(单位：m/s)

5.5.3　断面流速分布

不同台阶凸角处垂直于虚拟底板方向的断面相对流速分布如图 5.15 和图 5.16 所示。图中 y 为距虚拟底板的距离，h 为断面水深，u 为 y 点的流速，u_{max} 为断面最大流速。由图中可以看出，台阶式溢洪道断面相对流速分布的规律是在底部流速小，沿台阶的外法线方向流速逐渐增大，当增大到某一最大值后，又略有减小，符合一般明渠流速分布规律。

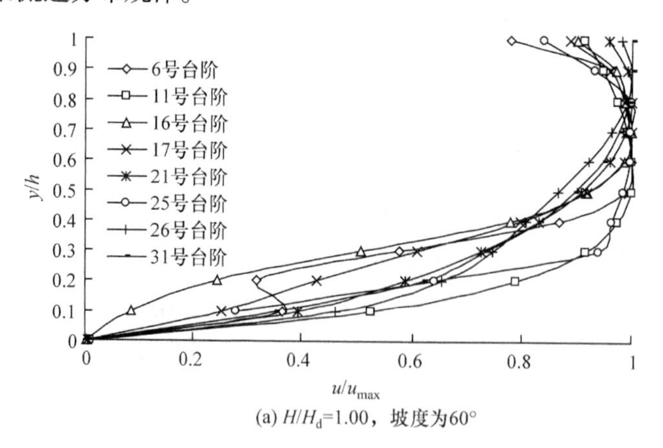

(a) H/H_d=1.00，坡度为60°

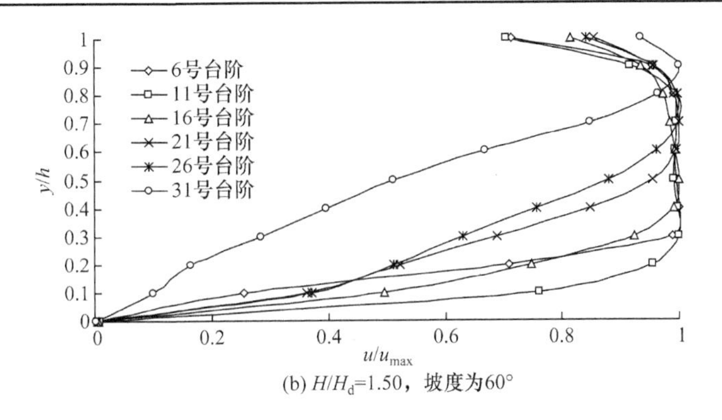

(b) H/H_d=1.50，坡度为60°

图 5.15　坡度为 60°时台阶断面流速分布

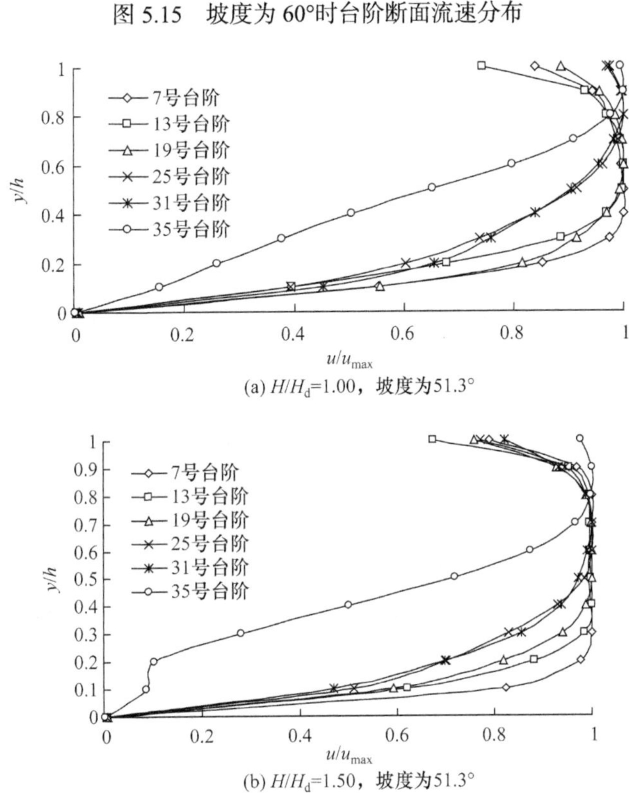

(a) H/H_d=1.00，坡度为51.3°

(b) H/H_d=1.50，坡度为51.3°

图 5.16　坡度为 51.3°时台阶断面流速分布

图 5.17 是坡度为 51.3°、堰上相对水头 H/H_d=1.00 时台阶式溢洪道与光滑溢洪道同一断面相对流速分布的对比情况。由图 5.17 可以看出，台阶式溢洪道的流速分布与光滑溢洪道的流速分布相似，在 31 号台阶以前，两者的断面相对流

速也很接近，但在 35 号台阶处台阶式溢洪道的相对流速明显减小。

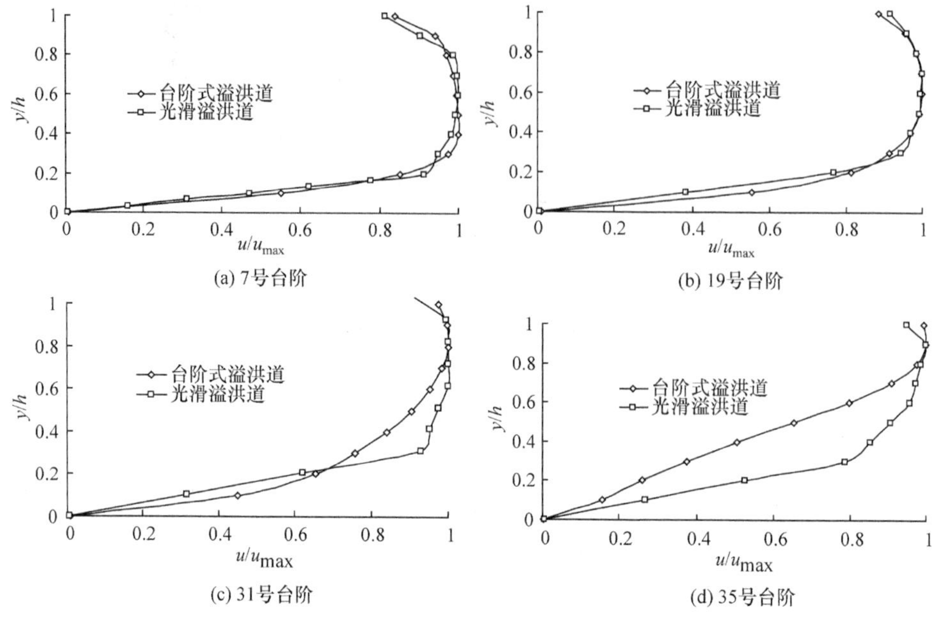

图 5.17　坡度为 51.3°，H/H_d=1.00 时台阶式溢洪道与光滑溢洪道断面流速分布比较

实际数值计算结果表明，台阶式溢洪道的流速和光滑溢洪道的流速一样沿程逐渐增大，在 19 号台阶以前，台阶式溢洪道的断面流速与光滑溢洪道的断面流速没有明显的差别，但从 25 号台阶开始，台阶式溢洪道的断面流速开始小于光滑溢洪道的断面流速，到了台阶末端的 35 号台阶，台阶式溢洪道的最大流速为 6.10m/s，平均流速为 3.51m/s，光滑溢洪道的最大流速为 6.47m/s，平均流速为 5.11m/s，尤其是靠近台阶底部附近，台阶式溢洪道的流速有较大幅度的降低。由此说明，台阶粗糙度对流速有减阻作用。

5.5.4　台阶式溢洪道的边界层发展

图 5.18 是坡度为 51.3°，H/H_d=1.00 时数值计算的台阶式溢洪道和光滑溢洪道边界层厚度沿程发展的比较。图中 x 轴代表测点的相对坝面距离，δ 为边界层厚度，L 为溢洪道台阶段长度。由图中可以看出，台阶式溢洪道的边界层厚度明显大于光滑溢洪道，而且沿程变化较大。这主要是由于台阶式溢洪道的粗糙度大，促使了边界层的发展；另外，在台阶首部设置掺气挑坎后，可能对边界层的厚度也有一定的影响。

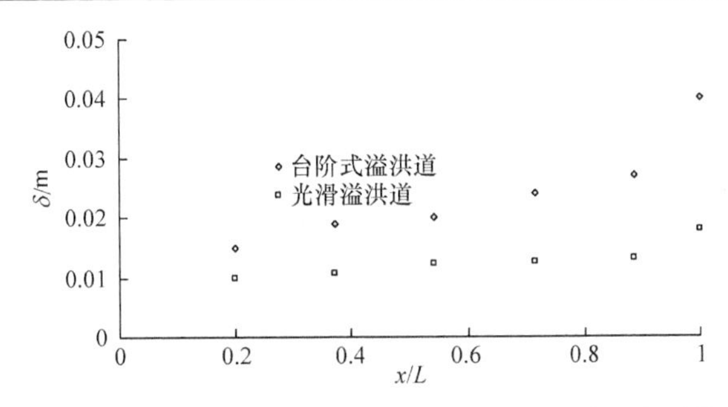

图 5.18　台阶式溢洪道和光滑溢洪道边界层厚度沿程发展的比较

H/H_d=1.00，坡度为 51.3°

5.6　台阶式溢洪道的压强场

5.6.1　台阶式溢洪道压强等值线分布

图 5.19 为坡度为 60°的台阶式溢洪道在 H/H_d=1.00 时 22～27 号台阶段的压强等值线分布图。由图可以看出，台阶水平面上的压强等值线呈波浪形分布，即一个波谷接着一个波峰；等值线数值和密度越向上越小，说明压强由水平壁面向台阶内部递减，减小的梯度逐渐变缓；在台阶水平面外边缘附近，有压强最大值，为正压，向四周压强逐渐减小；在临近台阶水平面凸角处，几乎都存在小范围的负压区。

在台阶竖直方向上，压强等值线都是下部为正上部为负，从下向上压强逐渐减小，减小幅度逐渐增大，直至在竖直面上部某一位置出现最小负压值为止；在竖直面凸角下缘，压强又有所回升。此外，垂直于虚拟底板方向台阶内部压强的等值线分布规律是由自由水面一侧向台阶凹角一侧压强逐渐增大。

文献[2]也通过数值计算得到了台阶外边缘的压强分布，其数值模拟结果与本书的结果相似，即每个台阶的外边缘几乎都存在负压。实际上，负压的存在才是导致坝面发生空蚀破坏的根本原因，因此了解台阶壁面上的压强分布，尤其是掌握负压存在的位置，对于空蚀破坏的预测和防止都是十分重要的。但是，在模型试验过程中，凸角处无法设测点，因此测不出该点的压强，而数值模拟结果却可以清晰地体现台阶壁面上负压的分布位置及大小，补充了试验在台阶凸角附近的漏点，为避免和消除台阶式溢洪道上的空蚀破坏提供理论依据。

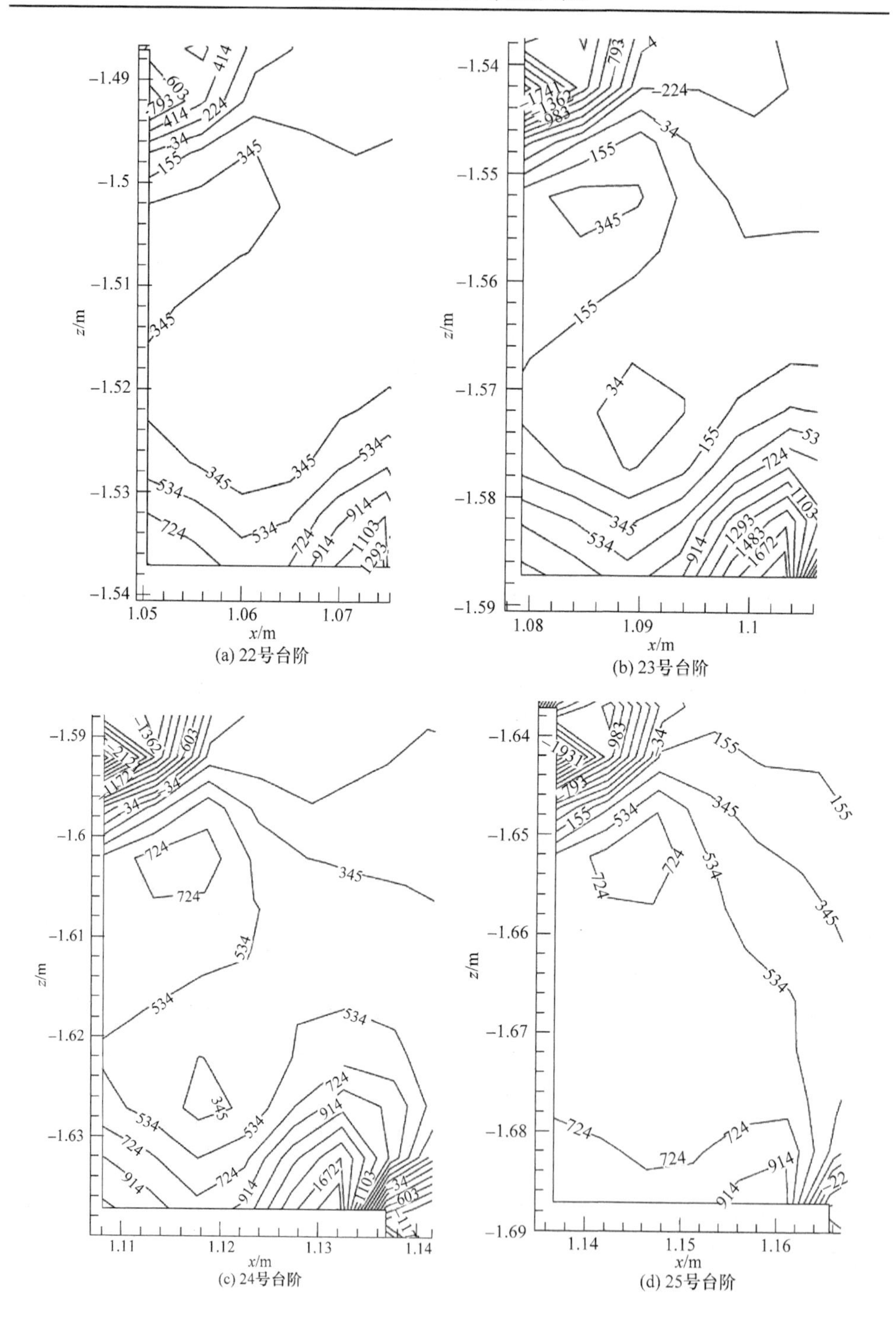

(a) 22号台阶

(b) 23号台阶

(c) 24号台阶

(d) 25号台阶

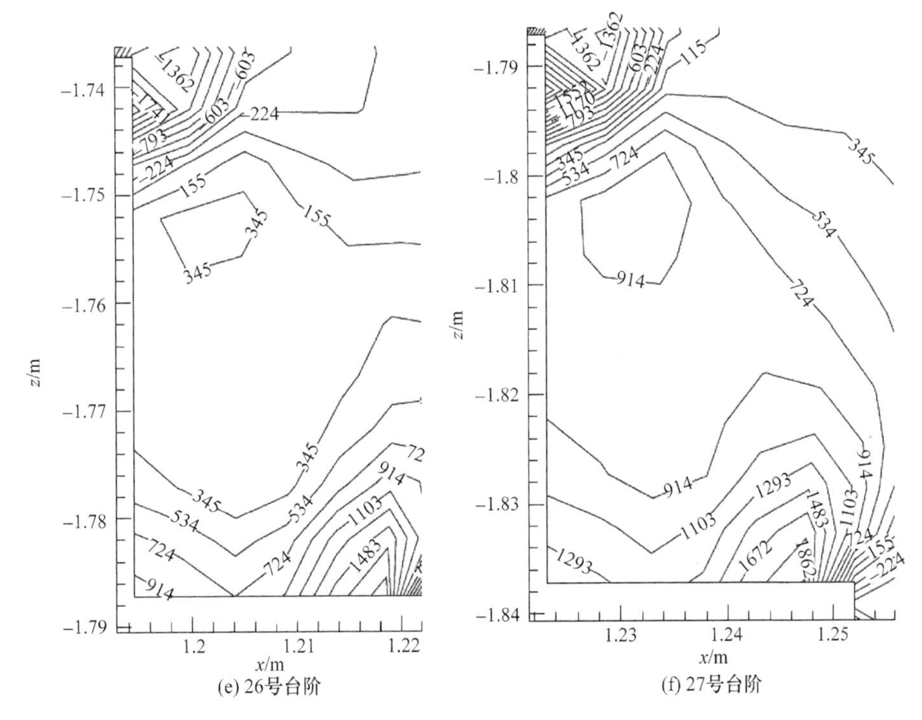

图 5.19　坡度为 60°，H/H_d=1.00 时 22～27 号台阶段压强等值线分布图(单位：Pa)

5.6.2　单个台阶水平面的压强分布

图 5.20 为不同坡度台阶式溢洪道单个台阶水平面压强测点布置图。图 5.21 和图 5.22 分别为坡度为 60°和 51.3°的台阶式溢洪道在 H/H_d 为 1.00 和 1.50 情况下个别台阶水平面上压强的试验值和计算值，横坐标代表测点距凹角的相对距离 x/b，即测点到被测台阶凹角的水平距离占台阶步长的百分比，纵坐标代表测点的相对压强$(p/\gamma)/a$，即测点的压强水头占台阶步高的百分比。

计算值和试验值均表明，台阶水平面相对压强随着来流量的增大而增大。从凹角到凸角相对压强先逐渐减小到极小值，其位置在距离凹角相对台阶长度 3/10～2/5 处，这是由于旋涡遇到台阶竖直面发生转向，旋涡速度方向向上，这样就必将在水平面上产生一个相对压强极小值，然后相对压强逐渐增大到最大值，其位置在距离凹角相对台阶长度 4/5～9/10 处，此处为水流对台阶水平面的冲击区。在临近台阶水平面凸角处，由于水流从此处掠过，出现水流分离现象，因此相对压强降低，在以往的试验和数值计算中，都发现了此规律。

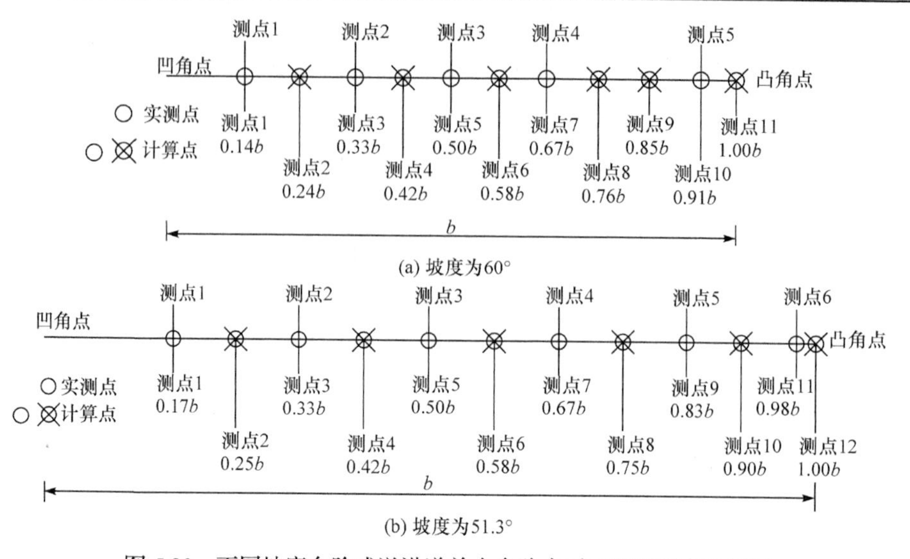

图 5.20　不同坡度台阶式溢洪道单个台阶水平面压强测点布置图

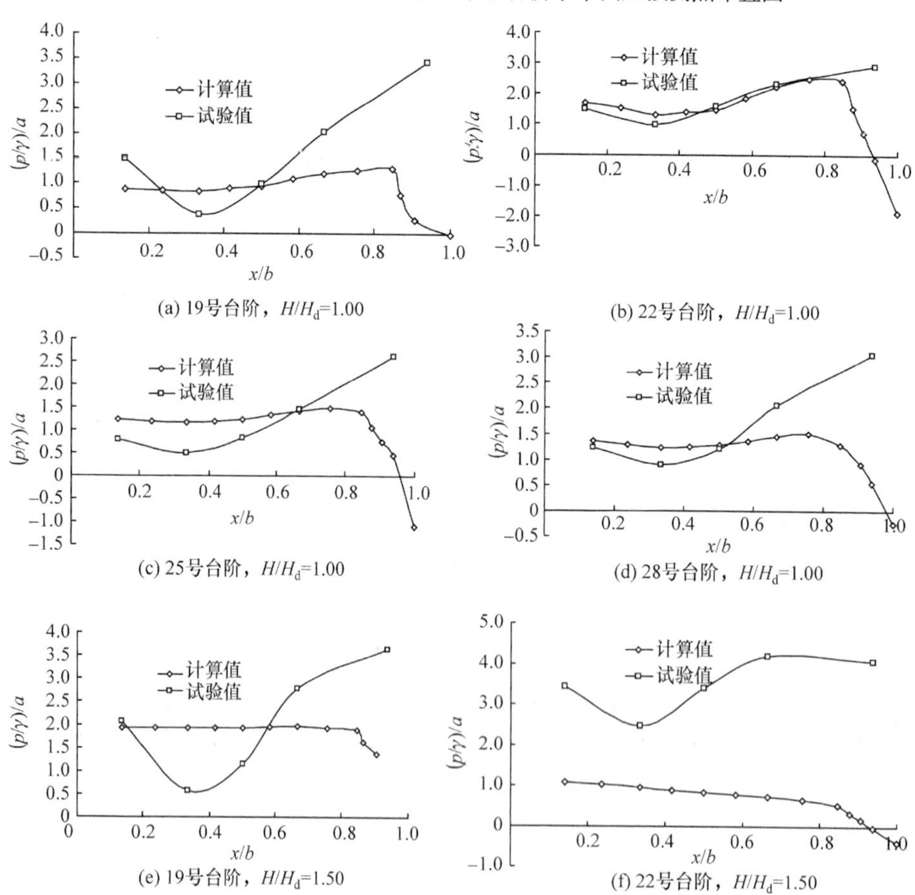

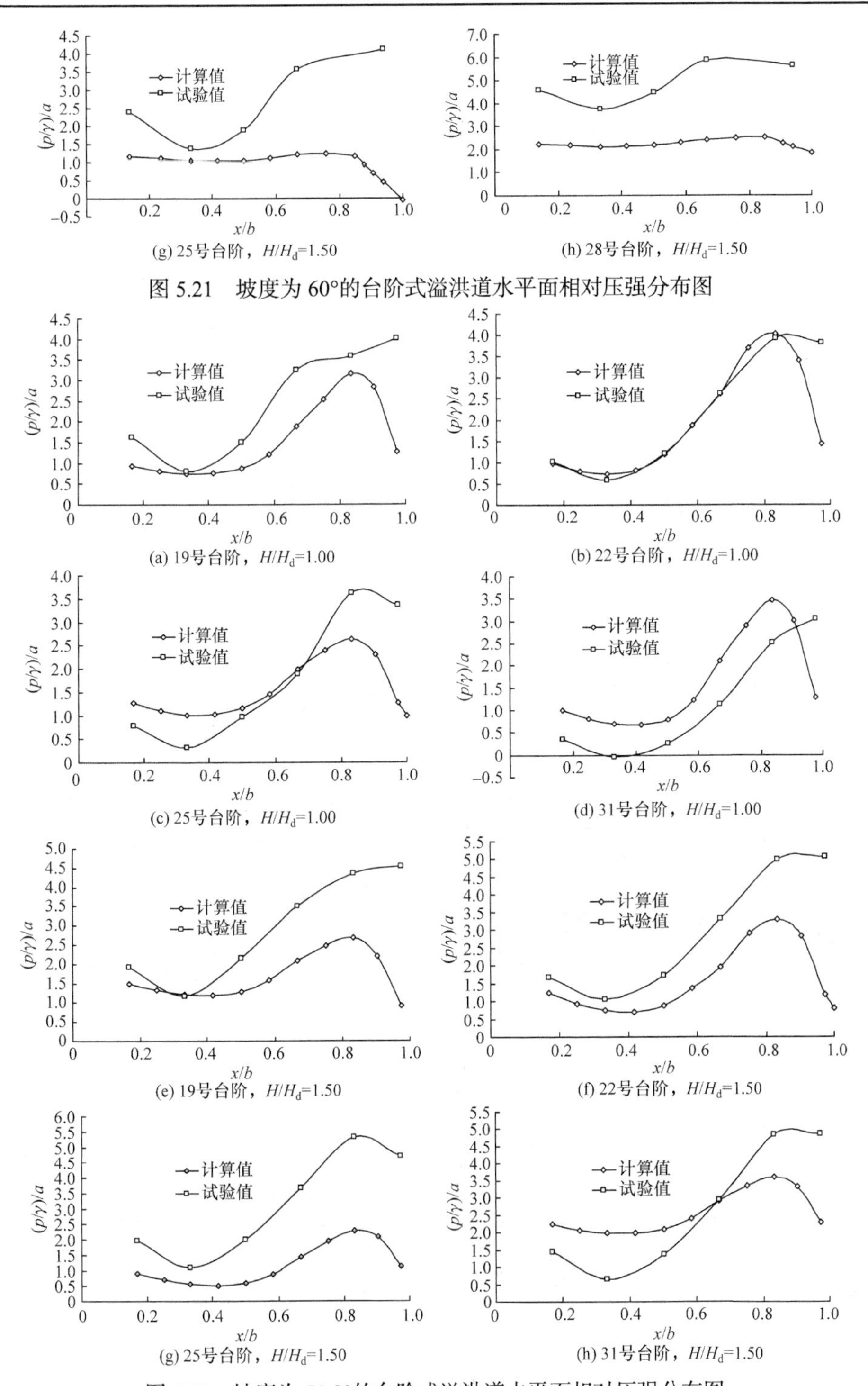

图 5.21　坡度为 60°的台阶式溢洪道水平面相对压强分布图

图 5.22　坡度为 51.3°的台阶式溢洪道水平面相对压强分布图

由图 5.21 可以看出，当台阶式溢洪道坡度为 60°时，计算的相对压强变化比较平缓，压强峰值也不十分突出，而实测的相对压强变化比较剧烈。在 H/H_d=1.00 情况下，当 x/b 约在 0.6 以前，计算值与试验值相对吻合较好，但在 x/b 大于 0.6 以后，计算值明显小于试验值；在 H/H_d=1.50 时，除 19 号台阶外，其余台阶计算的相对压强均小于实测的相对压强，而且数值的差异也较大，在台阶水平面上的计算值并没有产生明显的极值变化，与试验的规律尚有差异，对这一问题尚需进一步研究。另外，数值计算表明，在台阶水平面的最大压强点以后，台阶上的压强骤减，甚至在台阶边缘附近出现负压，骈迎春[1]和郑阿漫[3]在对台阶式溢洪道的试验中也发现台阶水平面有负压存在，对这一现象应引起重视。

由图 5.22 可以看出，当台阶式溢洪道坡度为 51.3°时，计算的台阶水平面的相对压强与实测的相对压强变化趋势完全一致，二者的位置也基本一致，虽然数值还有差异，但已能较好地反映设掺气挑坎情况下台阶式溢洪道的压强分布规律。

图 5.23 为坡度为 60°的台阶式溢洪道在堰上相对水头 H/H_d 为 1.00 和 1.50 时 23～27 号台阶段水平面的压强等值线分布。由图可以看出，压强的分布规律都是从凹角向凸角方向压强先减小到极小值再增大到最大值，然后再减小，有的甚至减小到负压，最大正压位于台阶凸角附近，在台阶边缘有时也存在负压。沿台阶宽度方向，压强呈波浪形不均匀分布，其绝对值在每个台阶水平面上几乎都存在两个波峰和两个波谷，两个波峰分别位于台阶中心的两侧，但并不完全对称。

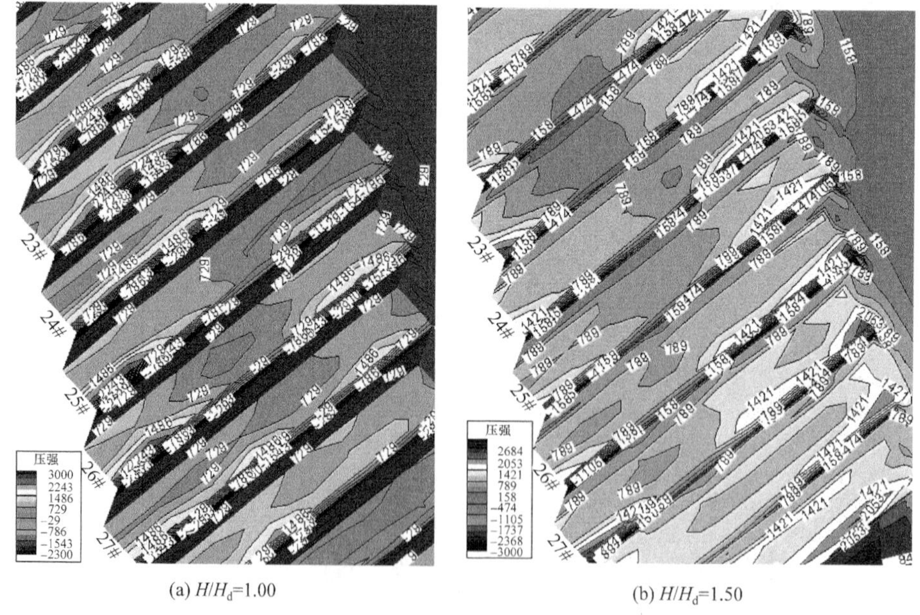

(a) H/H_d=1.00　　(b) H/H_d=1.50

图 5.23　台阶式溢洪道 23～27 号台阶段水平面的压强等值线分布图(单位：Pa)

由此说明，当台阶式溢洪道泄洪时，水流产生的压力对台阶水平面的外边缘区域要求较高。因此，在对台阶式溢洪道进行设计时，台阶水平面的外边缘区域是需要着重考虑的部位。

5.6.3　单个台阶竖直面压强测点布置

单个台阶竖直面压强测点布置见图 5.24。

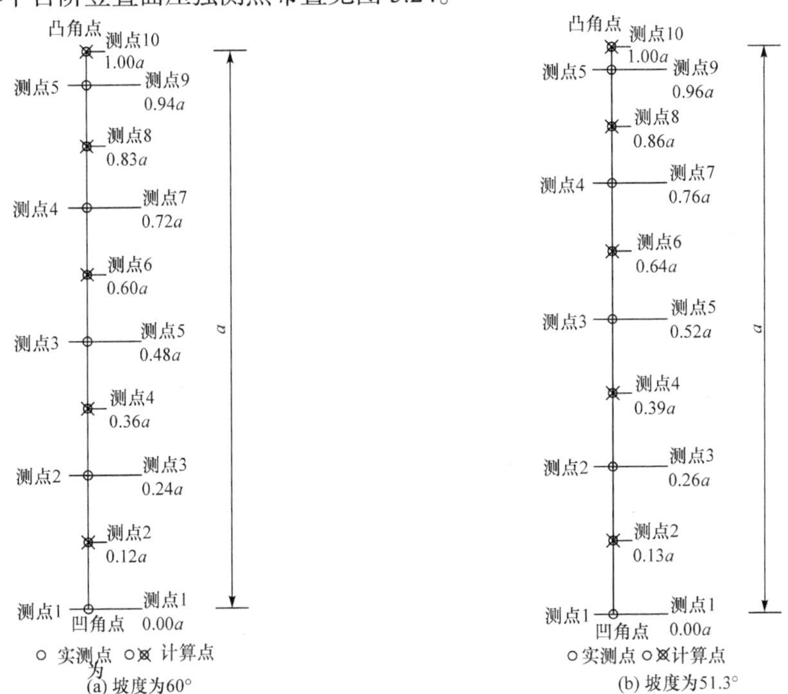

图 5.24　单个台阶竖直面压强测点布置图

5.6.4　单个台阶竖直面压强分布

图 5.25 和图 5.26 分别为坡度为 60°和 51.3°的台阶式溢洪道在堰上相对水头 H/H_d 为 1.00 和 1.50 时台阶竖直面上相对压强的试验值和计算值。由图可以看出，台阶竖直面上的相对压强不管是计算值还是试验值，均有正有负。台阶底部有最大正压，这是由于台阶水平面的旋涡转向时产生的离心力使得凹角处压强增大；沿台阶高度方向压强总体趋势逐渐减小，在竖直面上部，计算得到大部分台阶竖直面距台阶底部相对高度 7/10～4/5 处相对压强趋近于零(个别台阶在 3/10 步高处)；随后出现负压区，最小负压出现在距台阶底部相对高度为 17/20～19/20 处，这是旋涡在此区域转向，脱离壁面造成的；在竖直面凸角下缘，因为从上一级台阶外包线掠过的水流在此与壁面发生分离，所以压强降低，容易出现负压。由图还可以看出，除个别台阶竖直面压强试验值与计算值差异较大外，其余点的变化规律吻合良好。

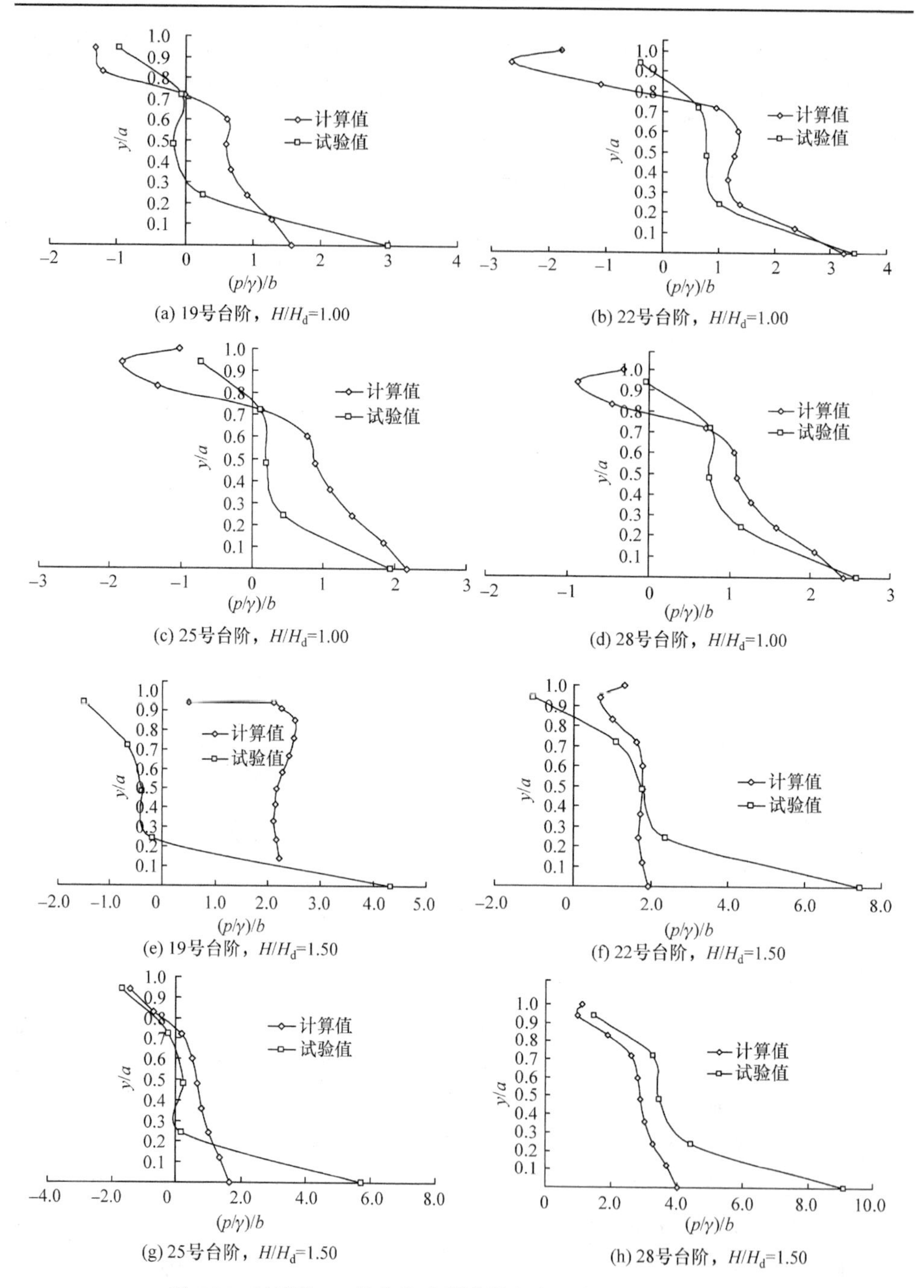

(a) 19号台阶，H/H_d=1.00

(b) 22号台阶，H/H_d=1.00

(c) 25号台阶，H/H_d=1.00

(d) 28号台阶，H/H_d=1.00

(e) 19号台阶，H/H_d=1.50

(f) 22号台阶，H/H_d=1.50

(g) 25号台阶，H/H_d=1.50

(h) 28号台阶，H/H_d=1.50

图 5.25　坡度为 60°的台阶式溢洪道台阶竖直面相对压强分布

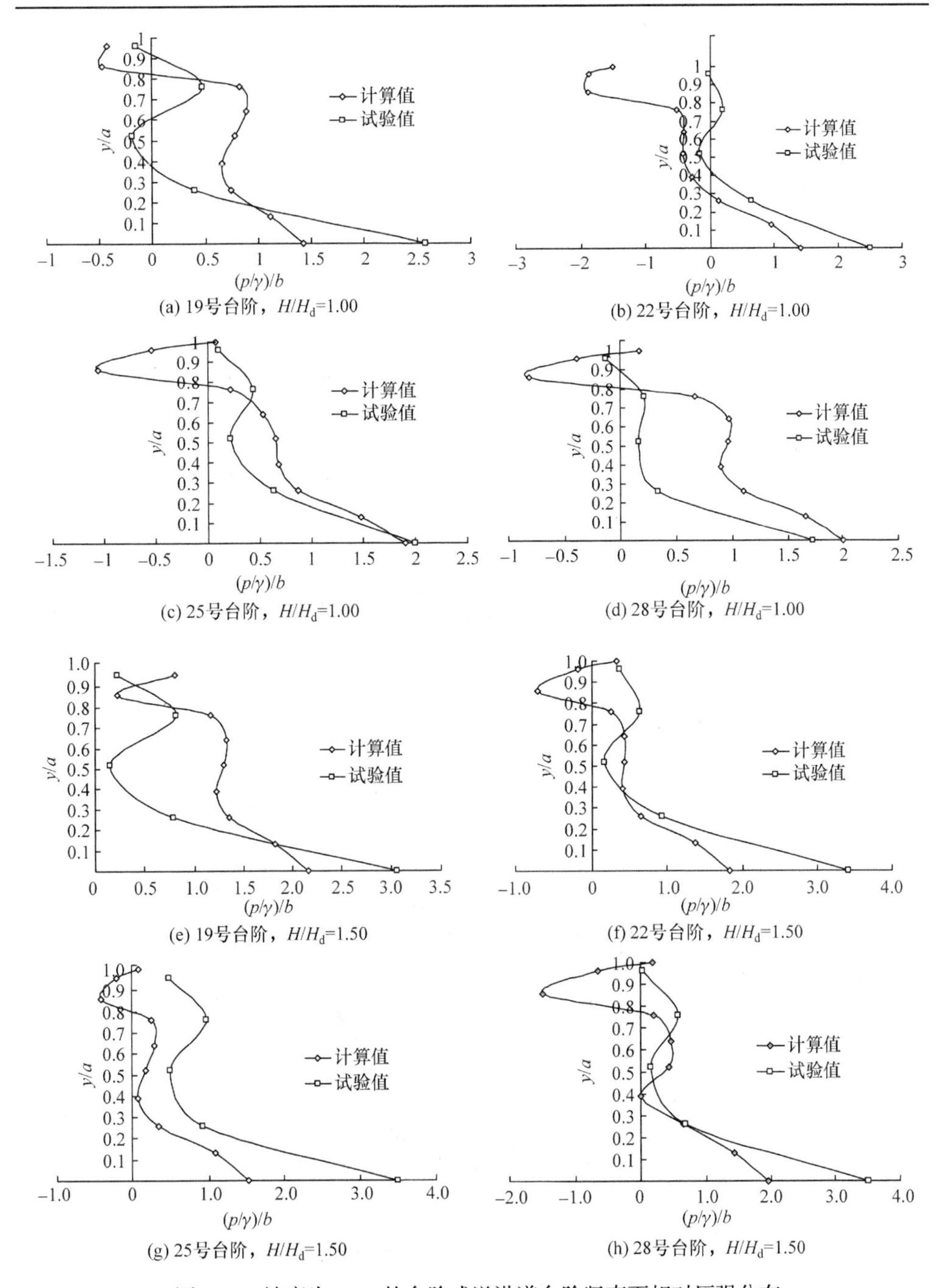

图 5.26　坡度为 51.3°的台阶式溢洪道台阶竖直面相对压强分布

图 5.27 是坡度为 60°的台阶式溢洪道在堰上相对水头 H/H_d 为 1.00 和 1.50 时

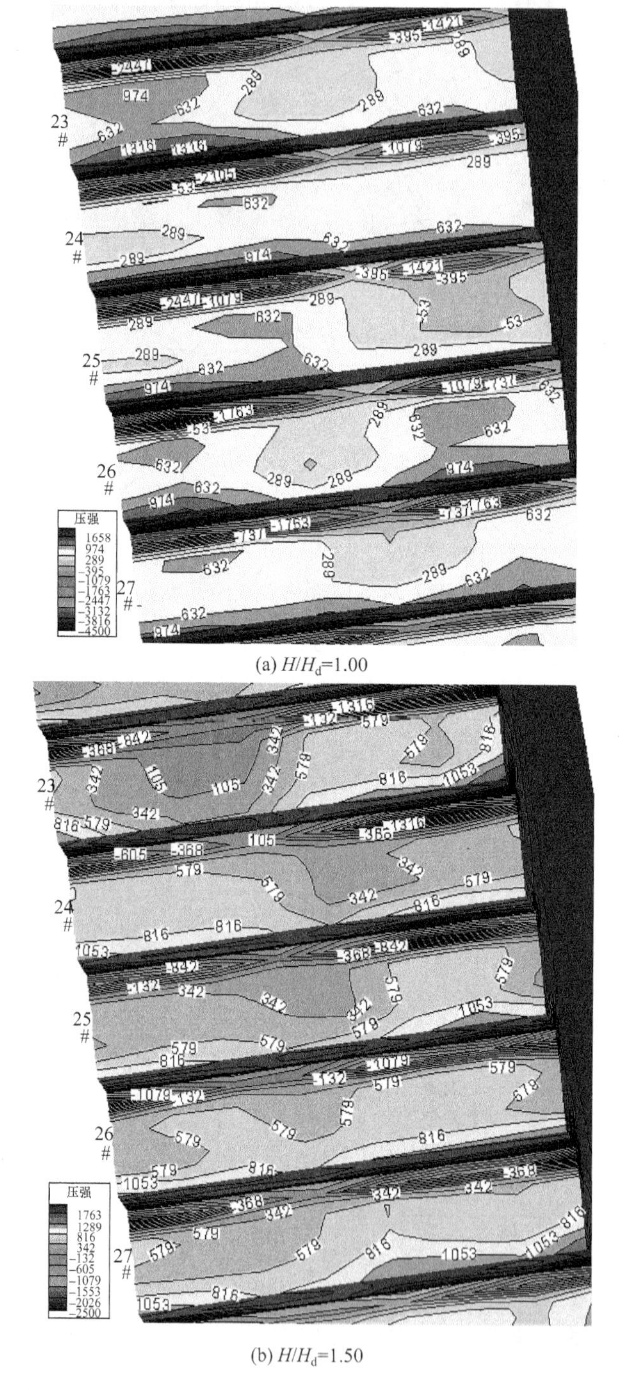

(a) H/H_d=1.00

(b) H/H_d=1.50

图 5.27　坡度为 60°时台阶式溢洪道 23～27 号台阶段竖直面压强等值线分布图(单位：Pa)

23～27 号台阶段竖直面的压强等值线分布图。由图 5.27 可以看出，压强沿竖直方向的分布规律都是在底部凹角处有最大正压，越向台阶上部压强越小，直至压强减小为零，然后开始出现负压，最大负压存在于凸角附近区域，但离凸角点还有一段距离。沿溢洪道宽度方向，压强呈波浪形不均匀分布，其绝对值在每个台阶竖直面上几乎都存在两个波峰和两个波谷，两个波峰分别位于台阶中心的两侧，但并不是对称分布。由图 5.27 还可以看出，作用水头不同，负压最大值的位置有所变化。正是台阶内部旋涡旋转和下泄水流冲击的双重作用，才导致了台阶竖直面从下到上压强逐渐减小的变化趋势。同时，台阶竖直面的最大正压和最大负压都不存在于中心对称面上，而是在对称面两侧极值区的底端和顶端分布。因此，在设计台阶式溢洪道时，对台阶竖直面的边缘区域应特别予以重视。

5.6.5　台阶水平面压强的沿程分布

坡度为 60°和 51.3°的台阶式溢洪道在堰上相对水头 H/H_d 为 1.00 和 1.50 时，台阶水平面压强沿程分布如图 5.28 所示。图中横坐标 x/L 为测点的相对坝面距离，纵坐标$(p/\gamma)/E$ 为测点的相对压强水头，E 为测点到水箱自由液面的垂直距离。从首级台阶开始在每一台阶水平面上设置四个测点，当溢洪道坡度为 60°时，各测点距所在台阶凹角处的相对步长分别为 0.139b、0.5b、0.92b 和 1.0b；当溢洪道坡度为 51.3°时，各测点的相对步长分别为 0.188b、0.5b、0.95b 和 1.0b。台阶水平面上的三个测点(相对步长小于 1.0 倍的测点)的计算值和试验值均被测出，但由于试验条件限制，凸角处的测点(相对步长为 1.0 倍的测点)只有计算值，没有试验值。

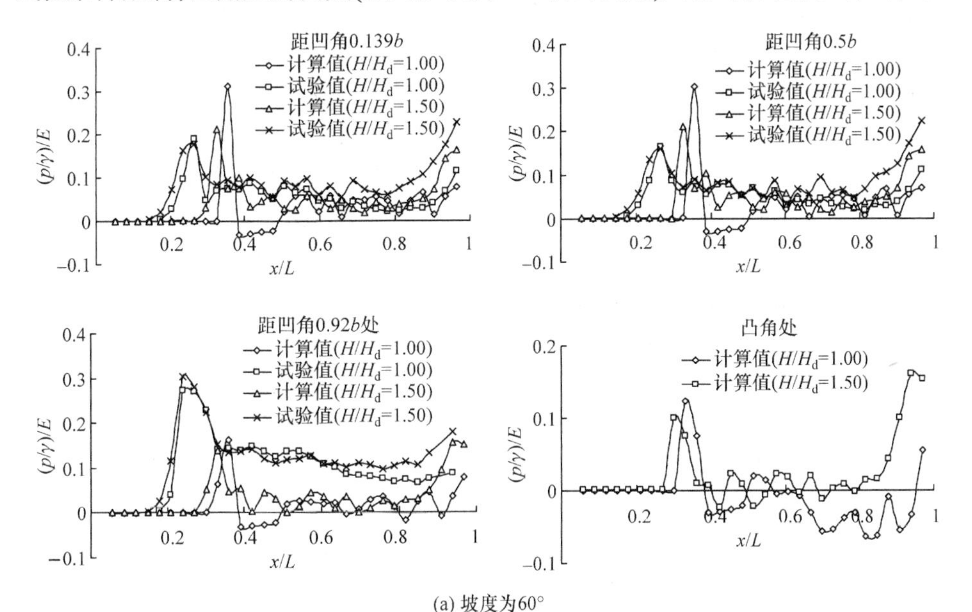

(a) 坡度为60°

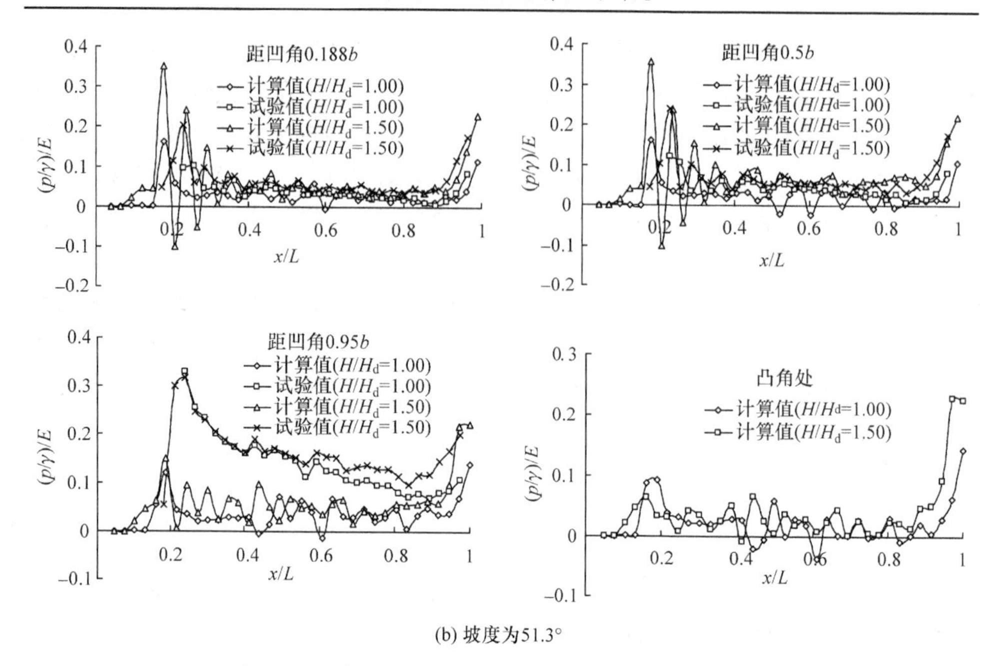

(b) 坡度为51.3°

图 5.28 台阶式溢洪道水平面相对压强沿程分布图

由图 5.28 可以看出，台阶水平面四测点相对压强沿程分布呈现同一规律，先逐渐增大到某一值，然后沿台阶呈现大小交替的变化规律，约从 x/L 为 0.8 以后，相对压强沿程逐渐增大。相对压强首先出现逐渐增大这一现象的原因是，当水流通过掺气挑坎时，由于挑坎顶部的流速较小，水舌落点较近，而掺气挑坎上部的主流流速较大，水舌挑射较远，因此形成了水流对台阶的冲击区域，在此区域内，相对压强从小逐渐增大，在水舌最远落点处相对压强最大。在水舌落点以后，随着流动的逐步均化，台阶水平面上的相对压强逐渐恢复为台阶式溢洪道的典型相对压强分布，即极大值极小值交替出现，这是因为当水流冲击台阶时，台阶对水流必然有一个反向的作用力，致使水流发生弹射改变轨迹，可能掠过下一级或下几级台阶冲击到后面的台阶，掠过的台阶压强小，被冲击的台阶压强大。约从 x/L 为 0.8 以后，相对压强沿程逐渐增大，这是受下游反弧曲率的影响。总体来说，同一体型台阶式溢洪道，水平面相对压强随来流量的增大而增大。

由图 5.28 还可以看出，当台阶式溢洪道的坡度为 60°时，由于受掺气挑坎挑射水流的作用，数值计算和模型实测均表明，在台阶式溢洪道上有相对压强最大值，但计算的最大相对压强位置与实测的位置不一致，实测最大相对压强点比计算的最大相对压强点前移。在距凹角 0.139b 和 0.5b 处，计算的最大相对压强大于实测的最大相对压强，而在距凹角 0.92b 处，计算的最大相对压强小于实测的最大相对压强，出现这种现象的原因可能是模型布点没有布在最大冲击点位置导致的。另外，在射流冲击区域以外，沿程相对压强急剧下降，在距台阶凹角 0.139b、0.5b 和 0.92b 处，计算的相对压强出现负值，表示在台阶水平面上沿程有负压，负压的范围在距凹角 0.5b 以前，出现在台阶 x/L=0.38～0.5 处。在距凹角 0.92b 时，在 x/L=0.38 以后沿程负压间断性出现，而在水舌冲击点以后台阶凸角处几乎均为负压。

当台阶式溢洪道坡度为 51.3°时，在距凹角 0.188b 和 0.5b 处，计算的相对压强与模型实测的相对压强比较接近，但在距凹角 0.95b 处计算的相对压强小于模型实测的相对压强。从数值计算来看，台阶式溢洪道沿程不同程度的存在负压，但模型试验没有测到负压。

值得注意的是，计算的台阶式溢洪道在水平面上沿程有负压存在，尤其是凸角处负压最大，台阶水平面负压的存在值得引起工程上的重视，这是由于在以往的大多数试验中尚未发现这一现象。

5.6.6　台阶竖直面压强的沿程分布

坡度为 60°和 51.3°的台阶式溢洪道在堰上相对水头 H/H_d 为 1.00 和 1.50 时，台阶竖直面相对压强沿程分布如图 5.29 和图 5.30 所示。在每个台阶竖直面上设置三个测点，当溢洪道坡度为 60°时，各测点距所在台阶凹角处的相对步高分别为 0、0.48a 和 0.94a；当坡度为 51.3°时，各测点的相对步高分别为 0、0.52a 和 0.96a。为了对比，还点绘了 Δ/a=0.20、不同堰上相对水头时竖直面相对压强沿程的模型试验结果，放在图的右边，以方便比较。

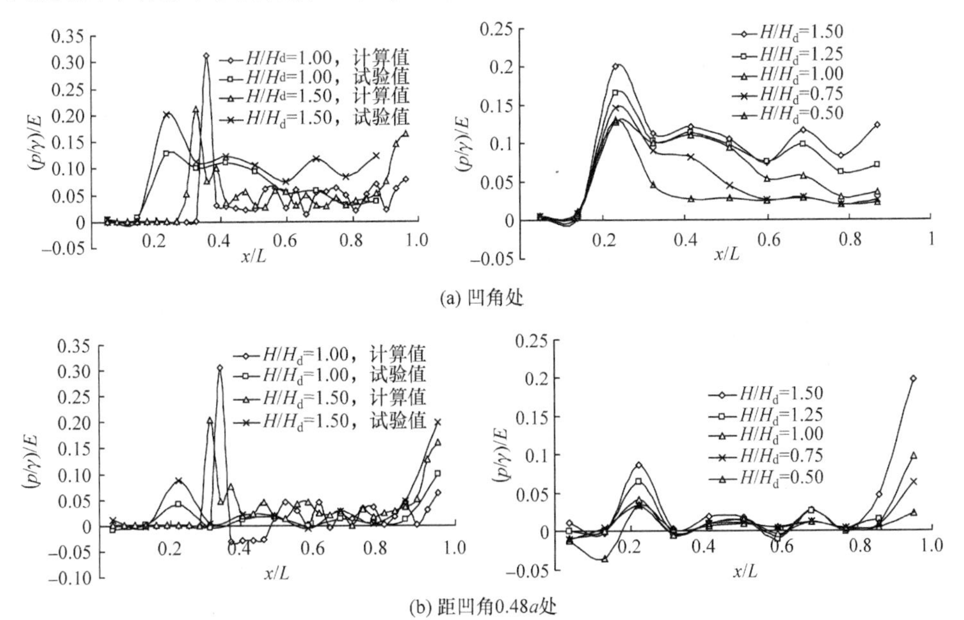

(a) 凹角处

(b) 距凹角0.48a处

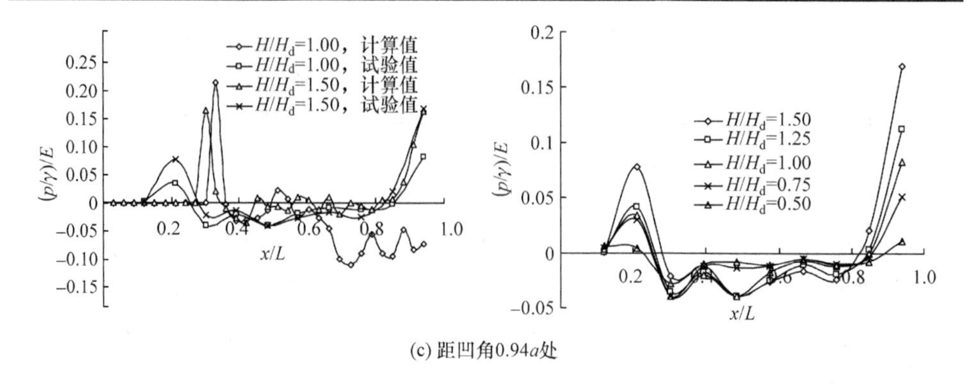

(c) 距凹角0.94a处

图 5.29　台阶式溢洪道竖直面相对压强沿程分布(坡度为 60°)

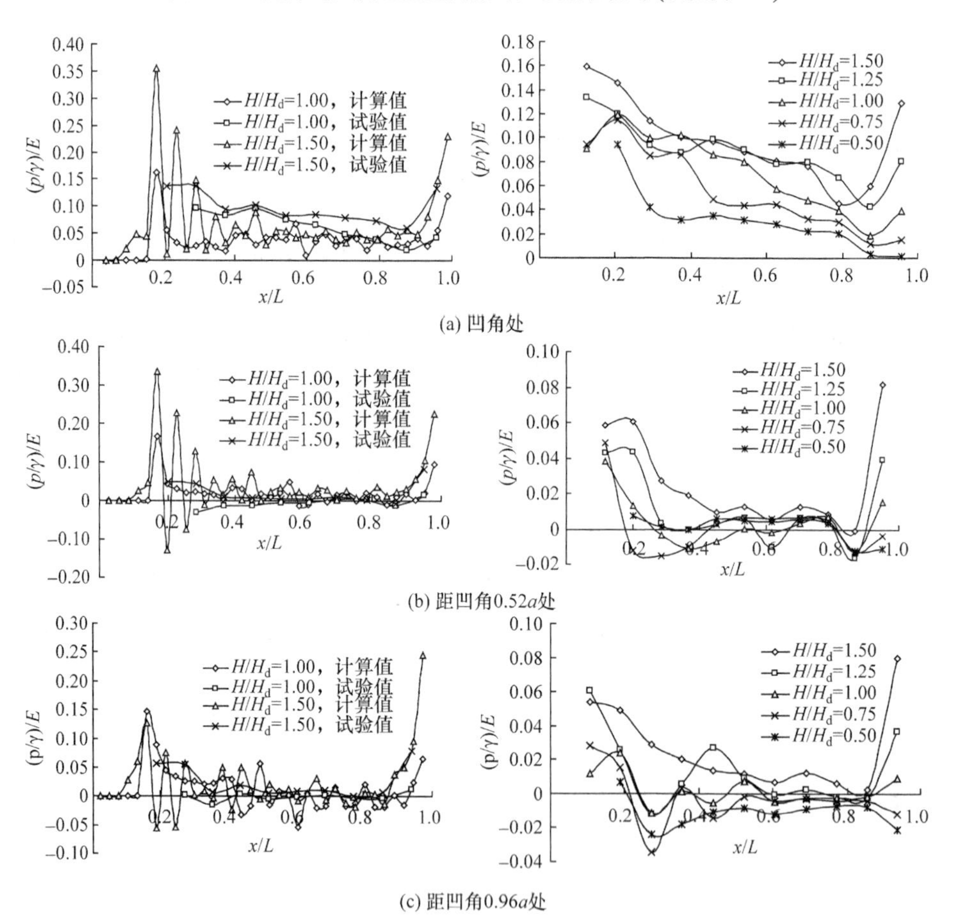

(a) 凹角处

(b) 距凹角0.52a处

(c) 距凹角0.96a处

图 5.30　台阶式溢洪道竖直面相对压强沿程分布(坡度为 51.3°)

由图 5.29 和图 5.30 可以看出，台阶竖直面上的相对压强沿程也呈波浪形分布，同一体型的台阶式溢洪道，竖直面上的相对压强随作用水头的增大而增大。在台阶的凹角处均为正压，在距凹角约 1/2 步高处，已开始出现负压，然后距凹角处越远，负压越大。由此也说明，在台阶竖直面上沿程存在负压，距台阶底部距离越大，负压越大。

由图 5.29 和图 5.30 还可以看出，在台阶的竖直面上也存在相对压强峰值，当溢洪道坡度为 60°时，计算的相对压强峰值在 x/L=0.30～0.35；试验的相对压强峰值约在 x/L=0.20 处。当溢洪道坡度为 51.3°时，计算的相对压强峰值在 x/L=0.15～0.20，而且沿程有多个小峰出现，而试验的相对压强峰值仍在 x/L=0.20 处。从相对压强的数值上看，计算的相对压强与试验的相对压强有一定的差距，计算的相对压强峰值和负压大于试验的相对压强峰值和负压。在相对压强峰值以后，计算和试验均表明，相对压强沿程迅速衰减，至 $x/L > 0.8$ 以后相对压强由于受反弧离心力的影响又有所回升。

5.7　台阶式溢洪道的消能

5.7.1　单个台阶紊动能和紊动耗散率的分布规律

坡度为 60°和 51.3°的台阶式溢洪道在堰上相对水头 H/H_d 为 1.00 和 1.50 时单个台阶紊动能和紊动耗散率的放大图如图 5.31 所示。

紊动能 k 的分布规律是：在台阶所对应的范围内，有一个最大值区域，该区域位于台阶虚拟底板连线的中部，此处是滑移流与旋涡流的交汇面，滑移流和旋涡流在这里发生相互剪切作用使得紊动能 k 最大；然后紊动能 k 向两侧逐渐递减，其中向台阶凹角一侧减小的速度快，梯度大，向自由水面方向一侧减小的速度缓慢，梯度小；正是两股水流的相互剪切才使得台阶内的能量能够转化为紊动能而消散。

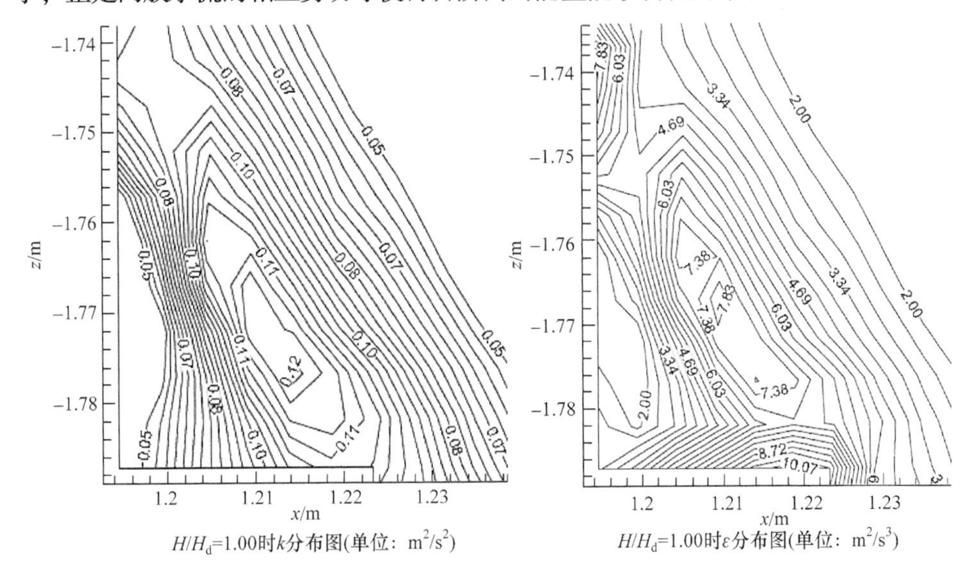

H/H_d=1.00时k分布图(单位：m^2/s^2)　　H/H_d=1.00时ε分布图(单位：m^2/s^3)

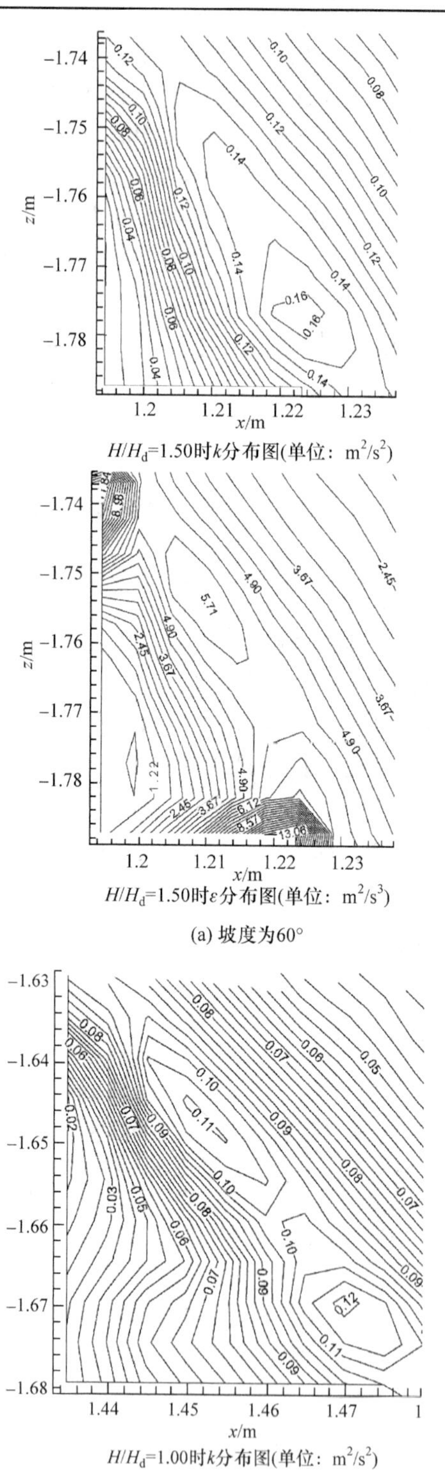

H/H_d=1.50时k分布图(单位：m^2/s^2)

H/H_d=1.50时ε分布图(单位：m^2/s^3)

(a) 坡度为60°

H/H_d=1.00时k分布图(单位：m^2/s^2)

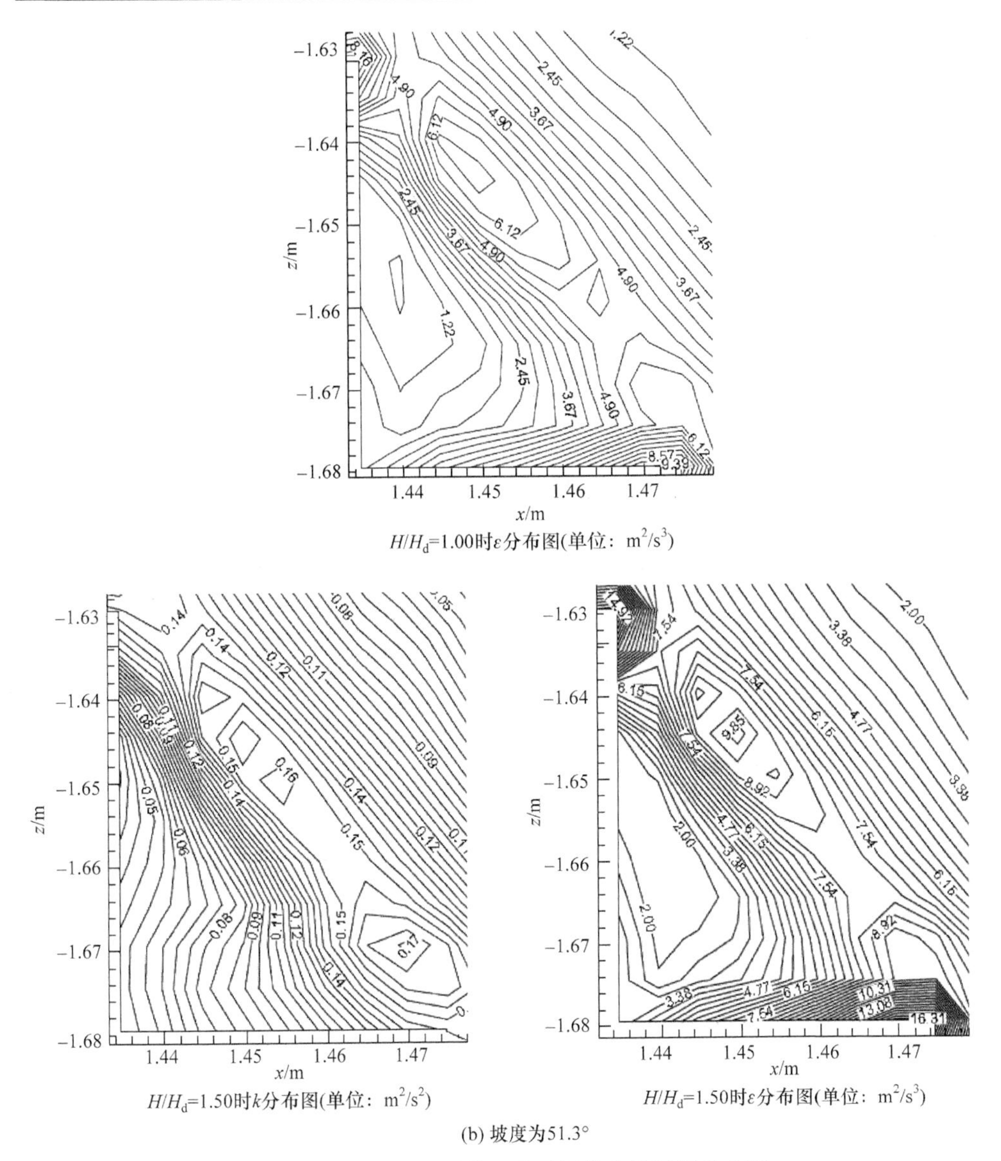

H/H_d=1.00时ε分布图(单位：m^2/s^3)

H/H_d=1.50时k分布图(单位：m^2/s^2)

H/H_d=1.50时ε分布图(单位：m^2/s^3)

(b) 坡度为51.3°

图 5.31　单个台阶紊动能和紊动耗散率的局部放大图

紊动耗散率ε的分布规律是：在台阶所对应的范围内，有三个极大值区，分别位于水平面和竖直面的凸角附近，以及滑移流和旋涡流的交界面处。紊动耗散率ε由这三处极大值区向四周逐渐减小，减小速度越来越缓慢。在这三个极大值区中，台阶水平面的凸角附近是紊动耗散率ε的最大值区，其原因有两个，一是旋涡流在此与主流分离转向台阶内；二是下泄主流直接冲击台阶所致。在台阶竖直面的凸角附近之所以会产生极大值区是因为旋涡流在此背离竖直壁面，转向滑移流。在滑移流和旋涡流的交界面处会产生极大值是由于在此处两者相互剪切，消耗能量所致。

5.7.2　紊动能和紊动耗散率的沿程分布规律

图 5.32 为台阶式溢洪道坡度为 60°，堰上相对水头 H/H_d 为 1.00 和 1.50 时紊动能 k 和紊动耗散率 ε 的沿程分布，由于整个溢洪道过于狭长，这里只绘出局部台阶用以说明规律。由图 5.32 可以看出，当堰上相对水头 H/H_d=1.00 时，紊动能 k 和紊动耗散率 ε 开始时逐渐增大，沿程逐渐趋于稳定，虽有变化但变化不大；当堰上相对水头 H/H_d=1.50 时，紊动能 k 和紊动耗散率 ε 沿程一直增大，变化明显，也就是说，当低水头水流沿程逐渐形成均匀流时，紊动能 k 和紊动耗散率 ε 也逐渐趋于稳定，当高水头水流流速沿程一直增大难以形成均匀流时，紊动能 k 和紊动耗散率 ε 沿程也一直增大，不能稳定。由此说明，紊动能 k 和紊动耗散率 ε 同流速和水深一样可以作为判断水流是否达到均匀流状态的标准。

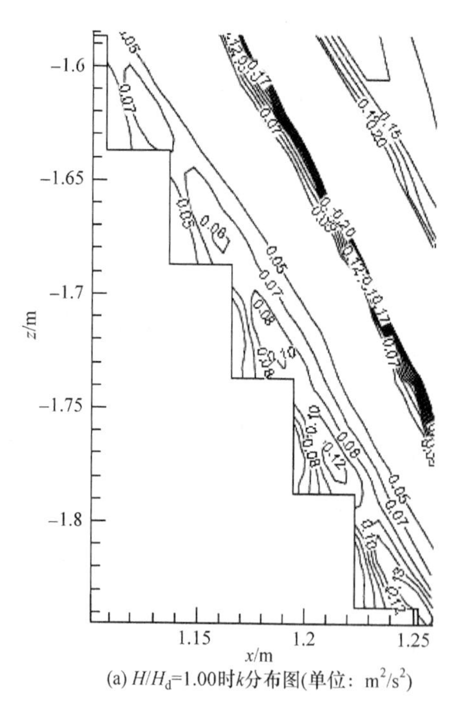

(a) H/H_d=1.00时k分布图(单位：m^2/s^2)

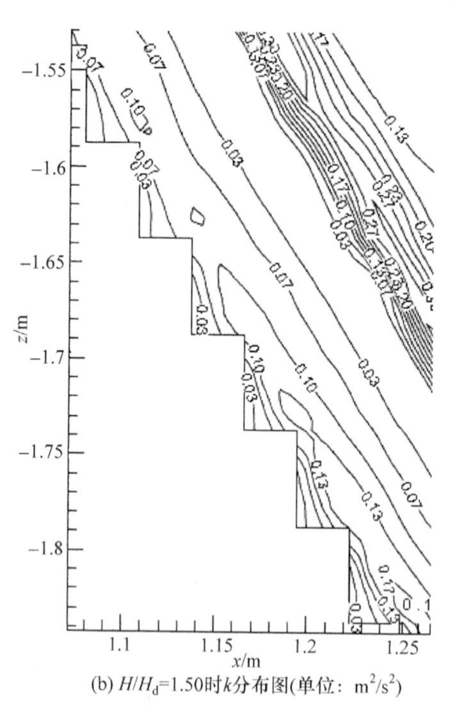

(b) H/H_d=1.50时k分布图(单位：m^2/s^2)

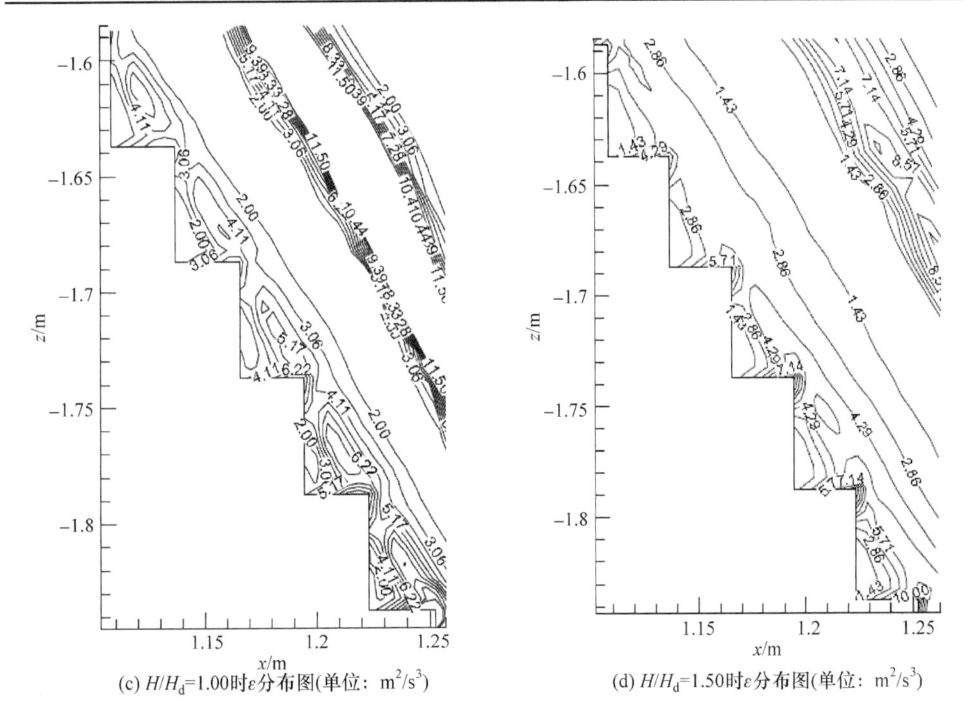

(c) H/H_d=1.00时ε分布图(单位：m^2/s^3)　　(d) H/H_d=1.50时ε分布图(单位：m^2/s^3)

图 5.32　台阶式溢洪道紊动能和紊动耗散率的沿程分布图

由图 5.32 还可以看出，水头增大时，紊动能 k 从 0.1 增大到 0.17，增加率为 70%；紊动耗散率 ε 从 6.22 增大到 10，增加率约为 60.77%。也就是说，水头增大后，虽然紊动能 k 和紊动耗散率 ε 都有所增大，但紊动能 k 增大的幅度要大于紊动耗散率 ε。紊动能 k 越大代表水流紊动的程度越剧烈，脉动流速越大；紊动耗散率越大代表紊动能向热能的转化率越大，能量损失也就越大。由此说明，水头增大时，紊动能 k 增加的比例大于紊动耗散率 ε 增加的比例，直接导致同一体型的台阶式溢洪道随着来流量增大消能率反而降低。

5.7.3　溢洪道的消能率

消能率的计算公式见式(2.57)。

表 5.3 为计算消能率和实测消能率。由表可以看出，同一坡度的台阶式溢洪道，上游水头越大消能率越低；同一来流量，坡度越小，计算消能率越大，这是由于坡度越小台阶长高比越大，台阶凸角附近较大紊动耗散率 ε 所占的空间越大，消耗的能量越多，消能效果就越好。由表中还可以看出，计算消能率小于实测的消能率，在模型试验中，台阶下游矩形水槽的水流实际上为水气二相流，受掺气影响，要准确测量下游水深 h_2 是很困难的，堰上相对水头越小，掺气量越大，h_2

越难测量，这可能是造成消能率差距的主要原因，当然数值计算也有误差。

表 5.3　溢洪道在不同工况下的计算消能率和实测消能率

溢洪道	坡度/(°)	水头/cm	H_1/m	v_1/(m/s)	E_1/m	h_2/m	v_2/(m/s)	E_2/m	计算 η/%	实测 η/%
台阶式溢洪道	60	20	2.317	0.005	2.317	0.041	4.539	1.092	52.87	68.17
		30	2.417	0.009	2.417	0.073	4.699	1.200	50.35	62.33
	51.3	20	2.391	0.005	2.391	0.048	3.929	0.836	65.04	70.13
		30	2.491	0.009	2.491	0.086	3.998	0.902	63.79	60.69
光滑溢洪道	60	20	2.317	0.005	2.317	0.035	5.328	1.483	35.99	—
		30	2.417	0.009	2.417	0.062	5.532	1.623	32.85	—
	51.3	20	2.391	0.005	2.391	0.036	5.223	1.428	40.28	—
		30	2.491	0.009	2.491	0.064	5.359	1.529	38.62	—

表 5.3 还列出了光滑溢洪道坡度为 60°和 51.3°计算的消能率。可以看出，与同坡度的台阶式溢洪道相比较，光滑溢洪道的消能率远小于台阶式溢洪道。当堰上相对水头 H/H_d 为 1.00 和 1.50 时，溢洪道坡度为 60°的台阶式溢洪道的消能率比光滑溢洪道分别提高了 46.90%和 53.27%；溢洪道坡度为 51.3°时分别提高了 61.47%和 65.17%。由此可以看出，台阶式溢洪道的消能效果要远大于光滑溢洪道。

5.7.4　掺气挑坎的空腔长度和通气量

表 5.4 为数值计算空腔长度与模型试验空腔长度的比较。由表 5.4 可以看出，空腔长度的试验值和计算值所体现的规律是一致的。同一坡度的台阶式溢洪道，水头越大，空腔长度越小；同一水头作用下，坡度越大，空腔长度越长。同时还可以看出，计算值相对于试验值的最大误差为 10.03%，说明由数值模拟得到的空腔长度比较接近模型实际观测长度。

表 5.4　数值计算与模型试验空腔长度的比较

坡度/(°)	H/H_d	试验空腔长度/m	计算空腔长度/m	误差/%
60	1.00	0.634	0.635	0.16
	1.50	0.534	0.519	−2.81
51.3	1.00	0.349	0.384	10.03
	1.50	0.238	0.256	7.56

表 5.5 列出了模型试验与数值计算所得到的通气管的通气量。由表中可以看出，在数值上，由两种方法得到的通气量有所差异，产生原因尚需要进一步的研究。

表 5.5　模拟试验与数值计算通气量比较

坡度/(°)	H/H_d	试验通气量/(m^3/s)	计算通气量/(m^3/s)	误差/%
60	1.00	0.00060300	0.00092800	53.90
	1.50	0.00084150	0.00052546	–37.56
51.3	1.00	0.00086175	0.00116280	34.93
	1.50	0.00091125	0.00008200	–91.00

参 考 文 献

[1] 骈迎春. 台阶式溢洪道强迫掺气水流水力特性的试验研究[D]. 西安: 西安理工大学, 2007.
[2] 程香菊, 陈永灿, 罗麟. 阶梯溢流坝水气两相流数值模拟[J]. 中国科学: E 辑, 2006,36(11): 1355-1364.
[3] 郑阿漫. 掺气分流墩台阶式溢洪道水力特性的研究[D]. 西安: 西安理工大学, 2001.

第 6 章　掺气分流墩设施水力特性的试验研究

6.1　掺气分流墩设施的体型和特点

6.1.1　掺气分流墩设施的体型

掺气分流墩设施是闫晋垣为解决江西柘林水电站消力池空蚀问题提出来的[1]。实际上，早在掺气分流墩设施研究以前，国内外已有水利专家提出了分散消能、减小入池单宽流量的思想。20 世纪 70 年代，巴西的伊拉索太腊坝和西班牙的赛迪洛坝均采用了大型分流齿墩消能，如图 6.1 所示。大型分流齿墩设置在坝面上的陡槽中，其设置位置需要根据墩前流速和水流充分掺气而定，齿墩把很厚的水舌完全分割开来。试验表明，在溢流坝面上设置齿墩后，可显著减小消力池的深度，使消力池的水流平静均匀，流态得到很大改善。采用大型分流齿墩能够使水舌分成充分掺气的一些水束并沿抛射全程扩散，消力池内掺气充分，水舌的扩展和变稀薄将显著减小跌入下游水垫中的压力，从而减小所需要的尾水深度[2]。

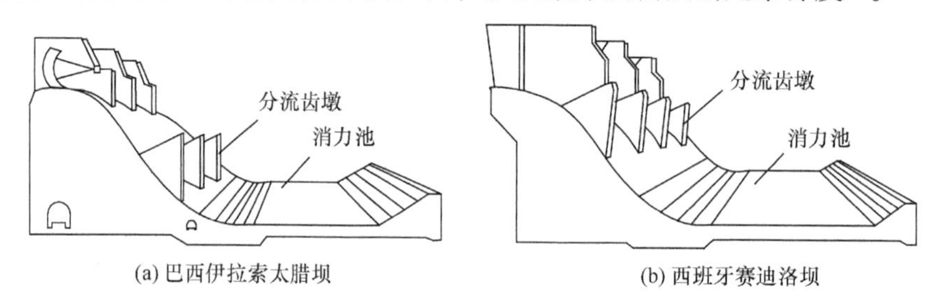

(a) 巴西伊拉索太腊坝　　(b) 西班牙赛迪洛坝

图 6.1　大型分流齿墩

然而工程实际运行证明，在巴西伊拉索太腊坝上应用大型分流齿墩，虽然改善了分流齿墩以下的消力池流态，减小了消力池的体积，但大型分流齿墩周围发生了空蚀破坏。后来在分流齿墩上游设置掺气挑坎才解决了分流齿墩周围的空蚀问题[3]。

巴西伊拉索太腊坝上大型分流齿墩周围的空蚀问题，究其原因主要是水流分离、掺气不足，同时也与墩体的体型有关。闫晋垣在伊拉索太腊坝和赛迪洛坝大型分流齿墩的启示下，依据扩散消能和掺气减蚀原理，通过试验研究于 1977 年提出了掺气分流墩设施[1]。

掺气分流墩设施由掺气分流墩墩体、水平掺气坎和侧墙挑坎三部分组成，江西省柘林水电站掺气分流墩设施如图 6.2 所示。掺气分流墩墩体由墩头、劈流头和支墩组成。掺气分流墩墩体最主要的部分是和高速水流直接接触的墩头，研究采用半圆形短小墩头，以避免出现巴西伊拉索太腊坝大型分流齿墩墩体周围的空蚀破坏问题。墩头与支墩之间形成空腔，大大增加了掺气面积。水平掺气坎除了一般的掺气挑坎作用外，还给墩头背后补气。侧墙挑坎的作用是在侧墙两边形成侧空腔，除具有掺气作用外，还用作水平掺气坎的通气道。劈流头的作用是将墩头顶部的水流劈开，使得空气能够从顶部掺入。支墩的作用是用来支撑墩头和劈流头，以增加墩体的稳定性。

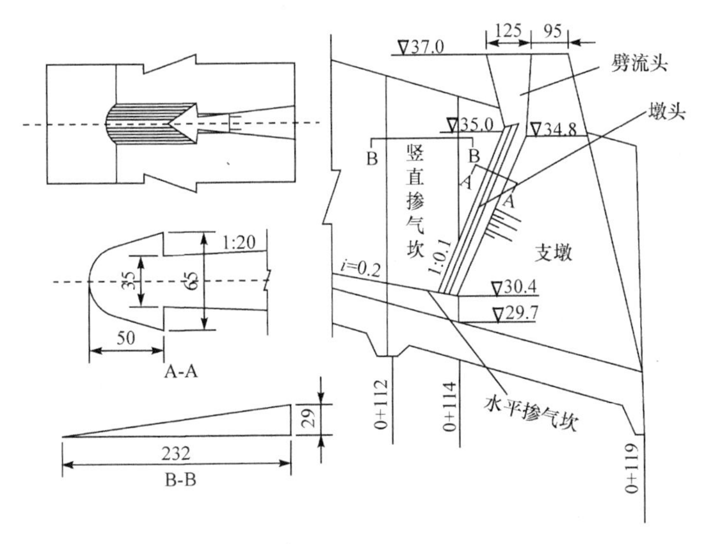

图 6.2　柘林水电站掺气分流墩设施(桩号和高程单位为 m，其余单位为 cm)

6.1.2　掺气分流墩设施的特点

(1) 设施布置在陡坡上，可以设置一个或若干个墩体，墩体和竖直掺气坎高出水面。

(2) 当水流通过掺气分流墩设施时，由于惯性在水平掺气坎下部形成底空腔，此空腔与竖直掺气坎背后的大气相通，除了可以增大底部掺气外，还使大面积陡坡不受高速水流作用，从而带来免除空蚀和简化陡坡体型的效益。

(3) 利用墩、坎把水流分割成数股四面临空的水舌，水流沿程紊动、扩散，增大了气液交界面积和入水后剪切面积。

(4) 用短小的墩头承受高速水流作用，可以采用扰动较大的体型增强水流的紊动和混掺。支撑墩头的支墩，因厚度小于墩头宽度而处于空腔中，从而避免了大面积的墩体因不平整发生空蚀的可能性，同时还减小了高精度施工范围。

(5) 利用竖直掺气坎下游侧空腔和墩顶空隙可靠的充分供气，不仅节省了设置通气管路的费用，而且还可利用侧空腔将高大的扩散水舌与侧墙隔离，从而也省掉了加高侧墙的费用。

(6) 当水流落入下游消力池时，已成为充分紊动、掺气和扩散的水舌，增大了水舌的入水面积，减小了入池单宽流量，避免了消力池空蚀破坏，加强了消力池的消能效果。

闫晋垣比较了掺气分流墩设施与其他纵向扩散消能设施——宽尾墩、窄缝挑坎的差异，认为掺气分流墩设施有以下优点[4]。

(1) 宽尾墩、窄缝挑坎都是一股出流，而掺气分流墩是多股射流，纵向扩散、横向分散，减小了水股的尺度，增大了水舌自由表面积，加剧了水舌掺气、碎裂和水滴化的进程，增进了消能效果，分散水舌壅高较低，收缩区的边墙和墩体承受的压力较小。

(2) 在设施设置高度上，宽尾墩必须和闸墩联合使用，位置一般较高，出流流速较小，纵向扩散相对较小，一般需要与消力池联合应用。窄缝挑坎的设置位置必须具有高流速才能充分扩散，因此设置高程较低。掺气分流墩的设置位置比较灵活，墩前只要满足一定的出流流速(约 20m/s)和挑射扩散距离(大于 30～40m)的要求即可，下游可视地质条件设置消力池或冲刷坑。

6.2 掺气分流墩设施的原型观测和应用

掺气分流墩设施于 1979 年在江西省柘林水电站首次建成。为了检验设施的掺气减蚀和消能效果，1984 年 7 月 19 日至 8 月 3 日进行了原型观测[5]。原型观测的库水位为 60.25m，墩前断面平均流速为 20.3m/s，弗劳德数为 3.55，泄流量为 812m^3/s。观测的项目为陡坡流态、掺气分流墩后扩散水流流态、消力池流态、沿水深的流速分布和动水压强分布、掺气分流墩的脉动壁压、掺气分流墩的结构振动、通气槽的空腔负压和风速及一级消力池的掺气浓度、雨雾观测和掺气分流墩设施的消能减蚀效果[5]。

原型观测的掺气分流墩设施见图 6.3，掺气分流墩的水流流态见图 6.4 和图 6.5，消力池流态见图 6.6。

图 6.3　掺气分流墩设施

图 6.4　掺气分流墩水流流态(侧面)

图 6.5　掺气分流墩水流流态(上游)

图 6.6　消力池流态

闫晋垣等[5]通过原型观测，得到了以下主要结论。

(1) 设置在陡坡上的掺气分流墩，体型设计和布局合理，效果显著，表现为以下几方面：①在泄流陡坡上设置的墩坎、给水流施加扰动，促进水流在空中充分掺气和扩散消能，避免高速水流对建筑物的有害作用；②结构上能满足安全运用的要求；③采用墩头和侧墙后的突扩结构，既经济又可靠地实现通气目的，不必再设专门的通气管道；④掺气分流墩设施的下游侧墙和底板都有较大面积的无水区，在该区可以降低侧墙高度，放宽对施工不平整度的限制，以节省工程造价。

(2) 在原型急流中测出流速沿水深的分布和墩体的壁压脉动及结构振动特性，分析结果认为：①急流中原型和模型的流速分布基本一致，唯原型表面水流受空气摩阻和掺气影响较大，流速减小较多，流速沿水深分布不符合对数分布规律；②掺气分流墩墩头的水流壁压脉动，按其特性可分为水流壁压脉动和空腔壁压脉动，前者的强度系数 β 为 1.10%～1.83%，后者的 β 值较前者小一个数量级；③掺气分流墩的第一阶固有频率 f_1=8.88Hz，实测最大位移为 63.09μm，最大加速度为 0.022g，A/H=0.8/10^5<1/10^5，这种轻度振动不会影响墩体的安全运行。

(3) 根据原型观测和模型试验资料，在模型试验中可以重演高速水流的扰动、冲击波、三元水舌、水面衔接、流态、时均流速以及压强分布等，模型中对掺气和雨雾现象因比尺效应不能重现，原型观察到，水雾是由水体相互碰撞和水体与边壁碰撞以及水冠、水翅裂化而产生的，以前者为主，实测雨雾降落强度很小，不会影响水电厂的正常运行。

(4) 1983 年一、二级消力池超高水位运用后的排水检查结果表明，掺气分流墩设施的掺气消能减蚀效果显著。

(5) 柘林水电站掺气分流墩的结构体型简单合理、安全可靠、效益显著、造价低廉，值得进一步研究和在指标相近的其他工程中推广应用。

此后，我国东北沙河子水电站[6]和青海省仙米水电站[7]均采用掺气分流墩与消力池联合应用，取得了很好的消能效果；陕西省安康市桂花水电站[8]和白土岭水电站均采用掺气分流墩消能，取消了消力池，尤其是桂花水电站已通过了校核水位，证明掺气分流墩具有显著的消能效果。

6.3　掺气分流墩设施收缩比的研究

6.3.1　试验模型

试验模型由压力水箱、有机玻璃泄水道及宽水槽组成，如图 6.7 所示。

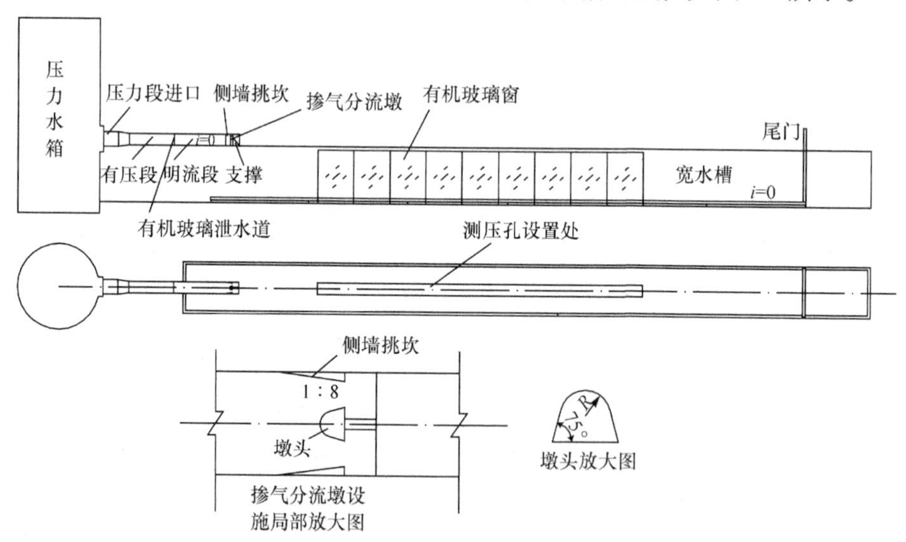

图 6.7　试验模型布置图

泄水道安装在一个半径为 1.5m、高 3.4m 的圆形压力水箱的侧壁上。泄水道由压力段和明流段组成，压力段进口尺寸为宽 0.34m、高 0.25m，顶部和侧部分别为 1/4 椭圆曲线，下接横断面为宽 0.2m、高 0.09m、长 0.8m 的压力段，压力段末端接长 1.2m、宽为 0.2m 的明流段，掺气分流墩安装在明流段的末端，下游为长 10m、宽 0.8m、高 1.0m 的矩形水槽，在水槽底部沿中心线设置了长 5.0m、宽 0.2m 的有机玻璃长条，以安装测量时均压强的测压管和脉动压强的压力传感器，水槽末端设置尾门以调节下游水位。试验的墩前弗劳德数 Fr_0=2.6～7.0，断面收缩比采用墩宽 b(包括侧墙挑坎宽度)与上游水槽宽度 B 的比值，即$\lambda=b/B$。文献[9]对掺气分流墩的收缩比进行了研究，现介绍如下。

6.3.2　收缩比对水舌挑距的影响

对于纵向扩散消能设施来说，水舌在空中扩散所需要的射程是影响消能效果的主要因素之一。设计中需要求出扩散水舌的特征尺寸有水舌的最大射距、最小射距和最大压强冲击点的位置和水舌纵向扩散度。

1. 水舌的最大射距

在泄水道上增设掺气分流墩以后，水流受到墩体的扰动，促使水流沿程竖向、纵向扩散，水舌最大抛射距离增大，但水舌运动仍遵守自由抛射运动理论。假设水舌运动中无水头损失和扩散掺气的影响，并假设在分散抛射的水流中，有一股水舌按 45°角抛射，则可由抛射体公式求得沿 45°角抛射的水流轨迹方程为

$$L_{\max}=\frac{v_0^2}{2g}\left(1+\sqrt{1+\frac{4gy_1}{v_0^2}}\right) \tag{6.1}$$

式中，v_0 为水流的初始速度；g 为重力加速度；y_1 为水舌上表面位置高程与下游落点高程之差。

实际中存在墩子阻力，水舌空中混掺、碎裂，特别是空气阻力的影响，造成了水舌动能损失、流速降低，致使实际射距小于理论计算的射距。这些影响在掺气分流墩的体型决定以后，主要由来流弗劳德数、墩子的收缩比而定，如果将这些影响统统计入最大射距综合影响系数 $K_{L_{\max}}$ 中，则实际射距可由式(6.2)计算，即

$$L'_{\max}=K_{L_{\max}}L_{\max} \tag{6.2}$$

式中，$L'_{\max}$ 为实际最大射距；$K_{L_{\max}}$ 为最大射距综合影响系数，$L_{\max}$ 为理论最大射距，可由式(6.1)计算。

试验得出的最大射距综合影响系数 $K_{L_{\max}}$ 同来流弗劳德数 Fr_0 和收缩比λ 的关系分别如图 6.8 和图 6.9 所示。由图中可以看出，$K_{L_{\max}}$ 随 Fr_0 的增大而减小，随收缩比的增大而增大，说明收缩比的增大加剧了水流的纵向扩散程度。

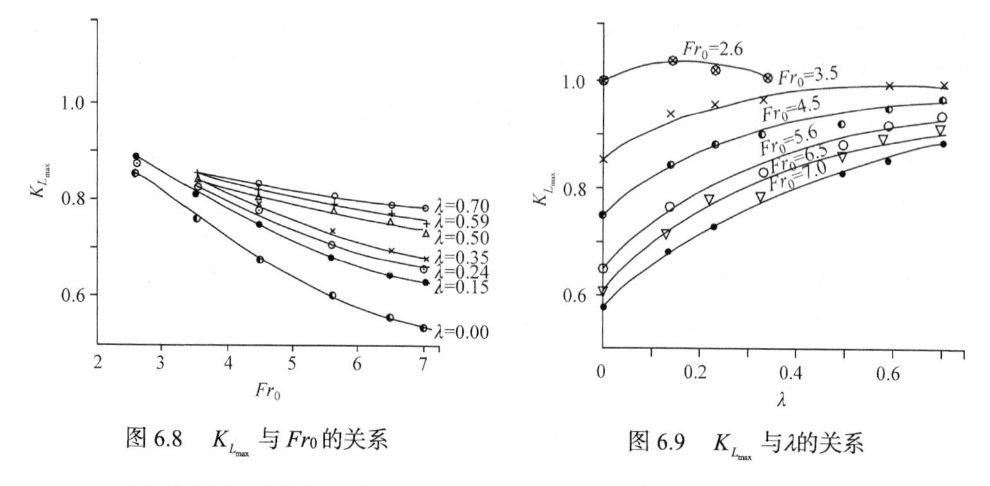

图 6.8　$K_{L_{max}}$ 与 Fr_0 的关系　　图 6.9　$K_{L_{max}}$ 与 λ 的关系

如果将抛射角用挑坎和水平面的夹角代替，则由自由抛射理论可得

$$L_j = \frac{v_0^2 \cos\alpha_1}{2g}\left(\sin\alpha_1 + \sqrt{\sin^2\alpha_1 + \frac{4gy_1}{v_0^2}}\right) \tag{6.3}$$

式中，α_1 为水平掺气坎与水平面的夹角(α_1 仰角为正，俯角为负)；L_j 为计算射距。

实际射距同由式(6.3)计算的射距之比与相对水头和收缩比的关系见图 6.10，由图可见，试验点相对比较集中，经分析得

$$L'_{max} / L_j = 1.035 + 1.01521 \frac{H_0}{B(1-\lambda)} \tag{6.4}$$

式中，H_0 为掺气分流墩底部的水平掺气坎顶部以上总水头；B 为泄槽宽度；λ 为收缩比。

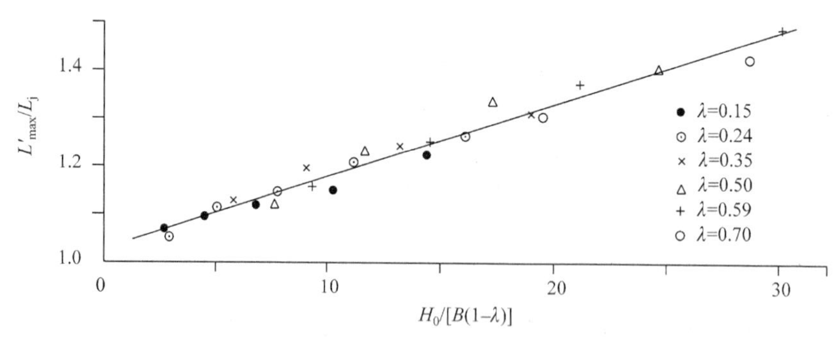

图 6.10　最大相对射距与相对水头和收缩比关系

应该指出，对于掺气分流墩这种充分紊动扩散、碎裂、掺气的水舌，最大射距受空气阻力的影响很大，且随着掺气分流墩前冲击波交汇点的下移，沿壁喷射

水流水翅长度增大影响更大，据柘林泄洪洞原型观测，在 v_0=20.3m/s，λ=0.1，Fr_0=3.55 时，$K_{L_{max}}$=0.64[5]，因此 $K_{L_{max}}$ 的计算还需要通过原型观测的积累。

2. 水舌的最小射距

水舌最小射距可由式(6.3)计算，计算时只需要将式(6.3)中的 y_1 用出射水舌下表面位置高程与下游落点高程之差代替。实际出射水流底部的流速比计算采用的平均流速小得多，以及墩体造成的水流向下扩散的影响，致使实际最小射距小于计算值，需加以修正。

试验得出的最小射距综合影响系数 $K_{L_{min}}$ 与来流弗劳德数 Fr_0 和收缩比λ的关系分别如图 6.11 和图 6.12 所示。由图中可以看出，$K_{L_{min}}$ 随着来流弗劳德数 Fr_0 和收缩比λ的增大而减小，由图可得

$$K_{L_{min}} = a_1 Fr_0 + b_1 Fr_0^{1/2} + c_1 \tag{6.5}$$

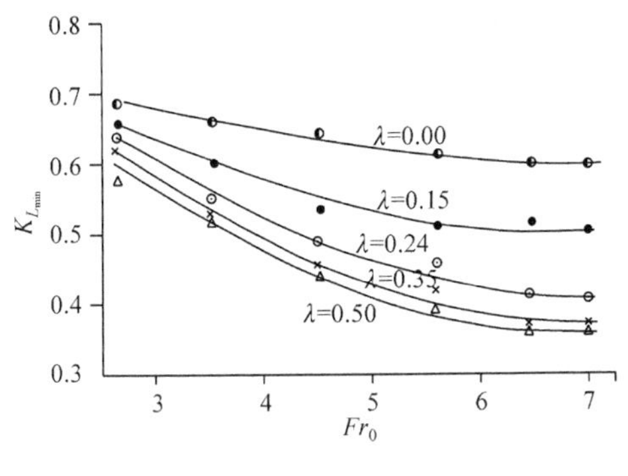

图 6.11　$K_{L_{min}}$ 与 Fr_0 的关系

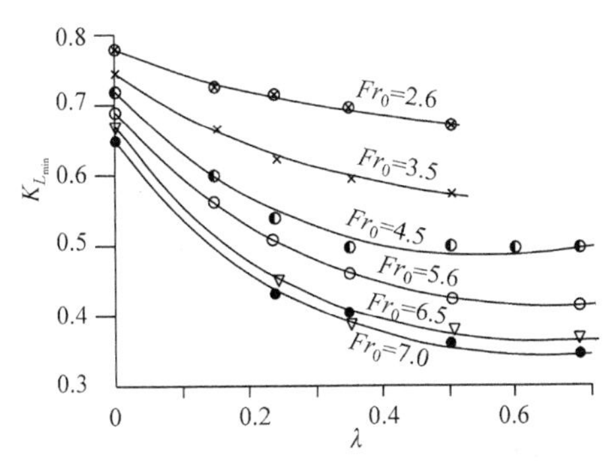

图 6.12　$K_{L_{min}}$ 与λ的关系

式中，系数 a_1、b_1、c_1 可由表 6.1 查算。

表 6.1　系数 a_1、b_1、c_1 查算表

系数	λ						
	0	0.15	0.24	0.35	0.50	0.59	0.70
a_1	−0.0422	0.1500	0.0827	0.1016	0.0699	0.0699	0.0699
b_1	0.0613	−0.8006	−0.6093	−0.7253	−0.5975	−0.5975	−0.5975
c_1	0.7871	1.6290	1.4743	1.5946	1.4495	1.4495	1.4495
a_2	0.0382	6.2314	—	−0.1779	−0.1260	−0.2459	0.1986
b_2	−0.5454	−0.4246	—	0.4025	0.3068	0.9254	−1.1148
c_2	1.7033	1.6387	—	0.7999	0.7958	0.0527	2.3978

3. 水舌最大压强冲击点位置

掺气分流墩水舌横断面重心位置随着收缩比的增大而提高，重心水股的挑角又随着墩前断面冲击波交汇点位置而变，因此用自由抛射体理论计算最大压强冲击点位置尚有困难。经过分析，在挑坎和下游底板的高差一定时，最大压强冲击点位置仍是来流弗劳德数Fr_0和收缩比λ的函数，试验得出的相对冲击点位置L_c/L_j与弗劳德数Fr_0和收缩比λ的关系分别见图6.13和图6.14。拟合方程为

$$L_c / L_j = a_2 Fr_0 + b_2 Fr_0^{1/2} + c_2 \tag{6.6}$$

式中，系数a_2、b_2、c_2仍由表6.1查算。

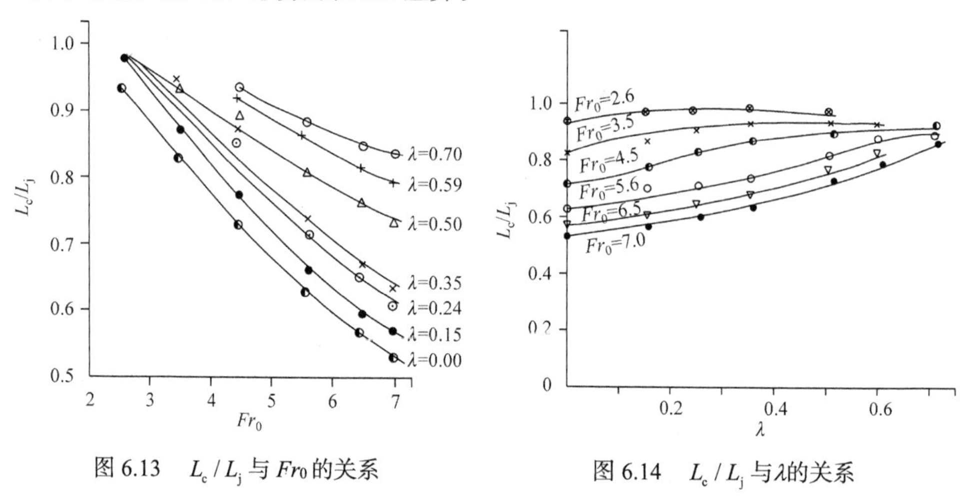

图 6.13　L_c / L_j与Fr_0的关系　　图 6.14　L_c / L_j与λ的关系

在用式(6.6)计算最大压强冲击点位置时，式中的L_j用式(6.3)计算，其y_1取水舌上表面位置高程与下游落点高程之差。

4. 水舌纵向扩散度

水舌的纵向扩散程度可用扩散度来表示，定义扩散度为

$$\sigma_L = \frac{L'_{max} - L_{min}}{H_0 + z_0} \tag{6.7}$$

式中，z_0为掺气分流墩底部水平掺气坎顶部高程与下游消力池底部高程之差；σ_L为扩散度。L_{min}为最小射距，可由式(6.5)和式(6.3)计算。

试验得出的水舌纵向扩散度σ_L与来流弗劳德数Fr_0和收缩比λ的关系分别如图6.15和图6.16所示。由图可以看出，扩散度随着弗劳德数Fr_0和收缩比λ的增大而急剧增大，说明掺气分流墩设施具有充分的扩散效果，这也正是掺气分流墩水舌区别于普通二元水舌具有充分扩散消能的重要标志。

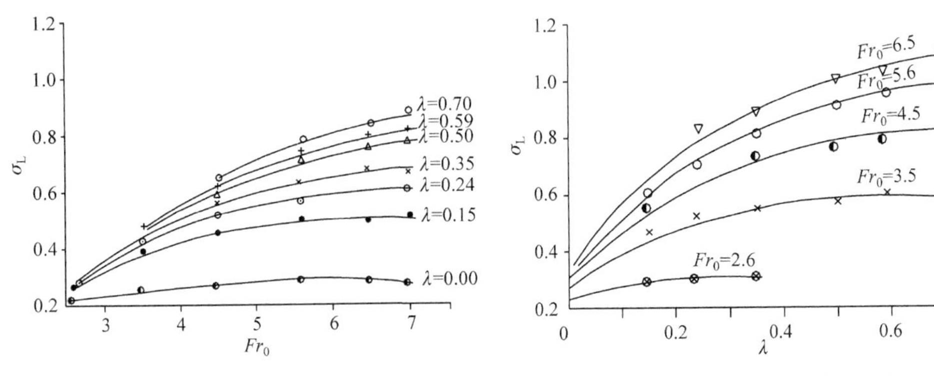

图 6.15　水舌纵向扩散度 σ_L 与 Fr_0 的关系　　图 6.16　水舌纵向扩散度 σ_L 与 λ 的关系

6.3.3　收缩比对消力池压强特性的影响

定义水舌冲击点的最大时均压强系数为

$$C_{p_{\max}} = \frac{p_{\max}}{0.5\rho v_t^2} \tag{6.8}$$

式中，$p_{\max}$ 为水舌冲击点的最大压强；ρ 为水流的密度；v_t 为水流落入消力池的流速；$C_{p_{\max}}$ 为最大压强系数。

水流落入消力池的流速 v_t 为

$$v_t = \sqrt{v_0^2 + 2g(z_0 - h_t)} \tag{6.9}$$

式中，h_t 为下游水深。

试验得到的最大时均压强系数与弗劳德数 Fr_0 和收缩比 λ 的关系见图 6.17，图中的理论曲线是假定在无阻力情况下二元水舌落入消力池底板的竖向分速完全转变为势能时的冲击点最大压强系数，文献[10]给出了计算公式为

$$C_{p_{\max}} = \frac{2g(z_0 - h_t) + v_0^2 \sin^2 \alpha_1}{2g(z_0 - h_t) + v_0^2} \tag{6.10}$$

由图 6.17 可以看出，最大时均压强系数随着弗劳德数 Fr_0 和收缩比 λ 的增大而减小，与普通二元水舌理论曲线比较，冲击点压强减小较多。例如，当 λ=0.5 时，压强系数减小了 30%，说明掺气分流墩设施可以大大减轻冲击点的压强。

但也必须指出，在较小的弗劳德数 Fr_0 和收缩比 λ 的条件下，由于水舌扩散、碎裂不充分，掺气分流墩水舌出现局部水流集中、单宽流量增大现象，致使冲击点压强超过理论极限值。试验得出冲击点压强超过普通二元挑坎的临界收缩比为

$$\lambda = 0.842 - 0.154 Fr_0 \tag{6.11}$$

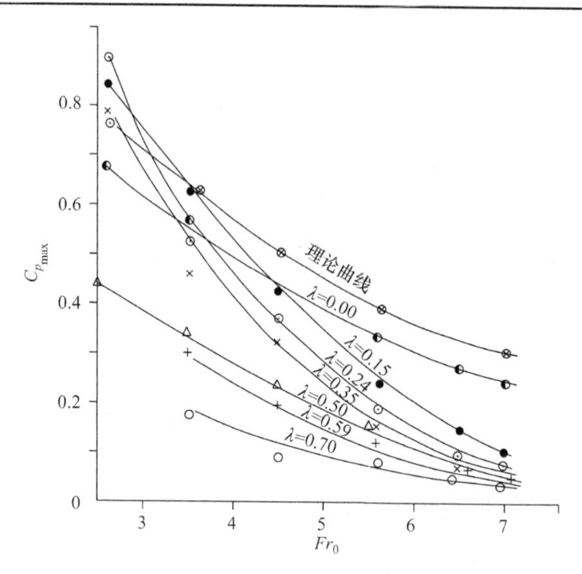

图 6.17　最大时均压强系数 $C_{p_{max}}$ 与 Fr_0 和λ的关系

6.3.4　收缩比对消能效果的影响

收缩比是影响消能效果最重要的参数之一。掺气分流墩是由不同的墩数组成的，这些墩子将水舌分割成四面临空的若干股水流，两墩之间的每一股水流的运动方向和速度发生变化，造成了墩前水面的壅高和墩子两侧的水翅，并在惯性力作用下与墩坎分离，形成了 U 形断面的射流。剧烈紊动的 U 形水舌在空中扩散、变形、碰撞、混掺、碎裂、掺气，增大了水气交界面积，并受到较大的空气阻力，加强了空中的消能效果。水流进入消力池时减小了入池单宽流量，增进了消力池中的消能效率。

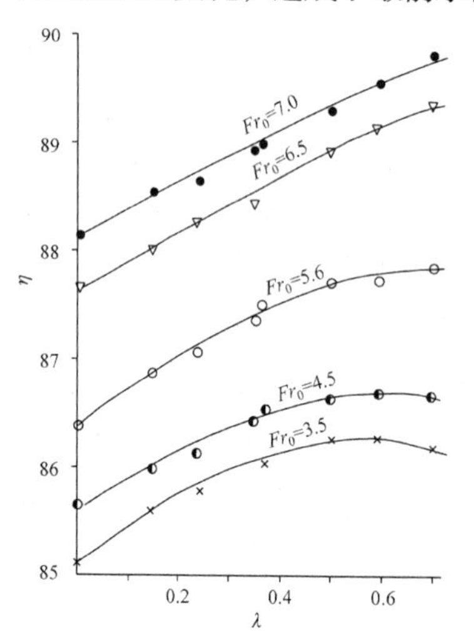

图 6.18　消能率η与λ和 Fr_0 关系

假设水流的能量全部在墩前断面到下游消力池中水跃的跃后断面消杀，取墩前断面和跃后断面列能量方程可得总消能率的公式为

$$\eta = \frac{E_1 - E_2}{E_1} \times 100\% \tag{6.12}$$

式中，E_1 为墩前断面的总能量；E_2 为跃后断面自由水跃的能量。

由式(6.12)计算的消能率η与收缩比λ和弗劳德数 Fr_0 的关系见图 6.18 和图 6.19，其中图 6.19 是柘林水电站第一溢洪道设置掺气分流墩的模型试验结果。

由图中可以看出，当λ<0.5 时，消能率增加较快，当λ>0.5 时，在低弗劳德数 Fr_0 情况下，消能率增加到某一值后开始下降，在弗劳德数 Fr_0 较大时，消能率虽然随着收缩比的增大而增大，但增长速率减慢。如果取消能率最大的收缩比为最优收缩比，则最优收缩比的范围为

当 Fr_0=3.44～4.5 时，

$$\lambda = 0.5 \sim 0.6 \tag{6.13}$$

当 4.5<Fr_0<7.0 时，

$$\lambda = 0.6 \sim 0.7 \tag{6.14}$$

和其他消能工一样，掺气分流墩设施的收缩比也受到来流 Fr_0 的限制。试验中发现，在 Fr_0 一定的情况下，收缩比增大到一定的程度，墩前会出现壅水现象，这时不但不能发挥掺气分流墩充分掺气、扩散的作用，反而阻碍了过水能力。如果把墩前壅水刚刚消失的墩前 Fr_t 定义为临界起挑弗劳德数，则 Fr_t 与λ的关系见图 6.20。由图可以看出，收缩比λ越大，所需要的临界起挑弗劳德数 Fr_t 也越大，由图可得

$$Fr_t = 5.0\lambda^{0.9337} \tag{6.15}$$

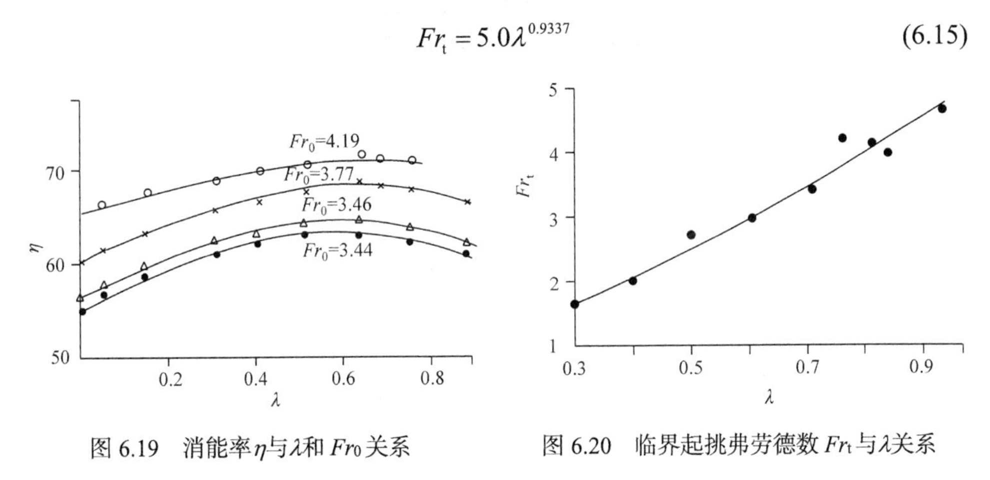

图 6.19　消能率η与λ和 Fr_0 关系　　图 6.20　临界起挑弗劳德数 Fr_t 与λ关系

6.4　掺气分流墩墩头壁压特性的研究

6.4.1　墩头时均压强特性

关于掺气分流墩墩头的时均壁压特性，文献[11]和文献[12]都做过研究，下面介绍这两篇文献的研究成果。

文献[11]的试验是在柘林水电站泄洪洞掺气分流墩 1∶50 的模型上进行的，墩子垂直于底板，墩头为半圆形，试验工况为：当墩头半径与切线的夹角为 θ=75°时，取半径分别为 R=2.8cm、1.93cm、1.15cm 和 0.77cm 进行试验，对半径 R=2.8cm 的墩头进行了墩头轴线与来流夹角 β 为 0°、10°、20°和 30°的比较试验；还对半径 R=2.8cm 的情况进行了 θ 为 60°、70°、75°和 80°的试验。

脉动压强观测沿墩高在正前方和侧面(切点处)各布置四个测点，脉动压强采用 CYG-01 型压阻传感器测量，数据采集采用中国水利水电科学研究院研制的 MD-16 系统，数据采样频率为 100Hz，记录时间为 102.4s。

水流来流条件按墩前断面未设墩子时的弗劳德数 Fr_0 控制，试验的弗劳德数分别为 3.55、3.75、4.07、4.39、4.75 和 5.11。

文献[12]的试验是在漫湾水电站 3 个系列模型上进行的，模型布置见图 6.21。墩头采用柘林水电站掺气分流墩的墩头形式，墩头倾角 θ=75°，掺气分流墩的收缩比 λ=0.3985。模型比尺分别为 25、50 和 100。在墩头右侧沿垂直溢流坝底板的 8 个高度布置了 5 排测压孔，测压孔距墩底的距离 h_i 原型值分别为 0.4m、1.3m、2.1m、3.0m、4.5m、6.0m 和 9.0m，5 排测压孔与墩头轴线的夹角分别为 0°、37.5°、64.91°、84.98°和 113.66°，试验的墩前断面弗劳德数 Fr_0 分别为 2.80、3.22、3.77 和 4.87。脉动压强采用 CYG-01 型和 CYG-13 压阻传感器。数据处理系统、数据采样频率和采样时间与文献[11]相同。

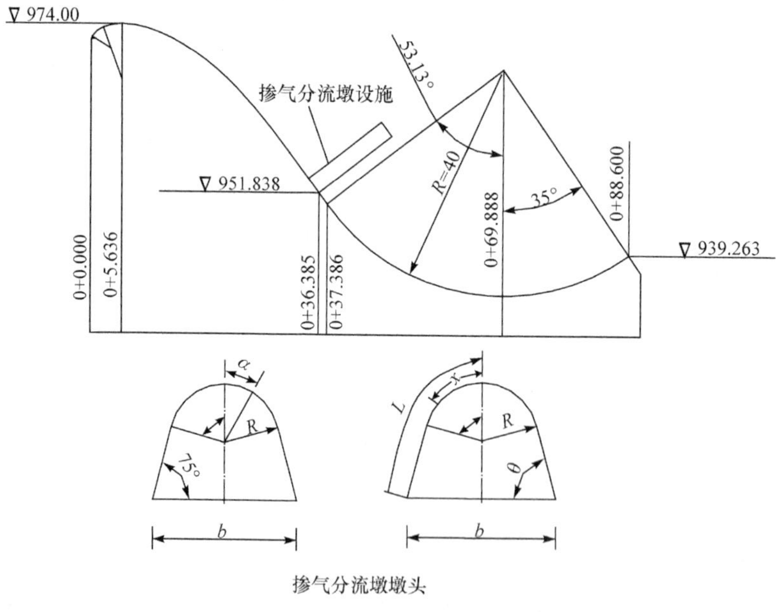

图 6.21　文献[12]模型布置图(单位：m)

1. 墩前断面的流速分布

文献[11]实测墩前控制断面的流速分布如图 6.22 所示。图中 h_0 为墩前控制断面的平均水深，h_i 为从墩底算起的测点高度，v 为 h_i 处的测点流速，v_{max} 为实测的墩前最大流速。由图 6.22 可以看出，墩前控制断面的流速从墩底向上流速逐渐增大，在 h_i/h_0=0.35～0.4 处流速最大，然后流速沿墩高方向又有所减小。

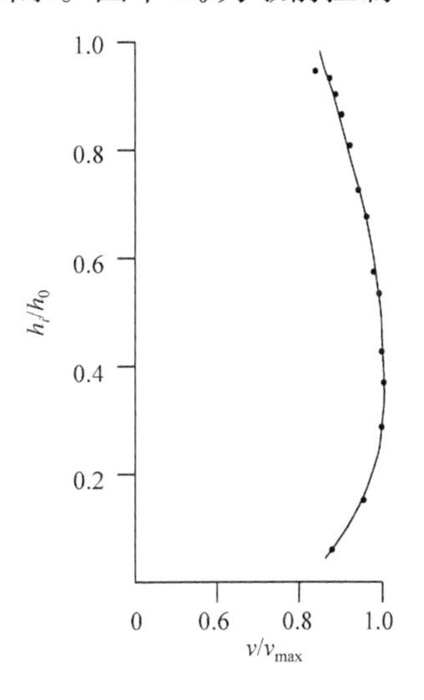

图 6.22　墩前断面流速分布

2. 掺气分流墩沿墩高的时均相对压强分布

文献[11]实测 θ=75°，R=2.8cm 时不同 α 角的墩头沿相对墩高 h_i/h_0 的相对时均压强 p/p_{max} 分布如图 6.23 所示，图中 p 为测点的时均压强，p_{max} 为墩头最大时均压强。由图中可以得出以下结论。

(1) 最大相对时均压强发生在墩头正对水流方向，即 α=0°处，此处 p/p_{max} 有最大值，当 p/p_{max}=1.0 时，其位置与最大流速位置一致。

(2) 不同 α 角时的相对时均压强 p/p_{max} 随着墩子的相对高度 h_i/h_0 的分布规律相似。相对时均压强随着 α 的增大而减小，在 α<30°时，相对时均压强均为正值，当 α=78°时，相对时均压强均为负值。说明相对时均压强从 α=0°开始沿墩头横断面逐渐减小，在切点附近出现负压。

(3) 沿墩高方向，各 α 的最大相对时均压强 p/p_{max} 的位置均在 h_i/h_0=0.35～0.45。在最大相对时均压强以上，相对时均压强随着 h_i/h_0 的增大而减小，当 h_i/h_0>1.0 时，衰减速率加快，当 h_i/h_0=1.5 以后，p/p_{max} 仅剩 15%，至 h_i/h_0=1.7～1.8 以后，相对时均压强趋近于零。

文献[12]实测的相对时均压强沿相对墩高的分布如图 6.24 所示。由图可以看出，相对时均压强沿相对墩高的分布规律与文献[11]的相同。当 α=64.91°时，墩头相对时均压强已基本为负值，说明在墩头切线前已出现水流分离现象；当 α>75°时，墩头相对时均压强没有减小，反而有所增大，且随着 α 的增大而增大，说明在墩头切线以后，水流又附壁到墩头上。墩头压强最大值的范围较文献[11]有所增大，为 h_i/h_0=0.4～0.6。

文献[11]研究了 θ=75°，α=0°时不同墩头半径的相对时均压强 p/p_{max} 与相对墩高 h_i/h_0 的关系，如图 6.25 所示。由图中可以看出，虽然墩头半径不同，但相对时均压强沿相对墩高的分布规律一致，相对时均压强随着相对墩高的增大而减小，在水面以上(h_i/h_0=1.0)其减小的速率加快。在 h_i/h_0<0.6 时，各墩头半径的相对时均

压强基本一致；当 $h_i/h_0>0.6$ 时，相对时均压强随着墩头半径的增大而增大。例如，在 $h_i/h_0=1.2$ 时，半径为 2.8cm、1.93cm、1.15cm 和 0.77cm 的相对时均压强分别为 0.647、0.551、0.444 和 0.134。

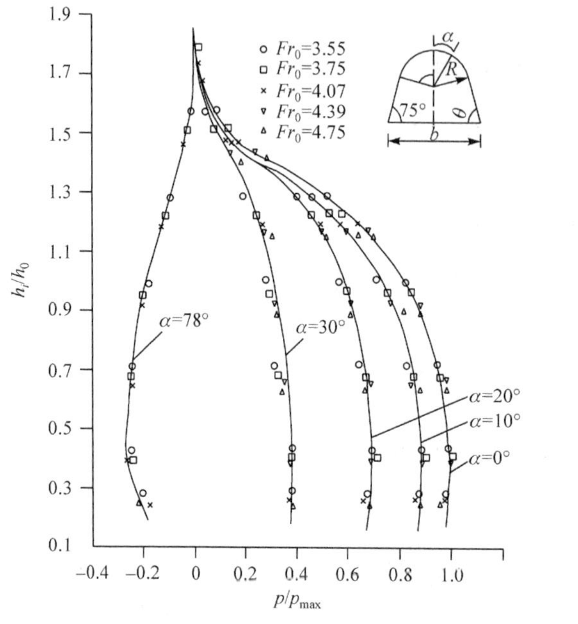

图 6.23　不同α时 p/p_{max} 与 h_i/h_0 分布(θ=75°，R=2.8cm)

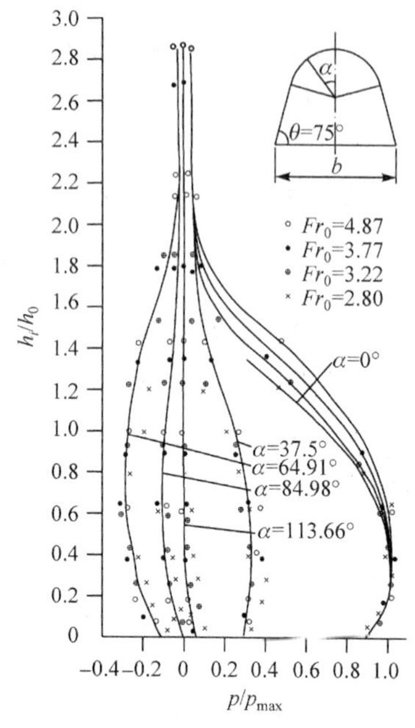

图 6.24　不同α时时 p/p_{max} 与 h_i/h_0 关系(θ=75°)

文献[12]研究了 θ=75°，α=37.5°～113.6°时墩头时均压强系数随相对墩高的变化规律，如图 6.26 所示。可以看出，在墩头切点以前，时均压强系数随着α的增大而减小，在墩头切点以后，时均压强系数随着α的增大而增大；沿相对墩高方向时均压强系数变化较小，最大时均压强系数仍发生在 $h_i/h_0=0.4$～0.6 处；时均压强系数出现负值的位置约在α=43.19°。

对比图 6.23、图 6.24 中α=0°的线和图 6.25 中不同墩头半径的相对压强分布可以看出，在水面以上，墩头上的相对时均压强并不为零，而是要沿高到一定的高度相对时均压强才趋近于零。这是由于在惯性作用下，水流沿墩头有一定的爬高。由图 6.25 可以看出，墩头半径不同，水流沿墩头爬高的高度也不同，墩头半径越大，水流沿墩子的爬高高度也越大。试验中发现，水流沿墩子爬高的高度为(2～3)h_0。由此可知，掺气分流墩要将水流完全分开，保证墩子背后通气，墩体高度需要超过(2～3)h_0 以上。

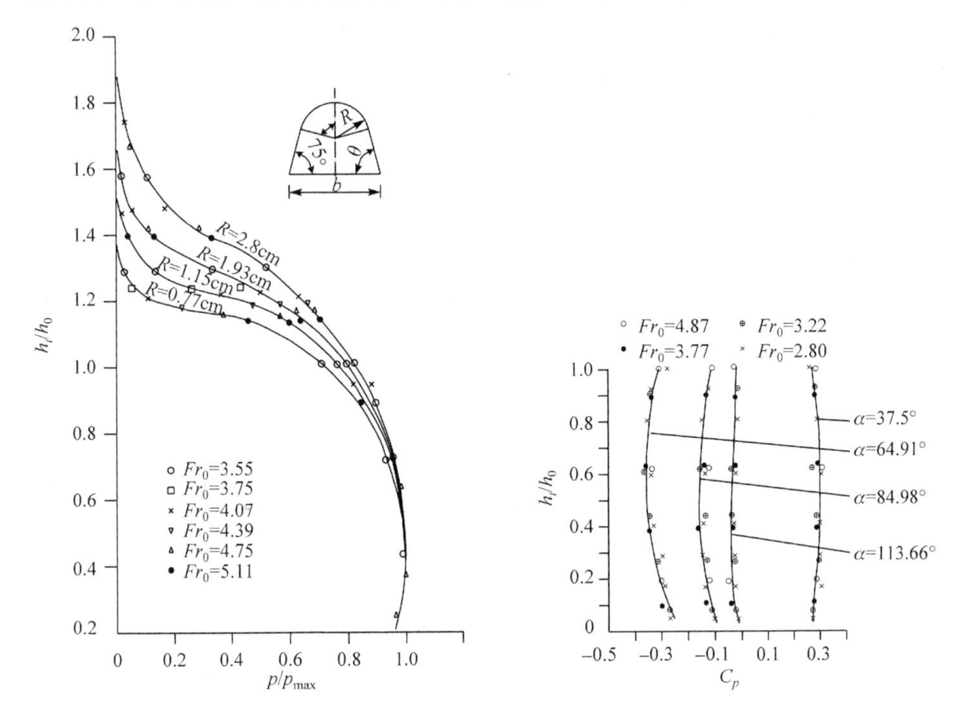

图 6.25　不同墩头半径时 p/p_{max} 与 h_i/h_0 关系　　图 6.26　时均压强系数 C_p 与 h_i/h_0 关系(θ=75°)

为了降低墩子高度，减小工程量和施工难度，保证墩体的稳定性，必须采取工程措施降低水流沿墩子的爬高高度。柘林水电站的掺气分流墩在墩顶设置劈流头，如图 6.26 所示。当水流沿墩子爬高遇到劈流头时，劈流头有效地将水流劈开，保障了墩子背后与大气相通，同时墩子高度也降低为 $1.5h_0$。因此，在实际工程中，若增设劈流头，墩体高度可降低到$(1.4\sim1.6)h_0$。

3. 时均压强系数沿墩头横断面的分布

时均压强系数定义为

$$C_p = (p - p_0) / (0.5\rho v_0^2) \tag{6.16}$$

式中，p 为墩头测点的压强；p_0 为墩前未扰动断面的压强；ρ 为水流的密度；v_0 为墩前未扰动断面的平均流速。

文献[11]研究了不同墩头倾角 θ 时墩头最大时均压强处(h_i/h_0=0.4)横断面的时均压强系数 C_p 与 x/L 的关系，其中 L 为墩头横断面的半总长度，x 为测点距墩头轴线的距离，研究结果如图 6.27 所示。

由图 6.27 可以看出，不同墩头倾角的时均压强系数沿横断面的分布基本相似，墩头倾角越大，时均压强系数越小。在 x/L=0，即墩头的滞点处，C_p=1.0，即滞点处的时均压强系数最大，随后时均压强系数随着 x/L 的增大而急剧减小。当墩头倾角为 60°时，墩头横断面上的时均压强系数基本上大于零；当墩头倾角为 70°～80°时，约在 x/L=0.22 以后墩头横断面的时均压强系数均小于零，在圆弧与直线段切点附近的 x/L=0.4～0.45 处出现最小值，然后时均压强系数又随着 x/L 的增大而增大，并趋于零。

墩头最小时均压强系数 $C_{p_{\min}}$ 与墩头倾角 θ 的关系如图 6.28 所示[11]。由图中可以看出，$C_{p_{\min}}$ 与 θ 近似呈线性关系，随着倾角 θ 的增大，时均压强系数减小。当 θ<63°时，$C_{p_{\min}}$ >0；当 θ>63°时，$C_{p_{\min}}$ ≤ 0。

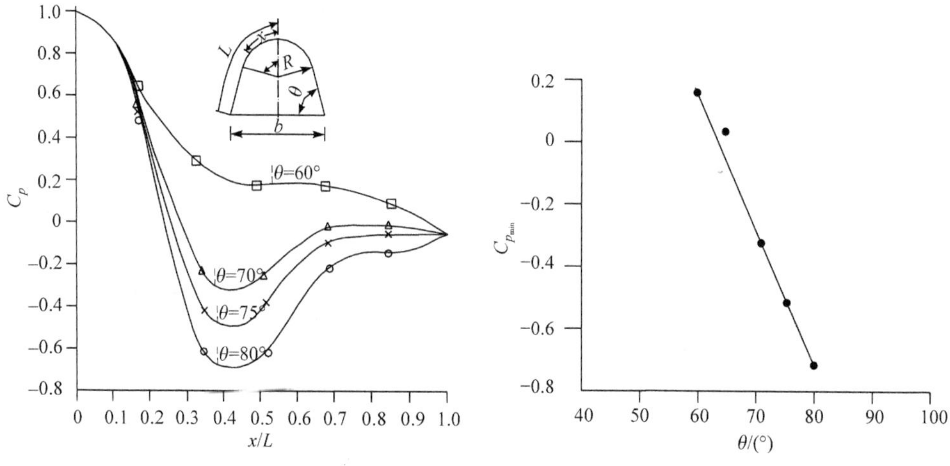

图 6.27　墩头横断面时均压强系数 C_p 与 x/L 关系

图 6.28　墩头最小时均压强系数与墩头倾角关系

4. 来流与墩头轴线有夹角时的时均压强系数沿墩头横断面的分布

文献[11]研究了来流与掺气分流墩的墩头有夹角时的墩头时均压强系数分布规律，在试验中，将分流墩墩头半径 R=2.8cm，墩头倾角 θ=75°的墩体偏转 β=0°、10°、20°和 30°，试验结果如图 6.29 所示。由图可以看出，当水流与墩头的轴线夹角 β=0°时，时均压强系数为对称分布，墩头侧向合外力为零；当 $\beta\neq$0°时，时均压强系数分布两边不对称，墩头迎水面时均压强系数增大，背水面时均压强系数减小，β 越大，压力线越不对称，墩头承受的侧向合外力也随着偏转角 β 的增大而增大；试验中还发现，当 $\beta\neq$0°时，背水面常发生水流分离，且为不稳定的贴附状态，该处水流紊动剧烈，压力极不稳定。由此可见，掺气分流墩墩体承受侧向荷载性能差，因此在实际工程中，应避免来流的不对称。

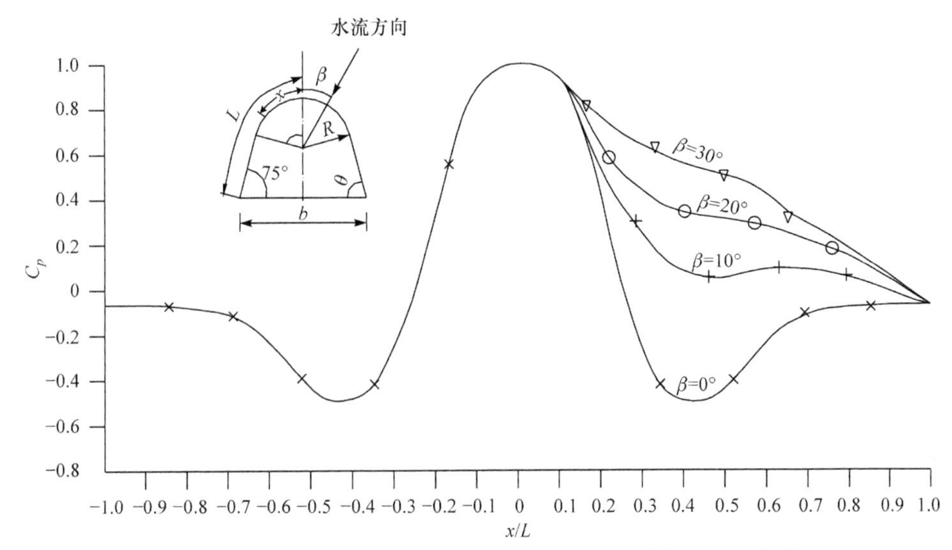

图 6.29　墩头轴线与来流有夹角时时均压强系数与 x/L 的关系

6.4.2　墩头脉动压强特性

脉动压强一般用脉动压强系数来表示，定义脉动压强系数为

$$C_p' = \sigma / (0.5\rho v_0^2) \tag{6.17}$$

式中，σ 为脉动压强均方根。

文献[11]进行了墩头半径 R=2.8cm、墩头倾角 θ 为 60°、70°、75°和 80°以及墩头半径 R=1.925cm、墩头倾角 θ 为 75°的脉动压强试验，脉动压强测点布置在墩头的正面和侧面(切点稍后处)，如图 6.30 所示。

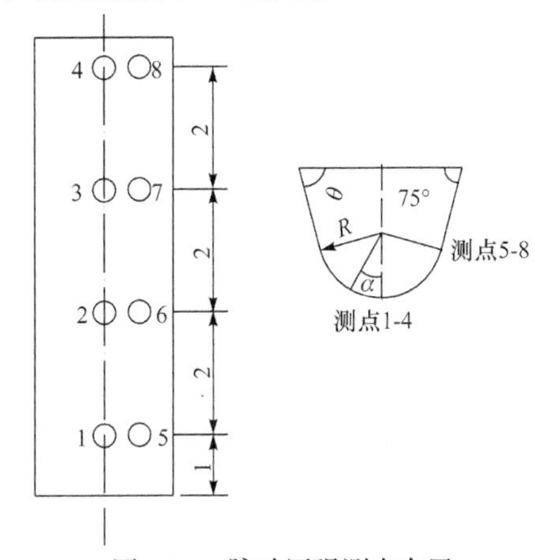

图 6.30　脉动压强测点布置

实测脉动压强系数与相对墩高的关系如图 6.31 所示。由图可以看出，脉动压强系数在靠近墩子底部较大，沿墩高方向逐渐减小，约在 h_i/h_0=0.5 时脉动压强系数最小，然后脉动压强系数沿墩高又开始增大，在水面处的脉动压强系数值与墩底处基本一致。图 6.31 中还点绘了原型观测得到的脉动压强系数，可以看出，变化规律与模型试验相同。

文献[11]给出了脉动压强系数的计算式见式(6.18)和式(6.19)。

在墩头正面，即α=0°处，脉动压强系数为

$$C_p' = \frac{9.35 - 22.84(h_i / h_0) + 20.45(h_i / h_0)^2}{100} \tag{6.18}$$

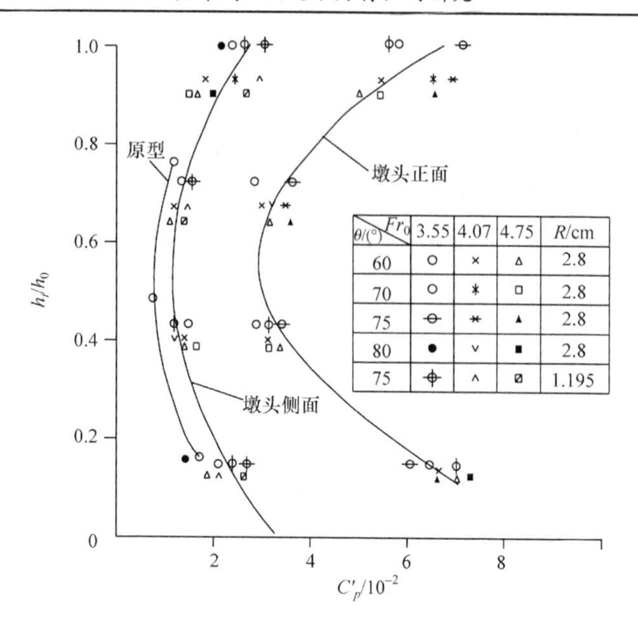

图 6.31　脉动压强系数与相对墩高的关系

在墩头侧面，即切点附近，脉动压强系数为

$$C'_p = \frac{3.25 - 7.87(h_i / h_0) + 7.42(h_i / h_0)^2}{100} \tag{6.19}$$

文献[12]和文献[4]对墩头横断面的脉动压强系数进行了研究，结果如图 6.32 所示。由图可以看出，脉动压强系数沿相对墩高的分布规律是：墩头底部受墩前水流边界层的影响，水流紊动较大，脉动压强系数 C'_p 增大，至 $h_i/h_0 \leqslant 0.19$ 时达到最大；在墩子的中部，水流处于势流区，水流紊动减弱，C'_p 减小，至 h_i/h_0=0.4～0.6 达到最小；在墩子的上部水面附近，除受来流水面波动外，还受墩子扰动的影响，C'_p 增大，一般在 h_i/h_0=1.2～1.4 达到最大，以后沿墩爬高水流的紊动强度逐渐衰减，至 h_i/h_0=2.8 的测点位置，C'_p 为 0.5%～0.1%。由图 6.32 还可以看出，h_i/h_0<1.0 的脉动压强系数的分布规律与原型观测得到的 Fr_0=2.32 的分布规律十分吻合[5]。

脉动压强系数沿墩头横断面的分布规律是：在不同高度的横断面有不同的分布，当 $h_i/h_0 \leqslant 0.20$ 时，水流与墩头接近正交，墩头测点法向脉动壁压符合在凸曲面沿程衰减和在切点附近水流分离区增大的规律。最大压强系数 $C'_{p_{\max}}$ 发生在 α=0°处。当 h_i/h_0>0.20 以后，不同高度的横断面上 $C'_{p_{\max}}$ 值却在 α=37.5°～64.91°处，这可能是水流受墩头扰动收缩，迫使各质点的速度偏转具有不同的倾角，而且越接近水面倾角越大，造成水流紊动度增大的结果。

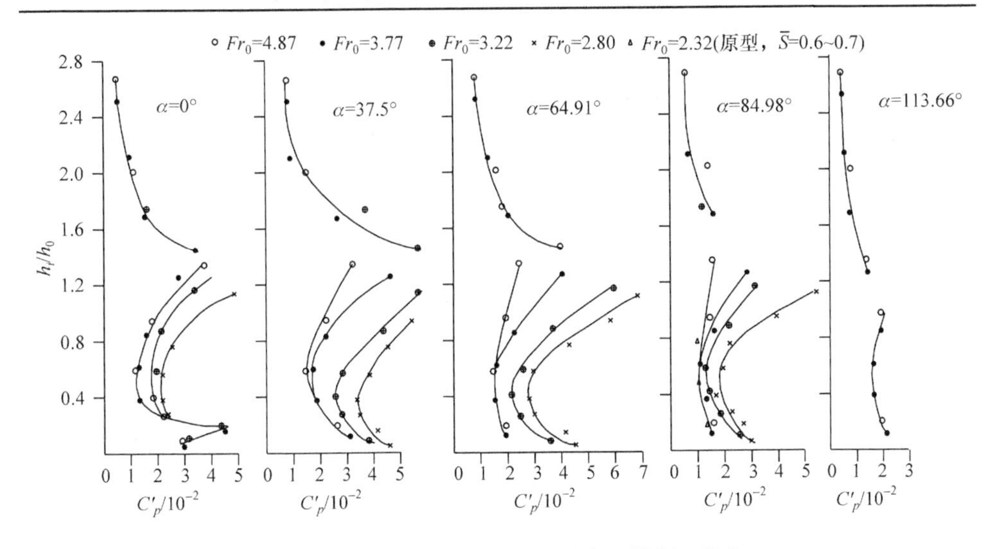

图 6.32　脉动压强系数沿相对墩高和横断面分布

在同一测点，脉动压强系数 C'_p 值随弗劳德数的增大而减小。实测最大脉动压强系数 $C'_{p_{\max}}=0.07$，最低压力点处，当墩头倾角 θ=75°、墩前控制断面的弗劳德数为 2.80～4.87 时，脉动压强系数 $C'_p=0.017\sim0.028$。

6.4.3　墩头频谱特性和振动特性

文献[4]通过模型试验和原型观测认为，半圆柱墩头脉动壁压的频谱特性为低频窄带型，带宽在 10Hz 以内，能量集中在 6Hz 以内，优势频率 f 为 0.1～0.38Hz。墩头脉动壁压的幅值模型律符合重力律，即 σ_λ=1.0；脉动壁压的优势频率模型律 f_λ=1.0。

墩体的振动特性：掺气分流墩的固有频率的原型观测值(计算值)为一阶 f_1=8.875 (f_1=7.79)，二阶 f_2=34.06 (f_2=28.88)；原型实测墩体位移响应分布为横向位移量大于纵向位移量，上部位移大于下部位移，对于平均墩高为 7.9m，最大墩体宽度为 0.85m 的掺气分流墩设施，原型实测交变位移范围为 4.62～63.09μm，加速度值范围为 0.016～0.022g。墩体的固有频率和实测出现的 f_d=9.3 共振波形均与水流脉动壁压的优势频率 f =0.1～0.38Hz 相差甚远，且最大位移量和加速度值均很小，因此轻微的振动不会影响墩体的安全运行[5]。

6.4.4　墩头的空化特性

文献[13]和文献[4]通过小水洞对半圆形墩头的空化特性进行了试验研究。当墩后不掺气时初生空化发生于尾流旋涡中，当墩后充分掺气时，初生空化发生于墩头圆弧与直线段的切点处，实测初生空化数如表 6.2 所示。

表 6.2　半圆柱墩头的初生空化数σ_i

σ_i	θ=70°	θ=75°	θ=80°	θ=90°
不掺气时	3.565	3.410	3.261	2.976
掺气时	0	0.41	0.66	1.01

由表 6.2 可以看出，不掺气时，初生空化数很大，极易发生空化和空蚀。充分掺气后的初生空化数降低很多，且在 θ<70°就无空化之虑，因此在实际工程中可以根据水流空化数选用适当的墩头倾角 θ。

墩后充分通气对于保证掺气分流墩设施的安全运行非常必要，应给与充分重视。柘林掺气分流墩 θ=75°是在保证不发生空蚀的前提下允许存在一定的负压值，以增进掺气和消能效果。

6.5　掺气分流墩水舌的掺气特性

6.5.1　试验模型

试验模型由上游水库、有机玻璃泄槽及下游消力池组成。泄槽由进口段与明渠段组成，进口尺寸为宽 36cm、高 15cm，其顶部及两侧分别采用 1/4 椭圆曲线，下部为 1/4 圆弧，进口段下接宽 36cm、长 166cm、底坡为 1/25 的明渠，后接半径为 181.8cm 的圆弧段，圆弧段末端接宽 36cm、长 45cm、坡度为 1/2.1 的陡槽，模型布置见图 6.33。

掺气分流墩设在陡槽末端，墩头采用柘林掺气分流墩的半圆形墩头，墩头倾角 θ=75°，收缩比为 0.5，墩数 4 个，在墩子的底部设水平掺气坎，掺气坎的坡比为 1：4，在侧墙设侧墙掺气坎，坡比为 1：4.375。

试验条件为：流量的范围为 21～129.5L/s，相应的泄槽上游进口水头为 12～55cm，因此上游进口流态分为明流和孔流两种，当上游进口水头 H_0=12～22cm 时为明流，H_0>22cm 时为孔流，墩前未扰动断面的弗劳德数范围为 3.91～5.71，雷诺数范围为(0.52～2.38)×10^5，韦伯数的范围为 144.16～434.74。

设掺气分流墩设施后，按水流通过掺气分流墩设施的情况，可分为掺气分流墩流态和分流齿墩流态。分流齿墩流态是相对于掺气分流墩流态而言的，当掺气分流墩的墩体高于水面时，通过分流墩的水流完全被墩体所分割，形成四面临空的水舌，称为掺气分流墩流态；而当墩体低于水面时，水流通过墩体时墩体被水流所淹没，墩体对水流有梳齿作用，称为分流齿墩流态。试验表明，当上游进口水头 H_0=12～35cm 时为掺气分流墩流态；当上游进口水头 H_0>35cm 时为分流齿墩流态。

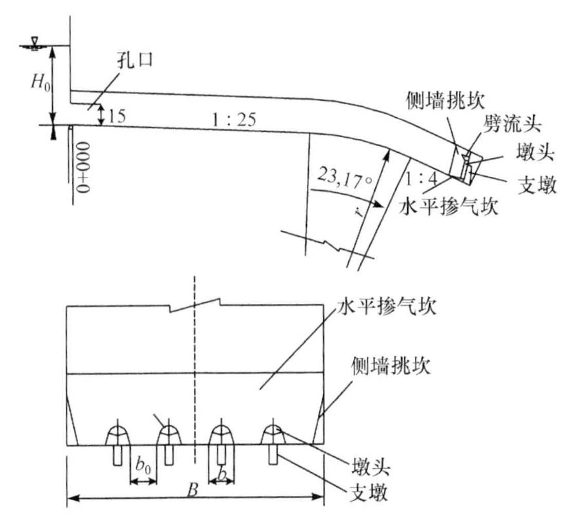

图 6.33　掺气分流墩水舌测量模型布置图

水舌掺气浓度用中国水利水电科学研究院水力学研究所的 848 型掺气浓度仪测量。

水舌掺气浓度的试验来自文献[14]和[15]，下面主要介绍文献[14]和[15]的研究成果。

6.5.2　量纲分析

水舌的掺气一般用断面平均含水浓度$\overline{\beta}_s$、断面最大含水浓度β_{sm}来表示，对于掺气分流墩水舌，水舌的纵向扩散比h_s/h不可忽视，因此对于掺气分流墩水舌任一断面的$\overline{\beta}_s$、β_{sm}和h_s/h可表示为下面的无量纲函数，即

$$\overline{\beta}_s,\ \beta_{sm},\ h_s/h = f_{1、2、3}(\theta_{s0},\ \overline{\beta}_{s0},\ h/b_0,\ S/h,\ Fr_0,\ \mu_a/\mu_w,\ \rho_a/\rho_w,\ Re,\ We) \tag{6.20}$$

式中，θ_{s0}为出射角；$\overline{\beta}_{s0}$为出口断面平均含水浓度；h为出口水舌厚度；b_0为两墩之间的距离；h/b_0为出口水舌宽深比；S为沿水舌轨迹的曲线长度；Fr_0为出口断面的弗劳德数；μ_a为空气的动力黏滞系数；μ_w为水的动力黏滞系数；ρ_a为空气的密度；ρ_w为水的密度；Re为出口断面的雷诺数；We为韦伯数。

试验中，θ_{s0}、μ_a/μ_w、ρ_a/ρ_w均为常数，出口断面平均含水浓度$\overline{\beta}_{s0}=1$，雷诺数 $Re=(1.08\sim1.48)\times10^5$，可不考虑黏性的影响，韦伯数 We 较大，可不考虑表面张力的影响，则式(6.20)变为

$$\overline{\beta}_s,\ \beta_{sm},\ h_s/h = f_{1、2、3}(h/b_0,\ S/h,\ Fr_0) \tag{6.21}$$

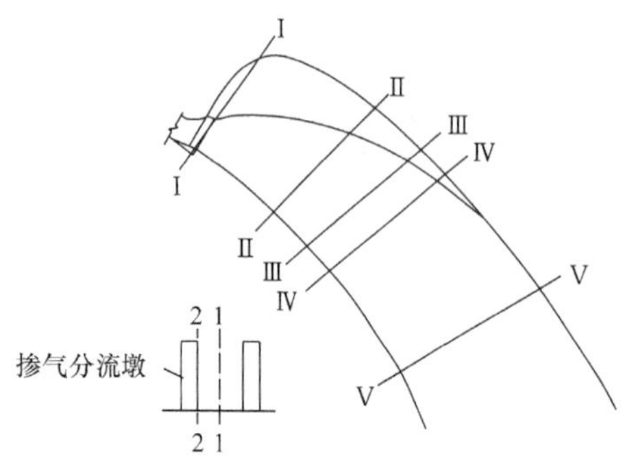

图 6.34　水舌掺气浓度测量断面布置图

试验中测量了掺气分流墩边线和两个掺气分流墩之间中线的掺气浓度，如图 6.34 所示，图中 1-1 为中线，2-2 为边线。试验结果分述如下。

6.5.3　水舌断面含水浓度分布的特点

图 6.35 为掺气分流墩流态时测量断面的含水浓度 β_m 分布图。可以看出，在水平掺气坎上的Ⅰ-Ⅰ断面水舌下部为不掺气水流，由于掺气分流墩的影响，墩头之间冲击波的交汇，上表面形成的水翅掺气相当充分。当水舌底部刚刚离开水平掺气坎时，由于水平掺气坎末端与大气相通，水舌底部迅速掺气，且底部掺气量最大，沿水舌前进，由于水股横向较薄，且紊动强烈，至Ⅱ-Ⅱ断面，水舌的含水浓度分布呈凸形；随着水舌向下游扩散，断面掺气趋于均匀，凸形的中间突起部分逐渐减小，而使含水浓度分布变得平缓，且上部的含水浓度 β_m 较下部为大，这主要是在水舌的挑射过程中，以大于最大射距的挑角出射的水股回落，回落水股与下面的水舌碰撞，在水流的上表面形成了水流集中现象，使得上部的含水浓度 β_m 变大，水舌的碰撞能增进水舌的掺混和掺气，从而也增大了消能效果。水舌在向下游运动过程中不断均化，至Ⅴ-Ⅴ断面，水舌断面含水浓度已相当均匀。

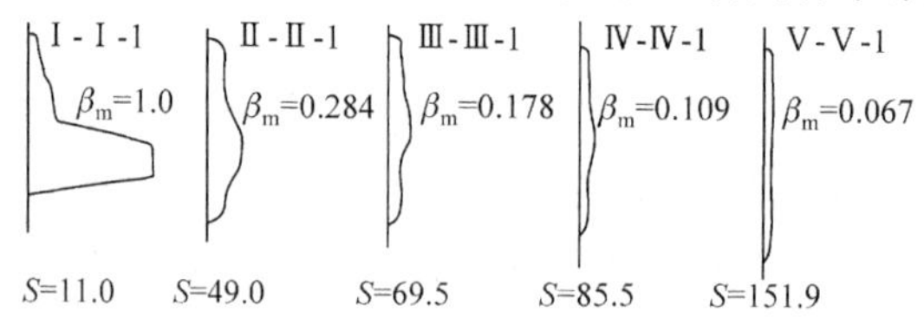

图 6.35　掺气分流墩流态时测量断面含水浓度分布

图 6.36 为分流齿墩流态时水舌断面含水浓度分布。可以看出，在分流墩的墩后断面Ⅰ-Ⅰ，由于水深大于墩高，墩体淹没在水下，墩间水舌的形状呈“r”状，上表面水流连成一片，形不成很高的水翅；在整个射流过程中，水舌可分为上下两部分，下部的墩间水流为多股射流，类似于掺气分流墩流态，上部的墩顶水流为实体薄层连续水流，由于受墩顶局部顶托，水面发生壅高且横断面呈波状表面。因此，在墩后的Ⅱ-Ⅱ断面，含水浓度 β_m 的分布呈现出双峰的形状，其下部的峰相当于分流墩流态中凸形分布的突起部分，上部的峰是由于上部的连续水流形成的。随着水舌的前进，与分流墩相似的下部水舌迅速掺气，β_m 的峰值变小，上部水流的峰值也减小，但减小较少。在此过程中，墩顶

波状水流沿程扩散状态与普通挑坎相似，但逐渐受墩间水流影响。墩间水流由于受墩的收缩作用形成冲击波，促使水流沿程纵向、竖向扩散，当扩散水流受到墩顶水流压抑时，墩间水流则沿程逐渐顶托并掺入墩顶水流，与墩顶水流在空中发生掺混、碰撞，墩间水流与墩顶水流的这种掺混和碰撞，使得断面含水浓度的分布逐渐趋于相同。

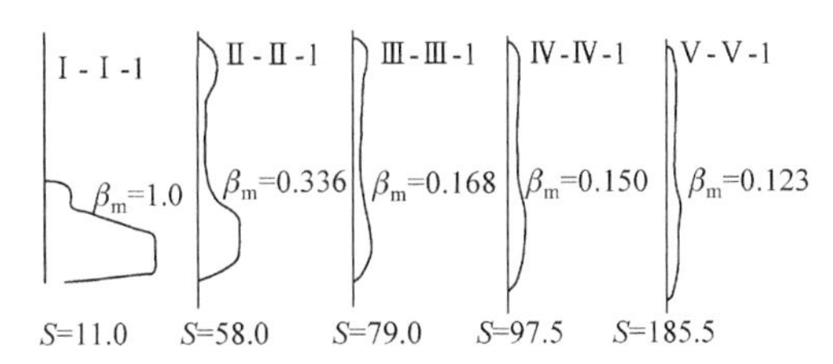

图 6.36　分流齿墩流态时水舌断面含水浓度分布

6.5.4　断面最大含水浓度的沿程变化

掺气分流墩水舌按其掺气情况可分为四个区段，如图 6.37 所示。在墩前认为水流不掺气，在出口断面后存在 β_{sm}=1.0 的不掺气核心区，随着不掺气核心区的尖灭是全断面均掺气的掺气区，当 β_{sm}<0.4 后，可以认为水相已不连续，把这一区域称为完全破碎区。

实测断面最大含水浓度如图 6.38 所示。由图中可以看出以下内容。

(1) 在同一墩前未扰动断面弗劳德数情况下，β_{sm} 的沿程变化可以分为三段，即水平段、急剧变化段和平稳段。当 β_{sm}=1.0 时为水平段，该段对应于水舌的不掺气核心区，但由于掺气分流墩的作用，墩后水舌很薄，水舌很快掺气，因此这一段的距离较小。急剧变化段：因为墩后水舌是一个四面临空的 U 形水舌，且紊动强烈，所以水流掺气非常迅速，不掺气核心区在短距离内消失后，β_{sm} 迅速减小，进入掺气区，在该段内 β_{sm} 曲线很陡，呈急剧下降趋势，其下降速率及程度较普通二元水舌大得多。当 β_{sm}<0.1 以后为平稳段，随着水舌掺气的进一步增加，β_{sm} 的下降趋于平缓，此时水舌进入完全破碎区，水舌掺气非常充分，β_{sm} 基本不再下降，曲线趋近于水平线。

(2) 在不同的弗劳德数情况下，β_{sm} 的沿程变化不同。在开始的 β_{sm}=1.0 的水平段和 β_{sm}<0.1 以后为平稳段，各弗劳德数情况下的 β_{sm} 曲线是一致的，说明各弗劳德数情况下均有不掺气核心区存在。且各弗劳德数情况下水舌均能达到完全充分掺气，β_{sm}=0.1 似是一掺气极限标志。对于 β_{sm} 急剧变化的掺气区，弗劳德数越小 β_{sm} 越陡。

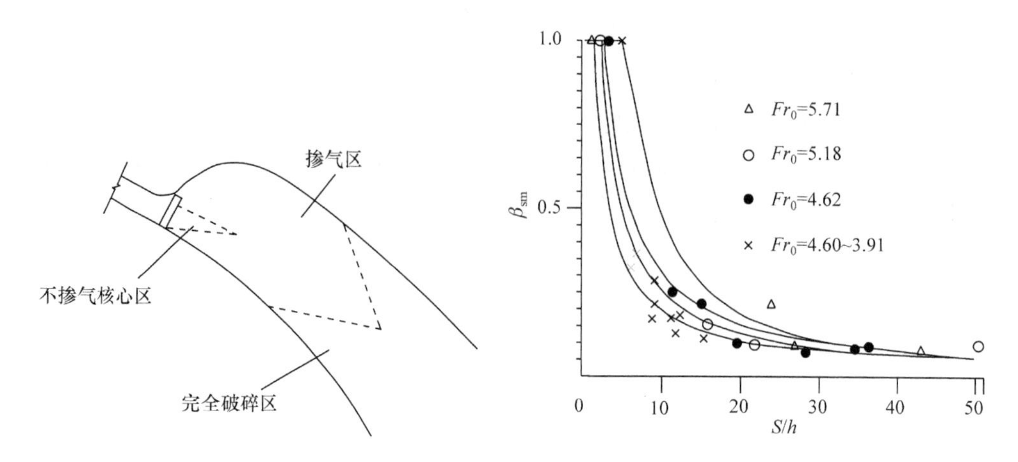

图 6.37　掺气分流墩水舌分区图　　　　图 6.38　断面最大含水浓度β_{sm}沿程变化

(3) 来流流态对β_{sm}沿程变化也有影响。在整个试验范围内，来流是明流时，不同的弗劳德数对应着不同的β_{sm}曲线；当来流是孔流时，流量的变化对β_{sm}的影响很小，β_{sm}基本为同一曲线，原因是明流时弗劳德数变化幅度大，孔流时弗劳德数变化幅度小。另外，β_{sm}还与泄槽进口水深有关，明流时进口水深不同，β_{sm}曲线不同，孔流时泄槽进口水深均等于孔口高度，因此β_{sm}曲线基本相同。

由以上分析可以知，掺气分流墩水舌不掺气核心区短，最大含水浓度β_{sm}沿程下降迅速，水舌破碎剧烈，掺气十分充分。在试验范围内，β_{sm}与 S/h、Fr_0 有以下关系

$$\beta_{sm} = 0.1728e^{0.6632Fr_0}(S/h)^{-0.5908e^{0.121Fr_0}} \tag{6.22}$$

6.5.5　断面平均含水浓度的沿程变化

试验按含水浓度$\beta_s = 0.05$所对应的水舌厚度进行断面平均含水浓度的计算，得断面平均含水浓度$\overline{\beta}_{s0.05}$的沿程变化规律如图 6.39 所示。

从图 6.39 可以看出，$\overline{\beta}_{s0.05}$的沿程变化可分为两个区段，急变区和平缓区。水舌出射后掺气迅速，$\overline{\beta}_{s0.05}$急剧下降的区域称为急变区；当掺气充分，水舌完全破碎后，$\overline{\beta}_{s0.05}$的沿程变化趋于平缓，称为平缓区。另外，未扰动断面弗劳德数 Fr_0、h/b_0 对$\overline{\beta}_{s0.05}$的影响很小。

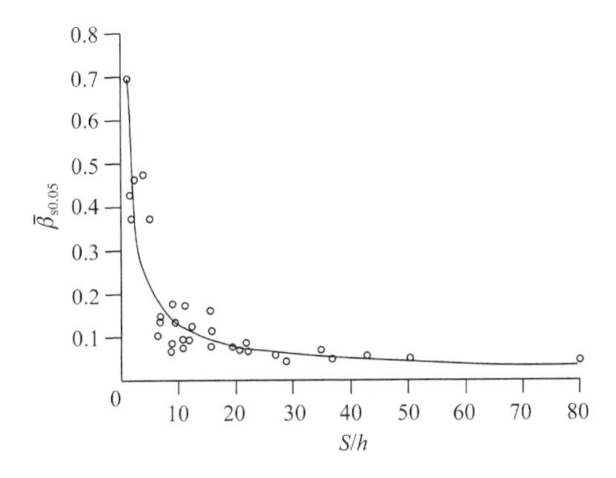

图 6.39 断面平均含水浓度的沿程变化

根据试验得到 $\overline{\beta}_{s0.05}$ 与 S/h 的关系为

$$\overline{\beta}_{s0.05}=0.5605(S/h)^{-0.6508} \tag{6.23}$$

式(6.23)适应的条件为 $S/h>0.5$。

6.5.6 不掺气核心区的长度

从试验中可以看到，经过掺气分流墩的水舌其不掺气核心区很短。不掺气核心区的相对长度 S_{is}/h 与 h/b_0 的关系见图 6.40。由图可以看出，随着 h/b_0 的增加，S_{is}/h 的值在减小。S_{is}/h 与 h/b_0 的关系可近似地表示为

$$S_{is}/h=2.9807(h/b_0)^{-0.9621} \tag{6.24}$$

若按 S_{is} 与墩后水深 h_2 之比整理资料，则如图 6.41 所示。由图可得

$$S_{is}/h_2=1.3557(h/b_0)^{-0.9588} \tag{6.25}$$

式中，h_2 为掺气分流墩的墩后断面水深。

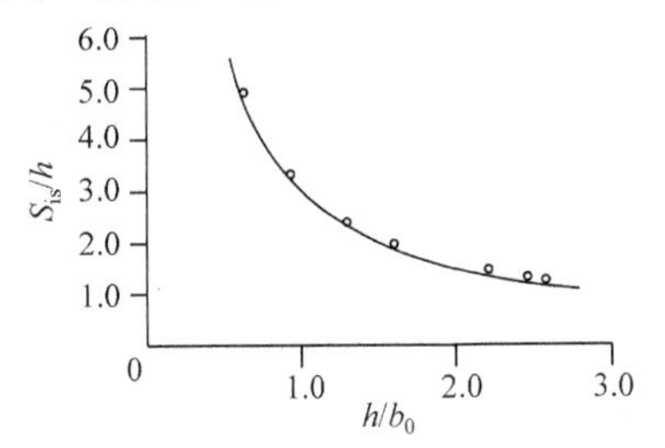

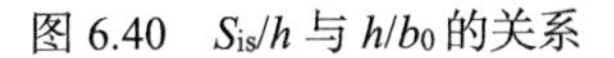

图 6.40 S_{is}/h 与 h/b_0 的关系

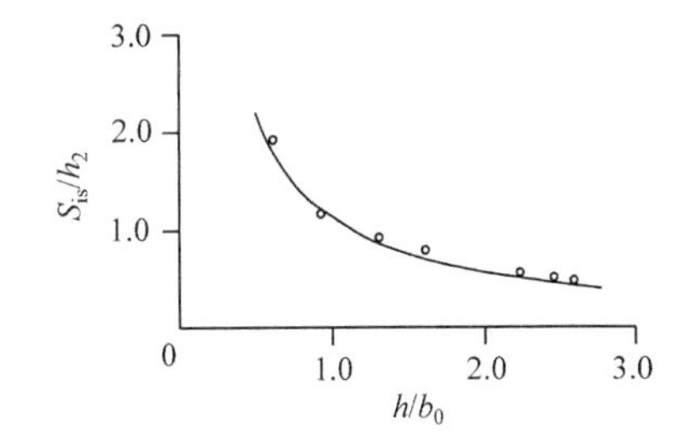

图 6.41 S_{is}/h_2 与 h/b_0 的关系

对于墩后断面水深 h_2，试验得到的计算公式为

$$h_2 = 2.15h_0 \tag{6.26}$$

式中，h_0为墩前未扰动断面的水深；h_2为墩后断面水深。

6.5.7 水舌沿横向掺气浓度的变化

在试验中，除在墩间水舌的中心线位置测量了掺气浓度断面分布外，在墩间水流与墩的交界位置也做了同样的试验，如图 6.34 中的 2-2 位置。图 6.42 和图 6.43 分别为掺气分流墩流态和分流齿墩流态断面含水浓度分布情况，图中的断面位置与图 6.35 和图 6.36 的位置相同。

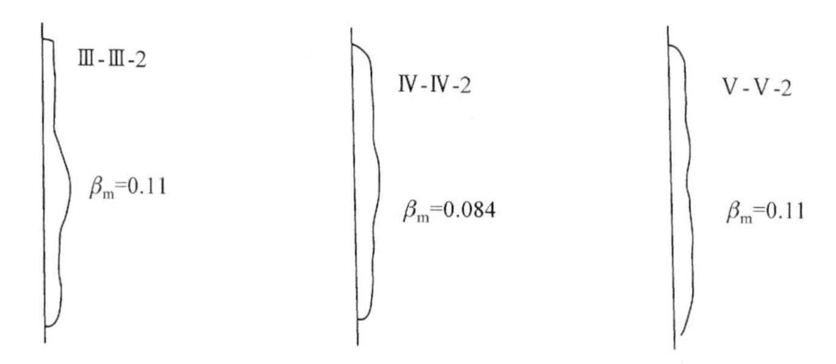

图 6.42　掺气分流墩流态断面含水浓度分布

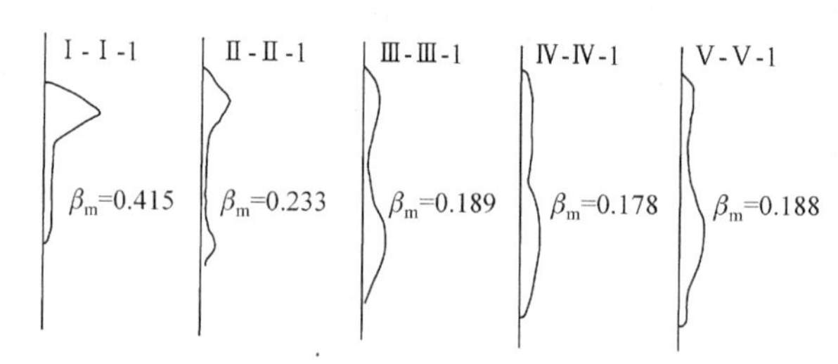

图 6.43　分流齿墩流态断面含水浓度分布

掺气分流墩流态时，水舌呈 U 形以若干股的形式从墩间射出，刚射出后横向扩散很小，Ⅰ-Ⅰ-2 和Ⅱ-Ⅱ-2 断面几乎测不到数据。当水舌横向扩散到Ⅲ-Ⅲ-2 断面时，测得的含水浓度分布呈凸形，形状与该断面中心位置相同，只是相应点的β_m值较小。随着水舌的进一步扩散，含水浓度分布趋于均匀，在Ⅳ-Ⅳ-2 上部β_m较大，这和水流回落有关。从整体上看，在Ⅳ-Ⅳ和Ⅴ-Ⅴ断面的 1-1 和 2-2 位置，β_m的分布已基本相同，说明此时水舌横向扩散已非常充分，且两水舌之间已有了混掺现象，从而形成一个掺气充分且较均匀的完整水舌。

水流为分流齿墩流态时，下部水流以分流齿墩形式射出，上部水流连成一片，因此在Ⅰ-Ⅰ-2 中上部 β_m 较大，下部因扩散较小，β_m 很小。随着水流的前进，上部水流掺气，最大含水浓度 β_{sm2} 减小，而下部水流的横向扩散，使得下部的 β_m 增大，在Ⅲ-Ⅲ-2 断面时，仍是上部的 β_m 值较下部为大，但随着水流的进一步扩散和掺气，β_m 分布趋于均匀，同 1-1 位置分布图比较，可发现在Ⅳ-Ⅳ和Ⅴ-Ⅴ断面，1-1 和 2-2 位置的分布图已非常接近，这说明此时水舌已是充分扩散掺气的整体水舌，从 β_m 的沿程变化看，分流齿墩流态时，上部近似于普通水舌的变化规律，下部与掺气分流墩的变化规律相同。

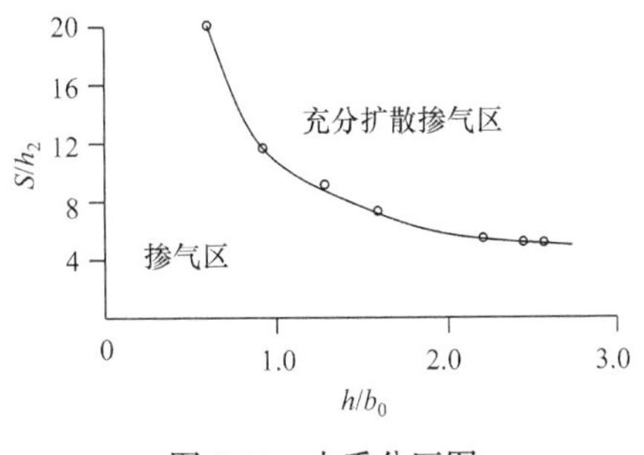

图 6.44　水舌分区图

从上述两种流态的分析可以看出，不论是掺气分流墩流态还是分流齿墩流态，都可把水流分成掺气区和充分扩散掺气区两部分，如图 6.44 所示。水舌在Ⅳ-Ⅳ断面以后均达到了充分扩散掺气状态。

6.5.8　掺气分流墩水舌与普通二元水舌沿程断面掺气浓度的比较

试验中对泄水槽未设掺气分流墩时的普通二元水舌的掺气浓度进行了测量。从对流态的观测就可以看出，普通二元水舌基本上是实体水舌，水舌掺气和破碎程度很小。而掺气分流墩水舌是四面临空的多股水舌，每股水舌的侧面、背面和顶面都与大气相通，水舌在下抛过程中剧烈紊动、破碎，是充分扩散的掺气水舌。

图 6.45 为普通二元水舌沿程断面含水浓度分布图。比较图 6.35 可以看出，掺气分流墩水舌沿程断面含水浓度远远小于普通二元水舌的断面含水浓度。

图 6.46 是普通二元水舌分区图，和图 6.37 比较可以看出，掺气分流墩水舌不掺气核心区 β_{sm}=1.0 的长度 S/h=1.2～3.3，仅为普通二元水舌核心区长度的 19.6%～33.5%(1/5～1/3)。

图 6.47 是普通二元水舌断面最大含水浓度 β_{sm} 的沿程变化，比较图 6.38 可以看出，水舌断面最大含水浓度掺气分流墩水舌为普通二元水舌的 1/6～1/3。掺气分流墩水舌断面最大含水浓度 β_{sm} 在不掺气核心区以后，随射程 S/h 的增加而迅速减小，至 S/h=0.7 时，β_{sm}<0.4 已为水相不连续的完全破碎状态，S/h>20 以后，β_{sm} 逐渐趋近于 0.1，已为水滴化状态。在同等条件下，普通二元水舌直至 S/h=65 时尚未出现 β_{sm}=0.4 的情况。

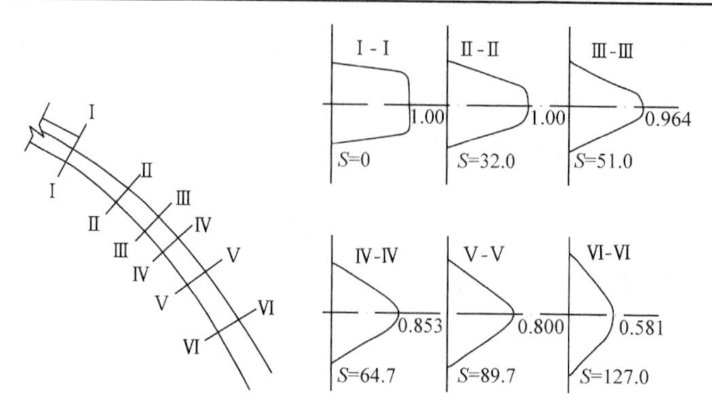

图 6.45　普通二元水舌测量断面位置和沿程断面含水浓度分布

图 6.48 是掺气分流墩水舌和普通二元水舌断面平均含水浓度的比较。由图中可以看出，掺气分流墩水舌断面平均含水浓度 $\overline{\beta}_s$ 沿程变化与 β_{sm} 有同一规律，但无 $\overline{\beta}_s=1.0$ 的区域，且随着 S/h 的增加 $\overline{\beta}_s$ 降低速率更快，至 $S/h\geqslant10$ 时已趋于平缓，$\overline{\beta}_s$ 最小值为 0.05，为普通二元水舌 β_{min}=0.35 的 14%。

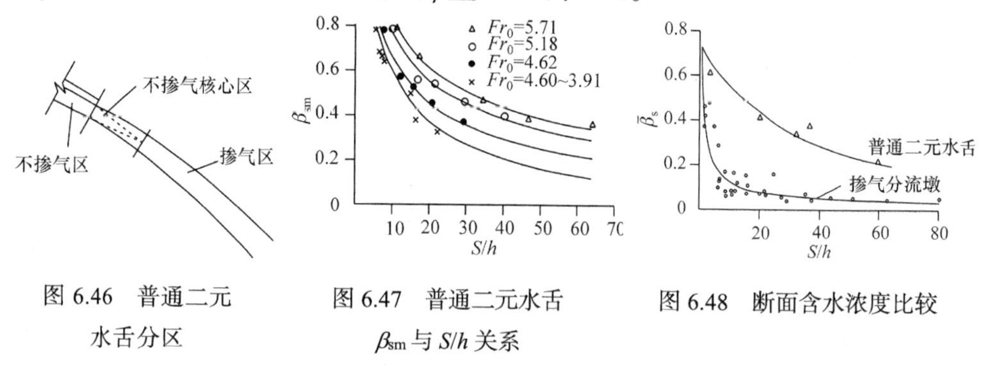

图 6.46　普通二元水舌分区

图 6.47　普通二元水舌 β_{sm} 与 S/h 关系

图 6.48　断面含水浓度比较

6.6　掺气分流墩设施的消能量

在自由水跃中，水跃的消能量可表示为

$$\Delta E_j = E_1 - E_2 \tag{6.27}$$

式中，ΔE_j 为水跃的消能量；E_1 为跃首断面能量，E_2 为跃后断面能量。

对于平底、矩形断面消力池，用跃后水深和跃后断面的弗劳德数表示水跃的消能量为

$$\Delta E_j = \frac{(3-\sqrt{1+8Fr_2^2})^3 h_2}{16(\sqrt{1+8Fr_2^2}-1)} \tag{6.28}$$

式中，h_2 为跃后水深；Fr_2 为跃后断面的弗劳德数。

增设掺气分流墩设施以后，设施有一定的消能效果，使得消力池的总消能量增大，从而有可能减小消力池的长度和深度。对于掺气分流墩设施消能量的计算问题，文献[16]假设增设掺气分流墩设施后下游消力池的跃后水深为水跃的第二共轭水深，求出水跃消能量，然后由总消能量减去水跃消能量和剩余能量即可求得设施的消能量。

在消力池上游增设掺气分流墩设施后，入池水流已不是完全的贴壁底流，而是多股自由射流，在跃首断面处常为异常复杂的急变流态。掺气分流墩设施后的水跃消能状况与一般普通水跃有较大的差异，表现为：跃首断面时均能量难以确定，该断面的紊动能量不能忽略，因设施增加了附加动量，增大了水流剪切面和混掺，以及大量气泡的浮力、阻力等增加了消能量，使该段的消能量超过了一般水跃消能量。因此，利用式(6.28)中水跃消能量与跃后断面水深的关系，假设跃后断面水深为水跃的第二共轭水深，划分出水跃消能量，把超出水跃消能量的部分归入设施增进的消能量中。这时，如果增设掺气分流墩设施后的第二共轭水深 h_2' 已知，则增设消能设施后的水跃消能量 $\Delta E_{\mathrm{j}}'$ 根据式(6.28)可得

$$\Delta E_{\mathrm{j}}' = \frac{(3-\sqrt{1+8Fr_2'^2})^3 h_2'}{16(\sqrt{1+8Fr_2'^2}-1)} \tag{6.29}$$

跃后断面时均能量为

$$E_2' = h_2' + \frac{\alpha' q^2}{2gh_2'^2} \tag{6.30}$$

式中，h_2' 和 Fr_2' 为增设掺气分流墩设施后水跃的第二共轭水深和弗劳德数；q 为单宽流量；α' 为动能修正系数，取为 1.0。

水跃消能率为

$$K_{\mathrm{j}}' = \Delta E_{\mathrm{j}}' / E_1 \tag{6.31}$$

掺气分流墩设施的消能量包括设施的阻力、水舌空中扩散及空气阻力、池中超出水跃消能量 $\Delta E_{\mathrm{j}}'$ 的部分能量。这几部分消能量随着设施的几何参数和位置不同，其所占的比重也不同。对于掺气分流墩设施，设施的消能量为

$$\Delta E = E_1 - E_2' - \Delta E_{\mathrm{j}}' \tag{6.32}$$

其消能率 $K_{\Delta E}$ 和总消能率 K_η 分别为

$$K_{\Delta E} = \Delta E / E_1 \tag{6.33}$$

$$K_\eta = K_{\Delta E} + K_{\mathrm{j}}' = (E_1 - E_2') / E_1 \tag{6.34}$$

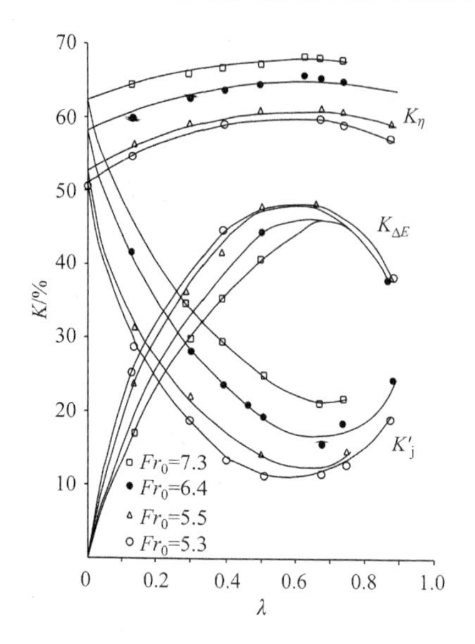

图 6.49　消能率与收缩比的关系

依试验，当墩前未扰动断面弗劳德数 Fr_0=5.3～7.1 时，消能率与收缩比的关系如图 6.49 所示。从图 6.49 可以看出，总消能率 K_η 随着弗劳德数 Fr_0 的增大而增大，在试验范围内，总消能率比自由水跃增长 11%～18%。设施消能率 $K_{\Delta E}$ 随着收缩比的增大而增加，增加的速率开始比较快，至某一收缩比时，出现极大值，而且在增长过程中低弗劳德数增长较快，但在弗劳德数较小的范围内，$K_{\Delta E}$ 值差异不明显，略显出低弗劳德数较大。水跃消能率 K'_j 随收缩比的增大而降低，至某一收缩比时出现最小值，同一收缩比下，K'_j 随弗劳德数 Fr_0 的增大而增大。

若定义 $K_{\Delta E}$ 最大时，对应的收缩比为最优收缩比，由图 6.49 可以看出，在试验的范围内，最优收缩比 $\lambda_0 = 0.6～0.7$，与式(6.14)相同。

6.7　分流齿墩设施简介

6.7.1　试验条件和试验模型

分流齿墩设施是根据某工程溢洪道消力池发生破坏和冲刷的情况下提出的解决方案。该工程由引渠、闸室、陡坡和三级消力池组成。正常高水位为 65.0m，设计水位为 70.13m，最高水位为 73.01m，相应的单宽泄流量分别为 48.93m³/(s · m)、74.6m³/(s · m)和 85.95m³/(s · m)。

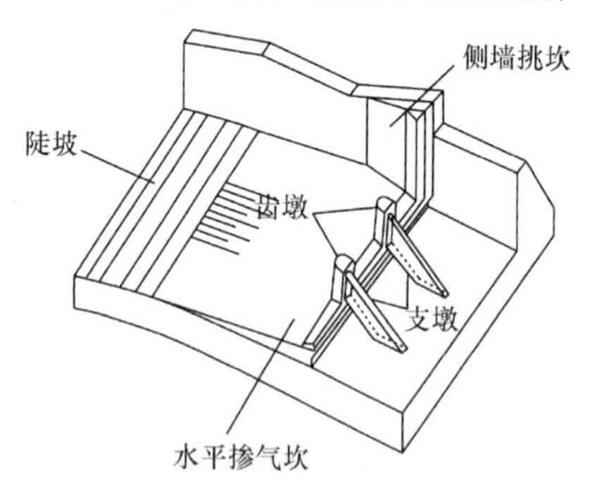

图 6.50　分流齿墩示意图

分流齿墩设施设置在消力池上游的陡坡上，其组成见图 6.50。分流齿墩设施由水平掺气坎、侧墙挑坎、若干个齿墩和支墩组成。

分流齿墩设施的体型与掺气分流墩完全相同，不同点在于分流齿墩设施没有劈流头，墩顶淹没在水下。正是由于有这一变化，通过分流齿墩的水流，在底部由于受掺气挑坎的影响水流为挑流，在墩间由于受墩顶上面水流的压抑，形成多股抛射的梳齿流，在墩顶以上则为连续实体的自由射流，如图 6.51 所示。分流齿墩设施给水流的掺气主要是通过侧墙挑坎与水平掺气坎形成连续循环的掺气通道。

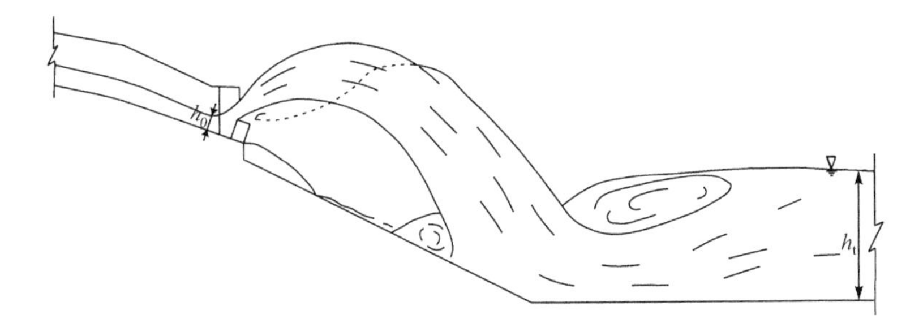

图 6.51　分流齿墩水流流态示意图

6.7.2　影响分流齿墩设施消能效果因素分析

影响分流齿墩设施消能效果和掺气效果的主要因素为设施的布置位置和高程、水平掺气坎的底坡和高度、侧墙挑坎的挑角和高度、收缩比、墩高比、消力池的水深以及来流弗劳德数等。写成无量纲形式为

$$K_{\Delta E}=f(z_0/h_0,i_1,\varDelta_1/h_0,i_2,\varDelta_2/h_0,\lambda,C_{\rm h},h_{\rm t}/h_0,1/Fr_0^2) \tag{6.35}$$

式中，z_0 为齿墩出口底板至下游消力池底板的高差；h_0 为墩前未扰动断面的水深；i_1 为水平掺气坎的底坡；$\varDelta_1$ 为水平掺气坎的高度，i_2 为侧墙挑坎的挑角；$\varDelta_2$ 为侧墙挑坎的高度；λ 为收缩比；$C_{\rm h}=\varDelta_3/h_0$ 为墩高比；$\varDelta_3$ 为齿墩高度；$h_{\rm t}$ 为消力池的水深；Fr_0 为墩前未扰动断面的弗劳德数。

1.分流齿墩设施的位置和相对高程 z_0/h_0

对于空中扩散消能占一定比重的消能工来说，水流的初始扰动状况和水舌在空中充分扩散所需要的射程是影响消能效果的主要因素之一。初始扰动的大小取决于设施的体型尺寸和水流流速，而流速的大小与设施的位置高程有关。射程的大小，除受设施体型尺寸和流速的影响以外，也取决于设施的位置高程。当设施的体型尺寸一定时，设施位置越低，水流流速越大，空中扩散射程就越短。这时，水舌的初始扰动可能很大，但射程短，水舌扩散不充分，效果不会好。反之，位置很高，流速小，水舌的初始扰动不足，即使预留有很长的射程，水舌扩散仍不充分，效果也不会好。因此，设施既要有增强水流紊动所必需的流速，还要有水舌充分扩散所必需的射程。满足上述两项要求的齿墩位置高度可以在一定的范围内变化。试验表明，齿墩墩前断面流速为 20m/s 左右，墩前断面的弗劳德数 Fr_0=3.3～4.0，设施的位置相对高程为 z_0/h_0=5.3～8.6。

2.水平掺气坎的底坡 i_1 和相对高度 Δ_1/h_0

水平掺气坎的体型采用跌坎(也可采用挑坎，视具体工程而定)，跌坎的底坡应平顺地与原陡坡连接。底坡 i_1 只影响水舌下表面的局部扩散，与水舌上表面的挑角无关。经过试验确定跌坎底坡采用 1 : 4。

跌坎的高度影响着掺气空腔的大小，关系着消能和掺气效果。通过试验确定跌坎的相对高度为 Δ_1/h_0=0.8～1.3。

3. 墩高比对分流齿墩流态的影响

墩高比是指分流齿墩的高度 Δ_3 与墩前未扰动断面水深 h_0 的比值，即 $C_h=\Delta_3/h_0$。文献[17]研究了墩高比对水流流态和消能效果的影响，试验时取收缩比 λ=0.34，墩高比的变化范围为 C_h=0.262～1.207，试验的弗劳德数 Fr_0=3.19～3.37。试验表明，消能率随着墩高比的增大而增大，当 C_h<0.7 时，消能率随着墩高比的增大迅速增大，当 C_h≥0.7 时，消能率随墩高比的增大其增加的速率变缓。

图 6.52 为 Fr_0=5.54、λ=0.33 时墩高比与设施消能率的关系。由图 6.52 可以看出，当墩高比 C_h=0 时，设施的消能率 $K_{\Delta E}$=13%为侧墙挑坎和水平掺气坎取得的效果；当 0<C_h<0.8 时，$K_{\Delta E}$ 从 13%几乎呈直线增加至 27.5%；当 0.8<C_h≤1.2 时，$K_{\Delta E}$ 增长速度较快，从 27.5%增至 38.5%，并在 C_h=1.0～1.1 处有一拐点。当 C_h>1.2 时，$K_{\Delta E}$ 的增长速度趋于平缓，并在 C_h=1.25～1.5 时发生掺气分流墩流态。

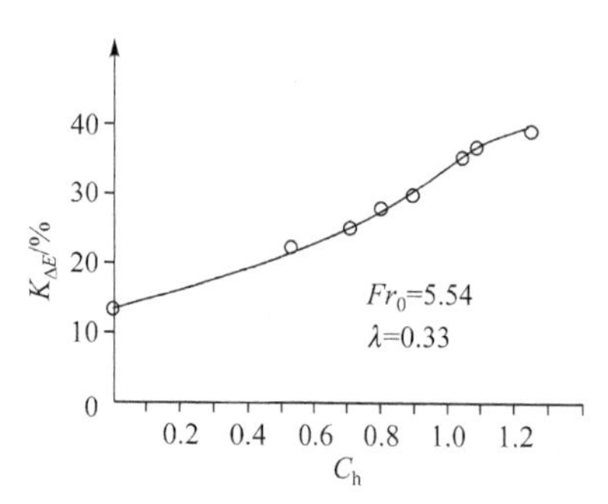

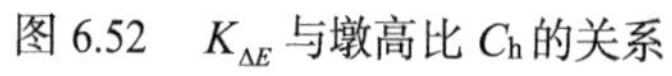
图 6.52 $K_{\Delta E}$ 与墩高比 C_h 的关系

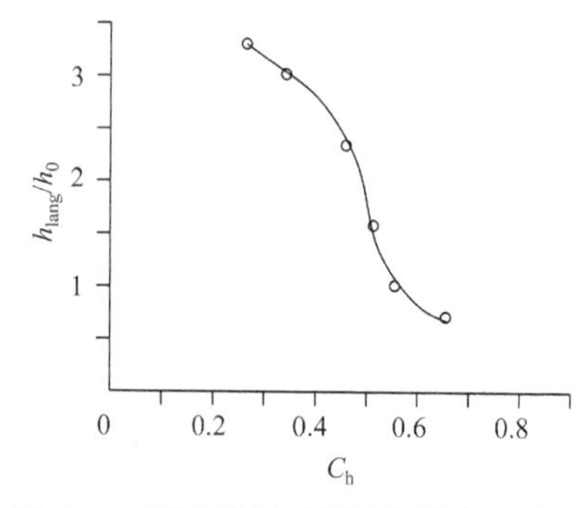

图 6.53 消力池相对涌浪与墩高比关系

墩高比的大小不仅影响到分流齿墩设施的消能效果，而且还严重影响着消力池的水流流态。在淹没水跃情况下，随着 C_h 的减小，消力池涌浪增大，试验初步得到，在有二道坝的消力池淹没水跃条件下，相对涌浪 h_{lang}/h_0 与墩高比的关系如图 6.53 所示。可以看出，当 C_h<0.6 时，涌浪明显增大，且涌浪随着 C_h 的减小更加高涨。文献[17]的研究也表明，当墩高比 C_h>0.7 时，消力池内流态平稳，较自由水跃有很大改善；当墩高比 C_h<0.6 时，消力池内流态恶化，有大涌浪产生；当

C_h较小时，这一现象又有所减轻。

由此可得分流齿墩设施墩高比的范围为 C_h>0.7 为宜。

4. 收缩比λ对消能效果的影响

文献[17]通过试验研究了收缩比λ对消能效果的影响，认为最优收缩比是来流弗劳德数 Fr_0 和墩高比 C_h 的函数，随着 Fr_0 和 C_h 的增大，最优收缩比增大，分流齿墩设施的消能率增加。在试验范围内，当 Fr_0=3.19～3.37，墩高比 C_h=0.799～1.207 时，最优收缩比为 0.35～0.51。当 Fr_0=3.3～4.0，C_h=1.5 时，最优收缩比为 0.65～0.75，此时已为掺气分流墩流态。

5. 设施的通气量

分流齿墩淹没于水下，能否保证充分通气不仅关系到掺气和消能效果，而且关系着分流齿墩设施的运行工况和运行安全。试验得出分流齿墩设施的通气比 β 与收缩比 λ 和墩高比 C_h 的关系见图 6.54 和图 6.55。图中 $\beta=q_a/q_w$，其中 q_a 为设施空腔的平均单宽需气量；q_w 为水舌的平均单宽流量。

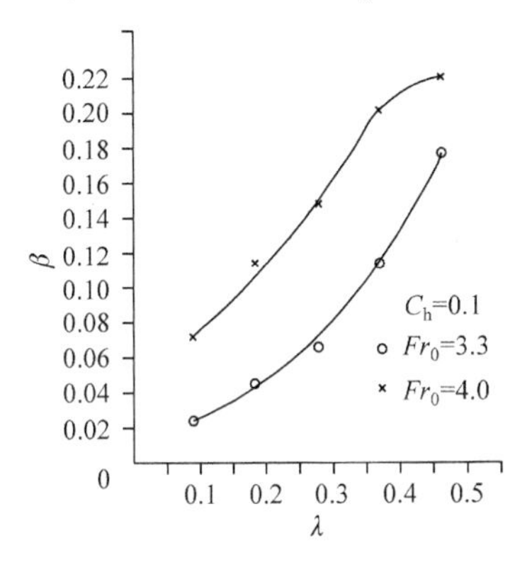

图 6.54　通气比与收缩比关系

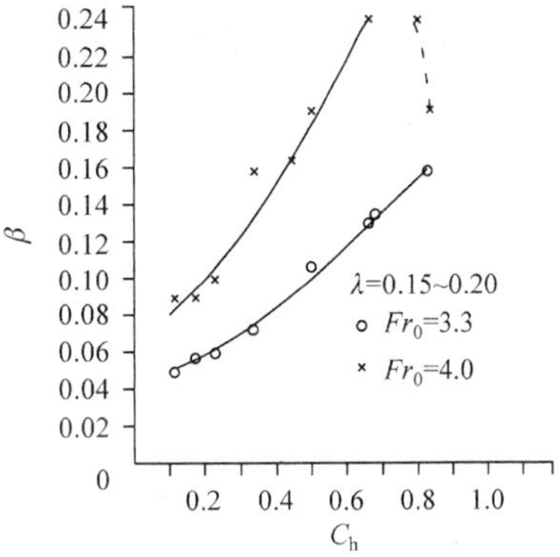

图 6.55　通气比与墩高比关系

由图 6.54 和图 6.55 可以看出，通气比 β 随着 Fr_0 和λ 的增大而增大。通气比 β 随墩高比 C_h 的变化规律是：β 随 C_h 的增大而增加，当 C_h 增大到某一定值，β 有最大值，以后随 C_h 增大 β 值反而减小。β 值减小的原因是齿墩顶部的水层变薄时，空气由顶部补入，实际的气水比仍在继续增大，而实测的由底空腔补给的需气量反而减小。试验表明，在 Fr_0=3.3～4.0 时，C_h=0.8～0.9，β 有最大值，至 C_h=1.1～1.2 时，β 值急剧降低。

6. 分流齿墩墩头压强分布规律

分流齿墩墩头的压强分布规律与掺气分流墩相同。但分流齿墩的墩顶淹没在水下，当水流通过墩顶时，墩顶对水流有扰动作用，产生水流分离，有可能在墩头顶部产生负压。文献[18]进行了分流齿墩墩顶压强的数值计算，认为在墩头顶部存在负压，负压范围约为墩顶前缘至墩厚 20%的地方，而且负压较大，甚至会出现空蚀破坏。

为了探明墩顶负压，对墩头的压强进行了测量。墩头直径为 1.0cm，墩宽为 1.303cm，墩头倾角为 θ=75°，墩高分别为 5cm 和 7cm。在齿墩墩头的顶部布置了 4 个测点，如图 6.56 所示。测点①和测点③在墩头的正中部，测点②和测点④与墩头正中部的夹角为 45°。测点①和测点②距墩头前缘的相对距离为 0.1，测点③距墩头前缘的相对距离为 0.233，测点④距墩头前缘的相对距离为 0.166。

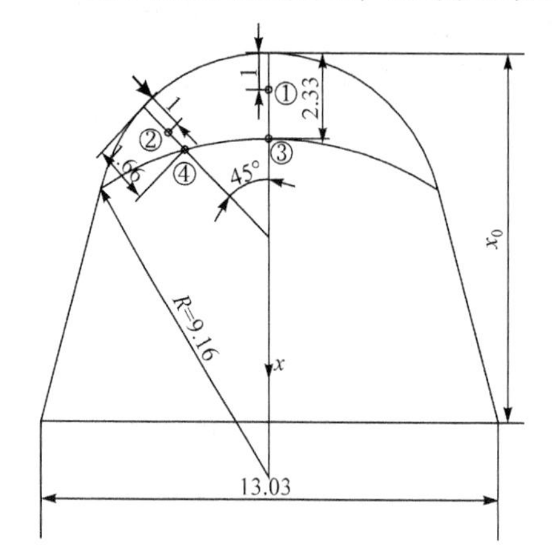

图 6.56　墩顶压强测点布置图(单位：mm)

实测分流齿墩墩顶的时均压强分布如图 6.57(a)和(b)所示，其中图 6.57(a)的墩高为 5cm，图 6.57(b)的墩高为 7cm。图中 x_0 为墩头顶部总长度；x_i 为测点距墩头滞点的距离；$p_{\max}$ 为墩头顶部最低点最大压强，因为墩头顶部最低点无法设测压孔，所以 $p_{\max}$ 采用 $p_{\max}=\gamma E'$，E' 为齿墩顶部最低点以上总水头。

由图 6.57 可以看出，在墩头顶部存在负压，当墩高为 5cm 时，最大负压在测点①，即在墩头的正中部，说明当水流通过分流齿墩时，在墩头顶部由于水流分离而产生负压，负压值沿程逐渐减小；随着弗劳德数的增大负压逐渐增大，说明墩顶压强也与墩顶水深有关，水深越大，相对负压越小。在测点③，负压已很小，在测点④，除弗劳德数为 3.05 时仍有负压外，其余弗劳德数情况下已为正压强。

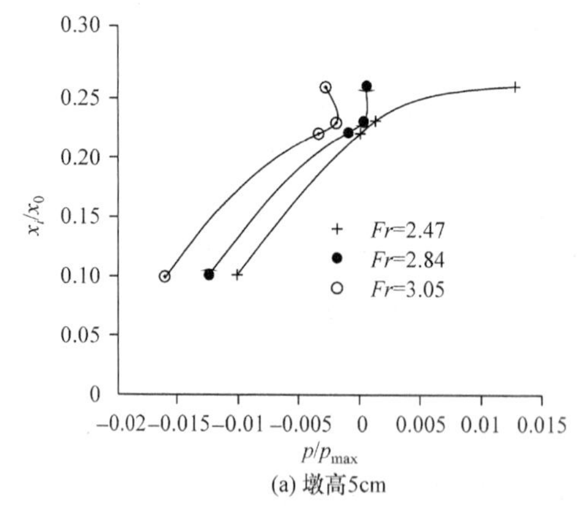

(a) 墩高5cm

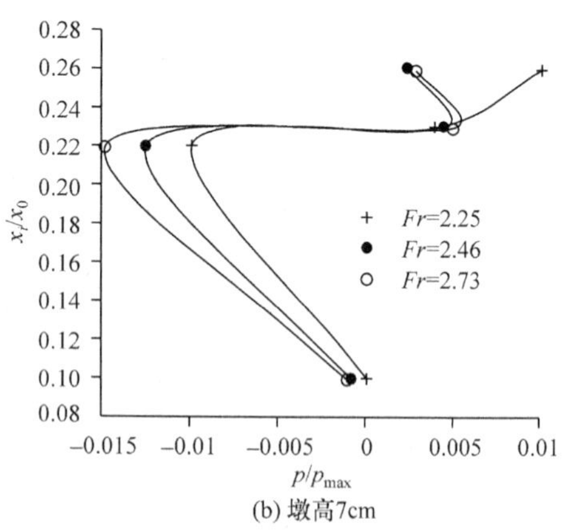

(b) 墩高7cm

图 6.57　齿墩墩顶压强分布

当墩高为 7cm 时，最大负压出现在测点②，而且弗劳德数越大，负压越大，测点①的负压很小，几乎为零；在测点③和④，已均为正压强。

由以上分析可以看出，墩子高度越低，墩头上的负压越大。实测墩头最大负压在墩高为 5cm 时为–0.68cm，$p/p_{max}=-0.017$；在墩高为 7cm 时为–0.6cm，$p/p_{max}=-0.015$。可见墩头顶部的负压很小，在试验范围内，仅占墩头以上总水头的 1.7%～1.5%。虽然实测的墩头顶部时均负压很小，但墩头顶部的脉动压强目前没有实测成果，因此在运用分流齿墩作为掺气消能设施时，对墩头顶部的脉动压强需进一步研究。

对于分流齿墩墩头侧面的压强分布规律将在第 7 章详述。

参考文献

[1] 闫晋垣. 掺气分流墩设施的研究[J]. 水利学报, 1988, (12): 46-50.

[2] 高速水流译文集(长江水利水电科学研究院选译). 坝的永久性溢洪道[M]. 北京：水利电力出版社，1979: 343-353.

[3] BORSARI R D, KANASHIRO W H, MACHADO C F S. Cavitation phenomenon analysis on surface spillway of ILHA SOLTEIRA hydroelectric power plant [C]. Beijing: The Chinese hydraulic engineering society, International association for hydraulic research, 1988: 664-671.

[4] 闫晋垣. 掺气分流墩研究综述[C]. 秦皇岛: 93 全国水动力学研讨会, 1993: 658-666.

[5] 闫晋垣, 唐永吉, 郭天德. 柘林掺气分流墩原型观测试验研究[J]. 水利学报, 1986, (10):1-9.

[6] 杨敏, 陈树滋. 消能掺气墩与 T 型墩在沙河子水库中的联合应用[J]. 泄水工程与高速水流, 1991, (1): 43-48.

[7] 何玲. 掺气分流墩在仙米水电站的应用[J]. 西北水力发电, 2005, 21(3): 54-56.

[8] 张应亮. 桂花水电站掺气分流墩与消力池联合应用消能效果的研究[J]. 中国水能及电气化, 2011, (8): 39-44.

[9] 张志昌，闫晋垣. 掺气分流墩收缩比的试验研究[C]. 长沙:97 全国大中型水工水力学学术讨论会，1997: 271-277.

[10] 张志昌，闫晋垣，孙建，等. 掺气分流墩射流消力塘压强特性的研究[J]. 西安理工大学学报，1999，15(1): 131-136.

[11] 张宗孝, 闫晋垣. 掺气分流墩墩头的动水压强特性的试验研究[J]. 武汉大学学报, 2001, 34(4): 1-5.

[12] 孙建, 闫晋垣, 张宗孝, 等. 掺气分流墩墩头脉动壁压及其模型律试验研究[J]. 水利学报, 1996, (1): 64-68.

[13] 高岩. 分流墩空化特性的试验研究[C]. 武汉：高速水流与高速水流情报网第三届全网大会, 1990: 84-90.

[14] 田淳. 掺气分流墩阶级溢洪道(单级)水力特性的试验研究[D]. 西安: 陕西机械学院, 1993.

[15] 田淳, 闫晋垣, 张宗孝, 等. 掺气分流墩下游水舌掺气特性研究[J]. 水利学报, 1996, (增刊): 146-150.

[16] 闫晋垣, 张宗孝, 张志昌, 等. 消力池上游增设消能工消能量的估算[J]. 水利学报, 1991, (8): 40-45.

[17] 周安良. 齿墩式掺气坎与消力池联合应用水力特性试验研究[D]. 西安: 陕西机械学院, 1990.

[18] 徐进鹏. 高齿墩掺气设施的三维数值模拟研究[D]. 西安: 西安理工大学, 2011.

第7章　台阶式溢洪道与分流齿墩掺气设施联合应用水力特性的试验研究

7.1　试 验 模 型

试验模型由上游水库、WES曲线堰、过渡段、分流齿墩掺气设施、台阶段、反弧段和下游矩形渠槽组成，出流条件为自由出流。堰上设计水头 H_d=20cm，WES曲线堰上游曲线采用三段复合圆弧相接，其半径分别为 R_1=10cm、R_2=4cm、R_3=0.8cm，下游曲线方程为 $y/H_\mathrm{d}=0.5\left(x/H_\mathrm{d}\right)^{1.85}$。WES曲线堰切点后接过渡段，过渡段与台阶段之间设置分流齿墩掺气设施。试验中，台阶式溢洪道坡度分别采用51.3°和30°，对应坝高分别为203cm和186.63cm，溢洪道宽度均为25cm，台阶末端后接反弧段，反弧半径分别为26.5cm和60cm，反弧出口与等宽的矩形渠槽相接。试验的堰上水头、溢洪道宽度、单宽流量、坡度、过渡段长度、台阶段长度、溢洪道长度、台阶步长、台阶步高以及台阶级数见表7.1。

表7.1　试验模型参数

<table>
<tr><th>堰上水头/cm</th><th>溢洪道宽　度/cm</th><th>单宽流量/[m³/(s · m)]</th><th>坡度/(°)</th><th>过渡段长度/cm</th><th>台阶段长度/cm</th><th>溢洪道长度/cm</th><th>台阶步长/cm</th><th>台阶步高/cm</th><th>台阶级数/级</th></tr>
<tr><td>10</td><td>25</td><td>0.0585</td><td>51.3</td><td>1.2</td><td>211.3</td><td>281.59</td><td>4</td><td>5</td><td>33</td></tr>
<tr><td>15</td><td>25</td><td>0.1132</td><td rowspan="4">30</td><td rowspan="4">40</td><td rowspan="4">300</td><td rowspan="4">393.55</td><td rowspan="4">8.66</td><td rowspan="4">5</td><td rowspan="4">30</td></tr>
<tr><td>20</td><td>25</td><td>0.1809</td></tr>
<tr><td>25</td><td>25</td><td>0.2602</td></tr>
<tr><td>30</td><td>25</td><td>0.3502</td></tr>
</table>

分流齿墩掺气设施采用柘林水电站第一溢洪道的掺气分流墩设施，其与台阶式溢洪道的联合应用如试验模型图7.1所示，该设施具有较好的掺气和消能效果。将分流齿墩掺气设施应用在台阶式溢洪道上的目的是给台阶掺气，以减免台阶式溢洪道的空蚀破坏，同时也会增加消能效果。

流量采用矩形量水堰测量，水深用测针或钢尺测量，时均压强用测压管测量，水流掺气浓度用中国水利水电科学研究院的CQ6-2005型电阻式掺气浓度仪测量，见第2章图2.24。

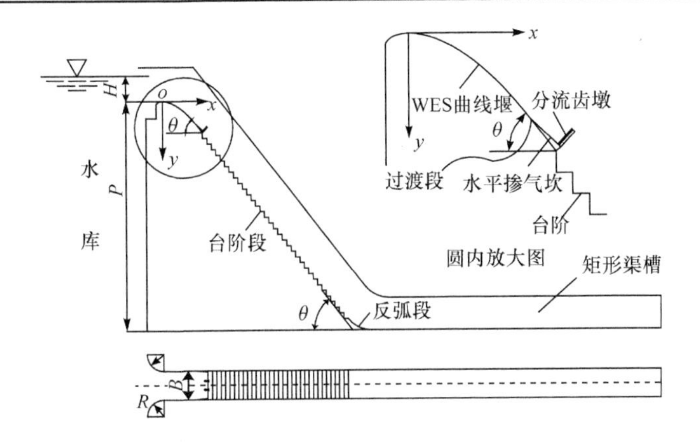

图7.1 试验模型示意图

7.2 分流齿墩掺气设施体型的确定

7.2.1 分流齿墩掺气设施的组成及作用

分流齿墩掺气设施主要由底部的水平掺气坎，与边墙相接的侧墙掺气坎以及若干个齿墩组成，见图7.2。水平掺气坎的作用是当水流流经掺气坎时，将原来的贴壁水流变成挑射水流，挑射水流下缘为掺气空腔；侧墙掺气坎的作用是将紧挨两边墙的水流向溢洪道内部收缩，在坎后一定范围内形成侧空腔，以给挑射水流下缘的掺气空腔补气；齿墩采用半圆柱形墩头形式，并垂直放置在水平掺气坎上，其作用是当水流流过齿墩时，起到梳齿作用，并将水流分成上下两部分，一是沿墩头抛射的水流，这部分水流受到齿墩局部顶托，发生壅高、变形和挑射，二是齿间水流，齿间水流为多股绕齿墩流动的出射水流。

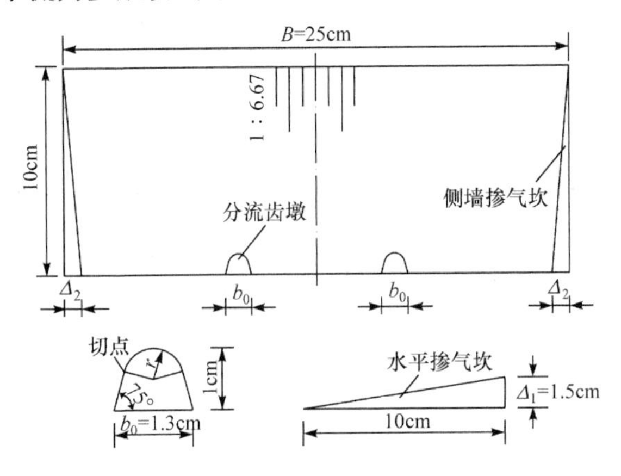

图7.2 分流齿墩掺气设施示意图

7.2.2 分流齿墩掺气设施的位置

在台阶式溢洪道上增设分流齿墩掺气设施，确定合理的设施位置十分重要。分析认为，当设施的体型尺寸一定时，设施位置越低，水流流速越大，由于溢洪道长度有限，水舌在空中的扩散射程就越短。这时，水舌的初始扰动可能很大，但射程短，水舌扩散不充分，效果不会好。反之，位置很高，流速小，水舌的初始扰动就不足，即使预留有很长的射程，水舌扩散仍不充分。因此，设施位置既要有增强水流紊动所必需的流速，还要有水舌充分扩散所必需的射程，满足上述两项要求的齿墩位置高度可以在一定的范围内变化。闫晋垣[1]曾对柘林水电站泄洪洞掺气分流墩设施的原型观测表明，在墩前断面的平均流速为 20.3m/s，弗劳德数 Fr =3.55 的条件下，掺气分流墩设施具有良好的掺气和消能效果。一般认为，分流齿墩掺气设施的较佳位置是墩前断面流速为 20m/s 左右，水流弗劳德数 Fr =2.0～4.0。文献[2]曾对 51.3°的台阶式溢洪道设置掺气挑坎进行过试验研究，确定出掺气挑坎的位置设在溢流堰切点向下游 4.8cm 处(即第一级台阶的上游)，具有较好的掺气效果。

在台阶式溢洪道上设置分流齿墩掺气设施，主要目的是给台阶式溢洪道掺气以避免台阶式溢洪道的空蚀，其次是有一定的消能效果。台阶式溢洪道本身水流边界层较光滑溢洪道发展得快，表面波破碎较早且较为剧烈，在边界层发展到水面以后，空气会很快地掺入到水流内部，因此在掺气发生点以后，台阶式溢洪道发生空蚀的可能性较小，而在初始掺气发生点以前发生空蚀的概率较大。因此，分流齿墩掺气设施的位置应设在掺气发生点以前的部位。

本章将分流齿墩掺气设施布置在第一级台阶以前，此处距离溢流堰顶的垂直距离为 27.3cm。根据试验，当坡度为 51.3°时，墩前未扰动断面的弗劳德数 Fr =2.49～3.99，当坡度为 30°时，Fr =2.16～4.73。观察表明，在此弗劳德数范围内，水流在小流量时呈掺气分流墩流态，在较大流量时呈分流齿墩流态，说明齿墩的位置设置是较为合理的。

7.2.3 水平掺气坎的高度

水平掺气坎的高度直接影响掺气效果。当水流沿水平掺气坎射出时，坎后的几级台阶即为通气空腔，此空腔与侧墙掺气坎形成的侧空腔相连通，并从侧空腔中卷入空气，从而达到给水流掺气的目的。因此，水平掺气坎的高度和挑角是保证水流充分掺气的主要参数，这些参数直接影响底空腔长度、水流冲击角以及挑射水流对下游台阶的冲击力。

水平掺气坎的高度主要受两个条件的限制，一是要始终保持坎后有稳定的通气空腔以给水流掺气；二是水舌落点要落在台阶式溢洪道的中上部，以充分发挥台阶式溢洪道的消能作用。

文献[3]提出了光滑溢洪道上设置掺气挑坎高度的经验公式，见式(4.1)。

为了确定水平掺气坎高度，计算了坡度为 51.3°和 30°时拟设分流齿墩掺气设施处的水深，当堰上水头为 10～30cm 时，由式(4.1)计算的水平掺气坎临界坎高在坡度为 51.3°时为 0.1～0.54cm，30°时为 0.08～0.44cm。

在同一模型上，文献[2]曾对不同水平掺气坎高度进行研究，坎高分别为 0.5cm、0.75cm、1.0cm 和 1.5cm。试验结果表明：当掺气挑坎高度较低时，只能适应较低的水头，对于较高的水头，掺气量很小，即使坎高为 1.5cm，在堰上水头为 30cm 时，第 32 级台阶(共 36 级台阶)的近底掺气浓度仅为 1.9%。

为了确定较为合理的水平掺气坎高度，在坡度为 51.3°的台阶式溢洪道上设置水平掺气坎和侧墙掺气坎，侧墙掺气坎高度为 0.65cm(墩宽的一半)，水平掺气坎高度分别为 1.0cm 和 1.5cm。实测两个不同坎高的相对底空腔长度 $L_{\min}/H$ 与流能比 $q/\left(\sqrt{g}E_i^{1.5}\right)$ 的关系如图 7.3 所示。图中 $L_{\min}$ 为底空腔长度，也就是最小射距；H 为堰上水头；E_i 为水平掺气坎末端以上总水头。

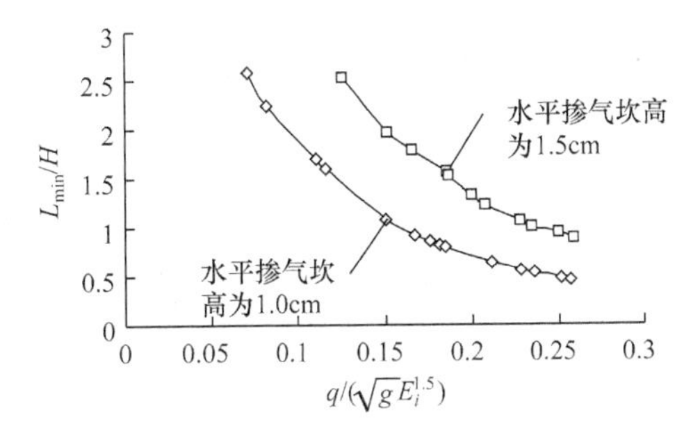

图 7.3　$L_{\min}/H$ 与 $q/\left(\sqrt{g}E_i^{1.5}\right)$ 的关系(坡度为 51.3°)

试验表明，沿两个不同坎高出射的水流落点均在前几级台阶上，水平掺气坎高度为 1.5cm 形成的底空腔长度明显大于 1.0cm 时的底空腔长度，而且在单宽流量较大时，水平掺气坎高度为 1.5cm 时的掺气效果优于 1.0cm 的高度。

分流齿墩掺气设施与单纯水平掺气坎不同，它不仅可以从底部给水流掺气，而且流经分流齿墩顶部的水流破碎严重，水舌落入台阶式溢洪道时也会挟带大量空气，其掺气量远大于单纯水平掺气坎的掺气量。因此，在满足大单宽流量时有较充足掺气量的情况下，选择水平掺气坎高度为 1.5cm。

关于水平掺气坎的坡度，文献[4]结合已有工程实例，认为水平掺气坎坡度一般为 1∶15～1∶5。试验采用的水平掺气坎坡度为 1∶6.67，结果表明，在水平掺气坎后能形成较大的空腔。因此，本章选用水平掺气坎坡度为 1∶6.67。

7.2.4　侧墙掺气坎的高度

侧墙掺气坎高度不仅决定着底部掺气空腔的掺气量，而且为边墙水翅的发展提供了条件。因此，侧墙掺气坎高度的选择既要保证给底部水平掺气坎足够的通气量，又要确保不致产生过大的边墙水翅。

试验中在取侧墙掺气坎的高度分别为 0.65cm(齿墩宽度的一半)和 0.85cm、台阶式溢洪道坡度为 51.3°、分流齿墩高度为 4.5cm、堰上水头为 20cm 和 30cm 的情况下，实测了距侧墙掺气坎末端 19.2cm 处的侧空腔宽度。结果表明，当侧墙掺气坎高度为 0.65cm 时，堰上水头为 20cm 和 30cm，侧空腔宽度分别为 1.7cm 和 1.5cm；当侧墙掺气坎高度为 0.85cm 时，侧空腔宽度分别为 1.8cm 和 1.7cm。可以看出，侧空腔宽度随堰上水头变化较小。

试验观测到，在设计水头以下，两种侧墙掺气坎高度的边墙水翅都很小，随着水位的上升，水翅高度逐渐增大，但两种不同侧墙掺气坎高度下的水翅高度没有产生明显的变化。为了确保坎后侧空腔形成稳定的掺气通道，并为底空腔提供足够的掺气量，试验选用侧墙掺气坎高度为 0.85cm。

7.2.5　分流齿墩形状、宽度、收缩比和高度的确定

1. 齿墩墩头形状的确定

墩头形状对水流阻力大小、紊动强度、水舌扩散程度以及消能和掺气效果都有很大的影响。因此，齿墩墩头形状是设施的主要体型参数之一，目前国内外采用的齿墩墩头形式主要有两种，三角形墩头和半圆柱形墩头。半圆柱形墩头对水流的扰动大，能使水流充分扩散，而且已成功应用于柘林水电站泄洪洞[5]、青海仙米水电站、东北沙河子水电站、安康桂花水电站[6]和白土岭水电站。经过原型观测，半圆柱形墩头经受住了较大流速的考验，未发生空蚀破坏，而且消能和掺气效果显著[5]，因此本章采用半圆柱形墩头形式。

2. 齿墩宽度的确定

研究表明，对于齿墩宽度，水工建筑物中厚大的墩体不一定就是安全的，消除旋涡带空化问题，除了体型研究外，适当减小墩子宽度也可减弱旋涡带空化的强度，并且较窄的墩子从水平掺气坎给旋涡带通气减蚀也容易一些。文献[7]在 51.3°台阶式溢洪道上采用掺气分流墩时，选用的墩头半径为 1cm，墩宽为 2.5cm。试验结果表明，墩头对水流扰动大、射程远，相当一部分水流直接射入到下游渠槽中，降低了台阶式溢洪道消能的作用。本章初选墩头半径为 0.5cm，墩宽为 1.3cm，观测表明，通过分流齿墩掺气设施的水流流态良好，墩顶抛射水流全部回落在台阶中上游，而且台阶上的水流掺气也比较充分。

3. 分流齿墩掺气设施收缩比的确定

收缩比 λ_0 定义为分流齿墩总宽度(包括侧墙掺气坎高度)与溢洪道宽度的比值。分流齿墩掺气设施的收缩比直接影响着水舌的扩散程度、落点位置，最大冲击点压力、掺气和消能效果。

收缩比的确定是在坡度为 51.3°的台阶式溢洪道上进行的，试验的堰上水头分别为 20cm 和 30cm，收缩比分别为 0.12、0.172、0.224、0.276、0.328 和 0.588，墩高为 4.5cm。试验表明，当 $\lambda_0 = 0.588$ (十个齿墩)时，抛射水流直接落入下游渠槽中，没有达到利用台阶消能的目的。当 $\lambda_0 \leqslant 0.328$(五个齿墩)时，墩顶抛射水流均落在了台阶式溢洪道上。表 7.2 为底空腔长度、侧空腔宽度、墩顶水舌长度、有无水翅现象和侧墙掺气坎水舌长度在不同收缩比 λ_0 情况下的试验结果。

表 7.2　不同收缩比 λ_0 情况下的水力特性(坡度为 51.3°)

水力特性	$\lambda_0=0.12$		$\lambda_0=0.172$		$\lambda_0=0.224$		$\lambda_0=0.276$		$\lambda_0=0.328$	
堰上水头/cm	20	30	20	30	20	30	20	30	20	30
底空腔长度/cm	19	16	17	15	16	11.7	12.8	11	9	8.5
侧空腔宽度/cm	2	2	1.8	1.7	1.5	1.5	1.2	1.0	1.0	1.0
墩顶水舌长度/cm	70	64	96	83	102	90	126	90	134	116
有无水翅现象	很小	很小	高出实体水流 1cm	高出实体水流 5cm	高出实体水流 3.5cm	高出实体水流 8cm	高出实体水流 5cm	高出实体水流 11cm	高出实体水流 7cm	高出实体水流 13cm
侧墙掺气坎水舌长度/cm	45	64	51.2	64	64	83	70	90	102	115

由表 7.2 可以看出，在不同收缩比情况下，水平掺气坎后均能形成稳定的底空腔，且空腔长度随着收缩比和单宽流量的增大而减小。对于侧空腔，在同一收缩比情况下，侧空腔宽度基本不变，但随着收缩比的增大，侧空腔宽度减小，这是收缩比增大，靠近边墙两侧的齿间水流对侧墙挑射水流有挤压作用，使得侧空腔宽度变小。墩顶水舌长度随收缩比的增大而增大，说明收缩比越大，水舌纵向扩散越大，消能效果越好。

试验观测到，当水平掺气坎后的出射水流冲击台阶后，在台阶上会形成反弹水流，反弹水流沿纵向和横向流动，沿横向流动的水流受到溢洪道边墙的阻挡后，在两侧边墙形成一股高出实体水流的水翅，水翅高度随收缩比的增大而增加。当 $\lambda_0 \leqslant 0.172$(两个齿墩)时，水翅高度高出实体水流很小；当 $\lambda_0 \geqslant 0.224$ 时，边墙水翅明显抬高，而且水翅具有脉动特性，一会儿很高，一会儿又很低。时而会高出溢洪道主流水深 8～13cm，时而与溢洪道实体水深基本相同，这对溢洪道边墙高度的设计带来困难。

根据以上比较，认为$\lambda_0 \leqslant 0.172$(即两个齿墩)时，台阶式溢洪道上的水流流态较好，在水平掺气坎后能形成稳定的通气空腔，台阶式溢洪道上的掺气效果明显；全部水流均落在了台阶式溢洪道的上部，能够充分发挥台阶式溢洪道的消能作用；边墙水翅高度较小，对溢洪道的边墙高度设计影响不大，也没有引起不良流态；分流齿墩掺气设施对水流有一定的扰动作用，增加了消能效果，由此确定收缩比$\lambda_0=0.172$。

4. 齿墩高度的确定

齿墩高度直接影响水流流态以及消能效果。如果齿墩高度高于墩前未扰动断面水深，通过齿墩的水流为掺气分流墩流态；如果齿墩高度低于墩前未扰动断面水深，墩顶抛射水流为连续实体水流，为齿墩流态。掺气分流墩流态对水流扰动大，掺气效果显著，消能效果好，水舌射程远，但水体膨胀大；齿墩流态对水流扰动小，掺气和消能效果不及掺气分流墩流态，水舌射程较近，但水体膨胀小。因此，既要达到给水流充分掺气的目的，又要充分发挥台阶式溢洪道消能作用的合理齿墩高度是十分重要的。

试验观测了坡度为51.3°，齿墩高度分别为6.0cm、4.5cm和5.0cm，$\lambda_0=0.172$情况下的水流流态。试验表明，当墩高为6.0cm，堰上水头小于20cm时为掺气分流墩流态，大于20cm时为齿墩流态，水舌抛射点在台阶式溢洪道的中下游，未能充分发挥台阶式溢洪道的消能作用，台阶式溢洪道上掺气量过大，水体膨胀大。当墩高为4.5cm，堰上水头小于15cm时，仍为掺气分流墩流态，大于15cm时为齿墩流态，墩顶抛射水流回落点提前，所有水流均落在了台阶式溢洪道的上部，使得台阶消能的作用增加，但台阶式溢洪道上的掺气量减小。当墩高为5.0cm，堰上水头小于17.5cm时为掺气分流墩流态，大于17.5cm时为齿墩流态，这时所有抛射水流全部落在了台阶式溢洪道中上部，台阶上的掺气量较大，且水体膨胀相对较小。

试验还对墩高为5.0cm、堰上水头为30cm时的水流流态进行了观察。结果表明，水流流态良好，台阶上的掺气量能够满足掺气要求，因此选用齿墩高度为5.0cm作为试验高度。

本节研究分流齿墩掺气设施的体型，主要为：水平掺气坎、侧墙掺气坎的高度和坡比，分流齿墩的墩头形状、齿墩高度和宽度，分流齿墩掺气设施的收缩比以及设置位置。现将以上试验的参数无量纲化，具体为：①水平掺气坎的高度$\varDelta_1$与台阶高度a的比值$\varDelta_1/a=0.30$，坡比为1：6.67；侧墙掺气坎的高度$\varDelta_2$与齿墩宽度b_0的比值$\varDelta_2/b_0=0.654$，坡比为1：11.76；②分流齿墩的体型采用半圆柱形墩头，半径 r 与墩宽 b_0 的比值 r/b_0=0.385，墩高 $\varDelta_3$ 与墩宽 b_0 的比值 $\varDelta_3/b_0=3.85$，墩头扩散角为 75°；③分流齿墩掺气设施的收缩比 λ_0=0.172，即采用两个齿墩，均匀地布置在水平掺气坎上，齿墩垂直于水平掺气坎放置；④分流齿墩掺气设施设置在距溢流堰顶垂直距离为 27.3cm 处，此处的弗劳德数范围为 2.16～4.73。

7.3　水流流态和水面线

7.3.1　分流齿墩掺气设施的出射水流流态

分流齿墩掺气设施的出射水流流态根据其墩前未扰动断面水深 h_0 与墩高 $\varDelta_3$ 的比值，分为掺气分流墩流态和齿墩流态，现将这两种流态分别描述如下。

试验观测到，当墩前未扰动断面的水深 h_0 小于分流齿墩高度 $\varDelta_3$，即墩高比 $C_h=h_0/\varDelta_3<1.0$，堰上相对水头 $H/H_d<0.875$ 时(H 为堰上水头，H_d 为堰上设计水头)，墩前未扰动断面水深小于齿墩高度，通过分流齿墩掺气设施的水流流态为掺气分流墩流态。由于齿墩穿透水面，掺气分流墩流态分为水流沿墩面爬高、水流绕墩体扩散、水平掺气坎上的挑射水流以及水舌空中交汇的急流冲击波，如图 7.4 所示。

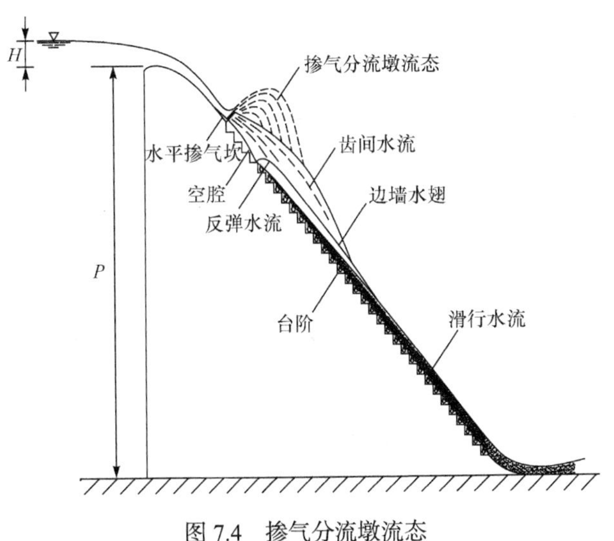

图 7.4　掺气分流墩流态

当水流为掺气分流墩流态时，墩前一部分水流沿墩面爬高，在墩顶形成完全破碎的多股薄层射流，射流在回落的过程中带入了大量的空气；绕齿墩流动的水流受到墩体的扰动、分割，形成多股 U 形断面水舌，U 形水舌沿齿墩不同高度向下游抛射，形成了绕墩体两侧的水翅，由于每股水舌的运动方向和流速均不同，水舌抛射的高度和长度也不相同；齿间水流由于横向扩散交汇形成急流冲击波，增加了水流的扰动程度；当水流通过水平掺气坎和侧墙掺气坎时，形成挑射水流。整个水舌四面临空，并沿竖向、纵向和横向急剧扩散，剧烈紊动，每股水舌的底面、顶部和侧面均为空腔，空腔与大气自然相通，因此掺气分流墩流态具有充分的掺气和消能效果。

当墩高比 $C_{\mathrm{h}} = h_0/\varDelta_3 > 1.0$ ，堰上相对水头 $H/H_{\mathrm{d}}>0.875$ 时，墩前未扰动断面水深大于齿墩高度，通过分流齿墩掺气设施的水流流态为齿墩流态。齿墩流态的墩顶抛射水流为连续实体水流，墩顶水流受到齿墩顶托，发生壅高；在墩顶与墩子之间水流呈波状表面，水流在纵向受齿墩的梳齿作用，形成梳齿状的自由射流，如图 7.5 所示。齿墩流态与掺气分流墩流态最大的区别是墩顶抛射水流为连续实体水流，正是这一区别，使得水流的射距、掺气量以及消能效果均小于掺气分流墩流态，但对水流的扰动较小，掺气和消能效果优于单纯水平掺气坎流态。当通过齿墩顶部、底部抛射的水流回落到台阶式溢洪道上时，仍然挟带了大量的空气。

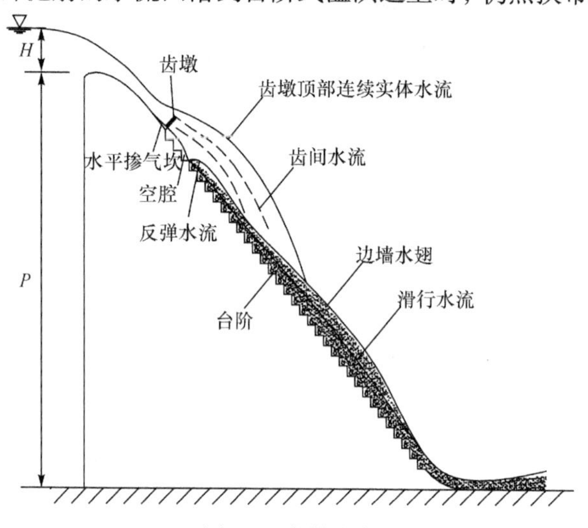

图 7.5　齿墩流态

7.3.2　台阶式溢洪道上的水流流态

台阶式溢洪道上的水流流态具有明显的分层性质，如图 7.4 和图 7.5 所示。沿水平掺气坎抛射的水流，在水舌落点以前为空腔区。在空腔区上方，抛射水流视齿墩高于水面或低于水面而有不同的流态。当齿墩高于水面时，齿墩对水流的扰动作用大，水流破碎严重，水面比较紊乱。当齿墩低于水面时，齿墩对水流的扰动作用相对减弱，水面波破碎位置后移，在水平掺气坎上的抛射水流和墩顶抛射水流之间有一楔形清水区。随着水流沿程紊动加剧，水面波破碎后，在水流表面形成一股“白水”，“白水”沿程向水流内部发展。

当挑射水流跌落在台阶式溢洪道上时，从水舌最近落点处开始，台阶式溢洪道上均形成滑行水流。与单纯台阶式溢洪道的滑行水流相比较，此滑行水流已是带有大量空气的水气两相流，而非单纯的实体水流。

沿溢洪道边墙的水翅，坡度为 30°的台阶式溢洪道水翅高度、长度均小于坡度为 51.3°时的水翅高度和长度。

7.3.3　分流齿墩掺气设施与台阶式溢洪道联合应用的水面线

根据以上对流态的描述，可将分流齿墩掺气设施与台阶式溢洪道联合应用的水面线分为三部分，即未扰动断面前水面线、水流通过分流齿墩掺气设施时的抛射水舌轨迹和台阶式溢洪道边墙水面线。分流齿墩墩前水面线是指溢流堰顶至墩前未扰动断面的水面线，可以用第 2 章式(2.32)计算。对于墩后水面线，研究如下。

1) 分流齿墩水舌的最大射距

分流齿墩抛射水流最大射距如图 7.6 所示，齿墩与水平掺气坎的夹角为 90°。试验表明，通过分流齿墩的抛射水流沿着齿墩不同高度喷射而出，整个水舌的水面线由一簇包络线组成。在这一簇包络线中，假设水舌以 45°抛射时具有最大射距，按自由抛射体理论可得水舌最大射距的理论值 $L'_{\max}$ 为

$$L'_{\max} = \frac{v_0^2(1+\sqrt{1+4gy_1/v_0^2})}{2g} \tag{7.1}$$

式中，v_0 为墩前未扰动断面的平均流速；y_1 为水平掺气坎末端顶部高程与下游水舌落点高程之差，可由式(7.2)计算

$$y_1 = \varDelta_1\cos\theta + L'_{\max}\tan\theta \tag{7.2}$$

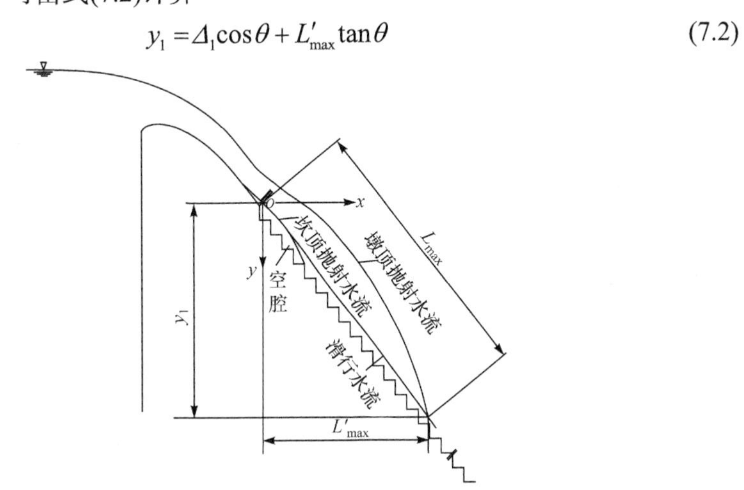

图 7.6　分流齿墩抛射水流最大射距示意图

将式(7.2)代入式(7.1)可得

$$L'_{\max}=\frac{v_0^2}{2g}\left[(1+\tan\theta)+\sqrt{(1+\tan\theta)^2+\frac{4g\varDelta_1\cos\theta}{v_0^2}}\right] \tag{7.3}$$

由式(7.3)计算的是抛射水流的水平距离，在计算时，可以用斜距$L''_{\max}$表示，其表达式为

$$L''_{\max}=\frac{L'_{\max}}{\cos\theta} \tag{7.4}$$

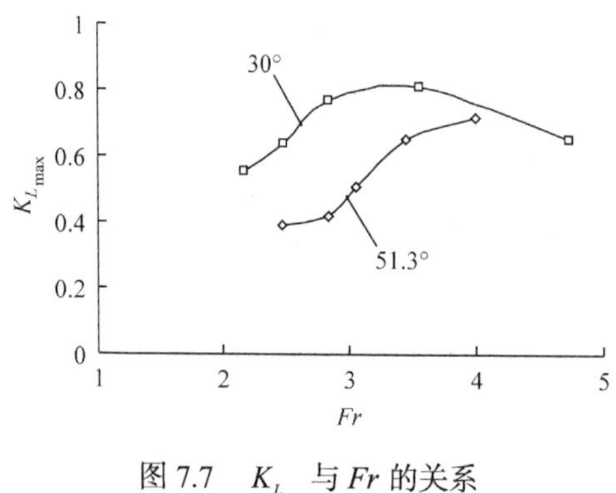

图 7.7　$K_{L_{\max}}$ 与 Fr 的关系

实际上，齿间水流绕齿墩扩散后，相互间发生碰撞、混掺；墩顶抛射水流沿纵向扩散时受到空气阻力作用，都会消耗掉水流的能量，使得实际最大射距$L_{\max}$小于理论值$L''_{\max}$。实测水舌最大射距$L_{\max}$与理论最大射距$L''_{\max}$之比$K_{L_{\max}}$ ($K_{L_{\max}}=L_{\max}/L''_{\max}$) 与$Fr$的关系如图 7.7 所示。由图可得

当坡度为 51.3°时，

$$K_{L_{\max}}=-0.0317Fr^2+0.44Fr-0.5251 \tag{7.5}$$

当坡度为 30°时，

$$K_{L_{\max}}=-0.1328Fr^2+0.9533Fr-0.8904 \tag{7.6}$$

在计算实际抛射水舌最大射距$L_{\max}$时，应在式(7.4)中乘以$K_{L_{\max}}$。

2) 分流齿墩水舌的最小射距

齿墩水舌的最小射距也就是底空腔长度，是由沿水平掺气坎顶部抛射的水流轨迹决定的，理论上也可以用抛射体公式计算，但由于水平掺气坎顶部抛射水流的流速较小，而计算采用的未扰动断面平均流速比实际底部流速大，因此用抛射体理论公式计算的最小射距与实测射距相比差距较大。分析认为，当台阶式溢洪道坡度、齿墩形状一定时，影响最小射距的主要因素是来流弗劳德数、水平掺气坎高度$\varDelta_1$和水平掺气坎末端以上总水头E_i。实测相对最小射距$L_{\min}/(E_i+\varDelta_1)$与未扰动断面弗劳德数$Fr$的关系如图 7.8 所示。拟合公式为

当坡度为 51.3°时，

$$L_{\min}/(E_i+\varDelta_1)=0.0551Fr^2-0.0934Fr+0.2522 \tag{7.7}$$

当坡度为 30°时，

$$L_{\min}/(E_i+\varDelta_1)=-0.0217Fr^2+0.3019Fr-0.2552 \tag{7.8}$$

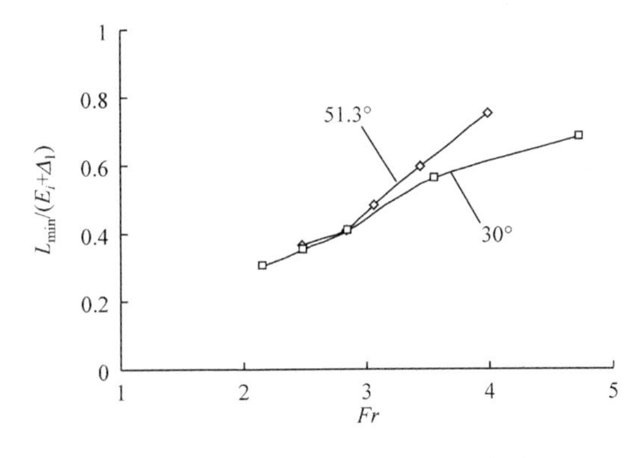

图 7.8　$L_{min}/(E_i+\Delta_1)$ 与 Fr 的关系

7.3.4　台阶式溢洪道边墙水面线

在台阶式溢洪道上增设分流齿墩掺气设施后，影响边墙水面线的因素包括水平掺气坎高度 Δ_1、坡度 i_1，侧墙掺气坎高度 Δ_2、坡度 i_2，齿墩高度 Δ_3、收缩比 λ_0，单宽流量 q，台阶式溢洪道坡度 i，台阶高度 a，水流流速 v，溢洪道总长度 L_0，坝高 P，测点以上总水头 E，测点距溢流堰顶的斜向距离 L_i，重力加速度 g，水流密度 ρ，动力黏滞系数 μ 等，影响因素十分复杂，要从理论上计算台阶式溢洪道的水面线非常困难。分析认为，影响水面线的主要因素是流能比 $q/(\sqrt{g}E^{1.5})$、齿墩设施体型尺寸参数、收缩比、台阶式溢洪道坡度、相对台阶尺寸以及测点距溢流堰顶的距离等。现根据试验点绘台阶式溢洪道边墙相对水深 y 与相对距离 x/L' 的关系见图 7.9。

由图 7.9 可以看出，边墙相对水深随相对距离的增加而增加，拟合方程为

$$y=a\left(\frac{x}{L'}\right)^2+b\left(\frac{x}{L'}\right)+c \tag{7.9}$$

式中，$y=\lambda_0(a\cos\theta+h+\Delta_1+\Delta_3)/[Pq/(\sqrt{g}E^{1.5})]$；$L'$ 为从台阶起始段至反弧段末端的斜长；a、b、c 为系数，不同堰上相对水头的系数取值见表 7.3。

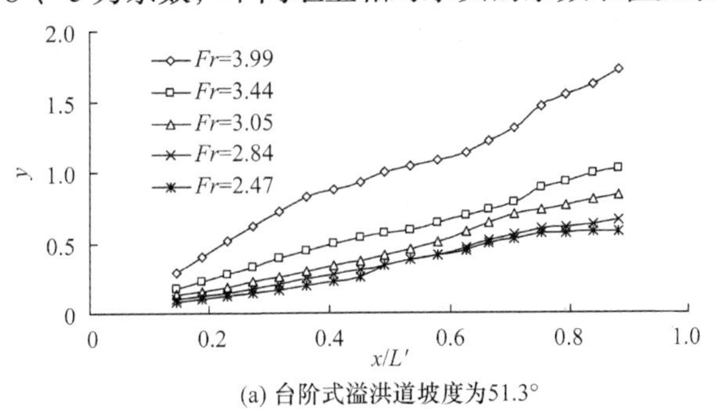

(a) 台阶式溢洪道坡度为51.3°

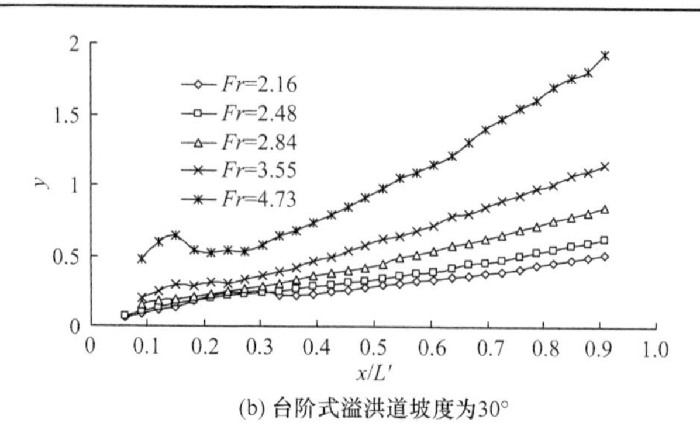

(b) 台阶式溢洪道坡度为30°

图 7.9　台阶式溢洪道相对边墙水深 y 与 x/L' 的关系

表 7.3　不同堰上水头的系数取值

坡度/(°)	H/H_d	a	b	c
51.3	0.50	0.0203	1.7634	0.1051
	0.75	0.1756	0.9437	0.0548
	1.00	0.2981	0.7087	0.0099
	1.25	0.1272	0.6792	−0.0140
	1.50	−0.0560	0.8394	−0.0699
30	0.50	1.4567	0.4058	0.3783
	0.75	0.4993	0.6800	0.1291
	1.00	0.3037	0.5574	0.0934
	1.25	0.1579	0.4367	0.0871
	1.50	0.0496	0.4180	0.0770

式(7.9)给出了台阶式溢洪道边墙水面线的计算方法。实际工程证明，当来流量较小、台阶上掺气充分、水体膨胀严重、原型水深大于模型水深，应注意缩尺影响，但目前尚未有原型观测资料来验证。当来流量较大、掺气量较小时，可以按照一般水面安全超高计算。

7.4　压 强 分 布

7.4.1　齿墩墩头动水压强测点布置

在齿墩墩头的迎水面和侧面布置了 4 排测压孔，每排布置 4 个测点，如图 7.10 所示。墩头迎水面测点编号为 1、2、3、4，墩头侧面在 x_i/L_d =0.5(切点)，x_i/L_d =0.67 和 x_i/L_d =0.85 处的测点编号为 5～16，其中 x_i 为测点距墩顶的曲线距离；L_d 为墩头距墩尾的曲线距离。每排测压孔距齿墩底部的距离从上到下分别为 4.6cm、3.5cm、2.4cm 和 1.3cm。与墩高的相对距离为 0.92、0.70、0.48 和 0.26。

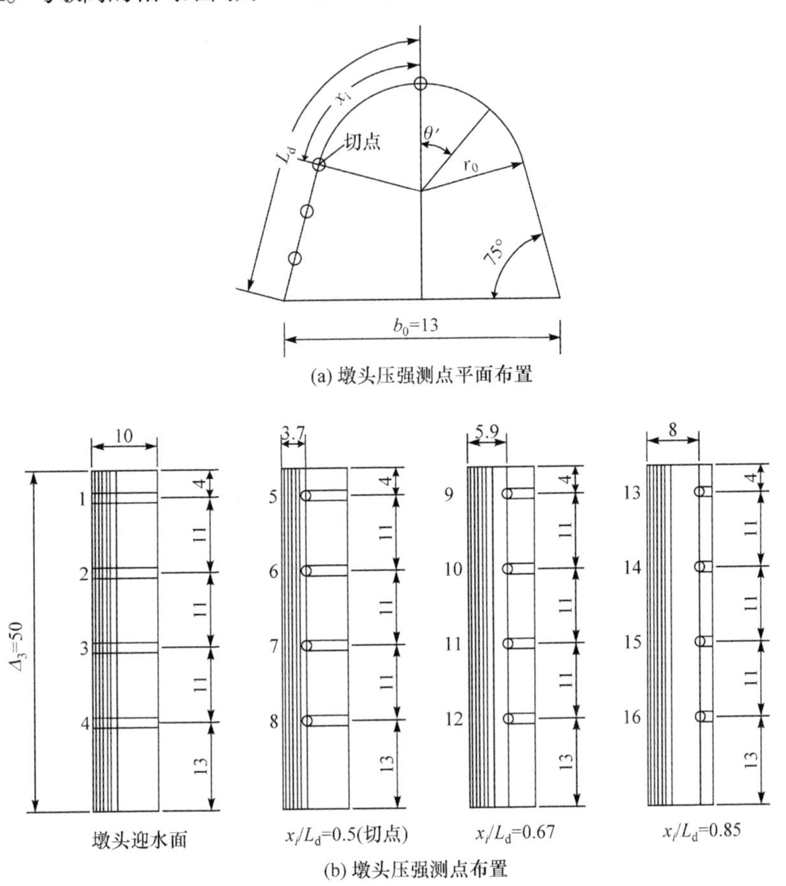

图 7.10　齿墩压强测点布置(单位：mm)

7.4.2　齿墩墩头时均压强沿墩高分布

1. 墩头迎水面时均压强沿墩高分布

测量了台阶式溢洪道坡度为 51.3°和 30°时的齿墩迎水面的压强分布，如图 7.11 所示。图中 p 为测点压强，p_{max} 为墩头底部最大压强，由于墩头底部无法设测压孔，p_{max} 采用 $p_{max}=\gamma E'$，E' 为齿墩底部以上总水头；h_i 为测点距齿墩顶部的距离；Δ_3 为齿墩高度；$K=q/(\sqrt{g}E'^{1.5})$ 为流能比。

实测结果表明，墩头迎水面压强大小主要与作用在测点以上的总水头有关，而与台阶式溢洪道坡度无关。由图 7.11 可以看出，随着 h_i/Δ_3 的减小，相对压强 $p/p_{\max}$ 减小，说明测点离水面越近，作用在测点上的总水头越小，相对压强越小；相反，测点以上总水头越大，相对压强越大。由图 7.11 还可以看出，当 $K=q/(\sqrt{g}E'^{1.5})=0.0852$ 时，$p/p_{\max}$ 偏离其他曲线较远，这是因为在此流能比情况下，墩前水深小于测点高度，为掺气分流墩流态，距墩顶较近的测点未受到水流的垂向冲击力，只受到水流沿齿墩爬高的水压力，所以这些测点的时均压强值小。当齿墩墩头全部淹没在水面以下时，墩头迎水面各测点压强水头由于能量损失略小于测点以上总水头，例如，在设计水头时，4 号测点以上总水头为 45.71cm，实测压强水头为 44.51cm，相差 2.63%，因此在工程设计中，墩前最大压强水头可以用墩底以上总水头代替。根据图中曲线，对于齿墩完全淹没在水面以下的情况，拟合 $p/p_{\max}$ 与 h_i/Δ_3 的关系为

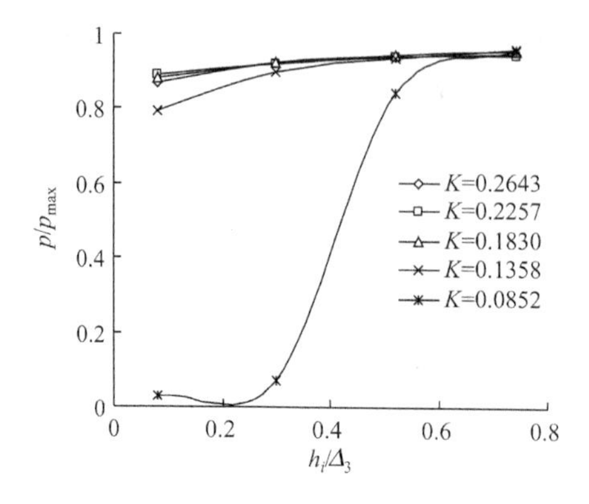

图 7.11　墩头迎水面 $p/p_{\max}$ 与 h_i/Δ_3 的关系

$$p/p_{\max}=0.9678(h_i/\Delta_3)^{0.0371} \tag{7.10}$$

2. 墩头侧面时均压强沿墩高分布

文献[8]测量了掺气分流墩墩头侧面的时均压强分布，测点与墩头的夹角 θ' 分别为 10°、20°、30°和 78°，如图 6.23 所示(文献[8]用 θ，为了与溢洪道坡度 θ 相区别，此处改为 θ')。试验结果表明，随着 θ' 的增大，$p/p_{\max}$ 减小；当 θ' 小于 30°时，墩头上没有负压；当夹角 θ' 为 78°时，墩头上为负压。

为了观测切点以后墩头上的压强分布，在墩头侧面相对位置 x_i/L_d 分别为 0.5(切点)、0.67 和 0.85 处设置了测压孔，测点布置如图 7.10 所示。不同来流弗劳德数情况下的相对时均压强分布结果见图 7.12。

由图 7.12 可以看出，当水流绕齿墩墩头流动时，由于边界层的分离，墩头上有负压产生。当溢洪道坡度为 51.3°和 30°时，相对负压 $p/p_{\max}$ 约在切点处达到最大，在切点以后，由于墩头呈梯形，墩尾逐渐增宽，相对负压 $p/p_{\max}$ 逐渐减小；当墩头完全淹没在水下时，在 $x_i/L_d=0.5$ 时，墩头相对负压随着 h_i/Δ_3 的减小而增大；当 $x_i/L_d=0.67$ 时，曲线呈两头相对负压较小，约在 $h_i/\Delta_3=0.3$ 时

墩头相对负压最大；当 $x_i/L_d=0.85$ 时，相对负压随着 h_i/Δ_3 的减小而减小，约在 $h_i/\Delta_3=0.52$ 时相对负压最大，随后又有所减小。由图 7.12 还可以看出，随着弗劳德数的减小，相对压强逐渐增大，说明墩头上的压强也随着溢洪道上水深的增加而增大。

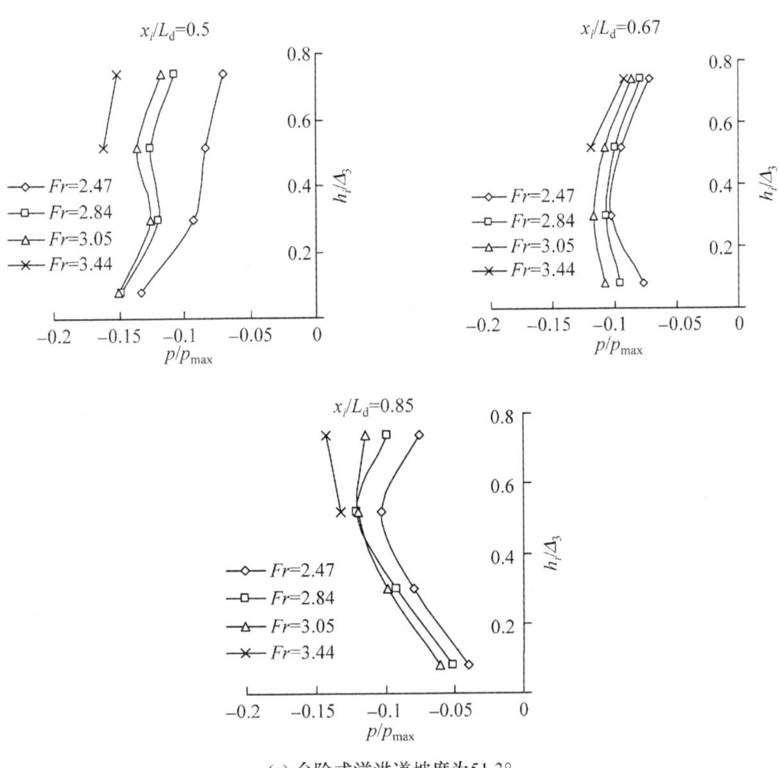

(a) 台阶式溢洪道坡度为51.3°

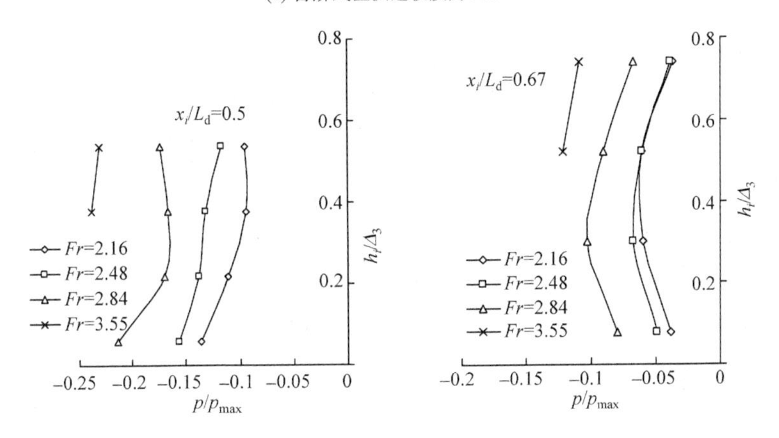

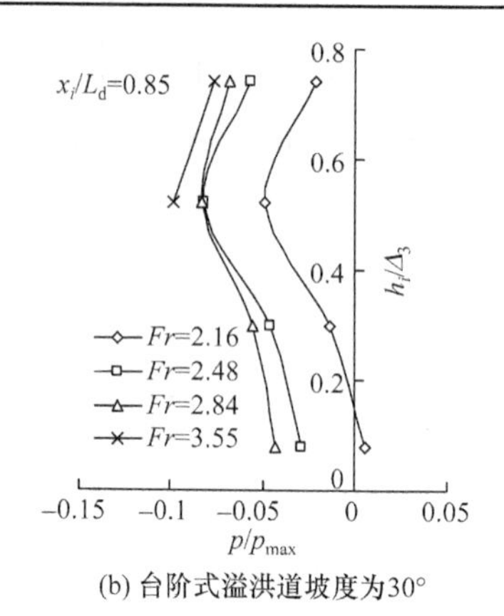

(b) 台阶式溢洪道坡度为30°

图 7.12　墩头侧面相对时均压强沿墩高分布

文献[1]通过原型观测得出了柘林水电站掺气分流墩墩头在用钢板护砌的情况下，墩前最大流速为 24m/s，当扩散角 $\theta_0 = 75°$时，没有发生空蚀破坏。文献[6]在桂花水电站溢流坝上设置了掺气分流墩，没有用钢板护砌，通过校核水头时的流速约为 20 m/s，掺气分流墩也没有发生空蚀破坏。本章中，坡度为 51.3°和 30°的台阶式溢洪道墩前未扰动断面流速范围为 2.09～2.76 m/s，若按 1∶50 的模型比尺换算，则墩前流速为 14.78～19.52 m/s。对于掺气分流墩流态，墩头不会发生空蚀破坏。但对于淹没在水面以下的齿墩流态，文献[9]的数值模拟表明，在齿墩顶部有空化带产生，第 6 章根据文献[9]给出的发生空化带的位置，研究了墩顶时均压强的变化，结果表明墩顶负压很小，但墩顶的脉动压强还有待进一步研究。

3. 墩头时均压强系数沿横断面分布

齿墩墩头时均压强系数 C_p 用式(6.16)计算。

台阶式溢洪道坡度为 51.3°和 30°时墩头测点时均压强系数 C_p 沿 x_i / L_d 的分布见图 7.13。由图 7.13 可以看出，齿墩横断面上时均压强系数 C_p 的分布不随溢洪道坡度的变化而变化。在墩头迎水面，$x_i / L_d = 0$ 处，C_p 有最大值，此处为滞点，动能完全转化成势能；随着 x_i / L_d 的增大，C_p 急剧减小，约在 $x_i / L_d = 0.3$ 处($\theta' = 45°$)出现负压，说明水流在切点以前就已经脱离壁面；在 $x_i / L_d = 0.5 \sim 0.6$ 有最小值；随着齿墩墩尾宽度增大，水流结构不断调整，水流脱壁现象减弱，压强逐渐增大，C_p 逐渐增大并趋于平稳。

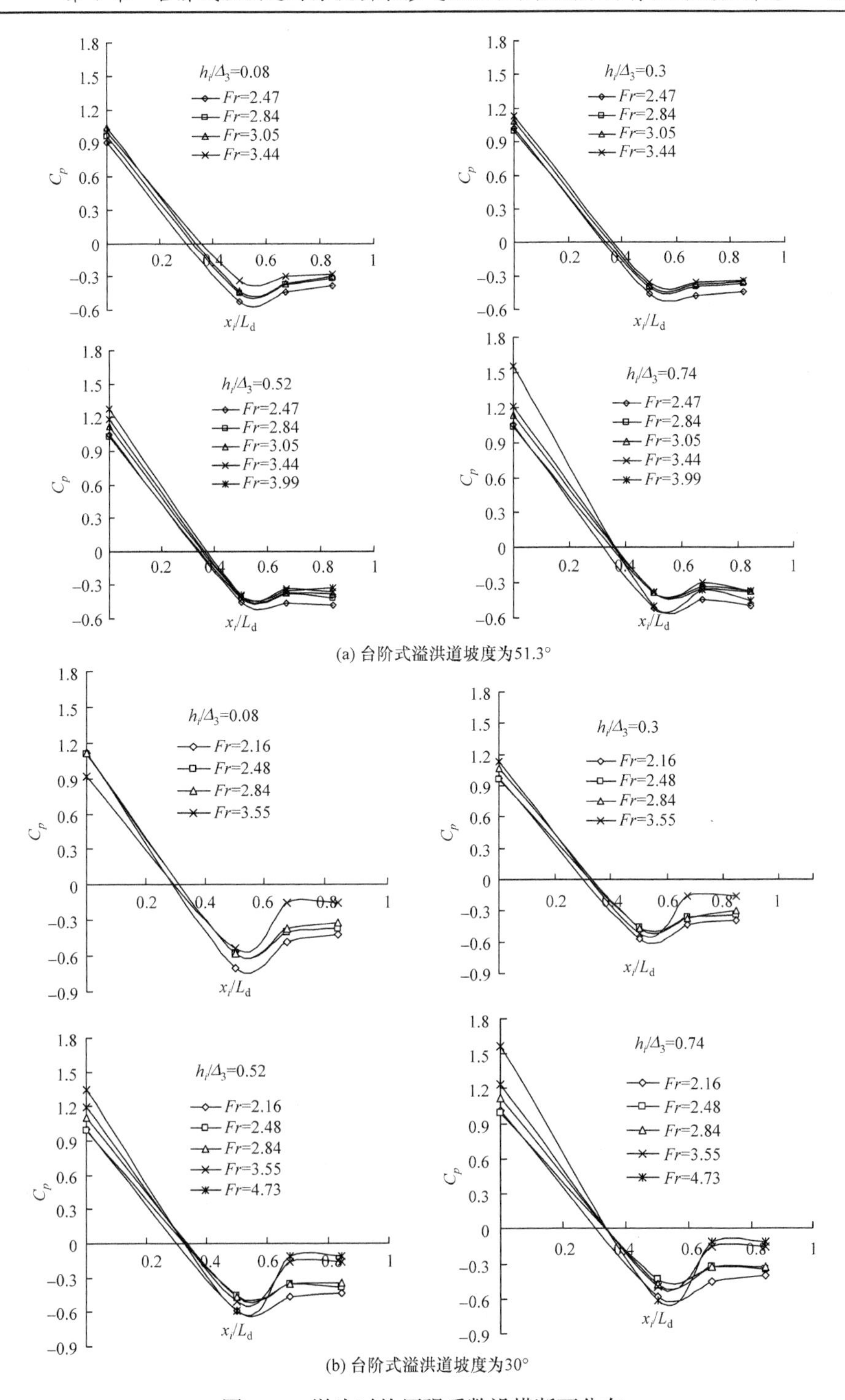

(a) 台阶式溢洪道坡度为51.3°

(b) 台阶式溢洪道坡度为30°

图 7.13 墩头时均压强系数沿横断面分布

7.4.3 台阶式溢洪道水舌冲击区压强分布规律

1. 台阶段压强测点的布置

为了测量台阶段的压强分布，在台阶式溢洪道坡度为 51.3°和 30°上各布置了 184 个测点。具体安排为：每三级台阶中的第三级台阶在水平面上布置 6 个测点，在竖直面上布置 5 个测点，其他两个台阶水平面各布置 3 个测点；当溢洪道坡度为 30°时，在竖直面凸角下缘处布置 1 个测点。

当坡度为 51.3°时，每隔两级台阶的水平面测点距凹角的距离分别为 0.1625*b*、0.325*b*、0.5*b*、0.65*b*、0.825*b* 和 0.95*b*，竖直面测点距凹角的距离分别为 0.04*a*、0.25*a*、0.5*a*、0.75*a* 和 0.96*a*；其他台阶水平面测点距凹角的距离分别为 0.17*b*、0.5*b* 和 0.95*b*，如图 7.14(a)所示。

当坡度为 30°时，每隔两级台阶的水平面测点距凹角的距离分别为 0.166*b*、0.333*b*、0.5*b*、0.666*b*、0.833*b* 和 0.977*b*，竖直面测点布置与坡度为 51.3°相同；其他台阶水平面测点距台阶凹角的距离分别为 0.333*b*、0.667*b* 和 0.977*b*，并在竖直面上布置一个测点，距台阶凹角距离为 0.96*a*，如图 7.14(b)所示。

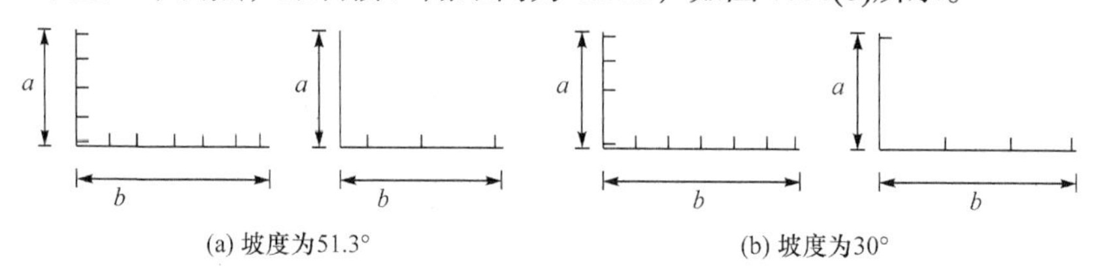

(a) 坡度为51.3°　　(b) 坡度为30°

图 7.14　台阶段压强测点布置图

2. 水舌冲击区压强分布

当水流流经分流齿墩掺气设施时，受到墩、坎的顶托和扰动，将贴壁水流改变为抛射水流。沿水平掺气坎抛射的水流落在台阶式溢洪道上游某一级台阶，对台阶产生冲击作用；沿分流齿墩和侧墙掺气坎不同部位抛射的水流，纵向拉开较大，各股水流都以不同的抛射角和各自的抛射轨迹落在台阶式溢洪道的不同部位，形成了抛射水流的冲击区域。由于各股水流抛射角度和落点不同，对台阶式溢洪道产生的冲击力也不同，其中必有一股水流对台阶式溢洪道冲击力最大，此冲击力是抛射水流冲击区域内台阶式溢洪道设计的控制力。

试验测量了抛射水流冲击区域内最大压强的分布情况，实测结果如图 7.15 所示。图中 x' 为从第一级台阶起算的下游水平长度，X_0 为台阶段水平总长度，p'_{max} 为台阶式溢洪道上测点最大冲击压强，p_0 为墩前未扰动断面的压强。

由图 7.15 可以看出，当台阶式溢洪道坡度为 51.3°和 30°时，水舌最大压强冲

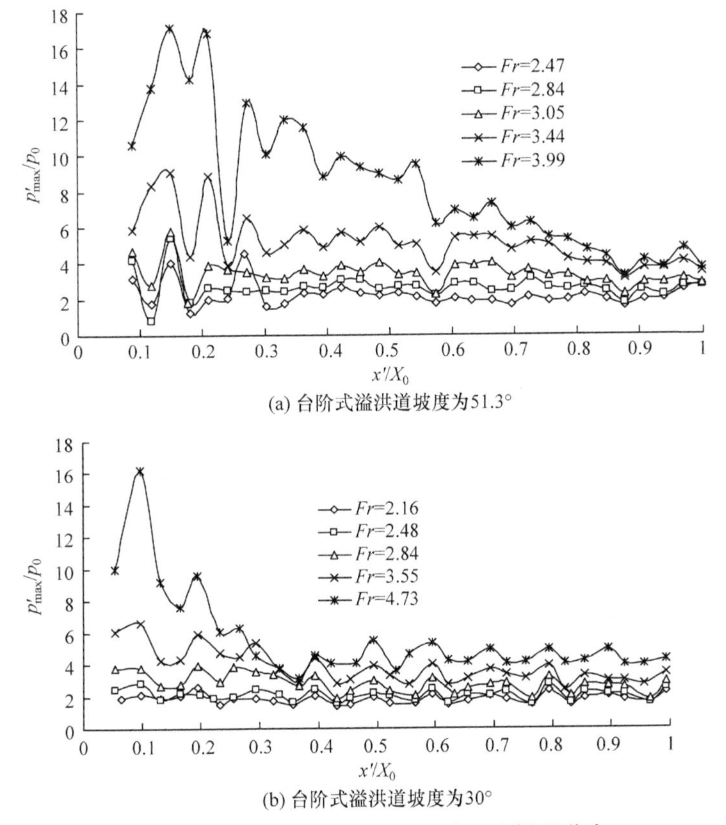

(a) 台阶式溢洪道坡度为51.3°

(b) 台阶式溢洪道坡度为30°

图 7.15　抛射水流冲击区域内最大压强沿程分布

击区域为 $x'/X_0 < 0.32$；相对压强 p'_{max}/p_0 随着未扰动断面弗劳德数 Fr 的增大而增大，由于水舌落点的冲击力不同和台阶式溢洪道特殊的结构形式，p'_{max}/p_0 沿程呈波浪式变化，在最大压强冲击点以后相对压强沿程逐渐减小。

图 7.16 是分流齿墩掺气设施、水平掺气坎掺气设施和台阶式溢洪道联合应用以及单纯台阶式溢洪道设计水头时最大压强分布比较。由图 7.16 可以看出，设置分流齿墩掺气设施和水平掺气坎掺气设施后，水舌对台阶式溢洪道有冲击力，使得台阶式溢洪道上的局部范围内压强增加较大，在 $x'/X_0 = 0.2$ 以后，压强分布虽趋于平缓，但不同的掺气设施对台阶式溢洪道的沿程压强分布仍有明显的影响，并一直影响到溢洪道末端。分流齿墩掺气设施的压强是三种情况中最大的，水平掺气坎掺气设施次之，单纯台阶式溢洪道压强最小。由此可以看出，分流齿墩掺气设施增大了台阶式溢洪道上的压强，这对防止溢洪道空蚀破坏有利，但对压强增加较大的局部区域，应采用高标号混凝土衬砌，以防台阶凸角部位破坏。

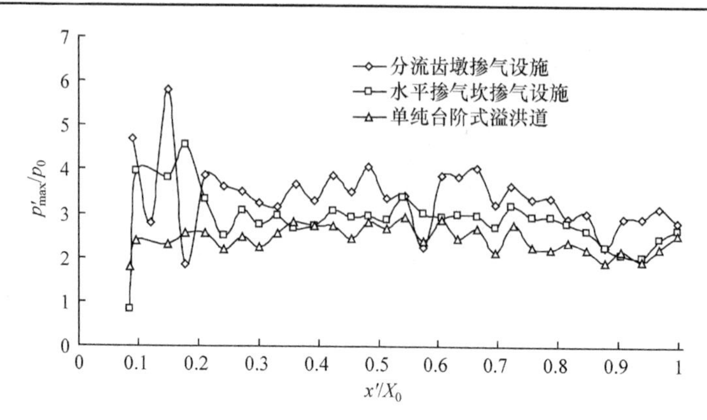

图 7.16　三种消能形式在设计水头时最大压强沿程分布比较

图 7.17 是分流齿墩掺气设施和水平掺气坎掺气设施水舌冲击区最大相对压强与弗劳德数的关系。可以看出，不管是分流齿墩掺气设施还是水平掺气坎掺气设施，水舌冲击区最大相对压强随着弗劳德数的增大而增大，但也明显看出，同一台阶式溢洪道坡度情况下，水平掺气坎掺气设施最大相对压强小于分流齿墩掺气设施的最大相对压强。拟合分流齿墩掺气设施水舌冲击区最大相对压强与弗劳德数的关系为

当坡度为 51.3°时，

$$p'_{max} / p_0 = 0.36e^{0.96Fr} \tag{7.11}$$

当坡度为 30°时，

$$p'_{max} / p_0 = 0.5e^{0.732Fr} \tag{7.12}$$

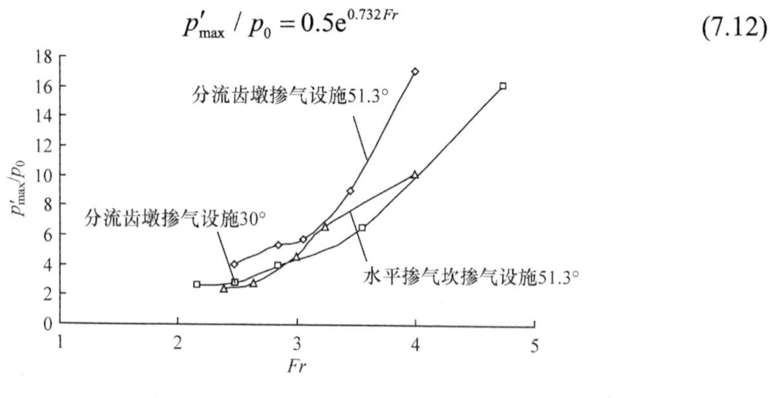

图 7.17　p'_{max} / p_0 与 Fr 的关系

图 7.18 是分流齿墩掺气设施和水平掺气坎掺气设施水舌冲击区最大时均压强系数与弗劳德数的关系。可以看出，最大时均压强系数仍然随着弗劳德数的增大而增大，且台阶式溢洪道坡度越大，最大时均压强系数越大，与水平掺气坎掺气设施相比较，同一台阶式溢洪道坡度情况下，分流齿墩掺气设施的最大时均压强系数大于水平掺气坎掺气设施。

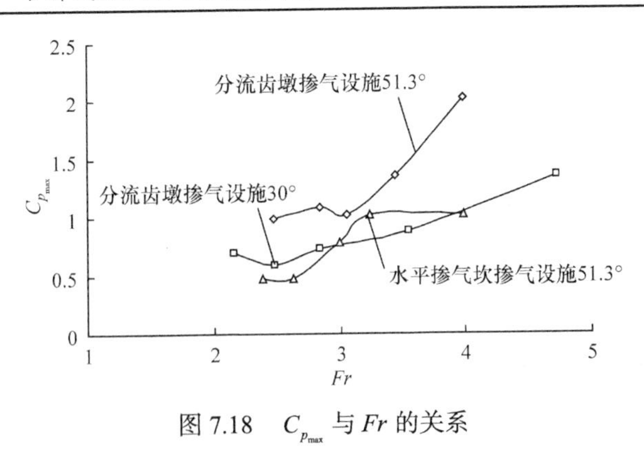

图 7.18　$C_{p_{max}}$ 与 Fr 的关系

7.4.4　台阶式溢洪道的压强分布

1. 单个台阶水平面相对时均压强分布

台阶式溢洪道上增设分流齿墩掺气设施后，台阶水平面相对时均压强分布如图 7.19 所示。由图 7.19 可以看出，51.3°和 30°台阶式溢洪道的台阶水平面相对时均压强分布规律基本相同，主要表现在以下几个方面。

(1) 相对时均压强值随着单宽流量的增大而增大，或者说相对时均压强随着弗劳德数的减小而增大，这是因为来流量的增加使得溢洪道上的水层厚度加大，上覆水流所产生的正压力增加，所以相对时均压强增大。

(2) 从台阶凹角到凸角相对时均压强分布规律为：在凹角附近较大，约在台阶步长 x/b=0.3 处最小，然后随着 x/b 的增大而逐渐增加，约在 x/b=0.83 处最大，随后相对时均压强有所减小。分析原因：虽然在台阶式溢洪道上增加了分流齿墩掺气设施，但溢洪道上的整体水流仍为滑行水流，主流之下的台阶内充满了顺时针方向旋转的旋涡，旋涡的方向不断发生变化。当旋涡由水平面向竖直面旋转时，其运动方向背离水平面而产生向上的离心力，使得水平面上出现了压强最小值；而台阶凹角处受到旋涡的挤压作用，使得压强有所增大；当主流在流动过程中，因为突然失去边界的约束，水流在重力作用下被迫跌落，当落到台阶上时，对台阶产生冲击作用，在水舌冲击范围内，台阶水平面上的压强增大，所以在 x/b=0.83 处出现了相对时均压强最大值。在台阶边缘，由于台阶对水流的剪切作用，相对时均压强又有所减小。

(3) 实测结果表明，在台阶水平面未发现负压。

图 7.20 是分流齿墩掺气设施、水平掺气坎掺气设施与台阶式溢洪道联合应用以及单纯台阶式溢洪道泄洪时同一台阶水平面相对时均压强分布规律的比较。由

图可以看出，当台阶式溢洪道上为滑行水流时，不管采取何种掺气设施，其台阶水平面的相对时均压强分布规律都是一致的，这也是由台阶本身的结构形式所决定的。

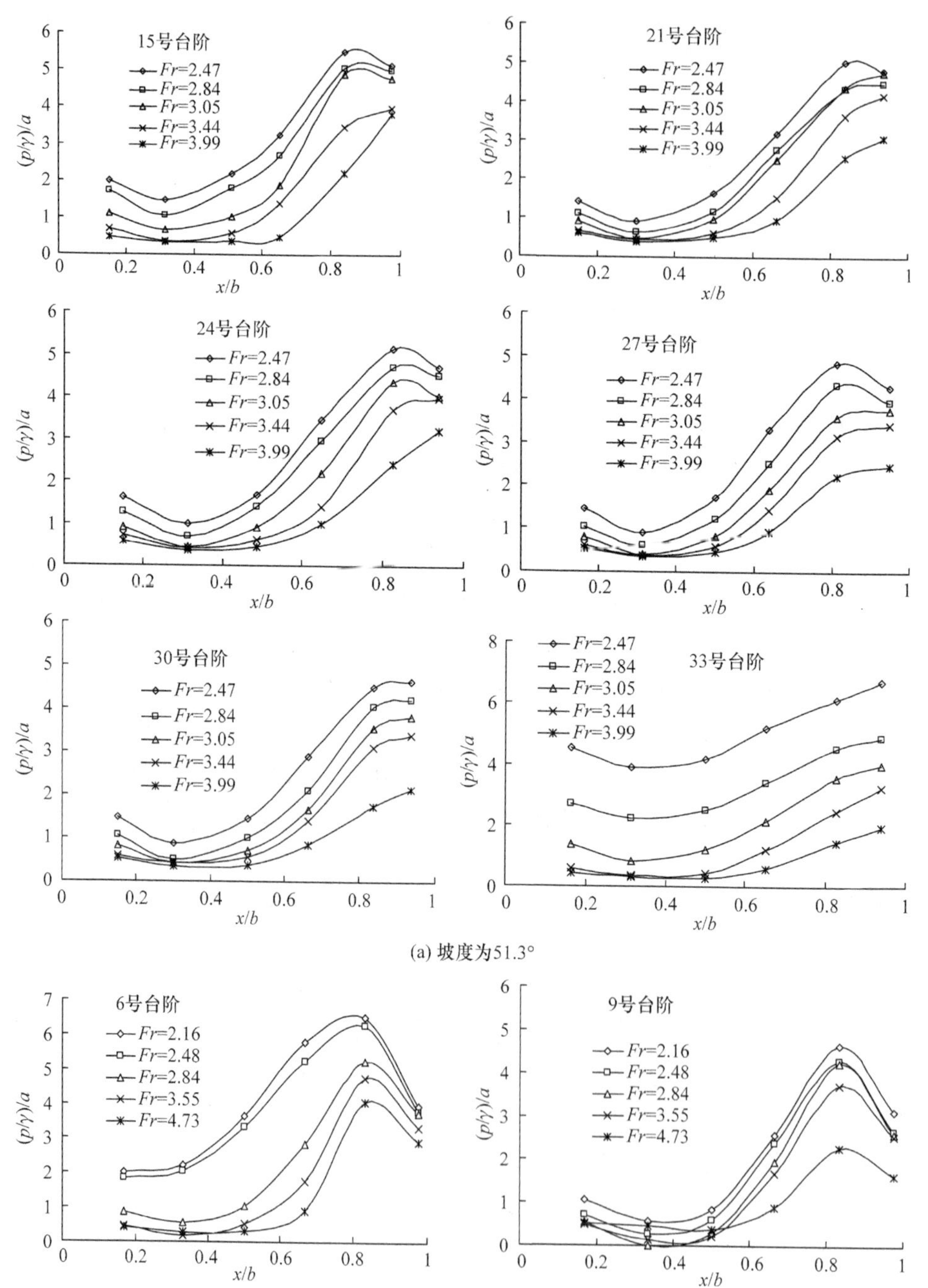

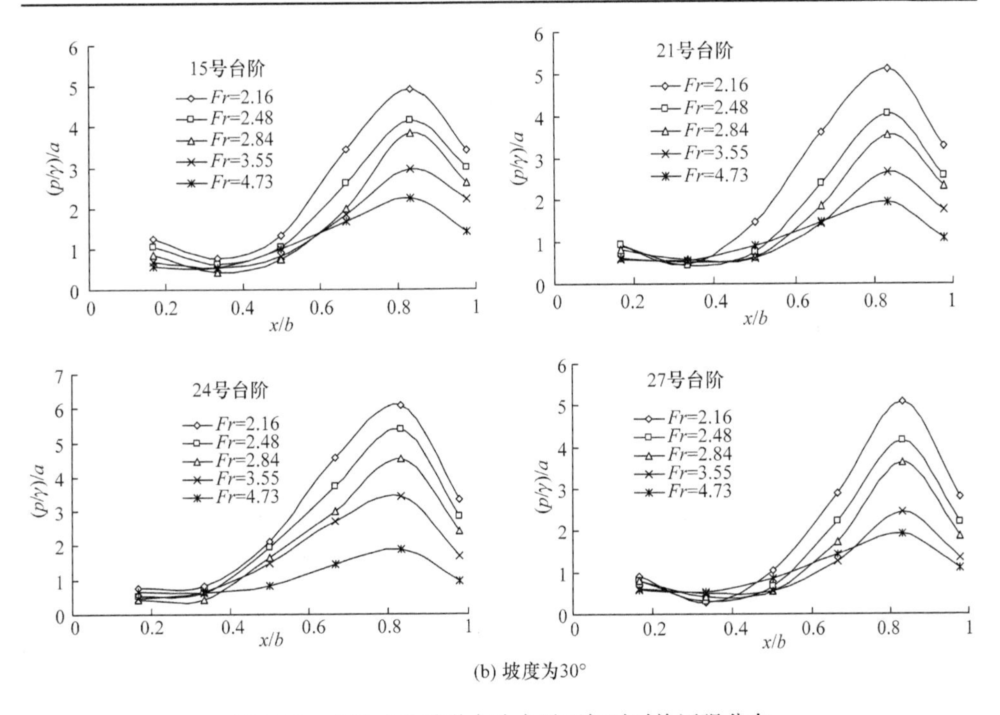

(b) 坡度为30°

图 7.19　台阶式溢洪道台阶水平面相对时均压强分布

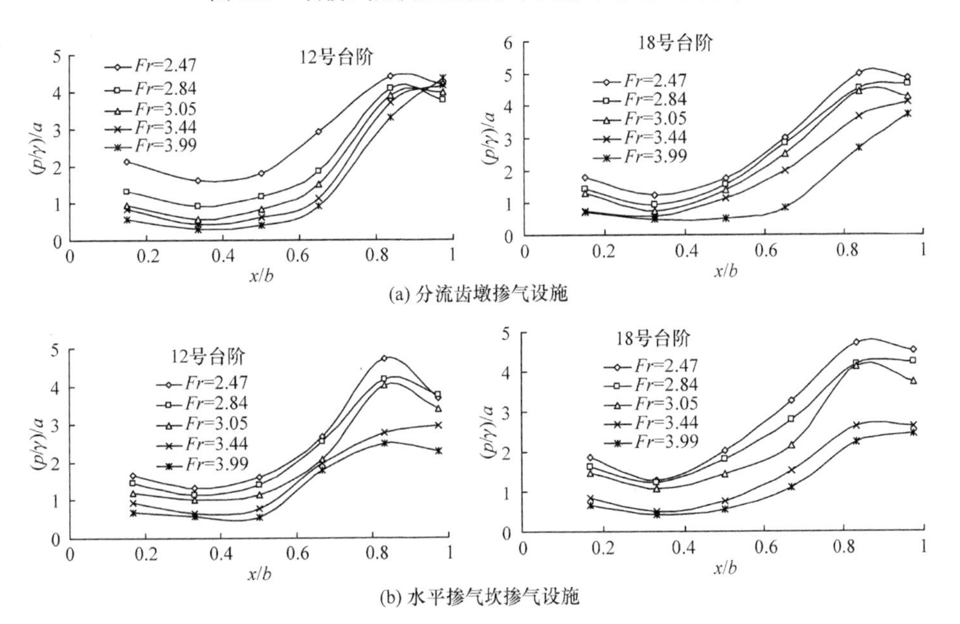

(a) 分流齿墩掺气设施

(b) 水平掺气坎掺气设施

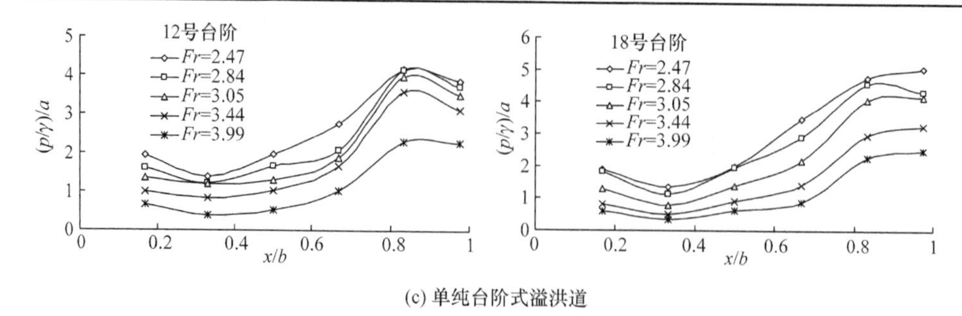

(c) 单纯台阶式溢洪道

图 7.20　三种消能形式台阶水平面压强分布规律比较(坡度为 51.3°)

图 7.21 是台阶式溢洪道坡度为 51.3°，三种消能形式台阶水平面相对时均压强的比较。可以看出，在台阶式溢洪道的前部，由于分流齿墩掺气设施的水舌处在扩散区，台阶水平面上的相对时均压强相对较小，而水平掺气坎掺气设施和单纯台阶式溢洪道的相对时均压强几乎相当；在溢洪道中部以后，分流齿墩掺气设施相对时均压强总体较其他两种情况稍大，而水平掺气坎掺气设施的相对时均压强和单纯台阶式溢洪道的相对时均压强仍相差不大。

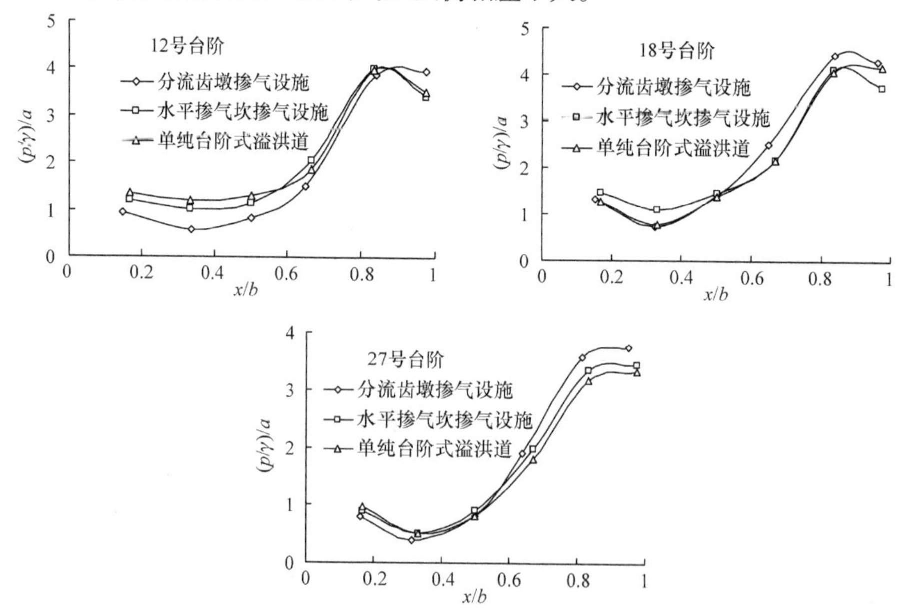

图 7.21　三种消能形式台阶水平面相对时均压强比较(坡度为 51.3°)

2. 台阶水平面相对时均压强沿程分布

增设分流齿墩掺气设施后，坡度为 51.3°和 30°的台阶水平面凸角附近、中点和凹角附近相对时均压强沿程分布分别如图 7.22 和图 7.23 所示，图中 p 为测点压强，p_0 为墩前未扰动断面压强。由图可以看出以下 4 方面内容。

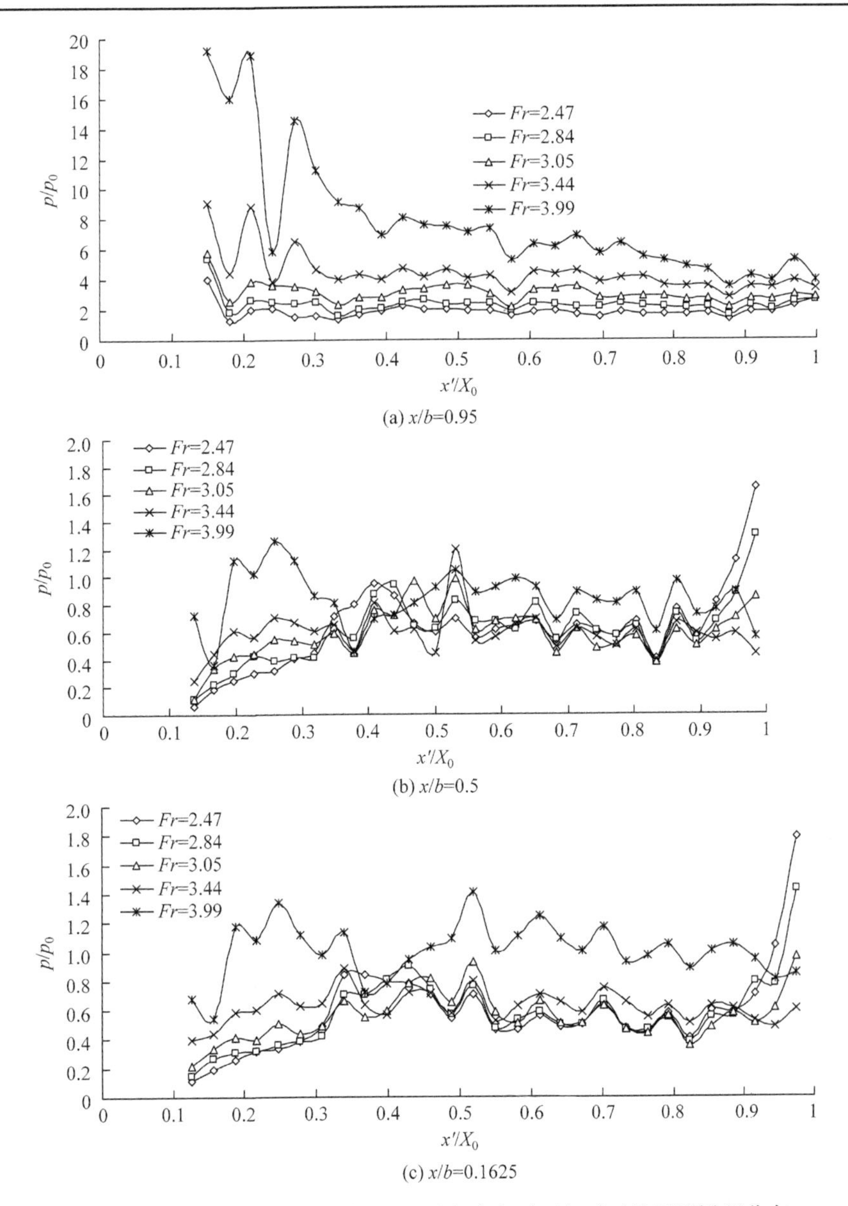

图 7.22　台阶式溢洪道坡度为 51.3°时台阶水平面相对时均压强沿程分布

(1) 当台阶式溢洪道坡度为 51.3°和 30°时，在台阶凸角附近，相对时均压强随着弗劳德数的增加而增加，随着流程的增大而减小。最大相对时均压强发生在 $x'/X_0<0.32$ 范围内，这和最大冲击区压强的分布范围一致，属于抛射水流的扩散区域。由图还可以看出，当 Fr=3.44～3.99 时，与其他曲线相比，曲线沿程变化较大，这是由于在此弗劳德数范围内为掺气分流墩流态，而其他弗劳德数情况下为齿墩流态。

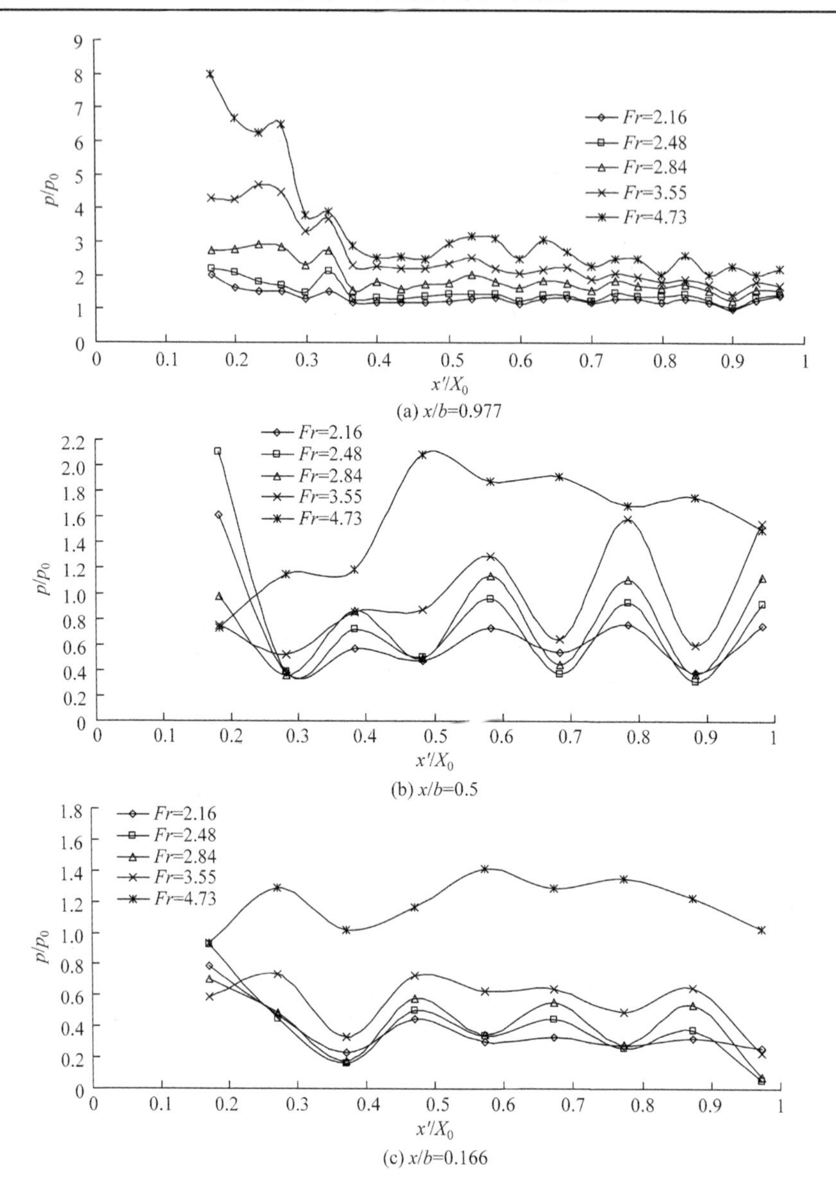

(a) x/b=0.977

(b) x/b=0.5

(c) x/b=0.166

图 7.23　台阶式溢洪道坡度为 30°时台阶水平面相对时均压强沿程分布

(2) 当坡度为 51.3°时，在台阶中点和凹角附近，相对时均压强亦随着弗劳德数的增加而增大，除 Fr=3.44～3.99 以外，其他弗劳德数情况下相对时均压强在 x'/X_0=0.45 以前逐渐增加，这是由于分流齿墩水舌沿程不断分散，台阶式溢洪道上的水流厚度沿程增加，压强不断增大；而在 x'/X_0>0.45 以后，相对时均压强沿程变化比较平缓，这是因为 x'/X_0>0.45 以后，水舌扩散基本结束，水流厚度沿程缓慢变化；在末端几级台阶上，相对时均压强又突然升高，这是台阶末端反弧段的离心力影响所致。

当坡度为 30°时，在台阶中点和距凹角 x/b=0.166 处，在台阶式溢洪道的前部，相对时均压强随着流程的增加先减小，然后沿程有所增加并呈波浪式缓慢变化。

(3) 当 Fr=3.44～3.99 时，为掺气分流墩流态，弗劳德数越大，水层越薄，水舌沿墩头爬高越大，水舌落点越近，在水舌落点区域内，相对时均压强变化较大。

(4) 在凹角附近、中点和凸角附近的相对时均压强沿程都呈波浪式分布，也就是说，每隔一个或数个台阶会出现相对时均压强较大值和较小值，这说明台阶断面上的相对时均压强沿程以两个台阶或多个台阶为周期，交替出现波峰和波谷。

图 7.24 是射流区后台阶水平面 x/b=0.83 处最大相对时均压强沿程分布，此处也是每级台阶水平面相对时均压强最大点，由图中可以查出分流齿墩掺气设施射流区后台阶上的最大相对时均压强，为工程设计提供依据。

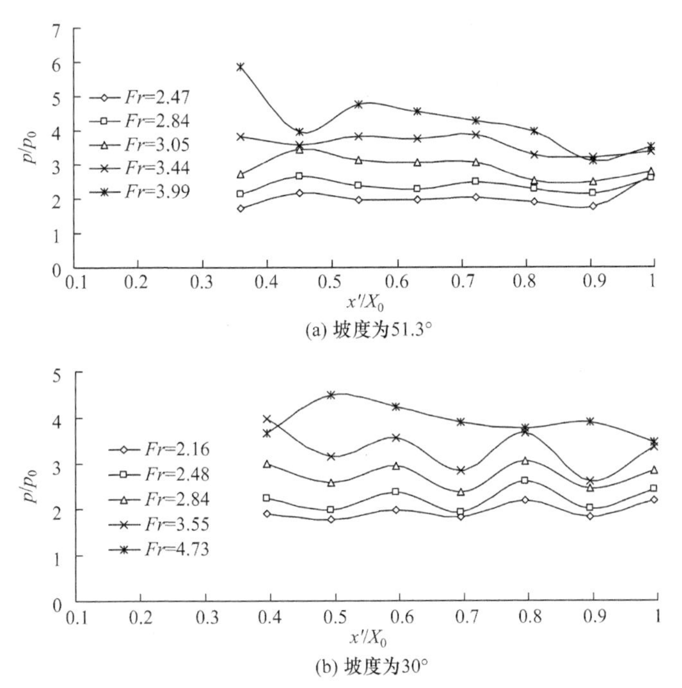

图 7.24　射流区后台阶水平面上的最大相对时均压强沿程分布(x/b=0.83)

3. 台阶水平面相对时均压强沿程分布的比较

图 7.25 是台阶式溢洪道坡度为 51.3°，在设计水头情况下，分流齿墩掺气设施、水平掺气坎掺气设施与台阶式溢洪道联合应用和单纯台阶式溢洪道三种消能形式的相对时均压强沿程分布比较。

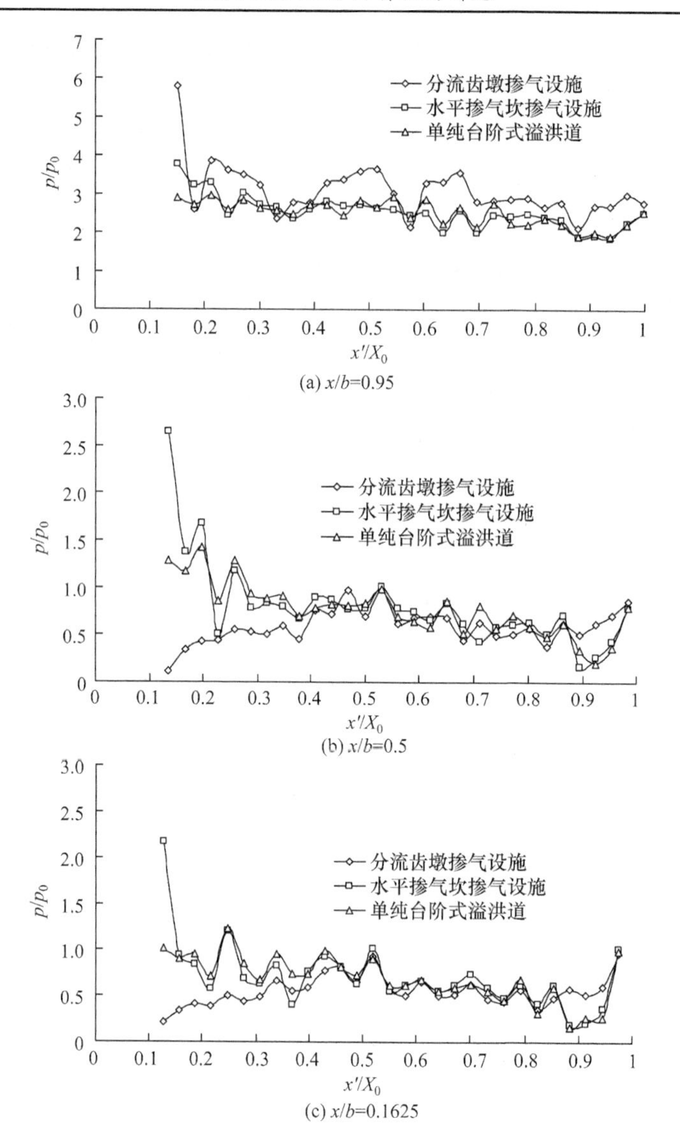

图 7.25　三种消能形式台阶水平面相对时均压强分布比较(坡度为 51.3°)

由图 7.25 可以看出，三种消能设施的相对时均压强沿程都呈波浪式分布，且在台阶中点和凹角附近的位置，相对时均压强值变化也不大。在分流齿墩掺气设施和水平掺气坎掺气设施的射流区，由于水舌冲击台阶，冲击点的相对时均压强较大。在台阶凸角附近，分流齿墩掺气设施相对时均压强值大于水平掺气坎掺气设施和单纯台阶式溢洪道，可见分流齿墩掺气设施的水舌对台阶外缘的冲击力较大，并对其后的台阶也有影响。

4. 单个台阶竖直面相对时均压强分布

单个台阶竖直面相对时均压强分布见图 7.26。由图 7.26 可以看出，台阶竖直面的相对时均压强分布规律如下。

(1) 相对时均压强最大值出现在台阶凹角处，沿台阶向上，压强迅速减小，在距凹角约 y/a=0.5 步高处有一相对时均压强极小值，且为正压。

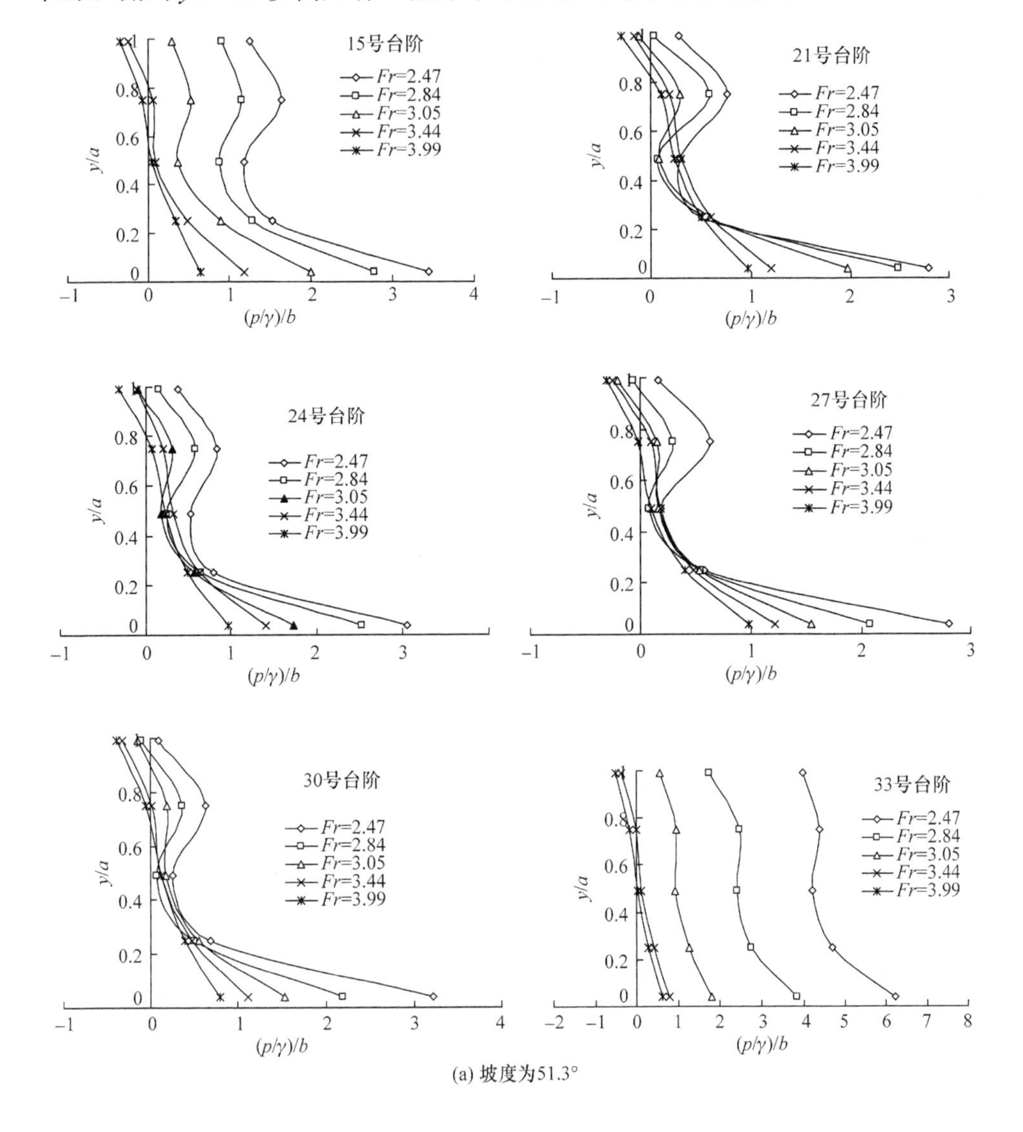

(a) 坡度为51.3°

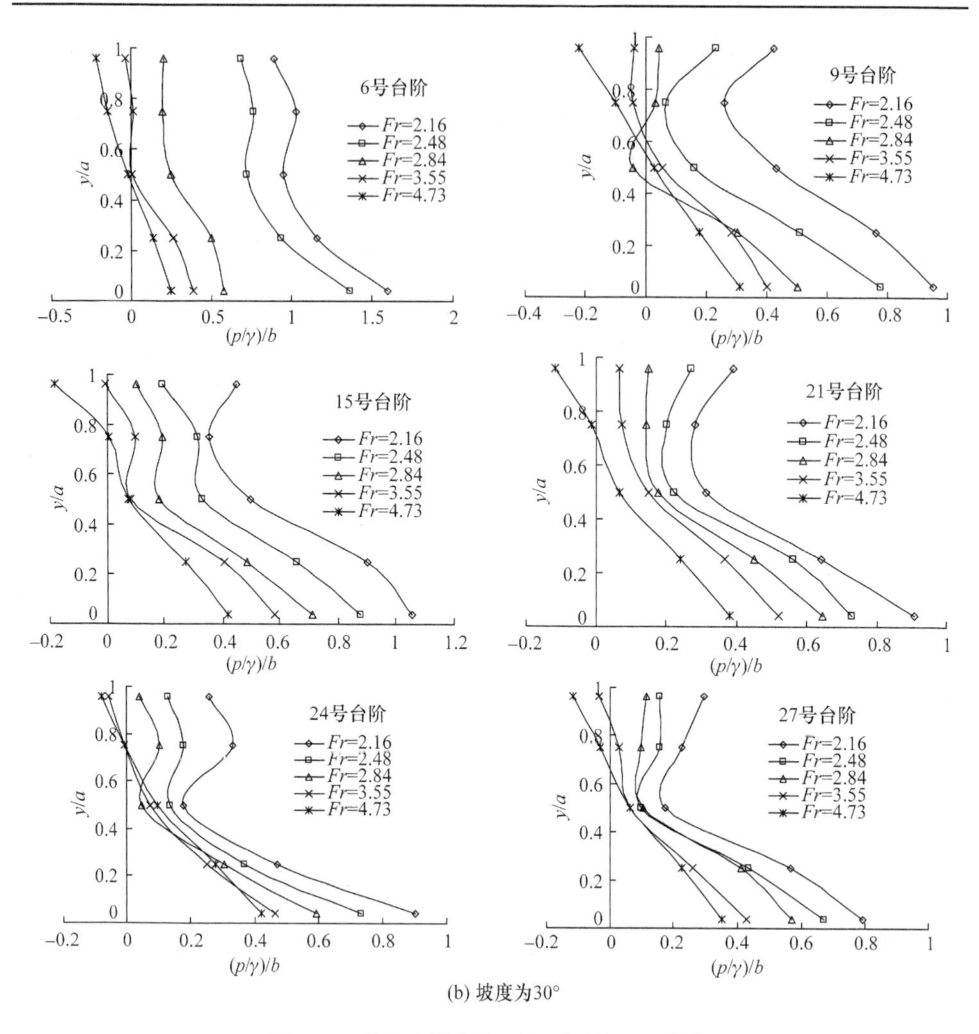

(b) 坡度为30°

图 7.26　单个台阶竖直面相对时均压强分布

(2) 从 y/a=0.5～0.75 步高处，相对时均压强逐渐增加，并在 y/a=0.75 步高处有一压强较大值。

(3) 从 y/a=0.75 到台阶凸角下缘，相对时均压强降低，甚至产生负压。

(4) 随着单宽流量的增加，台阶竖直面的相对时均压强增大。

台阶竖直面相对时均压强分布与台阶内的旋滚水流流态密切相关。当水流旋滚由水平面转向竖直面时，水流对凹角有挤压作用，使得凹角处相对时均压强较大；当水流旋滚方向背离台阶竖直面而指向水流内部时，在台阶竖直面上出现压强极小值，此位置约在 y/a=0.5 处；在台阶凸角下缘处，旋滚水流的流向与主流一致，背离台阶，因此台阶凸角下缘处相对时均压强降低，出现负压。当单宽流量增大时，台阶式溢洪道上的水深增大使得竖直面相对时均压强增大。

图 7.27 是分流齿墩掺气设施、水平掺气坎掺气设施分别与台阶式溢洪道联合应用和单纯台阶式溢洪道泄洪时，同一台阶竖直面相对时均压强分布规律的比较。由图 7.27 可以看出，三者的分布规律是一致的，由此可以认为台阶竖直面的压强分布规律主要是由台阶的特殊结构造成的，增加掺气设施只能改变压强大小，而改变不了它的分布规律。

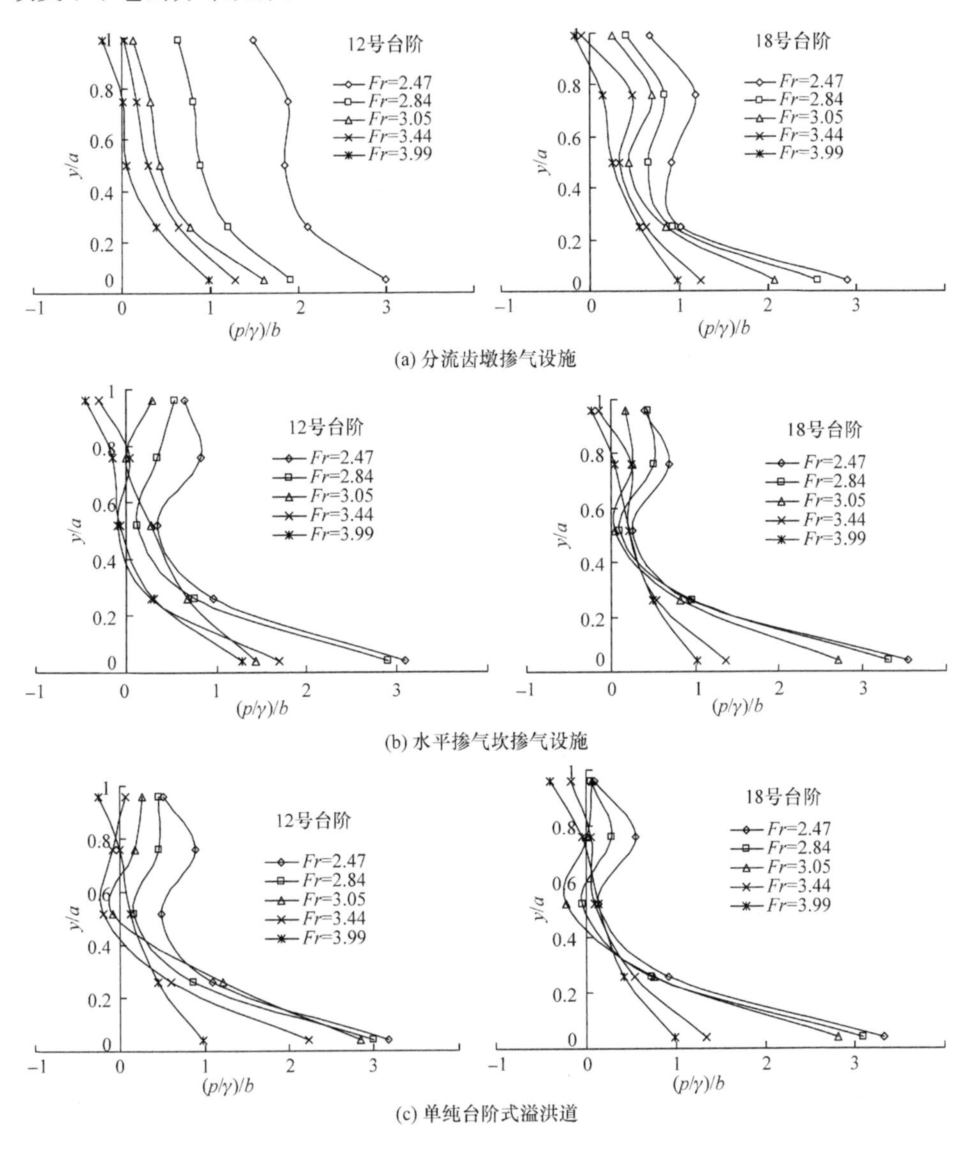

图 7.27　三种消能形式台阶竖直面相对时均压强分布规律比较(坡度为 51.3°)

图 7.28 是台阶式溢洪道坡度为 51.3°，三种消能形式在设计水头情况下同一台阶竖直面相对时均压强的比较。可以看出，分流齿墩掺气设施相对时均压强最大，水平掺气坎掺气设施总的趋势是略大于单纯台阶式溢洪道(30 号台阶除外)，单纯台阶式溢洪道相对时均压强最小。由图 7.28 还可以看出，单纯台阶式溢洪道约在 y/a=0.2 就有负压产生，且负压区范围较大，而分流齿墩掺气设施增大了台阶竖直面的相对时均压强，负压区范围较小，这有利于防止台阶式溢洪道的空蚀破坏。

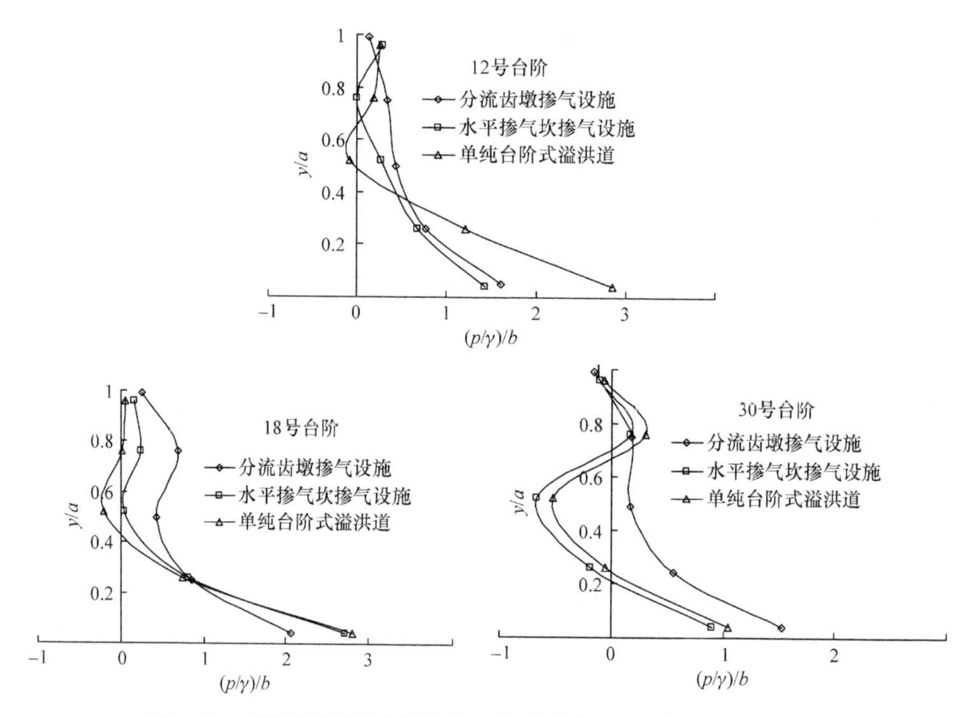

图 7.28　三种消能形式台阶竖直面相对时均压强比较(坡度为 51.3°)

5. 台阶竖直面相对时均压强沿程分布

图 7.29 和图 7.30 分别为台阶竖直面中点和凸角下缘处的相对时均压强沿程分布。由图 7.29 和图 7.30 可以看出，不管是台阶式溢洪道坡度为 51.3°还是 30°，在台阶凸角下缘，随着弗劳德数的增大，相对时均压强减小，说明来流量越大，台阶式溢洪道上的水深越大，使得压强增大；在台阶中点，沿程相对时均压强分布随来流量的变化比较混乱，大小交替出现，说明压强的大小与水流的流态以及旋涡的旋滚强度密切相关；相对时均压强沿程亦呈波浪式变化。

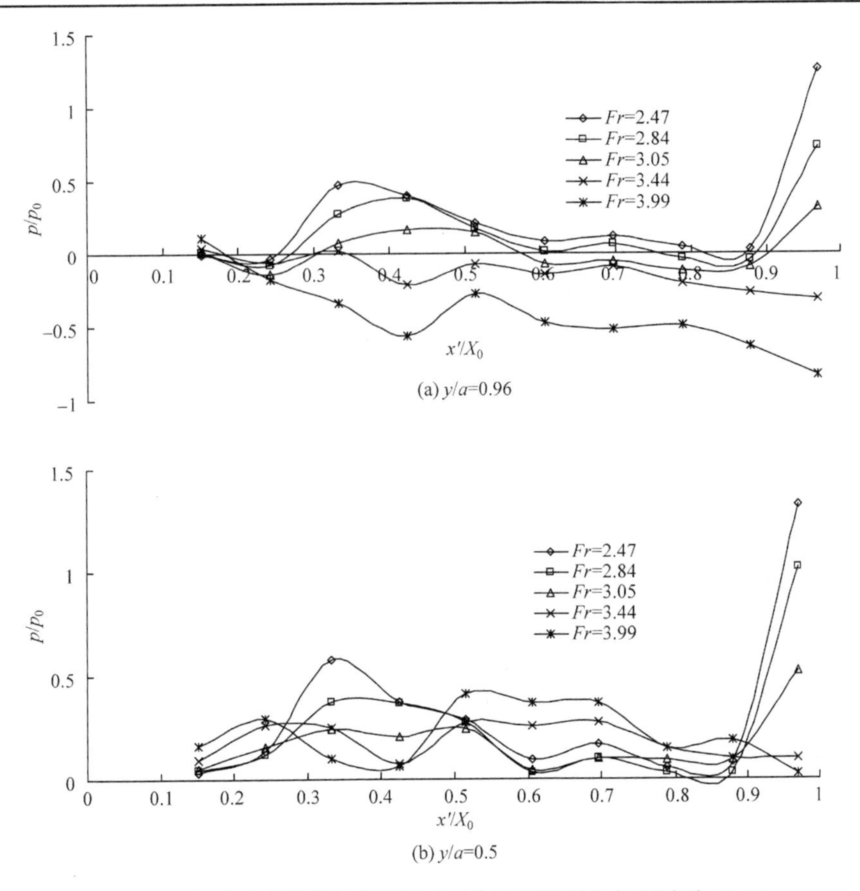

(a) y/a=0.96

(b) y/a=0.5

图 7.29　台阶式溢洪道竖直面相对时均压强沿程分布(坡度为 51.3°)

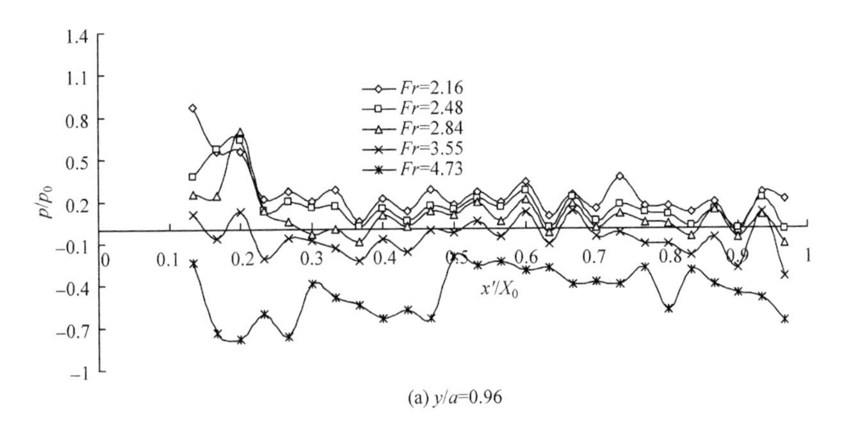

(a) y/a=0.96

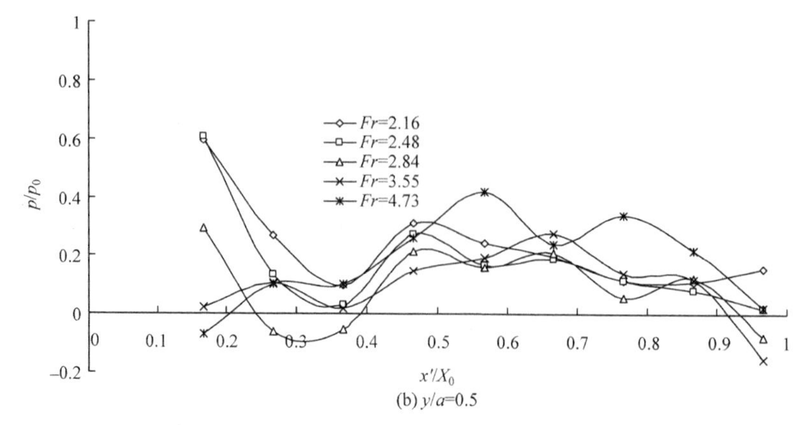

图 7.30　台阶式溢洪道竖直面相对时均压强沿程分布(坡度为 30°)

本节研究分流齿墩掺气设施墩头压强特性、射流冲击区最大相对压强、台阶式溢洪道水平面和竖直面的相对时均压强分布以及沿程相对时均压强分布规律，主要有以下结论。

(1) 墩头迎水面相对压强分布主要与墩头以上总水头有关，而与台阶式溢洪道坡度关系不大，其压强水头大小约为测点以上总水头。

(2) 墩头侧面约在 $\theta' = 45°$时墩头开始出现负压，在 x_i/L_d=0.5(切点)左右负压最大，在切点以后，随着墩头逐渐变宽，压强逐渐增大并趋于平稳。

(3) 水舌冲击区的最大相对时均压强范围为 x'/X_0<0.32，给出了冲击区域最大相对时均压强的计算方法。

(4) 研究了台阶式溢洪道水平面相对时均压强分布规律。试验表明，台阶水平面上的相对时均压强在凹角处较大，从凹角向凸角有一相对时均压强极小值，该值约在台阶步长 x/b=0.3 处，在台阶步长 x/b=0.83 处有一相对时均压强最大值，在凸角附近，压强有所减小。通过对比分析认为，这种压强分布规律与单纯台阶式溢洪道的压强分布规律是一致的。

(5) 竖直面的相对时均压强分布规律为从凹角至凸角，约在 y/a=1/2 步高处有一相对时均压强极小值，在 y/a=0.5～0.75 相对时均处压强又有所回升，随后相对时均压强又减小，在凸角下缘出现负压。与单纯台阶式溢洪道相比较，其相对时均压强分布规律一致，但负压区范围减小，相对时均压强值增大。

(6) 台阶式溢洪道水平面和竖直面沿程相对时均压强分布规律为大小交替出现，即在某一级台阶出现相对时均压强较大值，在下一级或几级台阶上出现相对时均压强较小值，这种分布规律与单纯台阶式溢洪道的相对时均压强分布规律相同。由此可以认为，台阶式溢洪道这一结构形式是造成这种相对时均压强分布规律的必然结果。

(7) 分流齿墩掺气设施增大了台阶式溢洪道上的压强，对于防止溢洪道空蚀破坏有利，但对水舌冲击区和台阶凸角的局部区域，应用高标号的混凝土衬砌，以防水流冲击台阶造成破坏。

7.5　台阶上的掺气浓度分布

7.5.1　掺气现象

在台阶式溢洪道上增设分流齿墩掺气设施，其主要目的是给水流掺气，减免台阶式溢洪道的空蚀破坏。

分流齿墩掺气设施的掺气过程分为两部分，一是水平掺气坎底部的掺气空腔与侧墙掺气坎连通给水流掺气；二是通过齿墩的水流受墩头扰动，水流破碎而掺气。

当水流通过水平掺气坎和侧墙掺气坎时，水流为射流，射流底部为掺气空腔，侧面与大气相通，在底部空腔负压作用下，将空气从侧空腔吸入底空腔，使空气源源不断地补给台阶式溢洪道底部的水流。

水流通过分流齿墩时，当齿墩高度大于水深，齿墩的顶部、底面和侧面均为空腔，沿齿墩不同高度抛射的水流由于表面强烈紊动，水流质点跃离水面，在空气阻力作用下形成水滴，当水滴在重力作用下回落到台阶式溢洪道上时带入了大量的空气，这种水流为四面临空的、充分掺气的水流，整个水流掺气量大，掺气效果显著，如图 7.31 所示。

当齿墩在水面以下时，齿墩顶部为连续实体水流，掺气主要靠侧空腔对底空腔的补给，水流掺气有分层现象，如图 7.32 所示。在水平掺气坎挑射水舌落点前，侧空腔不断地把空气补给底空腔，在水舌的强烈紊动卷吸作用下，将空气掺入到水流中；在底空腔的上部，有一楔形清水区，这一区域水流没有掺气，楔形清水区的范围随着来流量的增大而增大；在楔形清水区的下游，由于边界层的发展以及齿墩加剧了水流的紊动，促使表面波提前破碎，表面波破碎后水流表层开始掺气，且掺气量沿程增大；当水流底部和表面的掺气混合以后，形成了台阶式溢洪道全断面的掺气，整个台阶式溢洪道为充分掺气的水流，如图 7.33 所示。

图 7.31　Fr =3.99 时分流齿墩掺气设施水流流态

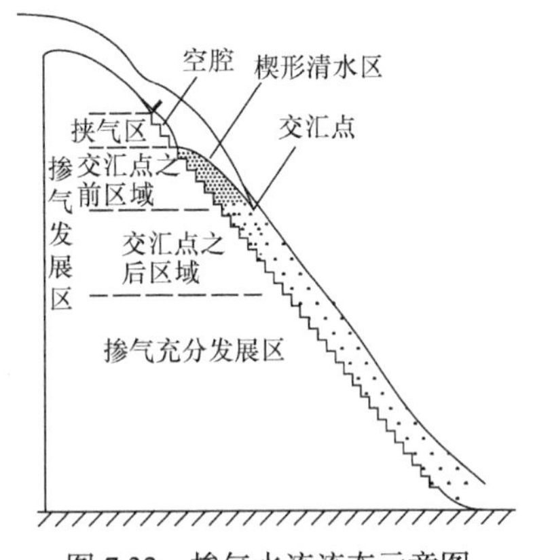

图 7.32　掺气水流流态示意图

图 7.33　Fr =2.16 时分流齿墩掺气设施水流流态

水平掺气坎底部的掺气空腔长度为图 7.8 中的最小射距，可以用式(7.7)和式(7.8)计算。

7.5.2　台阶式溢洪道上的掺气浓度

1. 掺气测量断面

为了测量掺气浓度，在台阶式溢洪道上布置了掺气浓度测量断面，如表 7.4 所示。根据测量仪器的要求，在测量底部掺气浓度时，要使传感器极片离开底板 0.5cm，故距离底部 0.5cm 处即为断面第一个测点，此后沿水深方向每隔 0.5cm 测量掺气浓度。

表 7.4　掺气浓度测量断面

堰上相对水头 H/H_d	掺气浓度测量断面(台阶号)	
	坡度为 51.3°	坡度为 30°
0.50	7、10、13、16、20、22、24、27、30	7、10、13、16、19、22、25、28
0.75	5、7、10、13、16、20、22、24、27、30	5、7、10、13、16、19、22、25、28
1.00	4、7、10、13、16、20、22、24、27、30	4、7、10、13、16、19、22、25、28
1.25	4、7、10、13、16、20、22、25、28、31	4、7、10、13、16、19、22、25、28
1.50	4、7、10、13、16、20、22、25、28、31	4、7、10、13、16、19、22、25、28

2. 断面掺气浓度分布

实测坡度为 51.3°和 30°的台阶式溢洪道不同断面掺气浓度见图 7.34 和图 7.35。

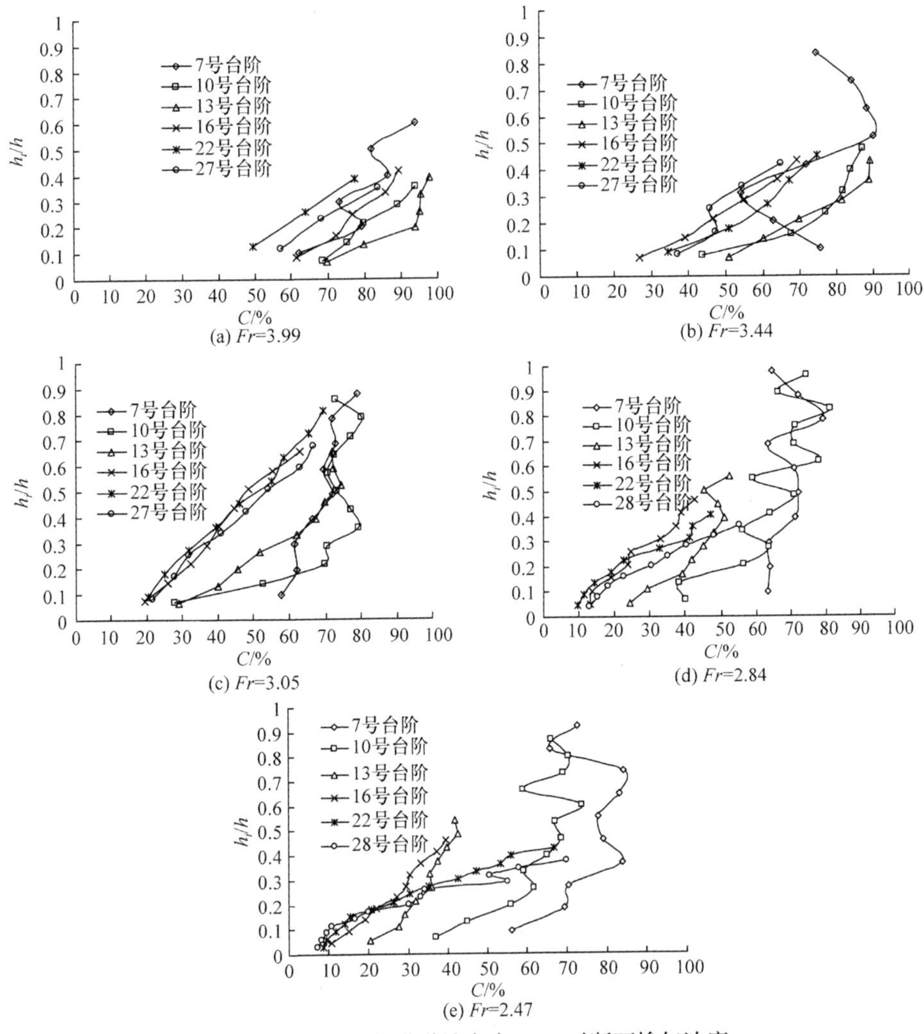

(a) Fr=3.99　(b) Fr=3.44

(c) Fr=3.05　(d) Fr=2.84

(e) Fr=2.47

图 7.34　台阶式溢洪道坡度为 51.3°时断面掺气浓度

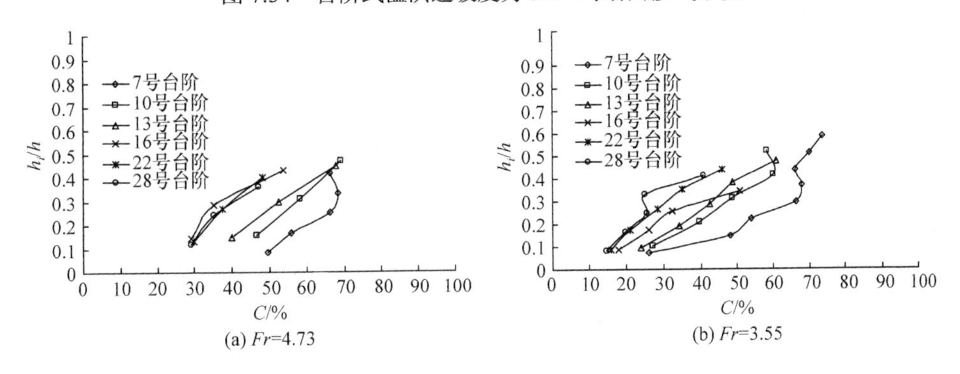

(a) Fr=4.73　(b) Fr=3.55

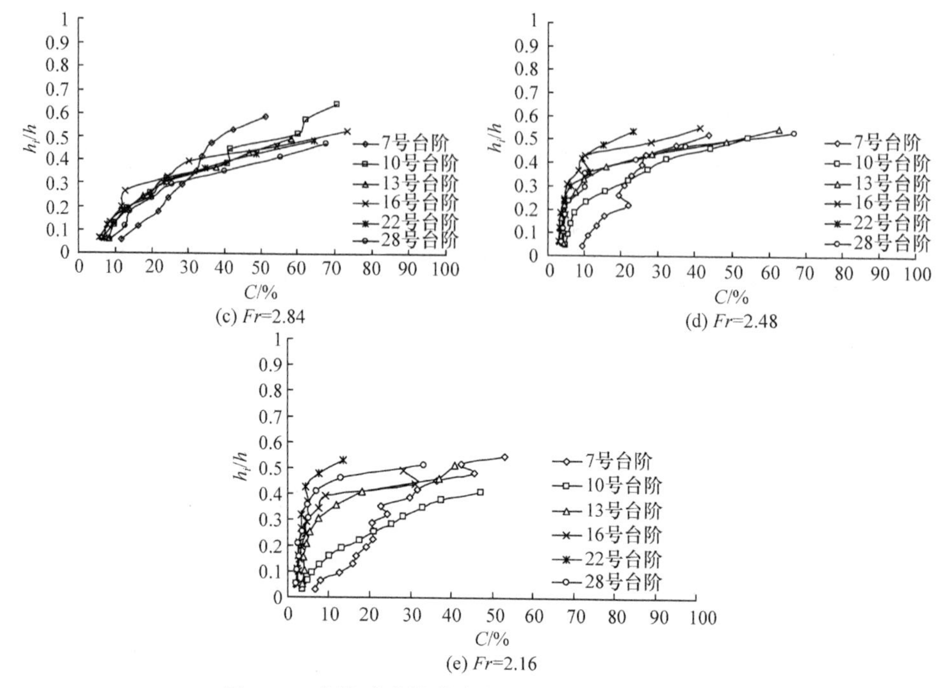

(c) Fr=2.84

(d) Fr=2.48

(e) Fr=2.16

图 7.35　台阶式溢洪道坡度为 30°时断面掺气浓度

由图 7.34 可以看出，当坡度为 51.3°时，在同一水位情况下，台阶各断面的掺气浓度从台阶底部向水面增大；随着流程的逐渐增加，掺气浓度逐渐减小。

通过分流齿墩掺气设施的水流流态不同，掺气浓度值差异较大。对于掺气分流墩流态，当 Fr =3.99 时，台阶式溢洪道上水流最小掺气浓度为 49.66%，整个溢洪道为充分掺气的水流，水流通过齿墩掺气设施以后即进入充分掺气发展区。当 Fr =3.44 时，台阶式溢洪道上水流最小掺气浓度为 26.62%。可见随着来流量的增大，溢洪道上的水深增大，通过齿墩掺气设施的水舌厚度也增大，水流破碎程度相对减小，掺气浓度也相应减小，但溢洪道上的掺气浓度仍远大于减免空蚀所要求的掺气浓度(7%～8%)。

当通过分流齿墩掺气设施的水流为齿墩流态时，水流掺气量相对于掺气分流墩流态明显减小。这是由于单宽流量的增加使得水层厚度增加，齿墩掺气设施对水流的扰动作用减弱，墩顶连续实体水流下部有一部分为清水区。这时，离水平掺气坎较近的几级台阶(如 7 号台阶)底部的掺气主要来自掺气空腔，因此掺气量较大，空气进入水流以后，逐渐向水面发展，随着边界层的发展，表面波破碎使得表层水流掺气，掺气水流沿程逐渐向水流内部发展，当底部与表层掺气交汇时，即达到整个断面掺气。远离掺气空腔的其他台阶，水流掺气浓度沿断面的分布规律仍然是从底部向水面逐渐增大。

当坡度为 30°时，断面掺气浓度的分布规律与坡度为 51.3°的基本相同，但掺气浓度值明显减小。由图 7.35 可以看出，当坡度越缓时，水流流速越小，分流齿墩掺气设施出射水流的落点近，空腔长度短，水流掺气量小。尤其是当来流大于设计水头时，掺气浓度随着来流量的增大急剧减小。当水流为掺气分流墩流态时(Fr=4.73 和 3.55)，断面掺气浓度仍然较大，最小断面掺气浓度仍然满足溢洪道不空蚀时的最小掺气浓度；当 $Fr = 2.84$，即设计水头时仍能基本满足掺气需求，但大于设计水头时，掺气浓度不能满足减免空蚀的要求。

图 7.36 是不同弗劳德数下台阶式溢洪道断面掺气浓度分布。由图可以看出，总体上，随着 Fr 增大，断面掺气浓度增大。前几级台阶掺气浓度沿断面变化较大，这是由于射流区水流紊动大，掺气浓度变化大。在射流区以外，断面掺气浓度变化也较为规律。

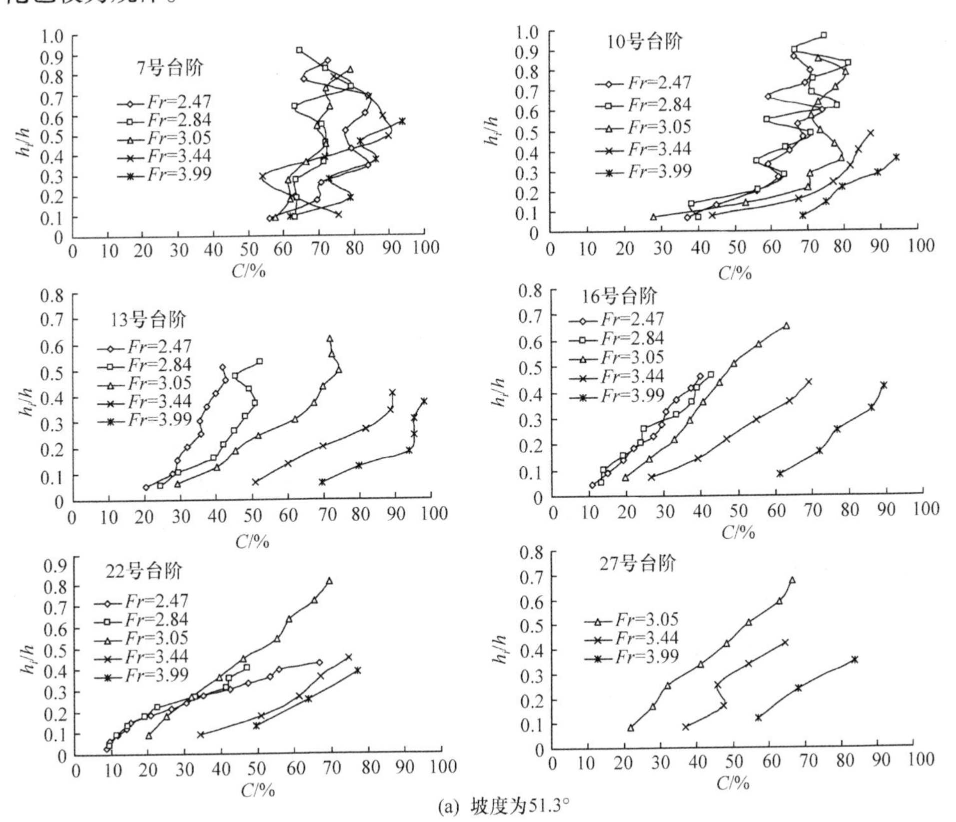

(a) 坡度为51.3°

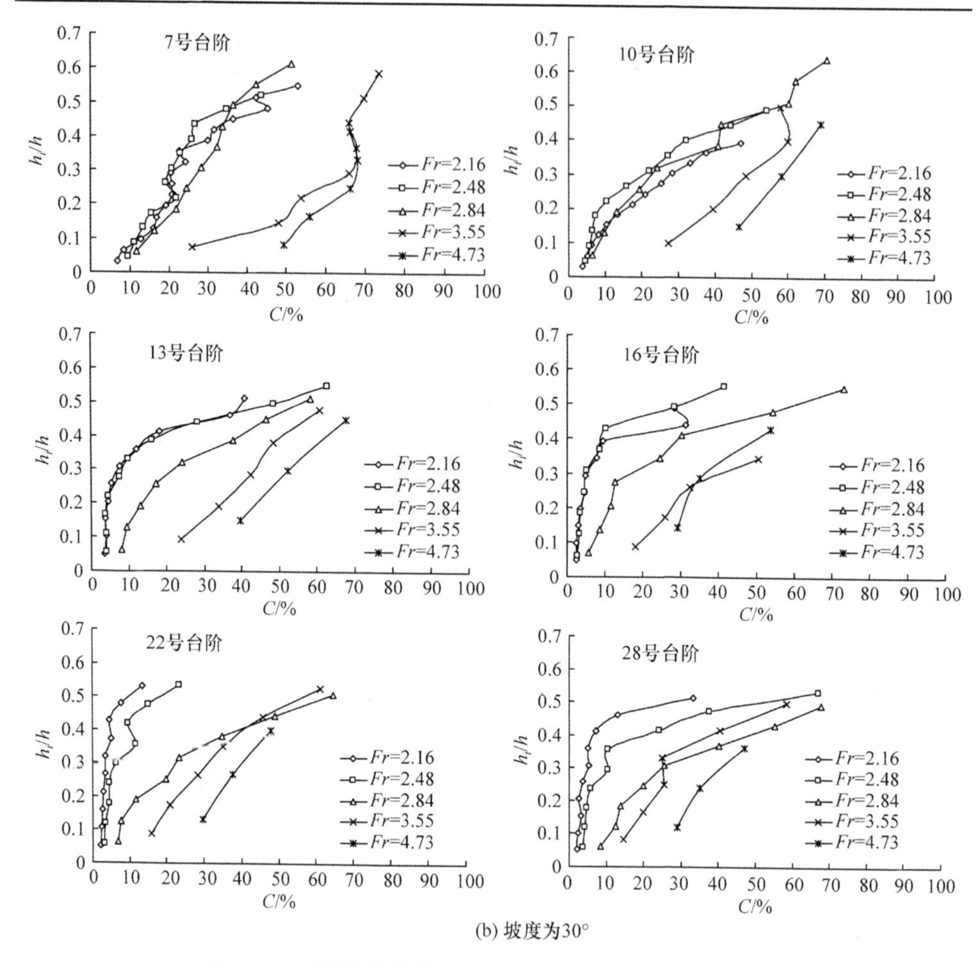

(b) 坡度为30°

图 7.36　不同弗劳德数下台阶式溢洪道断面掺气浓度分布

图 7.37 是台阶式溢洪道坡度为 51.3°，三种消能设施在 $Fr = 3.05$(设计水头)和 $Fr = 2.84$ 时，13 号、16 号、21 号和 31 号台阶断面掺气浓度的比较。由图中可以看出，分流齿墩掺气设施的掺气浓度明显大于水平掺气坎掺气设施和单纯台阶式溢洪道的掺气浓度。水平掺气坎掺气设施的掺气浓度大于单纯台阶式溢洪道的掺气浓度，但在大单宽流量时，由于掺气浓度沿程衰减，在台阶的后半部，其掺气浓度甚至和单纯台阶式溢洪道基本一致。

3. 溢洪道坡度为 51.3°时掺气浓度沿程分布

图 7.38 是同一弗劳德数情况下距台阶式溢洪道底部不同高度处的掺气浓度沿程分布，图中的 L_s 为台阶段总斜长，L_i 为测点距第一级台阶的斜距。

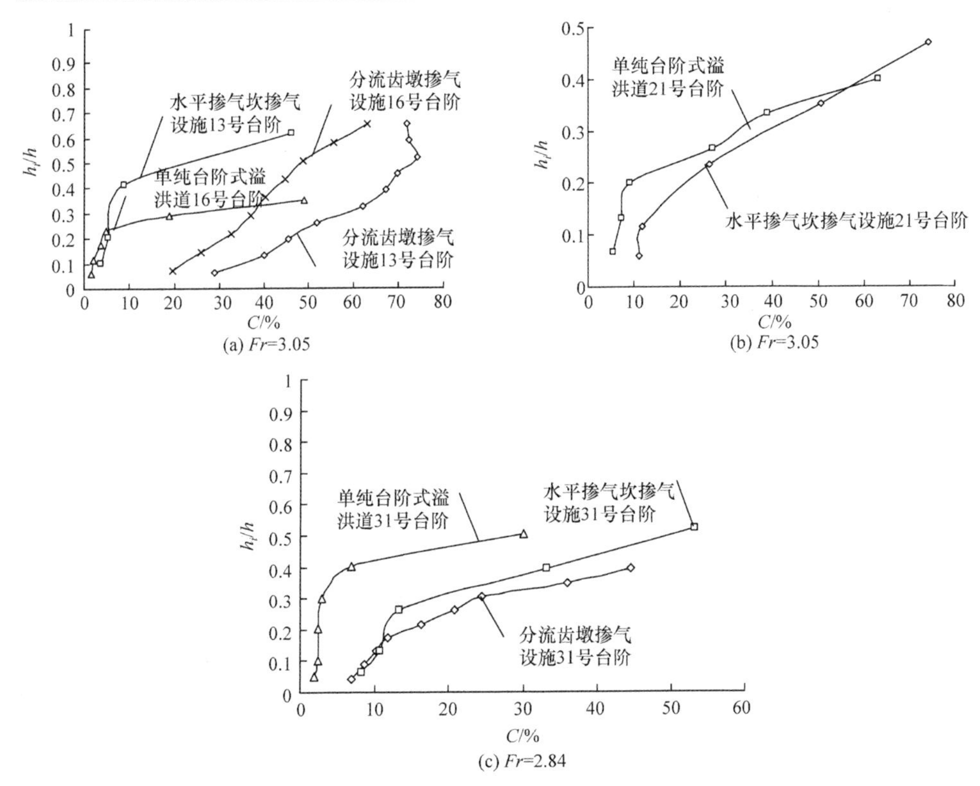

图 7.37　三种消能形式断面掺气浓度比较(坡度为 51.3°)

由图 7.38 可以看出，当弗劳德数分别为 3.99 和 3.44 时，在距台阶底部 0.5cm 处，最小掺气浓度达到 49.66%和 26.62%，这是因为在此弗劳德数范围内为掺气分流墩流态，台阶式溢洪道掺气浓度较大。水平掺气坎底部卷入的空气在向水流内部扩散时逐渐上浮，使得台阶底部的掺气浓度逐渐减小，在 $L_i / L_s = 0.5 \sim 0.7$ 处出现极小值，而由水流表面波破碎掺入水流中的空气与底部上浮的空气交汇后，掺气浓度沿程又有所增大。

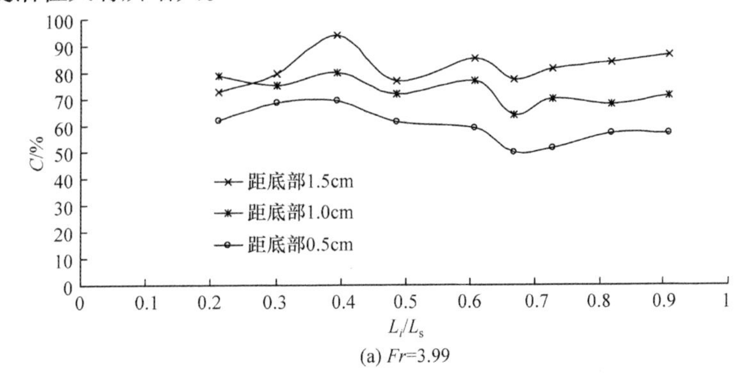

(a) Fr=3.99

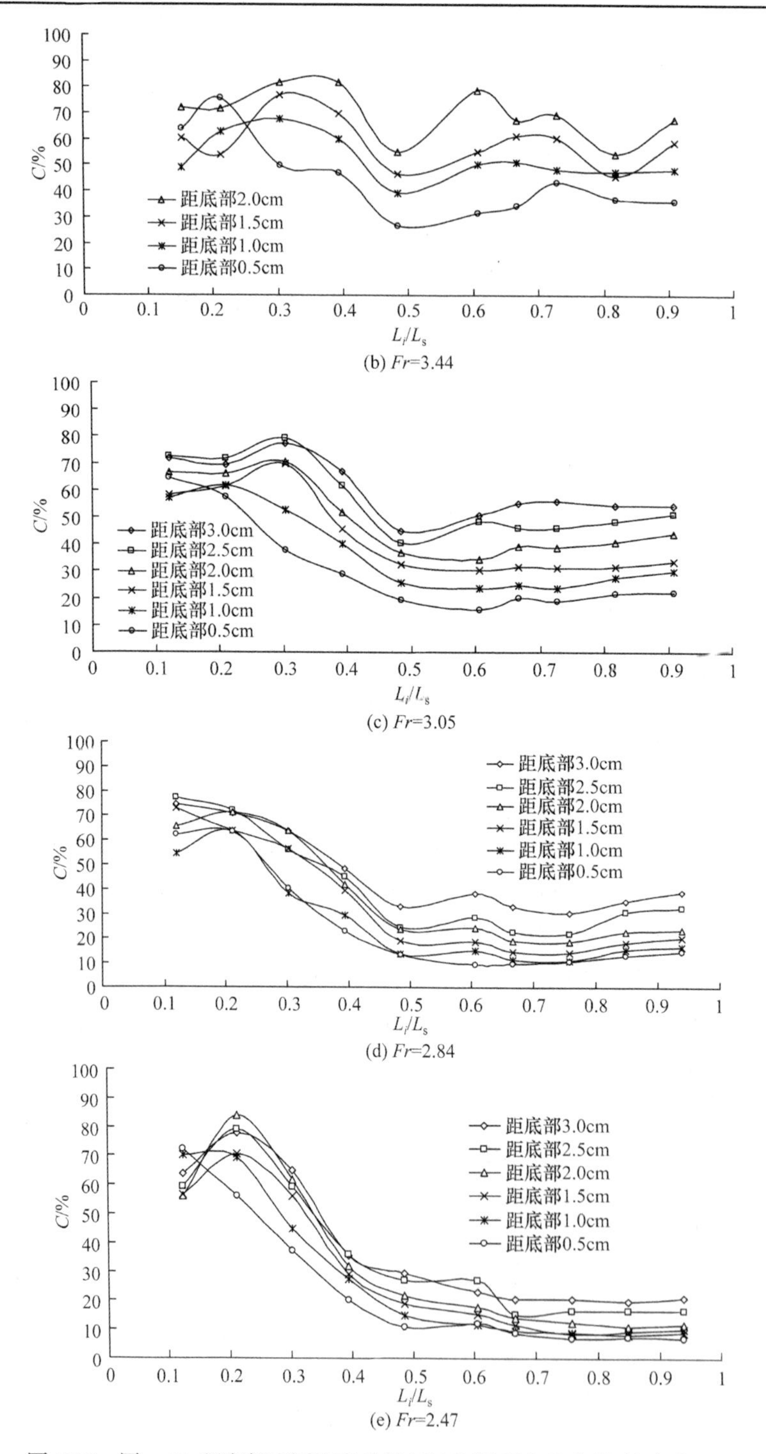

图 7.38　同一 *Fr* 距底部不同距离的掺气浓度沿程变化曲线(坡度为 51.3°)

当齿墩淹没在水下，即弗劳德数分别为 3.05、2.84 和 2.47 时，在前部几级台阶上，掺气浓度较大，这是由空腔补给的。在 $L_i/L_s=0.3$ 以后掺气浓度沿程急剧衰减，在 $L_i/L_s=0.5\sim0.6$ 出现极小值，随后掺气浓度沿程变化平缓。由图中还可以看出，距台阶底部越近，沿程掺气浓度越小，距台阶底部越远，掺气浓度越大。

实测在 $Fr=3.99$ 、3.44、3.05、2.84 和 2.47 时，距台阶式溢洪道底部 0.5cm 处的最小掺气浓度分别为 49.66%、26.62%、15.7%、9.42%、6.92%。而在实际工程中，掺气浓度大于模型值。由此可以看出，分流齿墩掺气设施提供的掺气量完全满足坡度为 51.3°的台阶式溢洪道不发生空蚀破坏的要求。

图 7.39 是距台阶底部同一高度处不同 Fr 时掺气浓度沿程分布。由图可以看出，在距台阶底部同一高度处，掺气浓度随分流齿墩掺气设施流态的不同而不同，掺气分流墩流态的掺气浓度明显大于齿墩流态的掺气浓度；掺气浓度随着 Fr 的增大而增大；在 $L_i/L_s=0.5$ 以前，掺气浓度随着流程的增大而急剧减小，在 $L_i/L_s=0.5$ 以后掺气浓度沿程变化平缓。

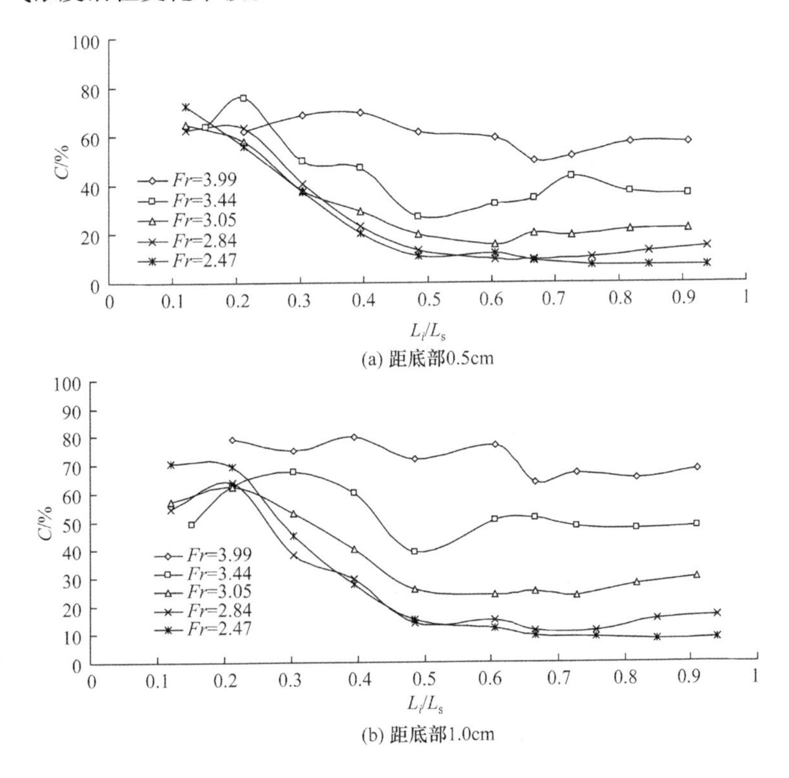

(a) 距底部0.5cm

(b) 距底部1.0cm

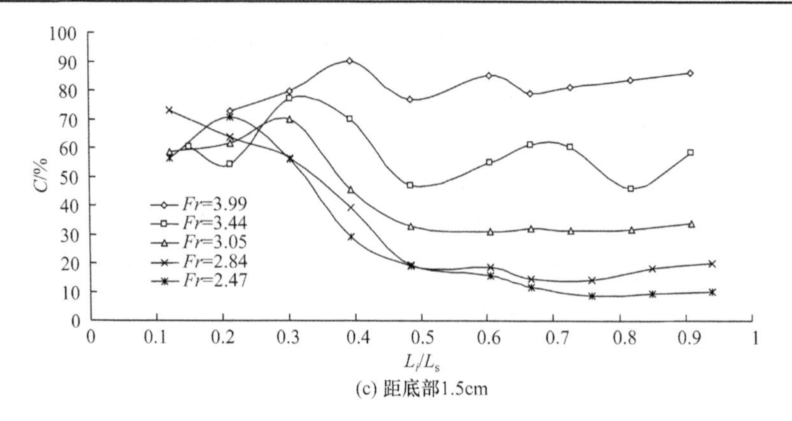

(c) 距底部1.5cm

图 7.39　距台阶底部同一高度处不同 Fr 时的掺气浓度沿程分布(坡度为 51.3°)

距底部 0.5cm 时掺气浓度 C 随 E/h_k 的变化关系如图 7.40 所示，E 为测点以上总水头，h_k 为临界水深。由图可以看出，当 $Fr=3.99$ 时，台阶式溢洪道上掺气充分，掺气浓度沿程变化比较缓慢。其他弗劳德数情况下，掺气浓度在台阶式溢洪道的前部最大，沿程迅速衰减，约在台阶式溢洪道中部降到最低，然后沿程又有所增大。

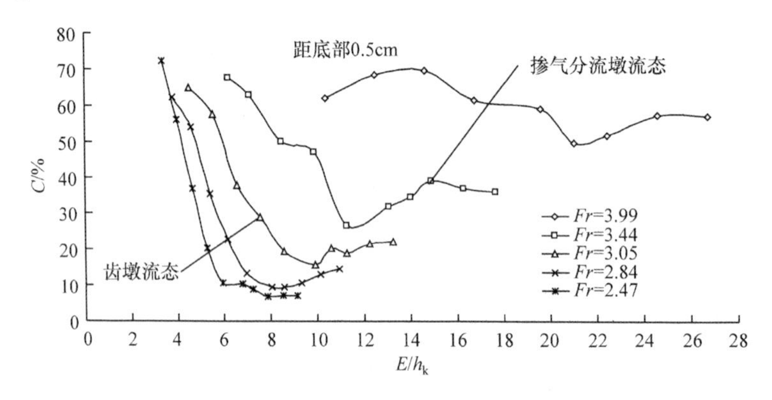

图 7.40　掺气浓度 C 与 E/h_k 的关系(坡度为 51.3°)

4. 溢洪道坡度为 30°时掺气浓度沿程分布

图 7.41 是台阶式溢洪道坡度为 30°时，距底部不同距离掺气浓度沿程分布情况。由图 7.41 可以看出，当 Fr 较大且为掺气分流墩流态时，台阶式溢洪道上的掺气浓度仍然较大，分布规律与坡度为 51.3°的台阶式溢洪道分布规律基本一致。随着来流 Fr 的减小，水流流态为齿墩流态时，在设计水头情况下，台阶式溢洪道上的最小掺气浓度为 5.6%，依然能基本满足溢洪道不发生空蚀的条件。随着单宽流量的增大，空腔长度减小，但在 $L_i/L_s<0.35$ 范围内，水流掺气浓度仍然较大，随着距离的增加，

底部掺气向水流内部上浮，而墩顶连续实体水流在相当长一段距离后才发生表面波破碎，水流受扰动程度降低，得不到上部空气的补给，而底部气泡不断地向水面逸出，使得底部掺气浓度沿程不断降低。实测 *Fr* 为 4.73、3.55、2.84、2.48 和 2.16 时，距底部 0.5cm 处最小掺气浓度分别为 28.98%、14.55%、5.6%、2.78%和 2.0%。

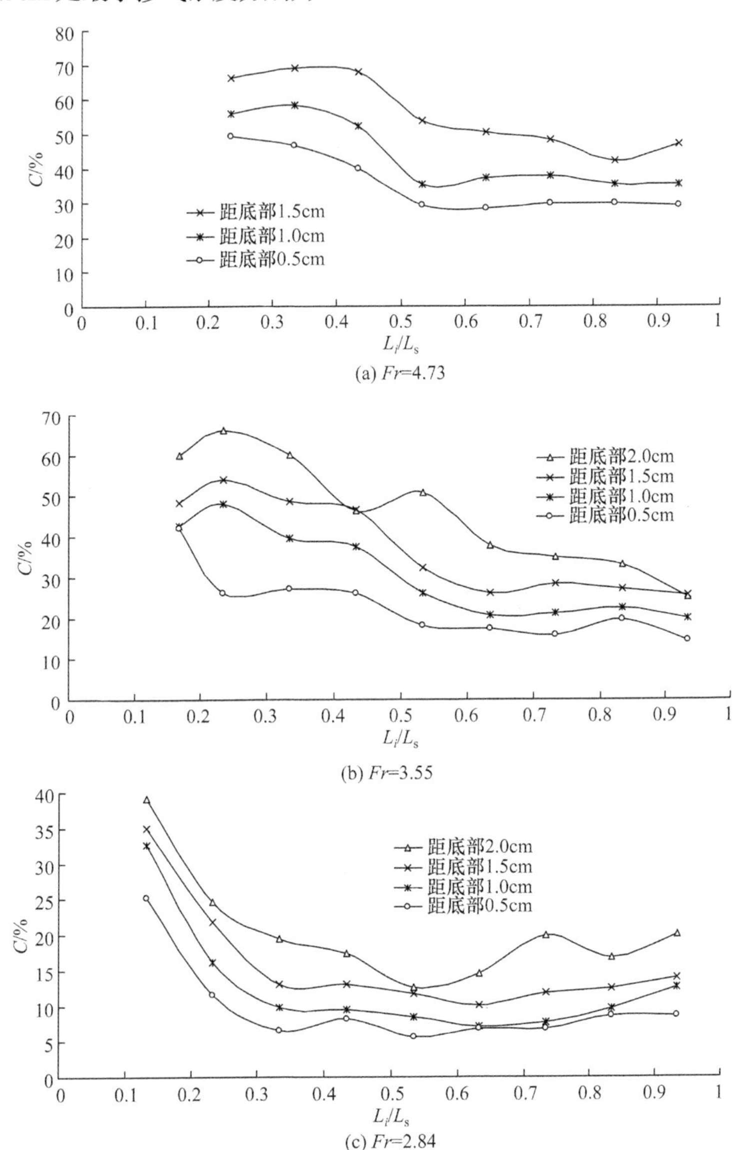

(a) Fr=4.73

(b) Fr=3.55

(c) Fr=2.84

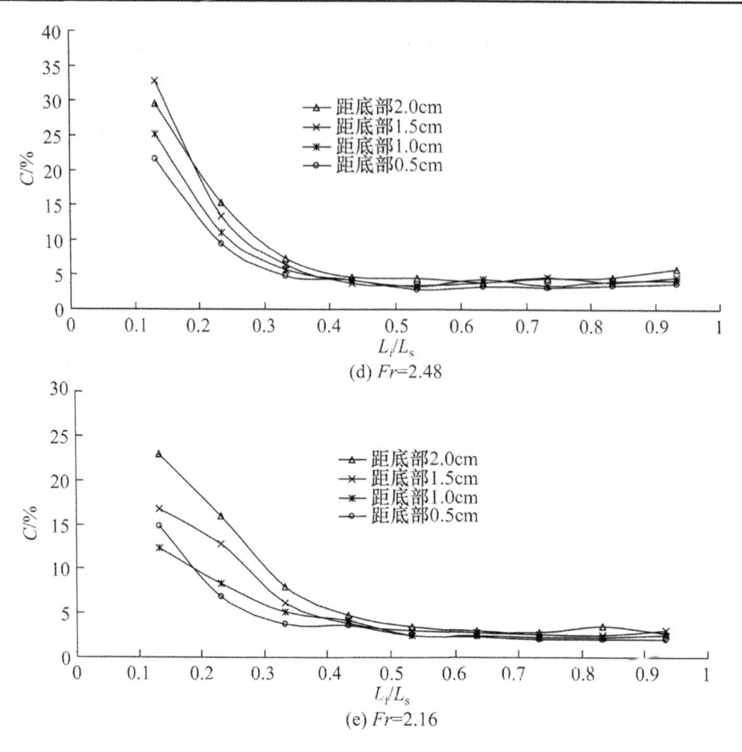

(d) Fr=2.48

(e) Fr=2.16

图 7.41　距底部不同距离的掺气浓度沿程分布情况(坡度为 30°)

图 7.42 是台阶式溢洪道坡度为 30°时，距台阶底部同一高度处掺气浓度沿程分布情况。由图可以看出，在 $L_i/L_s<0.55$ 范围内，掺气浓度沿程减小较快；$L_i/L_s>0.55$ 以后，掺气浓度沿程变化缓慢。掺气分流墩流态的掺气浓度远大于齿墩流态的掺气浓度。

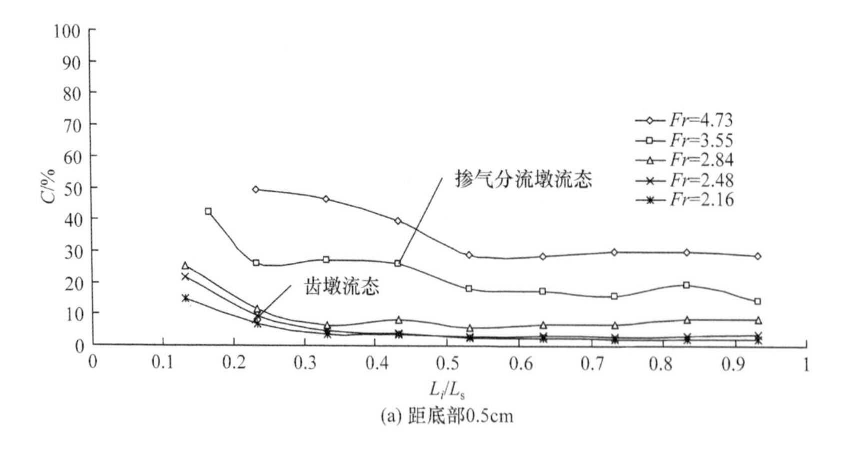

(a) 距底部0.5cm

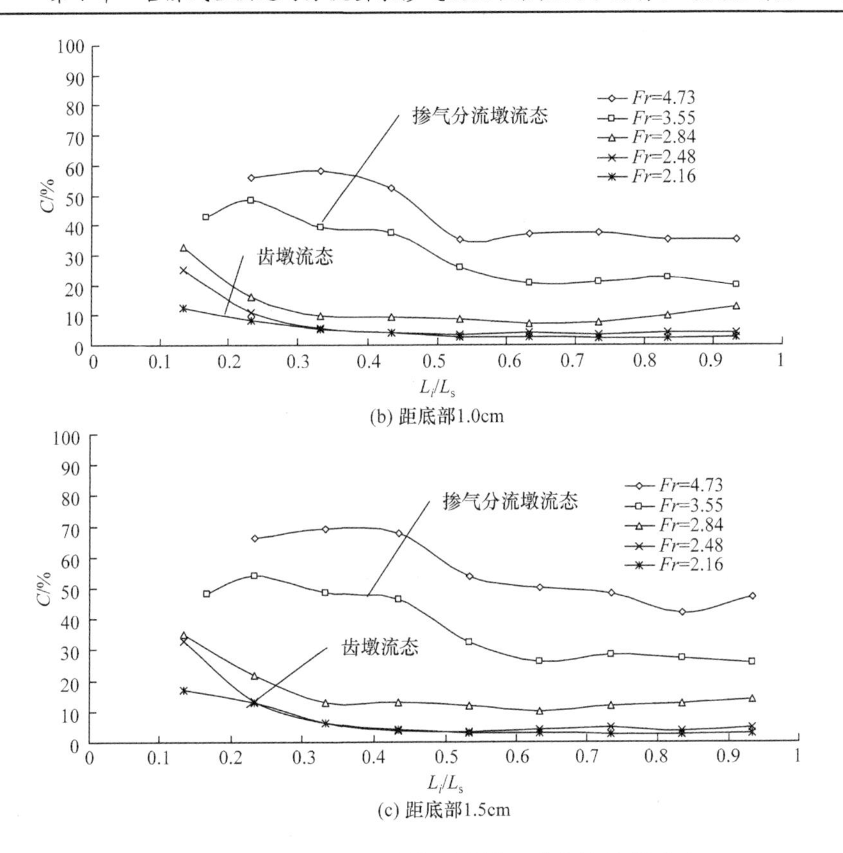

图 7.42　距底部同一高度处的掺气浓度沿程分布情况(坡度为 30°)

图 7.43 是距底部 0.5cm，坡度为 30°时，掺气浓度与 E/h_k 的关系。对比图 7.40 可以看出，掺气浓度沿程分布规律与 51.3°的台阶式溢洪道基本一致，只是数值上有所减小。

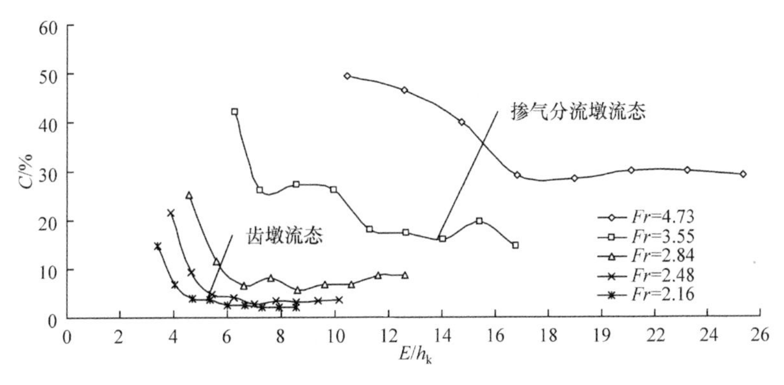

图 7.43　掺气浓度与 E/h_k 的关系(距底部 0.5cm，坡度为 30°)

通过以上分析可以看出，增设分流齿墩掺气设施后，台阶式溢洪道上的掺气浓度不仅与水流流态有关，而且与溢洪道的坡度密切相关。随着坡度的减小，同一来流量情况下，坡度为 30°的台阶式溢洪道上的掺气浓度小于 51.3°的台阶式溢洪道，尤其是在设计水头以上，坡度越缓，掺气浓度下降越多。在工程设计中选择掺气设施时，必须充分估计坡度对掺气浓度的影响。对于溢洪道坡度较陡的情况，可以选用掺气分流墩流态或齿墩流态，对于坡度较缓的台阶式溢洪道，最好选用齿墩高于水面的掺气分流墩流态。

5. 不同掺气设施台阶式溢洪道沿程掺气浓度比较

图 7.44 是坡度为 51.3°时，分流齿墩掺气设施、水平掺气坎掺气设施以及单纯台阶式溢洪道距台阶底部 0.5cm 和 1.0cm 处掺气浓度沿程分布比较。由图可以看出，在同一 *Fr* 情况下，分流齿墩掺气设施沿程掺气浓度最大，水平掺气坎掺气设施次之，单纯台阶式溢洪道掺气量最小；当 *Fr* 为 2.84 时，分流齿墩掺气设施的沿程掺气浓度仍然较大，而水平掺气坎掺气设施的掺气浓度明显减小，单纯台阶式溢洪道直到台阶末端由于边界层发展到水面，表面波破碎后才给水流掺入少量空气，而在前面大部分台阶上，水流没有掺气。

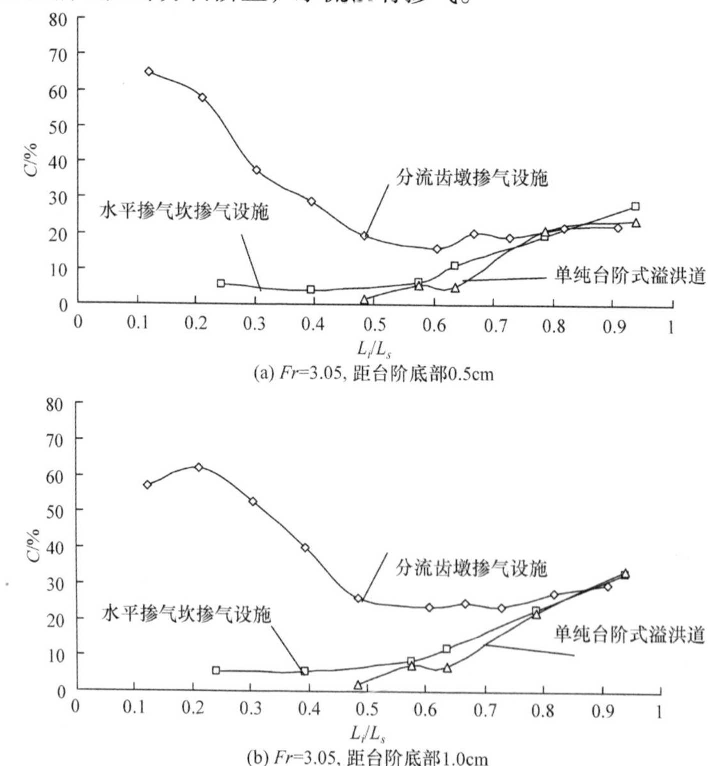

(a) Fr=3.05, 距台阶底部0.5cm

(b) Fr=3.05, 距台阶底部1.0cm

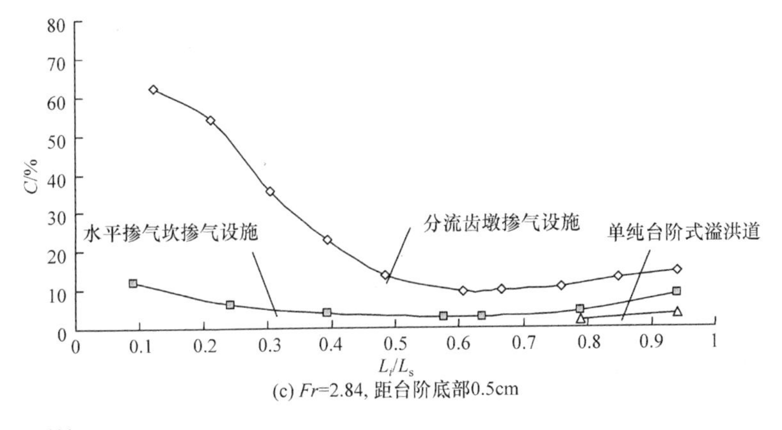

(c) Fr=2.84, 距台阶底部0.5cm

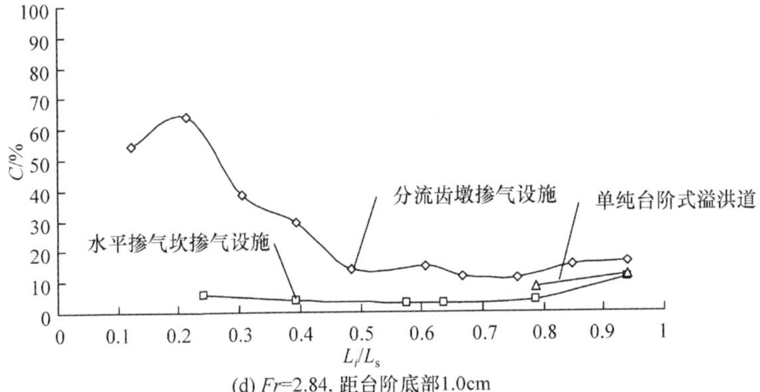

(d) Fr=2.84, 距台阶底部1.0cm

图 7.44　三种消能形式距台阶底部 0.5cm 和 1.0cm 处沿程掺气浓度沿程分布比较

本节研究分流齿墩掺气设施与台阶式溢洪道联合应用的掺气分布规律，其中包括掺气现象、断面掺气浓度分布和沿程掺气浓度分布，主要有以下结论。

(1) 台阶式溢洪道掺气来源主要有两个方面，一是水流通过水平掺气坎时底部负压对来自侧墙掺气坎空气有卷吸作用，形成了稳定的掺气通道；二是通过分流齿墩掺气设施的水流受齿墩的扰动、分割，加剧了水面波的破碎过程，促使水流表面掺气。

(2) 当通过分流齿墩掺气设施的水流为掺气分流墩流态时，水流为四面临空的、完全破碎的、充分掺气的水流，整个台阶式溢洪道上的水流掺气量大，掺气效果显著。

(3) 当通过分流齿墩掺气设施的水流为齿墩流态时，掺气主要靠侧空腔对底空腔的补给，水流掺气分为底部掺气区、楔形清水区、掺气发展区和掺气充分发展区。

(4) 台阶式溢洪道坡度为 51.3°和 30°时，在掺气交汇点以后，断面掺气浓度分布从溢洪道底部向水面逐渐增大，随着弗劳德数的减小，掺气浓度减小。

(5) 沿程掺气浓度在前几级台阶上，由于受空腔掺气的影响，在 $L_i/L_s=0.3$ 以前掺气浓度较大，随后掺气浓度急剧下降，在 $L_i/L_s=0.5$～0.7 以后，掺气浓度趋于平稳。

(6) 台阶上的掺气浓度主要受水流流态、掺气空腔、来流弗劳德数和溢洪道坡度的影响，水流分散的越充分、来流弗劳德数越大、溢洪道坡度越陡，掺气空腔越大，掺气浓度越大，反之，掺气浓度减小。

(7) 实测坡度为 51.3°的台阶式溢洪道在弗劳德数分别为 3.99、3.44、3.05、2.84 和 2.47 时，距台阶底部 0.5cm 处的最小掺气浓度分别为 49.66%、26.62%、15.7%、9.42%和 6.92%。当坡度为 30°，弗劳德数为 4.73、3.55、2.84、2.48 和 2.16 时，距台阶底部 0.5cm 处最小掺气浓度分别为 28.98%、14.55%、5.6%、2.78%和 2.0%。

在工程设计中选择掺气设施时，对于溢洪道坡度较陡的情况，可以选用掺气分流墩流态或齿墩流态，对于坡度较缓的台阶式溢洪道，最好选用齿墩高于水面的掺气分流墩流态。

(8) 坡度为 51.3°和 30°，距台阶底部 0.5cm 处的沿程掺气浓度可以按图 7.40 和图 7.43 查算。

(9) 与水平掺气坎掺气设施、单纯台阶式溢洪道相比较，分流齿墩掺气设施掺气量最大，水平掺气坎掺气设施次之，单纯台阶式溢洪道掺气量最小。可以看出，分流齿墩掺气设施是一种较优的掺气设施。

7.6　分流齿墩掺气设施与台阶式溢洪道联合应用的消能效果

7.6.1　消能机理

流经分流齿墩掺气设施的水流受到墩、坎的分割和扰动，以及墩顶抛射水流在扩散过程中受到空气阻力和水流相互间的交汇、碰撞而消耗能量；顺台阶流动的滑行水流，通过与台阶的碰撞、紊动剪切、台阶内剧烈的水流旋滚而消耗能量；当抛射水股在重力作用下回落至台阶式溢洪道时，与滑行水流相互碰撞以及流态不断地进行调整使能量进一步消耗。与单纯台阶式溢洪道相比，分流齿墩掺气设施与台阶式溢洪道联合应用具有更高的消能效果。

7.6.2　收缩断面水深和流速系数

实测收缩断面相对水深与流能比的关系如图 7.45 所示，由图可得

$$\frac{h_c}{P}=0.01861\ln\left(\frac{q}{\sqrt{g}E_0^{1.5}}\right)+0.11 \tag{7.13}$$

式中，h_c 为收缩断面水深；P 为下游坝高；E_0 为下游溢洪道末端水平面以上总水头。

流速系数 φ 定义为收缩断面的平均流速与最大流速的比值，平均流速可通过测量收缩断面水深计算，或用式(7.13)计算出收缩断面的水深，反求断面平均流速。最大流速 $U_{\max}=\sqrt{2gE_0}$，实测结果如图 7.46 所示，可得

$$\varphi = 0.2494\mathrm{e}^{24.621\frac{q}{\sqrt{g}E_0^{1.5}}} \tag{7.14}$$

式中，流能比 $q/(\sqrt{g}E_0^{1.5})$ 的取值范围为 0.006～0.0351。

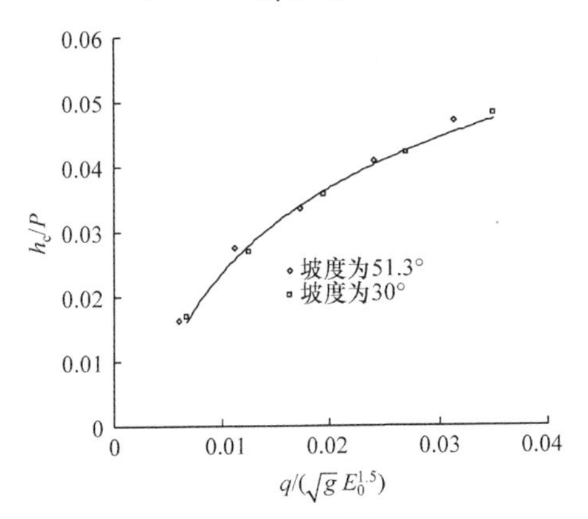

图 7.45 h_c/P 与 $q/(\sqrt{g}E_0^{1.5})$ 的关系

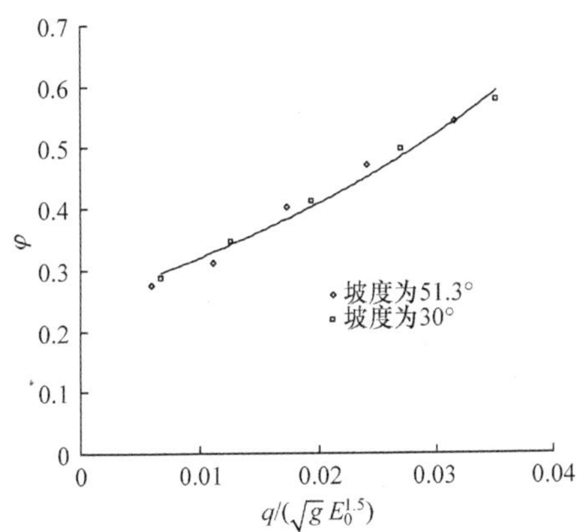

图 7.46 φ 与 $q/(\sqrt{g}E_0^{1.5})$ 的关系

7.6.3 消能率

台阶式溢洪道的消能率用式(2.57)计算，式中，E_1 为收缩断面以上总水头。

不同流能比情况下分流齿墩掺气设施与台阶式溢洪道联合应用的消能效果如图 7.47 所示。为了对比，图中还绘出了坡度为 51.3°水平掺气坎掺气设施与台阶式溢洪道联合应用、单纯台阶式溢洪道的消能率随流能比的变化关系。由图中可以看出，增设分流齿墩掺气设施后，坡度为 51.3°的台阶式溢洪道消能率略大于坡度为 30°的消能率；同一坡度情况下，分流齿墩掺气设施消能效果比水平掺气坎掺气设施和单纯台阶式溢洪道大。例如，当溢洪道坡度为 51.3°，流能比 $q/(\sqrt{g}E_0^{1.5})=0.032$ 时，与水平掺气坎掺气设施相比，消能率提高了约 5.7%；与单纯台阶式溢洪道相比，消能率提高了约 7.4%。

分流齿墩掺气设施与台阶式溢洪道联合应用的消能率用式(7.15)计算，即

$$\eta = -98.825\left(\frac{q}{\sqrt{g}E_0^{1.5}}\right)^2 - 6.2692\frac{q}{\sqrt{g}E_0^{1.5}} + 0.9421 \tag{7.15}$$

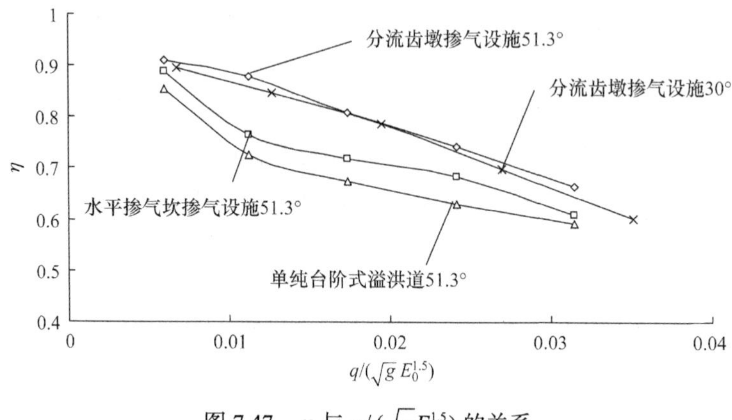

图 7.47　η 与 $q/(\sqrt{g}E_0^{1.5})$ 的关系

7.7　分流齿墩掺气设施与台阶式溢洪道联合应用的设计方法

现通过算例说明分流齿墩掺气设施与台阶式溢洪道联合应用的设计方法和步骤。

某溢洪道堰面曲线采用 WES 曲线，方程为 $y/H_{\mathrm{d}}=0.5\left(x/H_{\mathrm{d}}\right)^{1.85}$，坝高 111.53m，溢洪道宽度为 12.5m，坡度为 51.3°；堰上设计水头为 10m，校核水头时最大水头为 15m，设计水头时流量为 $800\,\mathrm{m}^3/\mathrm{s}$，校核水头时流量为 $1548\,\mathrm{m}^3/\mathrm{s}$，相应的下游水深分别为 12m 和 13.5m。拟采用台阶式溢洪道滑行水流消能，试设计台阶尺寸和消能掺气设施。

1. 单纯台阶式溢洪道水力参数的计算

判断发生滑行水流的条件，选择台阶高度。

临界水深计算公式为

$$h_{\mathrm{k}}=(q^2/g)^{1/3} \tag{7.16}$$

式中，h_{k} 为临界水深；q 为单宽流量。

当堰上水头为 10m 和 15m 时，溢洪道单宽流量分别为 $64\mathrm{m}^3/(\mathrm{s}\cdot\mathrm{m})$ 和 $123.84\mathrm{m}^3/(\mathrm{s}\cdot\mathrm{m})$，代入临界水深公式(7.16)求得临界水深分别为 7.477m 和 11.61m。

滑行水流的台阶高度用 Yasuda 公式计算，即

$$\frac{a}{h_{\mathrm{k}}}=1.16(\tan\theta)^{0.165} \tag{7.17}$$

将临界水深 h_{k} =7.477m 代入式(7.17)求得台阶高度为 9.0m。

判别是否发生滑行水流的界限单宽流量用什瓦英什高公式计算，即

$$q/\sqrt{ga^3} > 0.72 \tag{7.18}$$

将台阶高度 $a = 9\text{m}$ 代入式(7.18)求得 $q > 60.857\ \text{m}^3/(\text{s}\cdot\text{m})$。台阶式溢洪道设计水头时单宽流量为 $64\text{m}^3/(\text{s}\cdot\text{m})$，满足要求。

用上述公式计算的台阶高度较大，根据国内外大量的工程实际，台阶高度一般为 0.6～4m，台阶高度过高，水流对台阶冲击力增大，不利于工程设计，因此本节设计采用台阶高度为 2.5m。

2. 溢流坝的体型设计

溢流坝体型设计如图 7.48 所示。共有 34 级台阶，反弧半径用文献[10]的公式计算，即

$$r = (0.25\sim0.5)(H_{\text{d}} + z_{\max}) \tag{7.19}$$

式中，H_{d} 为设计水头；$z_{\max}$ 为上下游水位差。

已知设计水头为 10m，上下游水位差为 109.53m，代入式(7.19)求得 $r = 27.38\sim54.765\text{m}$，取 $r = 40\text{m}$。

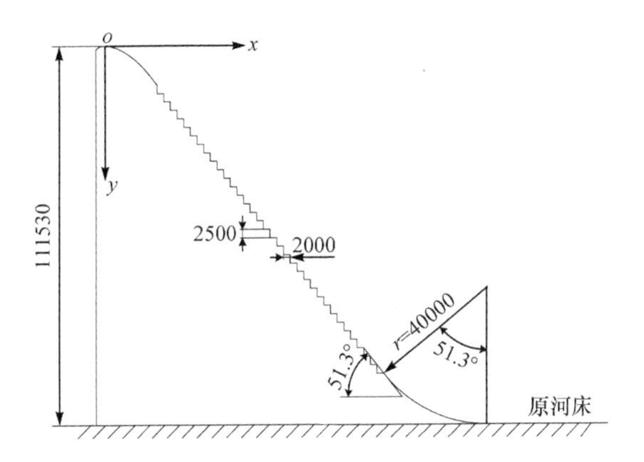

图 7.48　单纯台阶式溢洪道设计图(单位：mm)

3. 溢流坝水面线计算

1) 堰顶曲线段至切点处水面线的计算

用第 2 章式(2.32)计算，即

$$h/H_{\text{d}} = a_1 e^{b_1(x_1/x_{切})} \tag{7.20}$$

式中，系数 a_1、b_1 分别为

$$a_1 = 42.577\left(\frac{q}{\sqrt{g}H^{1.5}}\right)^2 - 3.6816\frac{q}{\sqrt{g}H^{1.5}} + 13.5 \tag{7.21}$$

$$b_1 = 13.672\left(\frac{q}{\sqrt{g}H^{1.5}}\right)^2 - 13.349\frac{q}{\sqrt{g}H^{1.5}} + 2.4277 \tag{7.22}$$

式中，x_1 为测点至堰顶的水平距离；$x_{切}$ 为堰顶至切点的水平距离；H 为堰上水深。

2) 切点至台阶之间光滑直线段水面线的计算

直线段势流水深 h_p 按照第 2 章式(2.33)计算，即

$$h_p = \frac{q}{\sqrt{2g(E - h_p\cos\theta)}} \tag{7.23}$$

光滑直线段的水深 h 的计算式为

$$h = h_p + 0.18\delta \tag{7.24}$$

$$\frac{\delta}{l} = 0.191\left(\ln\frac{30l}{k_s}\right)^{-1.238} \tag{7.25}$$

式中，E 为计算点以上总水头；溢洪道绝对粗糙高度 k_s 在原型中一般取为 0.427～0.61mm，在计算中取 0.6mm。

3) 台阶段水面线计算

台阶段水面线用第 2 章式(2.28)计算，即

$$\Delta l = (E_d - E_u)/(i - \overline{j}) \tag{7.26}$$

4) 反弧曲线段水面线的计算

反弧曲线段用第 2 章式(2.37)计算，即

$$\left(\frac{h_2}{h_1}\right)^2 = \frac{\cos\theta + \dfrac{2\beta q^2}{gh_1^3}\cos\theta + \dfrac{2\beta_0 q^2}{gh_1^3}(1-\cos\theta) + \dfrac{r}{h_1}\sin^2\theta}{1 + 2\beta q^2/(gh_2^3)} \tag{7.27}$$

对于设计水头和校核水头，用式(7.20)、式(7.24)、式(7.26)和式(7.27)计算的非掺气水流的水面线见表 7.5，在计算时，曲线段的距离近似用 $L_h = \sqrt{x^2 + y^2}$ 计算，直线段用斜距计算。

4. 掺气发生点计算

掺气发生点采用第 2 章式(2.52)计算，即

$$\frac{L_c}{a\cos\theta} = 14.489\left(\frac{q}{\sqrt{gb^3\sin\theta}}\right)^{0.566} \tag{7.28}$$

表 7.5　溢洪道水面线计算

WES 堰面距离 $\left(L_h=\sqrt{x^2+y^2}\right)$/m	E/m		计算水深 h_j/m		流速/(m/s)	
	设计水头	校核水头	设计水头	校核水头	设计水头	校核水头
2.016	10.255	15.255	5.504	8.547	11.628	14.489
4.104	10.918	15.918	4.926	7.853	12.992	15.770
6.307	11.943	16.943	4.496	7.322	14.235	16.913
8.657	13.309	18.309	4.158	6.896	15.392	17.958
11.180	15.000	20.000	3.886	6.538	16.469	18.942
13.895	17.006	22.006	3.682	6.225	17.382	19.894
17.162(切点)	19.599	24.599	3.563	5.919	17.962	20.922
切点以后溢流面长度 17.162+ L_i (斜长)						
19.562(台阶起点)	21.500	26.500	3.316	5.891	19.300	21.022
24.205	—	—	3.300	5.802	19.394	21.344
28.918	—	—	3.200	5.624	20.000	22.020
34.484	—	—	3.100	5.433	20.645	22.794
41.181	—	—	3.000	5.243	21.333	23.620
49.435	—	—	2.900	5.050	22.069	24.523
59.966	—	—	2.800	4.848	22.857	25.545
74.109	—	—	2.700	4.636	23.704	26.713
94.820	—	—	2.600	4.407	24.615	28.101
128.427(反弧段起点)	—	—	2.507	4.168	25.529	29.712
(反弧段末端)	—	—	2.152	3.733	29.740	33.174

计算结果为设计水头时 L_c =74.42m，大约在第 18 级台阶，校核水头时 L_c =108.14m，大约在第 27 级台阶，已基本到了台阶末端。

5. 台阶段的掺气浓度

在掺气发生点以前，水流不掺气。在掺气发生点以后，根据文献[2]的试验结果，设计水头时，在距掺气发生点下游约 10m 处，掺气浓度为 1.5%，随后掺气浓度增加较大，在距掺气发生点下游 26m 处，掺气浓度达到 5.3%。在校核水头时，整个台阶只在末端两级台阶上有很少量的掺气。

6. 判断是否需要增加掺气设施

根据表 7.5 的计算结果可以看出，校核水头时，在台阶起点流速已达到了 21.022 m/s，反弧末端流速为 33.174 m/s，根据丹江口水电站单宽流量为 $120m^3/(s \cdot m)$，台阶上的流速为 21～26.4 m/s 时，台阶式溢洪道发生了空蚀破坏，工程在最大单宽流量时已超过了 $120m^3/(s \cdot m)$，因此需要增设掺气设施。

7. 增设掺气设施有关水力参数的计算

1) 掺气设施的选择

目前，给台阶式溢洪道掺气的主要设施有掺气挑坎掺气设施、分流齿墩掺气设施和宽尾墩掺气设施。

宽尾墩掺气设施已在大朝山水电站应用，但宽尾墩设施的水流射距远，相当一部分台阶处于空腔中，没有发挥这部分台阶的消能作用，因此这里不做比较。下面比较分流齿墩掺气设施和水平掺气坎掺气设施的掺气情况。根据本章对分流齿墩掺气设施和文献[2]对水平掺气坎掺气设施的研究，台阶式溢洪道距底部 0.25m 处的掺气浓度沿程分布如图 7.49 所示。由图可以看出，水平掺气坎掺气设施在设计水头时，在 $L_i/L_s<0.3$ 以前，掺气浓度由大逐渐变小；当 $0.3<L_i/L_s<0.58$，掺气浓度值变化很小，最小掺气浓度为 3.84%；当 $L_i/L_s>0.58$，掺气浓度值沿程迅速增大。在校核水头时，当 $L_i/L_s<0.2$ 以前，掺气浓度较大，最小掺气浓度为 8%左右；$L_i/L_s>0.2$ 以后，台阶底部的掺气浓度沿程一直降低，到台阶式溢洪道的末端掺气浓度只有 1.9%。

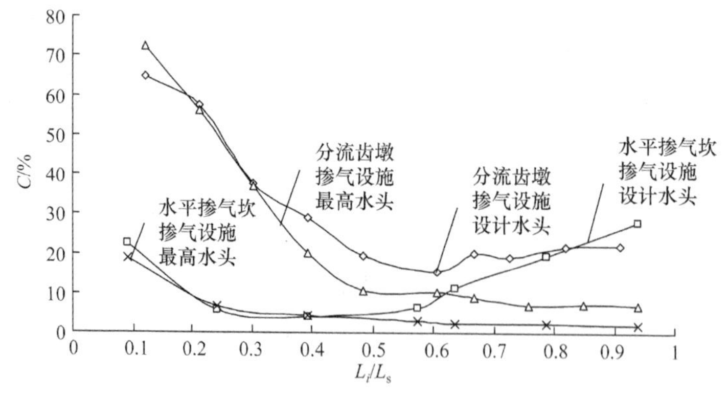

图 7.49 水平掺气坎掺气设施和分流齿墩掺气设施的掺气浓度比较

分流齿墩掺气设施的掺气浓度沿程逐渐减小，在设计水头时，最小掺气浓度为 15.7%，在校核水头时，最小掺气浓度为 6.92%。

由此可见，在高水头时，水平掺气坎掺气设施不能满足台阶式溢洪道减免空蚀的要求(7%～8%)，而分流齿墩掺气设施的掺气浓度在模型上最小已达到了6.92%，原型中的掺气浓度应该大于模型中的掺气浓度。据文献[1]报道，掺气分流墩掺气浓度的原型值为模型值的 1.6 倍，因此能够满足溢洪道不空蚀的要求。因此，选择分流齿墩掺气设施作为工程的掺气设施。

2) 掺气设施体型选择

根据本章研究，分流齿墩掺气设施的较佳位置为 $Fr = 2.47～3.99$ 。文献[1]的原型观测证明，当墩头倾角 $\theta_0 = 75°$时，墩前流速达到 24 m/s，掺气分流墩没有发生空蚀破坏。由表 7.5 可以看出，在距溢流坝顶距离为 19.562m 处，设计水头时流速为 19.300 m/s， $Fr = 3.39$；校核水头时流速为 21.022 m/s， $Fr = 2.77$。为了使墩前有较大的流速，分流齿墩掺气设施的水平掺气坎尾部设在第一级台阶的末端，该处距溢流坝切点的距离为 5.6m。从表 7.5 可以看出，此处未设墩的流速在设计水头时为 19.300～19.394 m/s，校核水头时为 21.022～21.344 m/s。

为了保证整个台阶式溢洪道上均为滑行水流，分流齿墩掺气设施的收缩比不宜太大，根据本章研究，取收缩比 $\lambda_0 = 0.172$；水平掺气坎高度根据试验取为0.75m，坡比为 1∶6.67；侧墙掺气坎高度为 0.425m，坡比为 1∶11.76；分流齿墩的体型采用掺气分流墩的体型。齿墩高度选用淹没在水面以下，根据本试验的研究，选用墩高为 2.5m，在设计水头时，水流刚好淹没齿墩，在校核水头时，水流淹没较大，但仍能满足掺气要求。

3) 分流齿墩水舌和台阶式溢洪道边墙水面线计算

(1) 最大射距用式(7.3)～式(7.5)计算，即

$$\begin{cases} L'_{\max} = \dfrac{v_0^2}{2g}\left[(1+\tan\theta) + \sqrt{(1+\tan\theta)^2 + \dfrac{4g\varDelta_1\cos\theta}{v_0^2}}\right] \\ L''_{\max} = L'_{\max} / \cos\theta \\ K_{L_{\max}} = -0.0317Fr^2 + 0.44Fr - 0.5251 \end{cases} \tag{7.29}$$

计算结果在设计水头时，最大射距为 51.3m，校核水头时为 45.75m。

(2) 最小射距用式(7.7)计算，即

$$L_{底} / (E_i + \varDelta_1) = 0.0551Fr^2 - 0.0934Fr + 0.2522 \tag{7.30}$$

计算结果在设计水头时，最小射距为 14.04m，校核水头时为 12.46m。

(3) 边墙水面线用式(7.9)计算，即

$$y = a\left(\frac{x}{L'}\right)^2 + b\left(\frac{x}{L'}\right) + c \tag{7.31}$$

式中，$y=\lambda_0(a\cos\theta+h+\varDelta)/[Pq/(\sqrt{g}E^{1.5})]$；$L'$为从台阶起始段至反弧段末端的斜长；$\varDelta=\varDelta_1+\varDelta_3$；设计水头时，$a=0.2981$、$b=0.7087$、$c=0.0099$；校核水头时，$a=-0.056$、$b=0.8394$、$c=-0.0699$。计算结果见表 7.6。

表 7.6　边墙水面线计算结果

距水平掺气坎末端距离/m	设计水头台阶段边墙水深/m	校核水头台阶段边墙水深/m
21.8	2.21	1.58
26.8	2.75	3.16
31.8	3.17	4.37
36.8	3.49	5.30
42.0	3.76	6.03
47.2	3.98	6.60
52.3	4.16	7.03
57.2	4.31	7.34
62.2	4.43	7.58
67.2	4.54	7.76
72.7	4.64	7.90
77.2	4.72	7.98
82.3	4.79	8.03
87.4	4 86	8.06
92.3	4.92	8.06
97.3	4.97	8.05
102.3	5.02	8.02

4) 压强分布计算

(1) 分流齿墩墩头压强用式(7.10)计算，即

$$p/p_{\max}=0.9678(h_i/\varDelta_3)^{0.0371} \tag{7.32}$$

墩头迎水面最大压强水头用墩头底部最大水头表示，设计水头和校核水头分别为 23.19m 和 28.19m。距齿墩顶部距离 0.5m、1.0m、1.5m 和 2.0m 处的压强水头见表 7.7。

表 7.7　设计水头和校核水头墩头迎水面不同高度处压强水头

水头	测点距墩头顶部距离处压强水头/m			
	0.5	1.0	1.5	2.0
设计水头	21.14	21.70	22.02	22.26
校核水头	25.70	26.37	26.77	27.06

(2) 墩头侧面最小压强发生在切点处，查图 7.12(a)得 $p/p_{\max}=-0.15$，求得最小压强水头为：设计水头为−3.48m，校核水头为−4.23m。

(3) 水舌冲击区最大压强用式(7.10)计算，即

$$p'_{\max} / p_0 = 0.36e^{0.96Fr} \tag{7.33}$$

式中，p_0为未扰动断面压强。

水平掺气坎起点位置距溢洪道切点 0.91m，因此定义切点处为未扰动断面。对于设计水头和校核水头，p_0/γ分别为3.563m和5.519m，Fr分别为3.04和2.77，由式(7.33)求得水舌冲击区最大压强水头设计水头为23.74m，校核水头为28.38m。

(4) 台阶段沿程最大压强。

查图 7.24(a)得设计水头时沿程最大相对压强为 3.5，校核水头为 2.3。分别求得设计水头时最大压强水头为 12.4m，校核水头为 14.6m。

5) 台阶段掺气浓度

(1) 水平掺气坎下的空腔长度用式(7.7)计算，也就是式(7.30)，将$Fr=3.04$和$Fr=2.77$代入式(7.30)，求得设计水头空腔长度为 11.6m，校核水头为 12.2m。

(2) 距台阶底部 0.25m 处沿程掺气浓度查图 7.40，查算结果见表 7.8。

表 7.8　距底部 0.25m 处掺气浓度

掺气浓度/%	距掺气坎末端距离/m									
	20	30	40	50	60	65	70	80	90	100
设计水头掺气浓度	59.82	40.17	30.84	20.12	16.12	16.41	20.29	19.68	21.94	22.10
校核水头掺气浓度	60.13	40.96	23.12	11.94	10.41	10.13	9.09	6.92	7.20	7.04

由表中可以看出，在校核水头时，最小掺气浓度为 6.92%，满足掺气减蚀要求。

6) 消能效果

根据式(7.15)计算消能率，即

$$\eta = -98.825\left(\frac{q}{\sqrt{g}E_0^{1.5}}\right)^2 - 6.2692\frac{q}{\sqrt{g}E_0^{1.5}} + 0.9421 \tag{7.34}$$

求得设计水头和校核水头消能率分别为 82.35%和 69.17%。

7) 消力池的设计

由于坝高较大，为重要工程，现按校核水头设计消力池。

(1) 判断是否需要修建消力池。

由式(7.13)计算收缩断面水深，收缩断面处的流能比$q/(\sqrt{g}E_0^{1.5})=0.0278$，水深为

$$\frac{h_c}{P} = 0.01861\ln\left(\frac{q}{\sqrt{g}E_0^{1.5}}\right) + 0.11 \tag{7.35}$$

求得收缩断面水深为 4.836m。

已知单宽流量为 123.84m³/(s · m)，由式(7.14)求得流速系数，即

$$\varphi = 0.2494\mathrm{e}^{24.621\frac{q}{\sqrt{g}E_0^{1.5}}} \tag{7.36}$$

求得 $\varphi = 0.4945$。

用下式计算跃后水深，即

$$h_c'' = \frac{h_c}{2}\left(\sqrt{1+8\frac{q^2}{gh_c^3}}-1\right) = \frac{4.836}{2}\left(\sqrt{1+\frac{8\times123.84^2}{9.8\times4.836^3}}-1\right) = 23.137\mathrm{m} \tag{7.37}$$

因为下游水深为 $h_t = 13.5\mathrm{m}$，$h_c'' > h_t$，所以需要修建消力池。

(2) 消力池深度计算。

拟设计成开挖式消力池，消力池设计如下。

假设池深 $d = 6.93\mathrm{m}$，

$$E_{01} = E_0 + d = 126.53 + 6.93 = 133.46\mathrm{m} \tag{7.38}$$

$$h_{c1} = \frac{q}{\varphi\sqrt{2g(E_{01}-h_{c1})}} = \frac{123.84}{0.4945\times\sqrt{19.6\times(133.46-h_{c1})}} = \frac{56.5675}{\sqrt{133.46-h_{c1}}} \tag{7.39}$$

迭代得 $h_{c1} = 4.991\mathrm{m}$。

$$h_{c1}'' = \frac{h_{c1}}{2}\left(\sqrt{1+8\frac{q^2}{gh_{c1}^3}}-1\right) = \frac{4.991}{2}\left(\sqrt{1+\frac{8\times123.84^2}{9.8\times4.991^3}}-1\right) = 22.671\mathrm{m} \tag{7.40}$$

$$\Delta z = \frac{q^2}{2g}\left[\frac{1}{(\varphi' h_t)^2} - \frac{1}{(\sigma_j h_{c1}'')^2}\right] = \frac{123.84^2}{2\times9.8}\left[\frac{1}{(0.95\times13.5)^2} - \frac{1}{(1.05\times22.671)^2}\right] = 3.376\mathrm{m} \tag{7.41}$$

$$d = \sigma_j h_{c1}'' - h_t - \Delta z = 1.05\times22.671 - 13.5 - 3.376 = 6.93\mathrm{m} \tag{7.42}$$

与假设相符，取池深 $d = 6.93\mathrm{m}$。

(3) 消力池长度 L_k 的计算。

消力池自由水跃长度 L_j，

$$L_j = 6.1h_{c1}'' = 6.1\times22.671 = 138.29\mathrm{m} \tag{7.43}$$

消力池长度为 L_k，

$$L_k = (0.7\sim0.8)L_j = (0.7\sim0.8)\times138.29 = (96.81\sim110.63)\mathrm{m} \tag{7.44}$$

取 $L_k = 105\mathrm{m}$。

(4) 按光滑溢洪道消力池计算。

为了比较分流齿墩掺气设施和台阶式溢洪道联合应用的消能效果，现按光滑溢洪道设计消力池。

流速系数计算如下。

已知坝高 $P_1 = 111.53\mathrm{m}$，$H = 15\mathrm{m}$，$P_1/H < 30$，流速系数按下式计算

$$\varphi = 1 - 0.0155\frac{P_1}{H} = 1 - 0.0155 \times \frac{111.53}{15} = 0.885 \tag{7.45}$$

设消力池深度为 $d = 17.0198\text{m}$，

$$E_{01} = E_0 + d = 126.53 + 17.0198 = 143.5498\text{m} \tag{7.46}$$

$$h_{c1} = \frac{q}{\varphi\sqrt{2g(E_{01} - h_{c1})}} = \frac{123.84}{0.885 \times \sqrt{19.6 \times (143.5498 - h_{c1})}} = \frac{31.6075}{\sqrt{143.5498 - h_{c1}}} \tag{7.47}$$

迭代得 $h_{c1} = 2.6629\text{m}$。

$$h''_{c1} = \frac{h_{c1}}{2}\left(\sqrt{1 + 8\frac{q^2}{gh_{c1}^3}} - 1\right) = \frac{2.6629}{2}\left(\sqrt{1 + \frac{8 \times 123.84^2}{9.8 \times 2.6629^3}} - 1\right) = 32.978\text{m} \tag{7.48}$$

$$\Delta z = \frac{q^2}{2g}\left[\frac{1}{(\varphi' h_t)^2} - \frac{1}{(\sigma_j h''_{c1})^2}\right] = \frac{123.84^2}{2 \times 9.8}\left[\frac{1}{(0.95 \times 13.5)^2} - \frac{1}{(1.05 \times 32.978)^2}\right] = 4.105\text{m} \tag{7.49}$$

$$d = \sigma_j h''_{c1} - h_t - \Delta z = 1.05 \times 32.978 - 13.5 - 4.105 = 17.0198\text{m} \tag{7.50}$$

$$L_j = 6.1h''_{c1} = 6.1 \times 32.978 = 201.17\text{m} \tag{7.51}$$

$$L_k = (0.7\sim0.8)L_j = (0.7\sim0.8) \times 201.17 = (140.82\sim160.93)\text{m} \tag{7.52}$$

取 $L_k = 150\text{m}$。

由以上计算可以看出，与光滑溢洪道相比，分流齿墩掺气设施与台阶式溢洪道联合应用消力池深度减少了 10.09m，池长减少了 45m，容积仅为光滑溢洪道消力池的 28.5%，可见具有很好的消能作用。

设计消力池后，堰面曲线段、分流齿墩掺气设施、台阶段和消力池设计如图 7.50 所示。

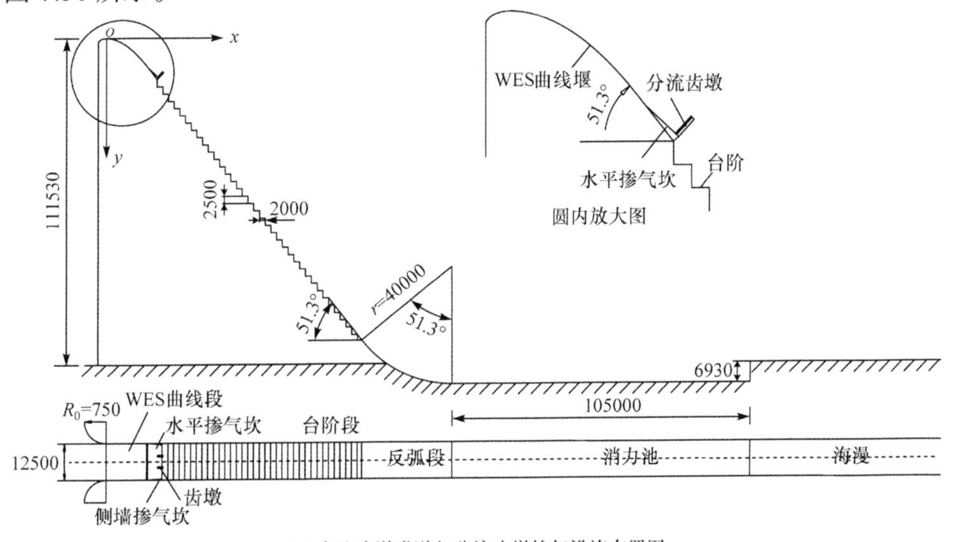

(a) 台阶式溢洪道与分流齿墩掺气设施布置图

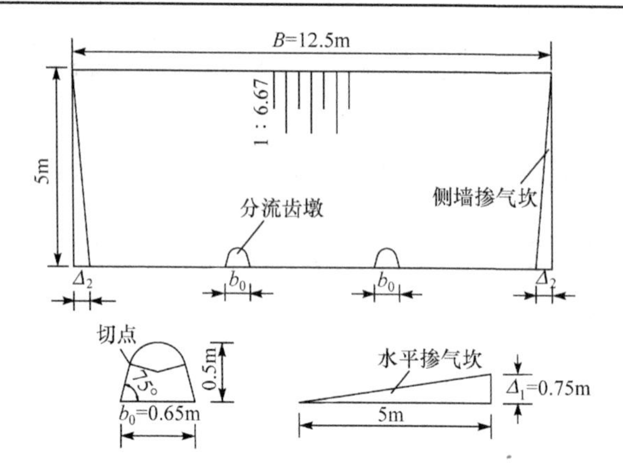

(b) 水平掺气坎和分流齿墩平面图

图 7.50　台阶式溢洪道剖面图

参 考 文 献

[1] 闫晋垣. 掺气分流墩设施的研究[J]. 水利学报, 1988, (12): 46-50,

[2] 骈迎春. 台阶式溢洪道强迫掺气水流水力特性的试验研究[D]. 西安: 西安理工大学, 2007.

[3] 时启燧, 潘水波, 邵媖媖, 等. 通气减蚀挑坎水力学问题的试验研究[J]. 水利学报, 1983, (3): 1-13.

[4] 时启燧. 高速水气两相流[M]. 北京: 中国水利水电出版社, 2007: 209.

[5] 闫晋垣, 唐允吉, 郭天德. 柘林掺气分流墩原型观测试验研究[J]. 水利学报, 1986, (10): 1-9.

[6] 张应亮. 桂花水电站掺气分流墩与消力池联合应用消能效果的研究[J]. 中国水能及电气化, 2011, (8): 39-45.

[7] 郑阿漫. 掺气分流墩台阶式溢洪道水力特性的研究[D]. 西安: 西安理工大学, 2001.

[8] 张宗孝, 魏文礼, 闫晋垣. 掺气分流墩墩头的动水压强特性研究[J]. 武汉大学学报, 2001, 34(8): 1-5.

[9] 徐进鹏. 高齿墩掺气设施的三维数值模拟研究[D]. 西安: 西安理工大学, 2011.

[10] 吴持恭. 水力学上册第二版[M]. 北京: 高等教育出版社, 1982: 390.

第 8 章　台阶式溢洪道与分流齿墩掺气设施联合应用水力特性的数值模拟

8.1　计算模型的建立

8.1.1　计算模型

采用 FLUENT 软件对分流齿墩掺气设施与台阶式溢洪道联合应用的水力特性进行三维数值模拟。计算采用的模型是基于文献[1]建立的物理模型，数学模型与物理模型的比尺为 1∶1。该模型包括上游水箱、WES 曲线堰、直线过渡段、分流齿墩掺气设施、台阶段、反弧段和下游矩形水槽。上游水箱长 400cm，宽 300cm，高 350cm，堰上设计水头为 H_d=20cm，计算采用的堰上相对水头 H/H_d=0.50、1.00 和 1.50。WES 曲线堰采用三段复合圆弧相接，半径分别为 R_1=10cm、R_2=4cm、R_3=0.8cm，堰面方程为 $y/H_{\mathrm{d}}=0.5\left(x/H_{\mathrm{d}}\right)^{1.85}$。台阶式溢洪道坡度分别为 51.3°和 30°，溢洪道的宽度为 25cm，末端通过反弧段与长 260cm 的等宽矩形水槽连接。试验模型示意图如图 8.1 所示，分流齿墩的形状、布置见第 7 章图 7.2。模型的具体参数如表 8.1 所示。

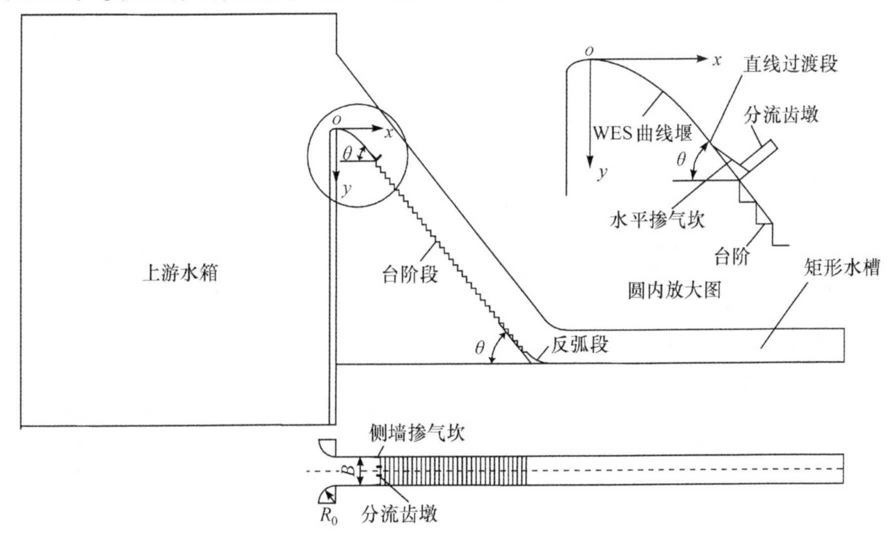

图 8.1　试验模型示意图

表 8.1　试验模型参数

<table>
<tr><th>堰上水头/cm</th><th>溢洪道宽　度/cm</th><th>单宽流量/[m³/(s · m)]</th><th>坡度/(°)</th><th>坝高/cm</th><th>反弧半径/cm</th><th>过渡段长　度/cm</th><th>台阶段长　度/cm</th><th>溢洪道长　度/cm</th><th>台阶步长/cm</th><th>台阶步高/cm</th><th>台阶级数/级</th></tr>
<tr><td>10</td><td>25</td><td>0.0585</td><td>51.3</td><td>203</td><td>26.5</td><td>1.2</td><td>211.3</td><td>281.69</td><td>4</td><td>5</td><td>33</td></tr>
<tr><td>20</td><td>25</td><td>0.1809</td><td rowspan="2">30</td><td rowspan="2">186.63</td><td rowspan="2">60</td><td rowspan="2">40</td><td rowspan="2">300</td><td rowspan="2">393.55</td><td rowspan="2">8.66</td><td rowspan="2">5</td><td rowspan="2">30</td></tr>
<tr><td>30</td><td>25</td><td>0.3502</td></tr>
</table>

计算的数学模型采用重整化群 k-ε 模型(即 RNG k-ε 模型)，具体公式见 5.2 节。

8.1.2　计算模型的网格划分

用 Gambit 软件生成几何模型后对模型进行网格划分。Gambit 提供的三维单元类型有四面体、六面体、锥形和楔形网格等。下面以 30°模型为例，简要介绍模型网格划分情况。

整个计算流场的网格总单元数约为 47 万，图 8.2 给出了模型整体三维和台阶段纵剖面的网格示意图。因为分流齿墩掺气设施与台阶式溢洪道联合应用的计算模型较为复杂，所以采用分块网格的形式对计算区域进行划分。对于上游水箱和下游矩形水槽来说，流场变化幅度较小，且水流比较平顺，因此网格划分相对其他区域较稀疏，计算过程采用渐变网格，离水面远的区域网格较稀，靠近水面的区域网格较密；上游溢流坝进口处为 1/4 圆弧面，采用非结构六面体网格；其余部分和下游矩形水槽形状规则，采用结构网格进行划分。对于 WES 曲面来说，仍采用非结构六面体网格；对于台阶式溢洪道的台阶段，由于要捕捉自由水面和模拟台阶处水流旋滚，采用结构加密网格；分流齿墩掺气设施设置于第一级台阶上，水流在此处变化剧烈，采用非结构六面体网格，为了能较好地模拟分流齿墩墩头的水力特性，此处的网格也需要加密。

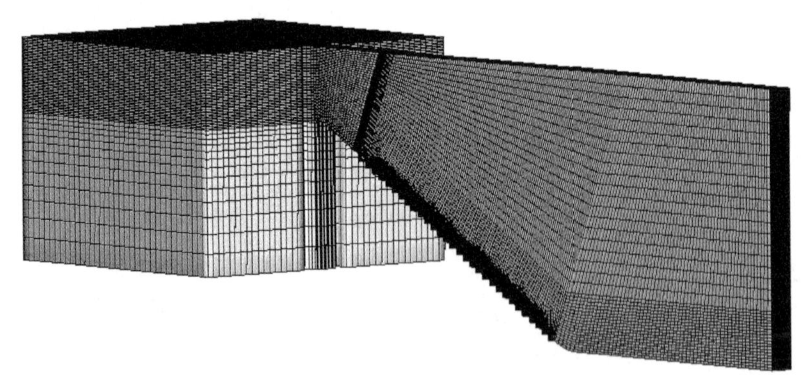

(a) 整体三维网格图

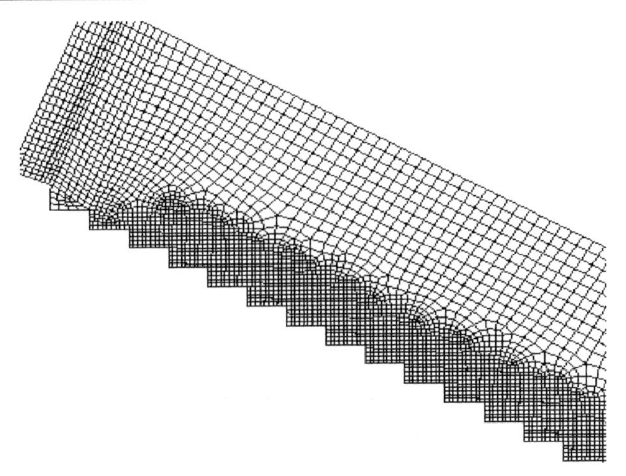

(b) 台阶段网格放大图

图 8.2　模型网格示意图

8.1.3　边界条件的处理

入口边界条件采用压力入口，适用于压力为已知、进口流量或流动速度未知的情况，适用于可压缩和不可压缩流体。计算时模型的水面以上均为空气，采用标准大气压，水面以下为堰上水头。计算模型有两种角度，每种角度各有 3 种堰上水头，共 6 种工况。进口处的紊动能强度和紊动耗散率分别按下列经验公式给定

$$k = 0.00375U_{\mathrm{m}}^2 \tag{8.1}$$

$$\varepsilon = k^{1.5} / (0.4H_0) \tag{8.2}$$

式中，U_{m} 为进口断面的平均速度；H_0 为进口断面处的水深；k 为紊动能强度；ε 为紊动耗散率。

矩形水槽下游出口采用压力出口边界条件，由于水流为明渠流动，仍设置为标准大气压。坝体和所有计算域的固壁边界均设置为无滑移边界条件。黏性底层采用标准壁面函数处理。

8.1.4　求解器的设置

采用 VOF 模型追踪自由液面，算法采用有限体积法隐式求解，速度压力耦合采用 PISO 法，对动量方程的离散采用二阶迎风格式，其他控制参数采用默认值。当计算到入口和出口的质量流量基本平衡时，流态达到稳定状态，即可进行数据的后处理。

8.2　分流齿墩掺气设施与台阶式溢洪道联合应用的水流流态

8.2.1　台阶式溢洪道的水流流态

根据墩前未扰动断面水深与墩高的比值不同，将分流齿墩掺气设施的水流流态分为掺气分流墩流态和齿墩流态。当分流齿墩高度为 5cm 时，试验表明，堰上水头小于 17.5cm 时的流态为掺气分流墩流态；分流齿墩高度大于 17.5cm 时为齿墩流态[1]。这两种不同的流态对于台阶式溢洪道上的水流流态有较大的影响。

对两种角度的台阶式溢洪道在不同水头作用下的六种工况进行了数值模拟。图 8.3 为分流齿墩掺气设施的两种流态，图中展示了当水流达到稳定后，上游水箱、WES 曲线堰、过渡段、台阶段、反弧段和下游水槽的水流变化情况。

(a) 掺气分流墩流态

(b) 齿墩流态

图 8.3　水流流态图

由图中可以看出，当堰上水头较小时，墩前未扰动断面水深小于墩高，水流为掺气分流墩流态。此时，一部分水流沿墩面爬高，一部分水流绕分流齿墩流动，并受到墩体的分割，形成 U 形断面水舌。当水流通过水平掺气坎时，水流受到挑坎的顶托，形成挑射水流，在其下部形成底空腔；侧墙挑坎对水流也有扰动作用，将水流向内收缩形成侧空腔。底空腔与侧空腔相连通，将空气源源不断地卷吸到水流中，形成了充分掺气的挑射水流。当堰上水头较大时，墩前未扰动断面水深大于墩高，水流为齿墩流态。此时，水平掺气坎和侧墙挑坎仍然对水流起挑射和收缩作用，侧空腔和底空腔仍然形成掺气空腔，这是分流齿墩设施给水流掺气的唯一通道；分流齿墩墩顶的水流受墩头顶托，水流发生雍高，并受分流齿墩的梳齿作用，形成梳齿状的连续实体射流。当射流回落到台阶式溢洪道上时，不管是掺气分流墩流态还是齿墩流态，水流挑射的距离均较近，分流齿墩对水流的扰动较小，使得落到台阶式溢洪道上的水流从水舌落点开始，就形成了滑行水流。当然，落点处水流受台阶的作用，有少量的反弹，但这并不影响主流为滑行水流。与一般单纯台阶式溢洪道上的滑行水流相比较，分流齿墩掺气设施后的滑行水流是充分掺气的水流。

图 8.4(a)、(b)是堰上相对水头 H/H_d=1.00 情况下坡度为 30°和 51.3°台阶式溢洪道上的水流流线。由图可以看出，流线在水箱入口处分布均匀，流线稀疏，流速较小；当水流流到堰顶时，由于断面宽度变小，流线变密，流速变大；当水流通过分流齿墩掺气设施时，受到该设施的扰动、缩窄、分割，水流挑起，水面抬高，越过几级台阶后回落到台阶式溢洪道上，此时水流分为两部分，台阶虚拟底板以上的主流为滑行水流，流线较均匀；在台阶内部存在顺时针旋涡，如图 8.4(c)、(d)所示。这种旋涡是由台阶的结构造成的一种特殊的水流现象。

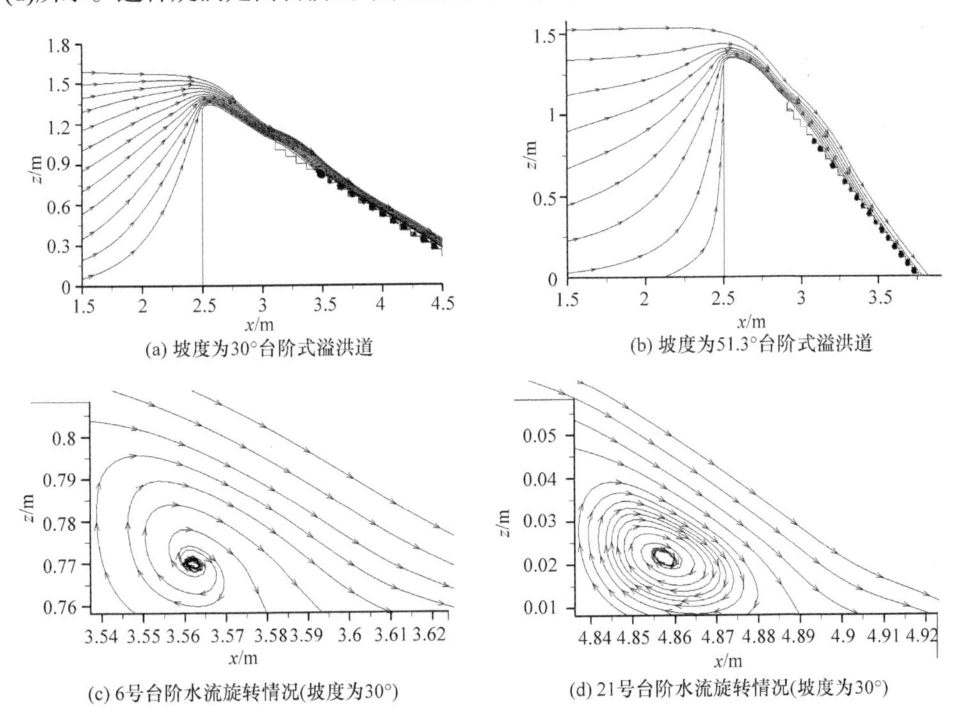

(a) 坡度为30°台阶式溢洪道　(b) 坡度为51.3°台阶式溢洪道

(c) 6号台阶水流旋转情况(坡度为30°)　(d) 21号台阶水流旋转情况(坡度为30°)

图 8.4　台阶式溢洪道水流流线图

正是由于台阶内部旋涡的存在，加强了水流间的紊动剪切作用，这是台阶式溢洪道的消能效果大于光滑溢洪道的根本原因。在旋涡区之外，水流为滑行水流，流线较均匀、平顺。

8.2.2　水舌最大和最小挑距

分流齿墩掺气设施的抛射水流如图 7.6 所示。可以看出，抛射水流分为两部分，即沿着水平掺气坎抛射的水流、绕墩或沿墩顶抛射的水流。第 7 章已给出了计算最大射距的理论公式(7.4)，射距修正系数公式(7.5)和式(7.6)。

实际上，当水流绕分流齿墩流动时，受到分流齿墩的分割和扰动，发生冲击波，使得水流相互碰撞和混掺；而墩顶水流受到分流齿墩的梳齿和空气阻力作用，也会消耗部分能量，使得实际最大射距 L_{max} 小于理论值 L''_{max}。数值计算的相对最大射距 $K_{L_{max}}$ 与 Fr 的关系如图 8.5 所示，其中 $K_{L_{max}}$ 为数值计算得到的最大射距与理论最大射距的比值。为了对比，图中还点绘了通过试验得到的最大射距与理论最大射距的比值与 Fr 的关系。可以看出，不管是计算值还是试验值，最大射距均小于理论最大射距，这正体现了墩体阻力、空气阻力的作用。由图还可以看出，坡度为 30°的台阶式溢洪道的计算值小于试验值，而坡度为 51.3°的台阶式溢洪道的计算值与试验值比较接近。数值计算与试验的差异，究其原因是分流齿墩掺气设施水流流态复杂，数值模拟不可能完全准确模拟其水流的抛射距离；在模型试验中，落入台阶式溢洪道上的水流是一簇包络线组成的水面，其外缘落点在不停地上下摆动，要准确测量射距也是比较困难的。

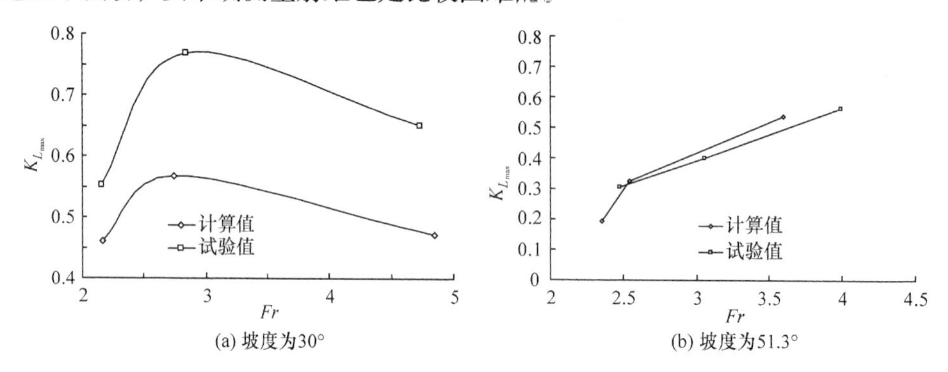

图 8.5　$K_{L_{max}}$ 与 Fr 的关系

水舌的最小射距是沿水平掺气坎顶部抛射的水流轨迹，理论上也可以用式(7.5)计算，计算出来的最小射距即为底空腔长度。在计算最小射距时，应该采用水平掺气坎顶部的流速，但此处流速难以确定，一般仍用墩前未扰动断面的平均流速，此流速远大于水平掺气坎顶部的流速，使得理论计算值远大于实际值。根据文献[1]，相对最小射距可以用 $L_{min}/(E_i+\Delta_1)$ 来表示，其与未扰动断面弗劳德数 Fr 的关系如图 8.6 所示。由图可以看出，数值计算与实测相对最小射距的变化趋势一致，但结果仍有一定差异，当坡度为 30°时最大误差为 11%～25%；当坡度为 51.3°时，最大误差范围为 19%～36%。分析认为，最小射距并不是一个常数，在水流的脉动作用下上下摆动，但相比最大射距其摆动范围较小。物理模型试验测量的最小射距较准确，而数值模拟的空腔长度均大于试验值，台阶式溢洪道的坡度越大，差值越大。这可能是在数值模拟时，未考虑空气阻力和壁面摩阻力等使得计算值大于试验值。

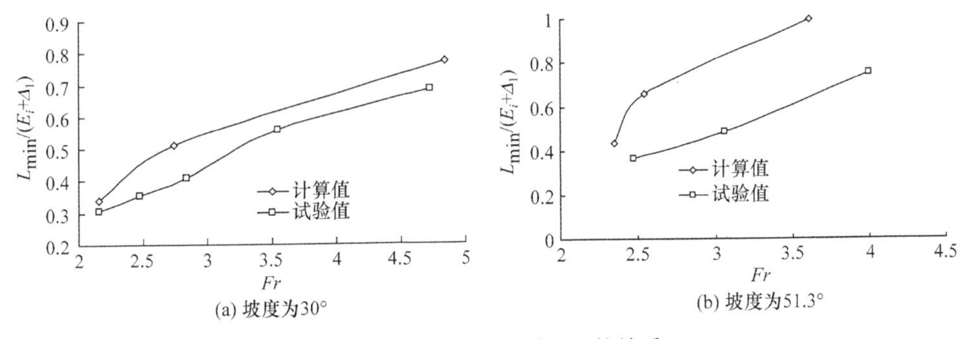

图 8.6　$L_{min}/(E_i+\Delta_1)$ 与 Fr 的关系

8.2.3　台阶式溢洪道的水面线

图 8.7 为水面线三维立体图。由图可以看出，在水舌外缘落点处，水流有一收缩，在收缩断面后，水流反弹，反弹的水面线较高，当反弹水流二次落入主流时，与主流碰撞，仍有较小反弹，反弹的幅度沿程逐渐减小，这也反映了分流齿墩掺气设施对水流扰动的特性，整个台阶式溢洪道上的水流为滑行水流，滑行水流与台阶后的反弧段水流衔接良好。

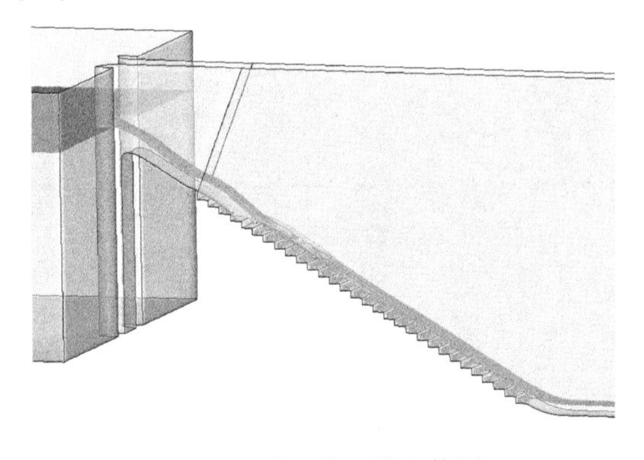

图 8.7　水面线三维立体图

由图 8.7 还可以看出，水面线的变化规律为：在溢流堰前水面平顺，当水流通过溢流堰时，水面降落，在分流齿墩掺气设施前未扰动断面水深最小，随后水流经过分流齿墩掺气设施被挑起、抛射，水面线在局部范围内抬高，当水流回落到台阶上时，在台阶上形成滑行水流。

为了验证数值模拟的计算结果，现将不同工况下水面线的计算值与试验值进行对比，如图 8.8 所示。图中 x 为测点距水平挑坎末端的水平距离；L' 为水平挑坎末端至最后一级台阶末端的水平距离；h 为测点处垂直于台阶式溢洪道虚拟底板的垂直水深。

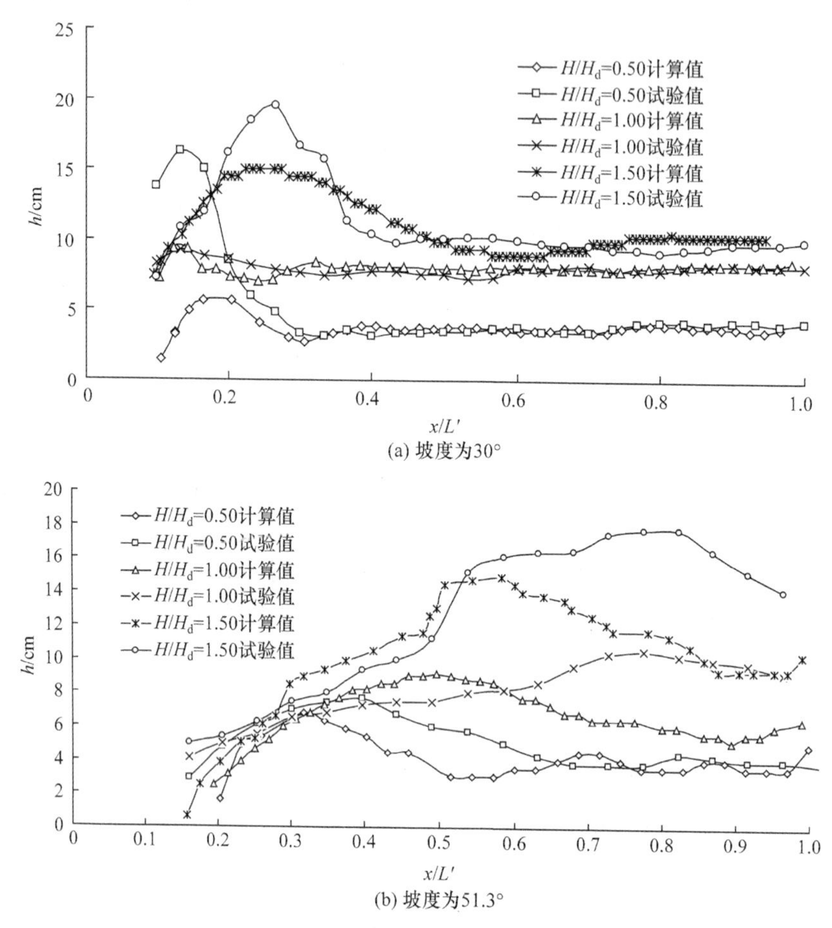

图 8.8　边墙水面线对比图

由图 8.8 可以看出，同一坡度的台阶式溢洪道坝面水深随着堰上水头的增大而增大。当坡度为 30°时，在 x/L' =0.38 以前，受分流齿墩掺气设施的影响，水面线比较紊乱，变化较大，试验的水面线高于数值计算的水面线，且差异较大。这是由于当水流经过分流齿墩掺气设施时，水流被挑起、扩散，形成较高的水翅，水面波动剧烈，甚至有水滴飞溅，但数值模拟很难真实地模拟这部分水流。在 x/L' =0.38 之后，计算水面线和实测水面线沿程仍均有较大的波动，但波动幅度逐渐减小，这种波动是分流齿墩掺气设施扰动的必然结果，也反映了水流沿程仍然有相互碰撞作用；当堰上相对水头 $H/H_d \leqslant 1.00$ 时，计算值与试验值已很接近，当堰上相对水头 $H/H_d>1.00$ 时，虽然计算值和试验值在数值上仍有一定差异，但趋势大致相似。

当台阶式溢洪道坡度为 51.3°时，数值计算从台阶起点开始到 $x/L' \approx 0.50$ 以前，水面沿程逐渐增加到最大，在 $x/L' >0.50$ 以后，计算的水深沿程逐渐减小。模型试验表明，$H/H_d \leqslant 1.00$ 时，在 $x/L' =0.75$ 以前，水面线沿程一直增加，$x/L' >0.75$ 以后水面才有所回落。计算值总体来说小于试验值。分析原因，当坡度较陡时，分流齿墩掺气设施的掺气效果显著，台阶式溢洪道上的水流掺气量大，水体膨胀大，因此实测水深也大；而数值计算无法模拟水流掺气效果，因此计算的水深较小。

8.3　台阶式溢洪道的速度场

8.3.1　台阶式溢洪道上的流速等值线分布

图 8.9 是堰上相对水头 $H/H_d=1.00$ 时坡度为 30°台阶式溢洪道的流速矢量图。图中显示了台阶式溢洪道速度的大小和方向，箭头密集处流速大，反之流速小，箭头的方向代表了水流的流动方向。

由图中可以看出，在水平掺气坎挑射水流的作用下，前几级台阶为空腔，当水流落到台阶上时，落点以后的台阶内开始充满水流，以后的每级台阶内均形成了顺时针的旋涡，而且每级台阶的旋涡中心都可以明确地显示出来；在台阶末端的反弧段，水流流动平顺；在台阶虚拟底板以上，流速方向一致，水流为滑行水流。

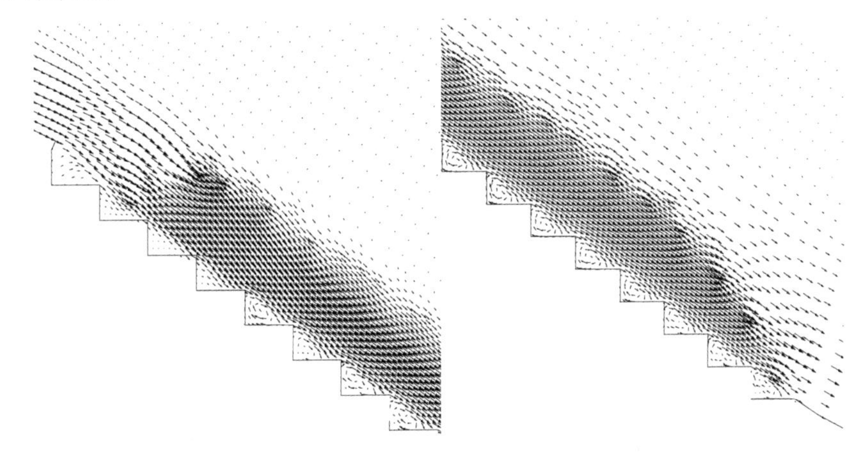

图 8.9　$H/H_d=1.00$ 时坡度为 30°台阶式溢洪道的流速矢量图

数值模拟了两种不同坡度情况下台阶内的旋涡中心距台阶凹角的相对距离 x/b，如表 8.2 所示。由表 8.2 可以看出，旋涡中心在各级台阶上的位置并不固定，其距凹角的相对距离均为 0.17～0.42。坡度不同，水流对台阶的作用不同，不同断面下旋涡中心的位置也不同。例如，同一水头作用下，30°和 51.3°的台阶式溢洪道在 27 号台阶上的旋涡中心就差异较大，这可能是由台阶处的水流脉动引起的。旋涡中心也是造成台阶水平面压强最小值的原因。

表 8.2　旋涡中心距台阶凹角的相对距离

H/H_d	坡度为 30°的 x/b				坡度为 51.3°的 x/b			
	6 号	18 号	21 号	27 号	9 号	18 号	21 号	27 号
0.50	0.300	0.346	0.250	0.173	0.180	0.370	0.420	0.375
1.00	0.288	0.400	0.288	0.323	0.180	0.200	0.300	0.400
1.50	0.340	0.320	0.288	0.340	0.220	0.280	0.400	0.250

图 8.10 为设计水头下坡度为 30°和 51.3°的台阶式溢洪道流速等值线图。为了清楚地显示台阶上的流速分布，截取第 18 号和 21 号台阶的局部放大图说明台阶上的流速分布情况。

由图 8.10 可以看出，台阶内部在旋涡中心处速度为 0，向四周速度逐渐增大，但是总体小于虚拟底板以上的滑行水流速度。通过对比可以看出，同一水头下，台阶式溢洪道的坡度越大，水流流速越大。当台阶式溢洪道坡度为 30°时，最大流速发生在第 6 级至 9 级台阶之间，最大流速为 3.4m/s；自第 9 级台阶以后，流速沿程逐渐减小，在台阶末端最大流速为 3m/s，在反弧末端最大流速为 3.4m/s。当台阶式溢洪道坡度为 51.3°时，最大流速发生在第 12 级至 18 级台阶之间，最大

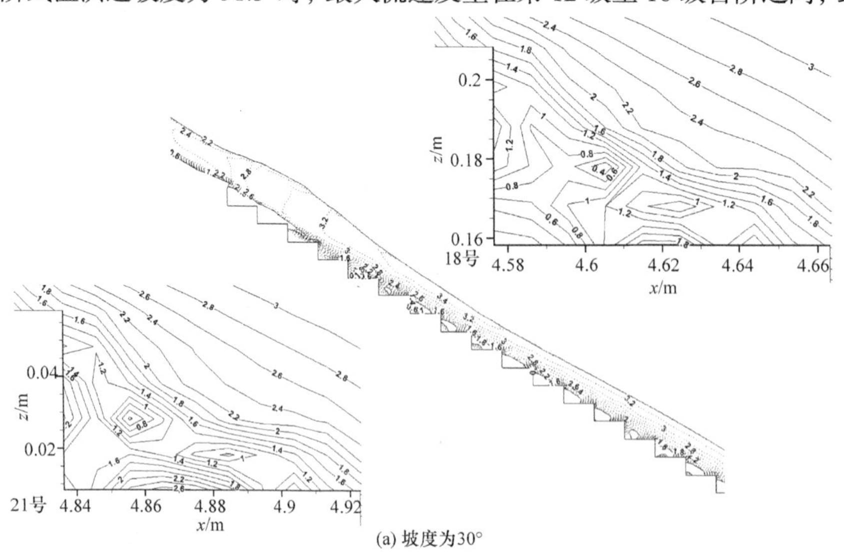

(a) 坡度为30°

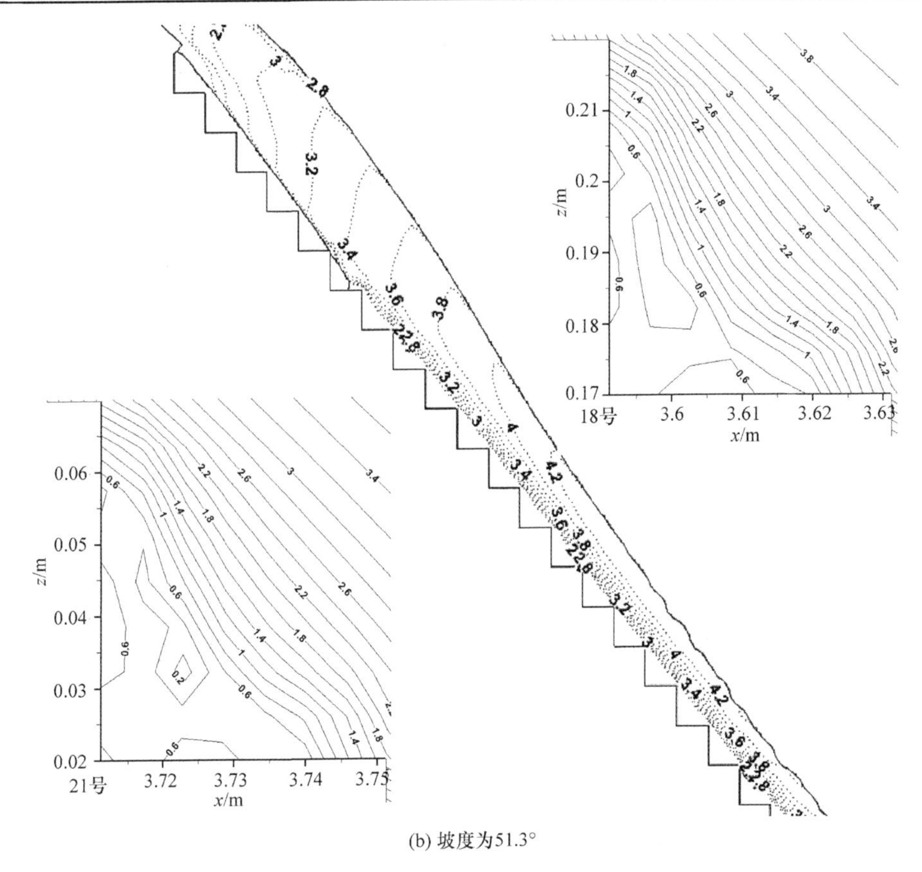

(b) 坡度为51.3°

图 8.10　台阶式溢洪道流速等值线图(H/H_d=1.00)

流速为 4.2m/s；自第 18 级台阶以后，流速沿程逐渐减小，在台阶末端最大流速为 3.6m/s，在反弧末端最大流速为 3.4m/s。可见台阶式溢洪道上的流速沿程变化比较复杂，自溢流堰的堰顶开始流速沿程逐渐增大，达到最大值后又沿程逐渐减小，而一般的光滑溢洪道流速沿程一直增大，这也是分流齿墩掺气设施与台阶式溢洪道联合应用消能率高的主要原因。

8.3.2　台阶断面流速分布

图 8.11 给出了坡度为 30°和 51.3°的台阶式溢洪道 21 号台阶断面流速分布。图中横坐标 u 为流速；纵坐标 y 为垂直于台阶式溢洪道虚拟底板方向的水深。可以看出，台阶虚拟底板以上的流速分布仍然符合一般明渠流速分布规律，在台阶虚拟底板的底部流速小，沿外法线方向流速迅速增大，流速梯度较大；当增大到某一值后，流速沿法线方向变化减慢，流速梯度减小。在水面附近，由于表面张

力和空气阻力的影响，流速略有减小。由图 8.11 还可以看出，随着来流量的增大，同一台阶断面的流速增大；随着台阶式溢洪道坡度的增大，同一台阶断面的流速也有所增大。

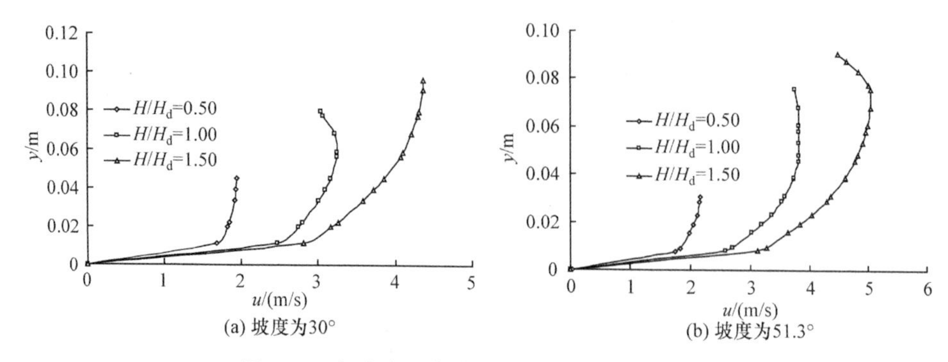

(a) 坡度为30°　　(b) 坡度为51.3°

图 8.11　台阶式溢洪道 21 号台阶断面流速分布

图 8.12 为不同断面和不同水头情况下，断面相对流速 u/u_{max} 与相对水深 y/h 的关系。图中 u_{max} 为断面最大流速；h 为断面水深。由图中可以看出，不同台阶断面的流速分布具有相似性，台阶式溢洪道虚拟底板以上的流速(由于水面附近流速略有减小，此处不包括水面附近流速)仍然符合一般明渠流速分布规律。

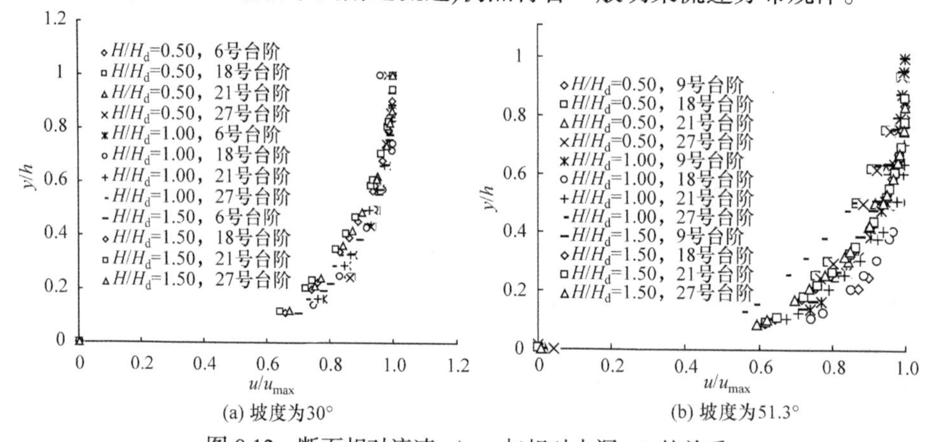

(a) 坡度为30°　　(b) 坡度为51.3°

图 8.12　断面相对流速 u/u_{max} 与相对水深 y/h 的关系

为了研究坡度对台阶式溢洪道断面流速分布的影响，将图 8.12 计算的坡度为 30°和 51.3°情况下台阶式溢洪道的相对流速与相对水深的关系一同点绘，如图 8.13 所示。可以看出，虽然台阶式溢洪道的坡度不同，但流速分布规律是一致的，流速可近似用式(8.3)计算，即

$$u/u_{max} = 1.024 + 0.34\lg(y/h) \tag{8.3}$$

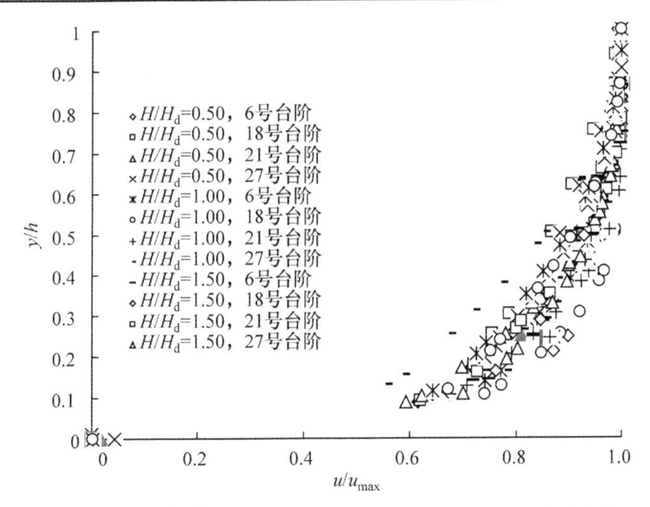

图 8.13　溢洪道坡度为 30°和 51.3°时 u/u_{max} 与 y/h 的关系

8.4　台阶式溢洪道的压强场

8.4.1　分流齿墩墩头的压强测点布置

图 8.14 为分流齿墩墩头压强测点布置图，图中 x_i 为从墩头迎水面至测点的弧线长度，L_d 为从墩头迎水面至墩末的总弧长。模型试验中，每排测压孔距分流齿墩底部的距离从上到下分别为 4.6cm、3.5cm、2.4cm 和 1.3cm。数值模拟计算了台阶式溢洪道坡度为 51.3°和 30°时，在不同水头作用下墩头迎水面、x_i / L_d =0.5(切点)、 x_i / L_d =0.67 和 x_i / L_d =0.85 处压强沿墩高的分布情况。

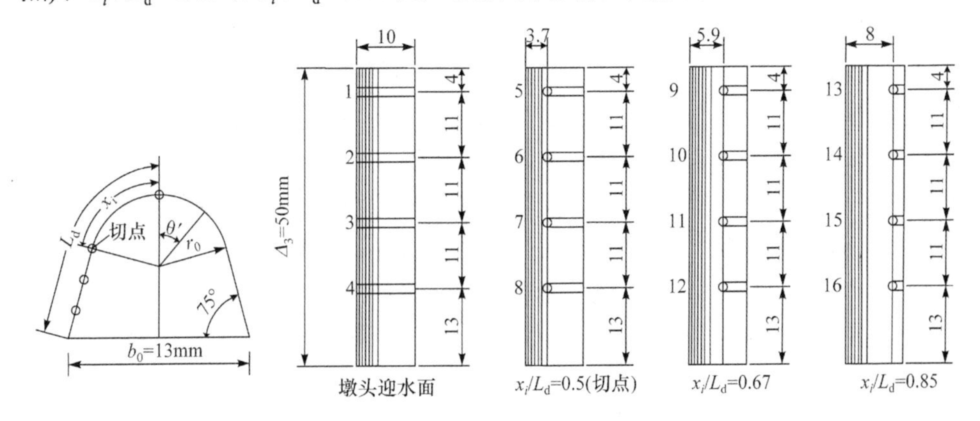

图 8.14　分流齿墩墩头压强测点布置图

8.4.2 分流齿墩墩头迎水面相对时均压强沿墩高分布

溢洪道坡度为 30°和 51.3°情况下，分流齿墩墩头迎水面的相对时均压强分布如图 8.15 所示。图中 p 为测点压强，p_{max} 为墩头迎水面最大压强，h_i 为测点距离分流齿墩底部的距离，Δ_3 为分流齿墩高度。

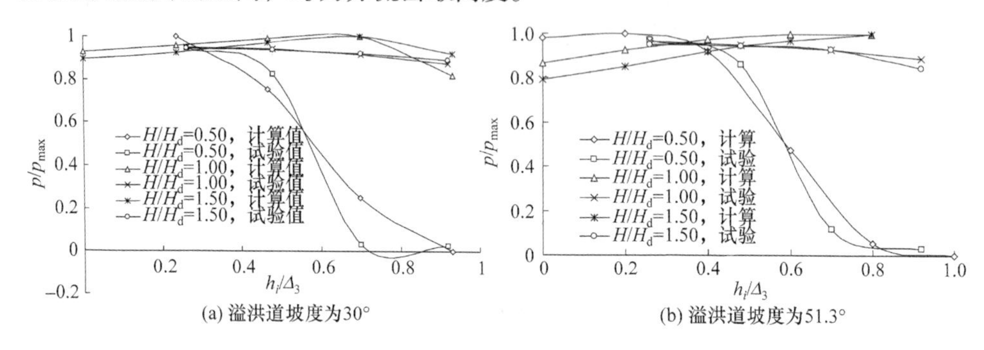

图 8.15 分流齿墩墩头迎水面 p/p_{max} 与 h_i/Δ 的关系

由图 8.15 可以看出，两种坡度下墩头迎水面的相对时均压强变化规律基本一致，当来流量较大，分流齿墩淹没在水面以下为齿墩流态时，最大相对时均压强并不是发生在墩头底部，而是发生在 h_i/Δ_3=0.7 处；当分流齿墩高于水面，为掺气分流墩流态时，墩前水深小。例如，当 H/H_d=0.50 时，p/p_{max} 偏离其他曲线较远，这是由于在此流态下，墩前水深小于测点高度，距墩顶较近的测点未受到水流的垂向冲击力，只受到水流沿齿墩爬高的水压力，因此这些测点的相对时均压强值小。

坡度为 30°的台阶式溢洪道在堰上相对水头 H/H_d 为 1.00 和 1.50 时，数值模拟的相对时均压强 p/p_{max} 随着 h_i/Δ_3 的增大先增大后减小，最大相对时均压强大约在 h_i/Δ_3=0.7 处。由此可以看出，分流齿墩墩头迎水面处的压强分布不符合静水压强分布规律，说明绕分流齿墩墩头流动的水流是急变流，而非渐变流。由图 8.15 还可以看出，相对时均压强 p/p_{max} 随着 h_i/Δ_3 的增大而减小，墩顶处压强最小，墩底处压强最大，这与数值计算结果稍有差异。在实际测量中，由于墩头底部无法设置测压孔，墩头底部的压强采用墩底以上总水头来表示，即 $p_{max}=\gamma E'$，E' 为分流齿墩底部以上总水头，而数值模拟弥补了这一缺陷。数值模拟与试验虽然略有差异，但差距不大，在实际应用时，仍可采用墩前总水头来计算迎水面的压强。例如，当堰上水头为 20cm 时，墩底以上总水头为 46.92cm，计算的最大压强水头为 47.42cm，仅相差 0.5cm；当堰上水头为 30cm

时，墩底以上总水头为 56.92cm，计算的最大压强水头为 54.11cm，小于墩底以上总水头，因此在工程设计中可以采用墩前总水头进行设计。

8.4.3 墩头侧面相对时均压强沿墩高分布

模拟了溢洪道坡度为 30°和 51.3°情况下，分流齿墩墩头侧面相对时均压强沿墩高分布，如图 8.16 所示。图中 p_{max} 为墩头迎水面的最大压强，该压强与模型试验取值一致。

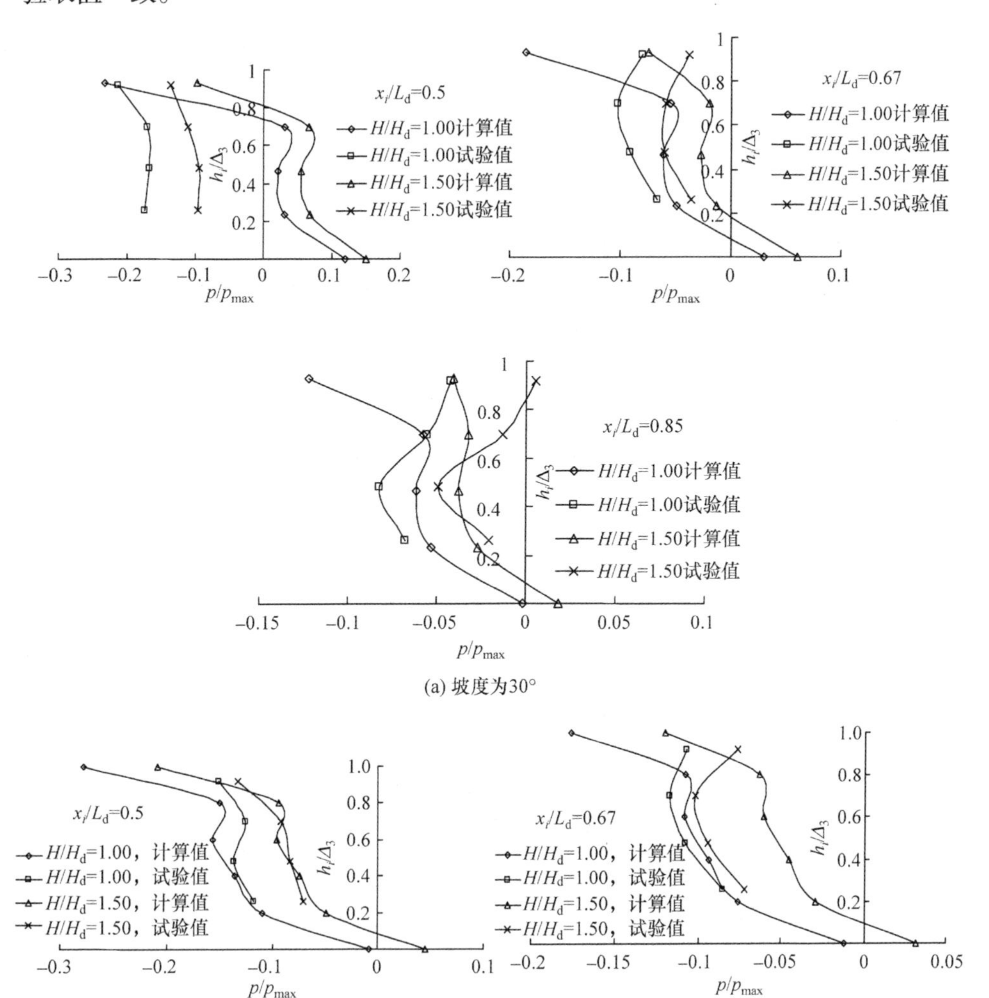

(a) 坡度为30°

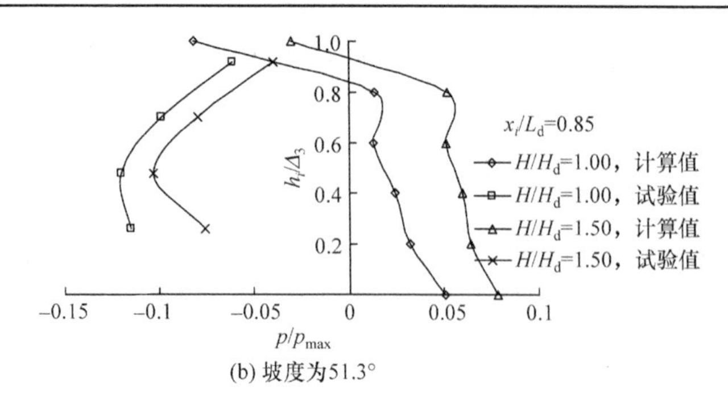

(b) 坡度为51.3°

图 8.16　分流齿墩墩头侧面相对时均压强沿墩高分布

由图 8.16 可以看出，当台阶式溢洪道坡度为 30°时，在切点 x_i/L_d =0.5 处，墩顶为负压，而在 h_i/Δ_3<0.75 时均为正压，越靠近墩底部，压强越大。当台阶式溢洪道坡度为 51.3°时，在切点处的计算值几乎为负压。与模型试验比较，试验结果在此处均为负压，与 51.3°的计算结果基本一致，而坡度为 30°时，数值计算为正压显然不太合理，这是由于切点处一般为水流分离处，理论上应该为负压，因此这一问题还需要进一步研究。在 x_i/L_d =0.67 处，除墩底外，其余点的压强均为负值，模型试验无法量测底板压强，但其余测点压强也为负值，变化趋势与数值计算有一定差异。在 x_i/L_d =0.85 处，坡度为 30°和 51.3°时，模型试验均为负压，坡度为 30°的计算结果除墩底外也均为负压，但其规律仍有差异。坡度为 51.3°的计算结果除墩顶外，其余均为正压。分析原因，分流齿墩掺气设施的墩头处水流流态复杂，水流脉动剧烈，该处的压强波动也较大，不但给测量造成了很大的困难，而且数值模拟的精度也受到一定影响，因此对墩头处的压强还需要进行深入研究。

8.4.4　墩头时均压强系数沿横断面分布

分流齿墩墩头时均压强系数 C_p 可用式(6.16)计算。

图 8.17 为溢洪道坡度为 30°和 51.3°情况下台阶式溢洪道在不同水头作用下墩头压强系数 C_p 沿 x_i/L_d 的分布图。由图 8.17 可以看出，在 $x_i/L_d=0$ 处时均压强系数 C_p 最大，此处的动能完全转化成势能；随着 x_i/L_d 的增大，C_p 急剧减小，在 $x_i/L_d=0.55$～0.67 处计算值出现最小负压，随后时均压强系数有所回升。模型试验的最小压强系数在 $x_i/L_d=0.5$～0.6 处，随后时均压强系数也开始增大，这与数值计算的趋势是一致的。由图 8.17 还可以看出，计算得到的时均压强系数出现负值的位置随着堰上相对水头的增大而前移，试验值也是如此，但数值计算和模型试验在最小负压的位置、水流脱壁点的位置还存在一定的差异。

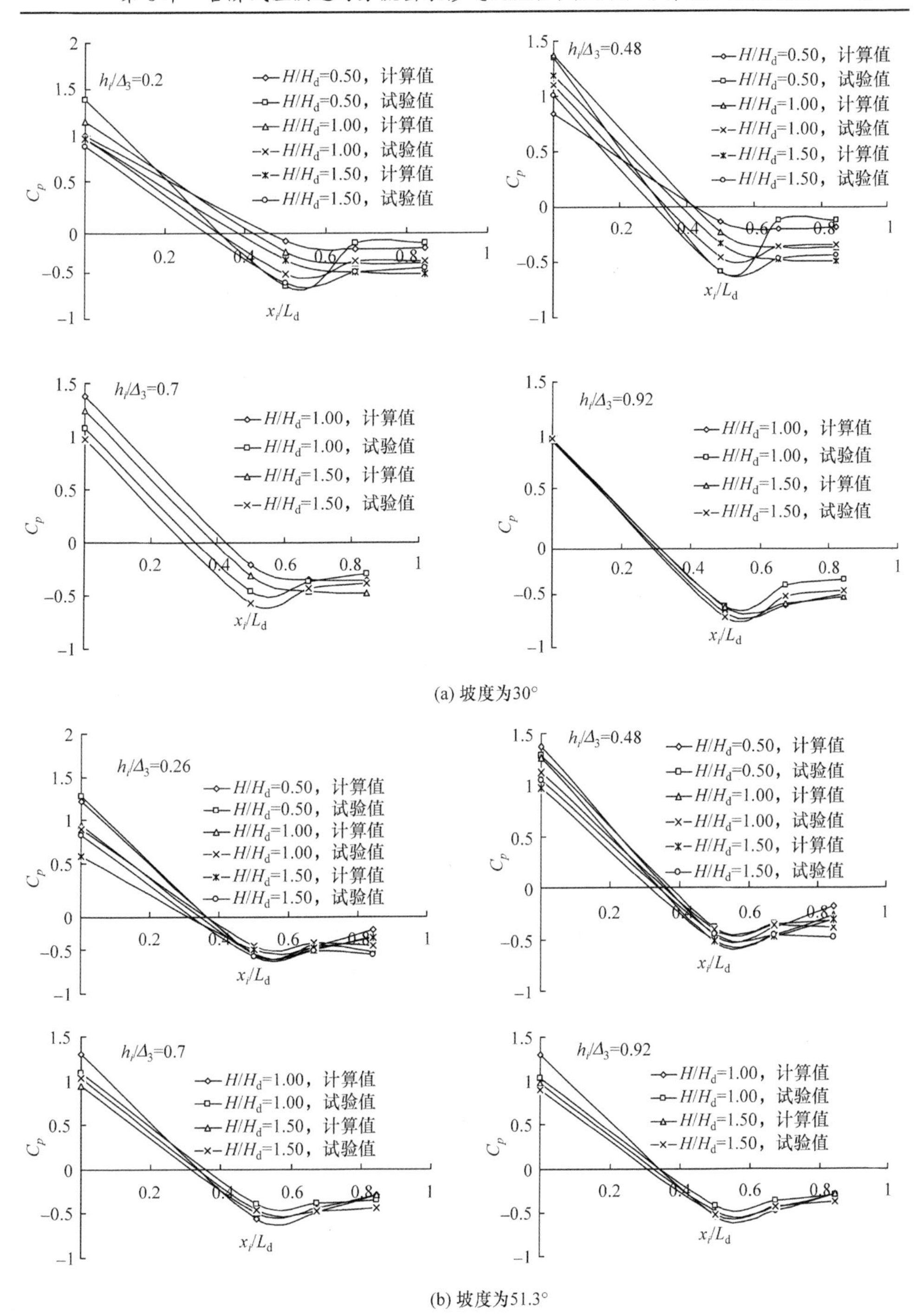

图 8.17　分流齿墩墩头时均压强系数沿横断面分布

8.4.5　墩头顶部压强分布

对于齿墩流态，由于墩子埋没于水下，水流通过墩顶时，会产生水流分离，在墩顶局部范围内可能会出现负压，负压的大小对分流齿墩掺气设施的应用至关重要，即墩头本身会不会发生空蚀的问题。数值计算得到的坡度为 30°和 51.3°的两种台阶式溢洪道墩顶压强等值线如图 8.18 所示。

由图 8.18 可以看出，在墩顶确实存在负压，当台阶式溢洪道坡度为 30°时，负压中心正好处于墩顶中轴线上，距墩顶前滞点的相对距离 x/x_0=0.25，其中 x 为负压中心距墩前滞点的距离，x_0 为墩头沿水流方向的长度。当坡度为 51.3°时，负压中心距墩前滞点的相对距离仍不变，但稍向墩顶右侧偏移 2.2mm，距

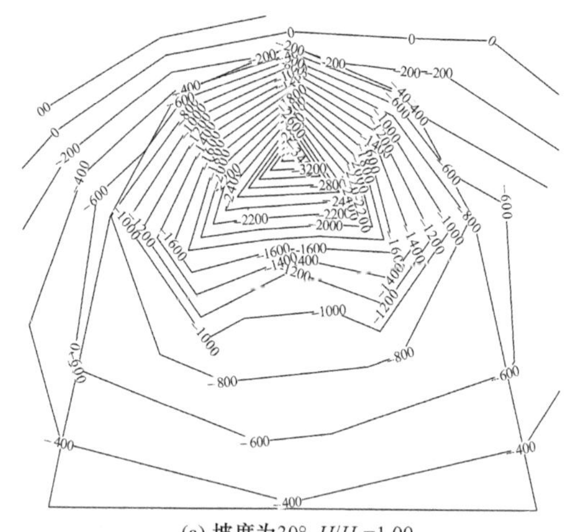

(a) 坡度为30°, H/H_d=1.00

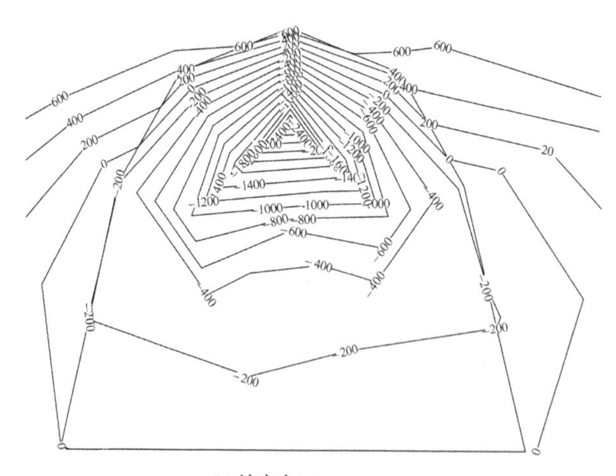

(b) 坡度为30°, H/H_d=1.50

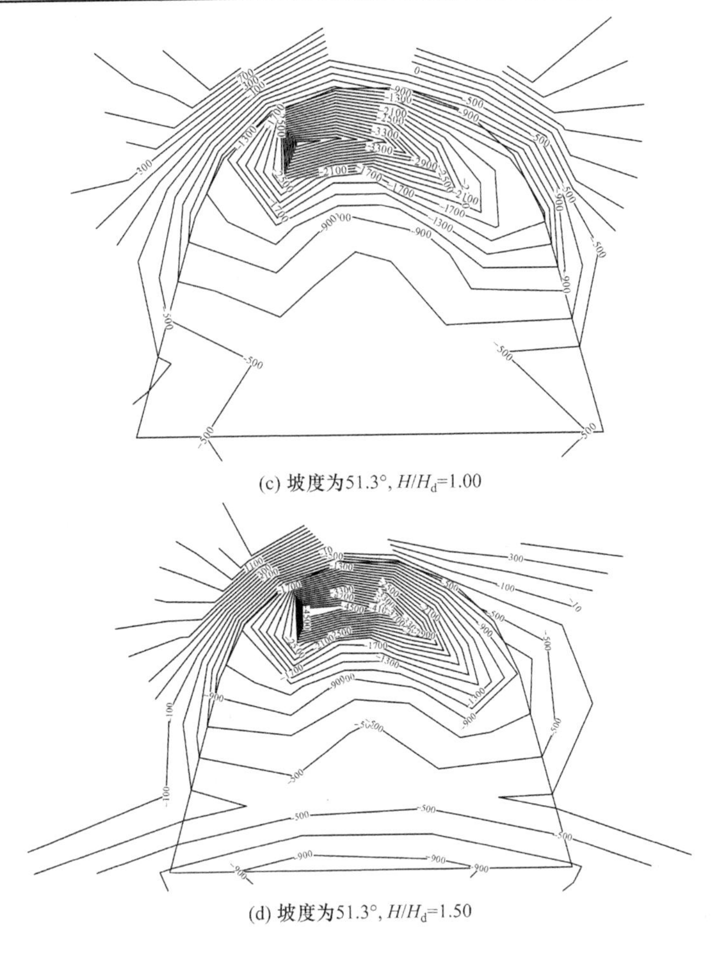

(c) 坡度为51.3°, H/H_d=1.00

(d) 坡度为51.3°, H/H_d=1.50

图 8.18　墩顶压强等值线

离墩顶中轴线的相对距离为 $y_0/(b_0/2)$=0.34，其中 y_0 为负压中心距墩顶中轴线的距离，b_0 为墩尾宽度。由图 8.18 还可以看出，当台阶式溢洪道坡度为 30°、堰上相对水头 H/H_d=1.00 和 1.50 时，墩顶最大负压分别为–3500Pa 和–2500Pa；当台阶式溢洪道坡度为 51.3°、堰上相对水头 H/H_d=1.00 和 1.50 时，墩顶最大负压分别为–3700Pa 和–4500Pa。在最大负压中心以外，压强逐渐增大，且在整个墩顶均为负压。

第 6 章已经介绍了分流齿墩墩头顶部压强的试验情况，试验结果表明，墩顶上的负压很小，当堰上相对水头 H/H_d=1.00 和 1.50 时，最大负压分别为–66.64Pa 和–51.94Pa，这与数值计算差异很大，说明数值计算还存在一定的问题。但墩头顶部的脉动压强目前还没有实测结果，因此对分流齿墩流态的墩头顶部压强还需要更深入的研究。

8.4.6　台阶式溢洪道上相对时均压强分布

1. 水舌冲击区相对时均压强分布

水舌冲击区是指当水流通过分流齿墩掺气设施时，沿水平掺气坎抛射的水流跌落在台阶式溢洪道上游某一级台阶上，从而对台阶产生冲击作用，形成了最小射距；沿分流齿墩和侧墙掺气坎不同部位抛射的水流落在台阶式溢洪道的不同部位，形成了最大射距。在最小射距与最大射距之间形成了抛射水流的冲击区域，此区域的相对最大时均压强是台阶式溢洪道设计的控制压强。

模拟了抛射水流冲击区域内相对最大时均压强的分布，如图 8.19 所示。图中 x' 为从第一级台阶起算的下游水平长度，X_0 为台阶段水平总长度，$p'_{\max}$ 为台阶式溢洪道上最大冲击压强，p_0 为墩前未扰动断面压强。由图 8.19 可以看出，台阶式溢洪道坡度为 30°和 51.3°时，水舌相对最大压强冲击区域均为 $0.1 < x'/X_0 < 0.3$；相对最大时均压强 $p'_{\max}/p_0$ 随着堰上相对水头的减小而增大。由于水舌落点的冲击力不同和台阶式溢洪道特殊的结构形式，$p'_{\max}/p_0$ 沿程呈波浪式变化，在相对最大时均压强冲击点以后相对时均压强沿程逐渐减小。图 8.19 也绘出了试验测量的水舌相对最大时均压强分布，可以看出，计算与试验的趋势是一致的，但模型试验的波动更大一些，相对最大时均压强值也大于数值计算值。

图 8.20 为水舌冲击区相对最大时均压强与未扰动断面弗劳德数的关系。可以看出，随着墩前未扰动断面 Fr 的增大，相对最大时均压强增大；台阶式溢洪道的坡度越大，同一弗劳德数情况下的相对最大时均压强也越大。图中还点绘了模型实测的相对最大时均压强与弗劳德数的关系，可以看出，在弗劳德数较小时，计算值与试验值较接近，随着弗劳德数的增大，计算值小于试验值。

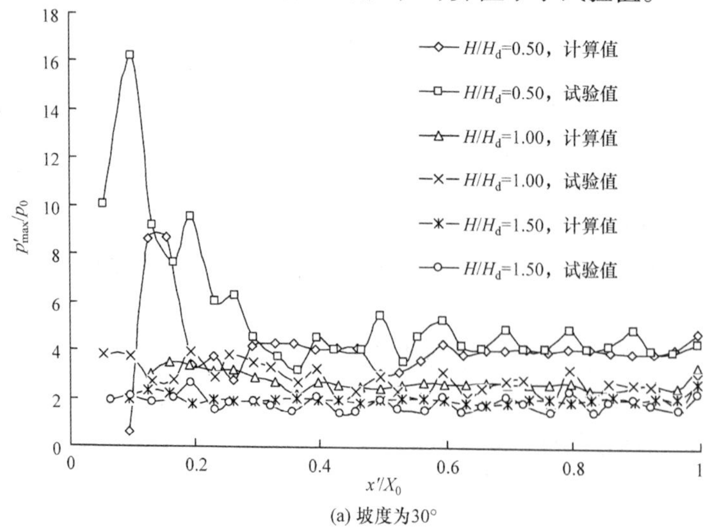

(a) 坡度为30°

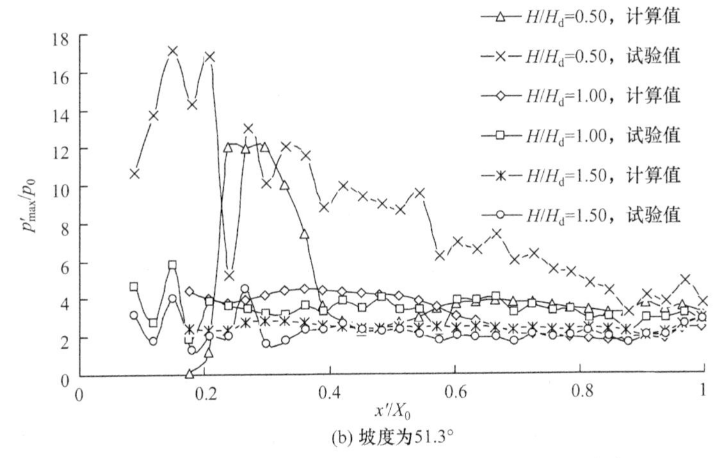

(b) 坡度为51.3°

图 8.19　抛射水流冲击区域内相对最大时均压强分布

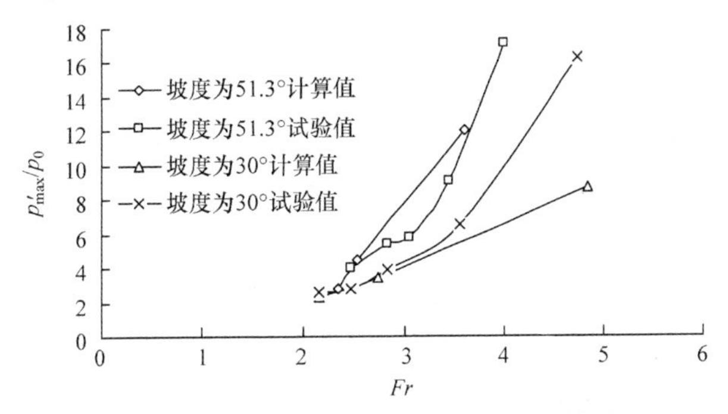

图 8.20　水舌冲击区 p'_{max}/p_0 与 Fr 的关系

2. 单个台阶水平面相对时均压强分布

图 8.21 是模拟的堰上相对水头 H/H_d 分别为 1.00 和 1.50 时，坡度为 30°的台阶式溢洪道上 18 号、27 号台阶水平面时均压强等值线图。由图可以看出，台阶水平面上的压强分布具有一定的规律性，在台阶凸角附近，有一压强最大点，从压强最大点向四周压强逐渐减小，在台阶的凹角处，压强又有所增大。

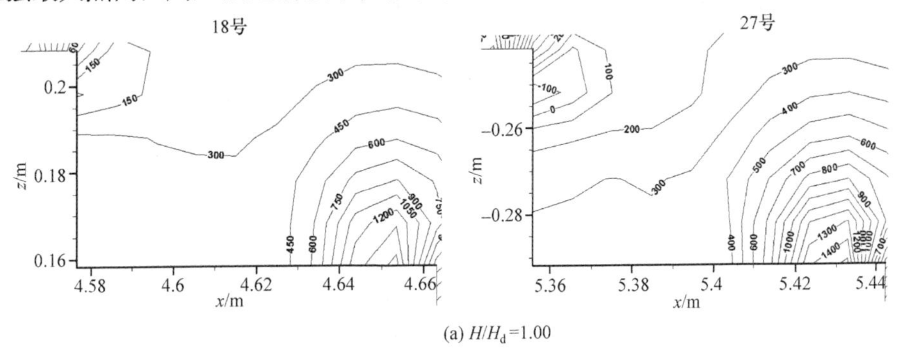

(a) H/H_d=1.00

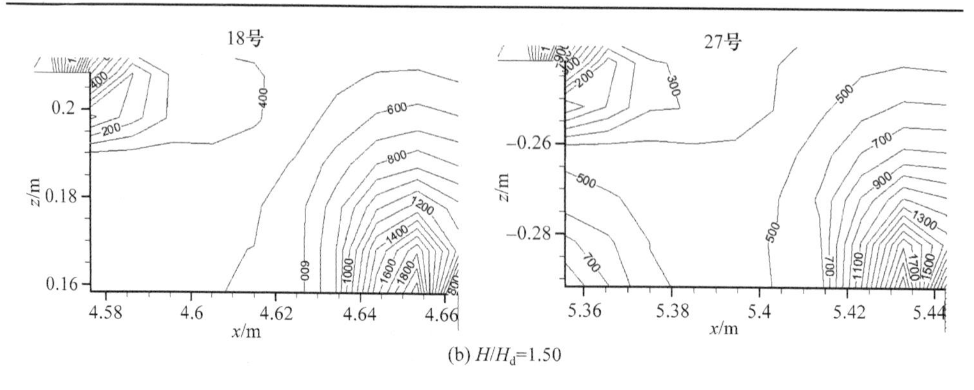

(b) H/H_d=1.50

图 8.21　台阶水平面相对时均压强等值线图(坡度为 30°)

图 8.22 为台阶式溢洪道台阶水平面相对时均压强分布。由图可以看出，台阶水平面的相对时均压强分布规律计算与实测结果基本一致。当台阶式溢洪道坡度为 30°和 51.3°时，台阶水平面的相对时均压强由台阶凹角向凸角的变化规律为：在台阶凹角处相对时均压强较大，从凹角向外，相对时均压强逐渐减小，约在台阶内部旋涡中心处有一相对时均压强极小值，各台阶上的旋涡中心位置并不固定，见表 8.2。在距台阶凹角的相对距离 x/b 为 0.17～0.42。在距台阶凹角相对距离大于 0.42 以后，相对时均压强随着 x/b 的增大而逐渐增加，约在 x/b =0.86 处相对时均压强达到最大，这是由于当水流流经台阶时，水流失去壁面的约束，跌落到台阶上，对台阶产生了冲击作用。随后相对时均压强又逐渐减小，在台阶凸角处减至最小，甚至出现负压，这是由于台阶边缘对水流有剪切作用，而冲击到台阶上的水流还受到台阶的反作用力，使水流产生反弹，当反弹水流掠过台阶凸角时，就可能在台阶凸角处出现负压。

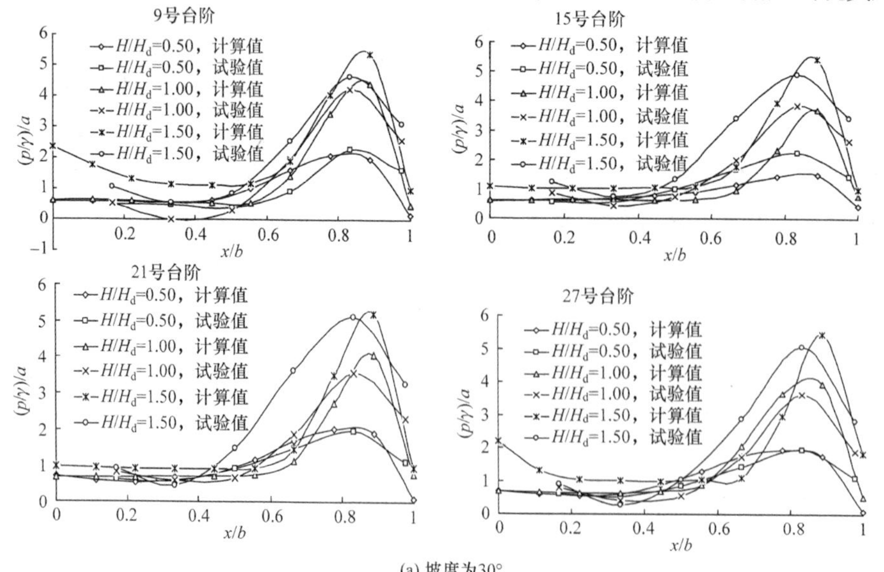

(a) 坡度为30°

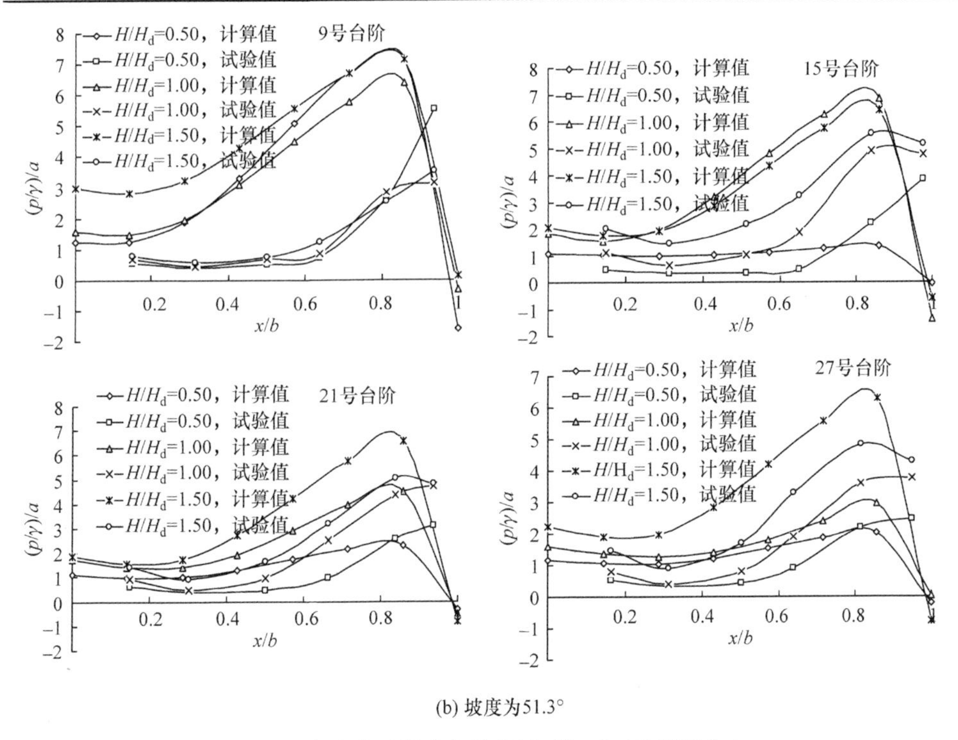

(b) 坡度为51.3°

图 8.22　台阶式溢洪道台阶水平面相对时均压强分布

大量试验已经证明，纯台阶式溢洪道上单个台阶水平面的相对时均压强分布也符合上述规律，区别在于台阶内部旋涡中心的位置可能稍有不同。单纯台阶式溢洪道的台阶旋涡中心在 $0.3b$～$0.4b$ 处，而分流齿墩掺气设施与台阶式溢洪道联合应用的台阶旋涡中心在 $0.17b$～$0.42b$ 处，这是由于分流齿墩掺气设施对水流的扰动改变了水流的流态，同时也改变了水流的跌落方向，水流跌落到台阶上时，仍然受其影响，使得台阶上的水流流态更加复杂，旋涡中心更不稳定，这也是分流齿墩掺气设施与纯台阶式溢洪道的重大差别。

3. 台阶水平面相对时均压强沿程分布

台阶式溢洪道水平面相对时均压强的沿程分布，主要是研究旋涡中心和台阶凸角处的压强变化，这两处的压强最小，如果出现较大的负压，会对台阶式溢洪道造成空蚀破坏。图 8.23 是各级台阶旋涡中心和凸角处相对时均压强沿程变化。由图可以看出，坡度为 30°和 51.3°时的相对时均压强沿程呈波浪式变化。数值模拟表明，当台阶式溢洪道坡度为 30°、堰上相对水头 H/H_d=0.50 时，在 5 号、12 号、16 号、17 号、19 号、23 号、28 号台阶凸角处出现负压，但负压值不大，最大相对负压值为−0.59，换算成压强水头为−1.9cm；当堰上相对水头 H/H_d 为 1.00 和 1.50 时，相对时均压强增大，未发现有负压情况。当台阶式溢洪道坡度为 51.3° 时，堰上相对水头 H/H_d=0.50 时，除 6 号、33 号台阶外，其余台阶凸角处均为负压，最大相对负压发生在 10 号台阶，相对值为−2.95，换算成压强水头为−8.85cm；当堰上相对水头 H/H_d=1.00 时，前 24 级台阶凸角处均出现负压，最大负压发生在 14 号台阶处，相对值为−0.87，换算成压强水头为−4.37cm；当堰上相对水头 H/H_d=1.50 时，在 22 号台阶凸角处出现最大负压，相对值为−0.35，换算成压强水头为−4.59cm。

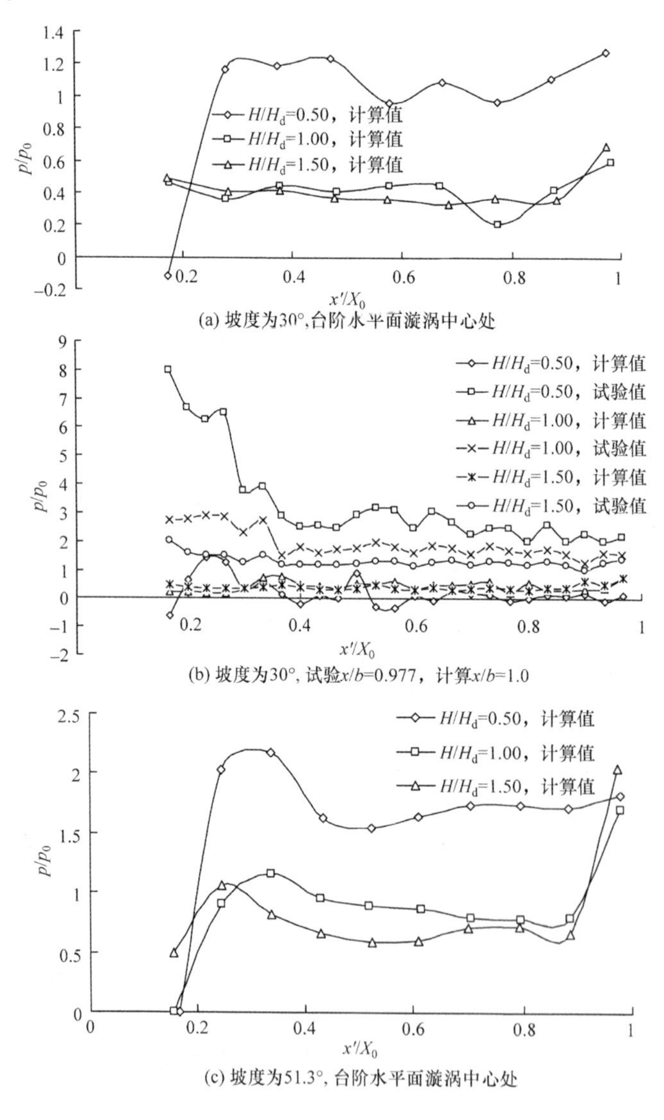

(a) 坡度为30°,台阶水平面漩涡中心处

(b) 坡度为30°, 试验x/b=0.977，计算x/b=1.0

(c) 坡度为51.3°, 台阶水平面漩涡中心处

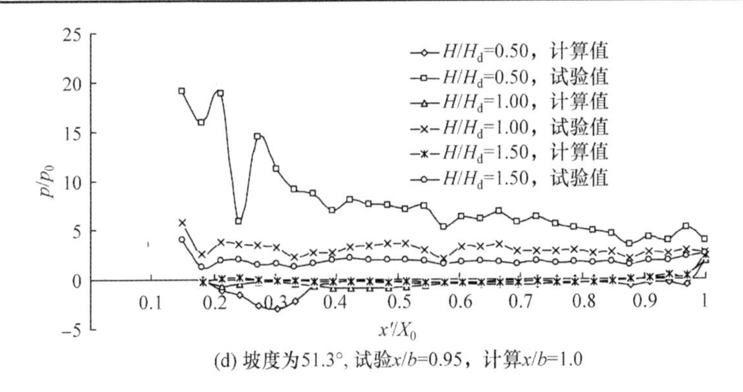

(d) 坡度为51.3°, 试验x/b=0.95，计算x/b=1.0

图 8.23　各级台阶旋涡中心和凸角处相对时均压强分布

为了对比，图 8.23 还点绘了台阶式溢洪道坡度为 30°，距台阶凹角相对步长 x/b=0.977 和台阶式溢洪道坡度为 51.3°距台阶凹角 0.95b 处的相对时均压强试验值，可以看出，试验结果与计算值的变化规律一致，但其值有差异，模型实测的相对时均压强均大于数值计算。原因是数值计算确实捕捉到了台阶凸角处的压强，但模型试验测压点布置在 x/b=0.977 和 0.95 处，此处是台阶水平面压强从最大值到极小值的过渡点，压强变化很大，因此试验值也大于台阶凸角处的计算值。

在模型试验中，台阶凸角处无法布置测压点，因此无法测出该点的压强，数值模拟弥补了这一缺陷。在台阶凸角处产生负压是一个值得注意的问题，这是由于负压过大可能会导致台阶式溢洪道发生空蚀破坏，但分流齿墩掺气设施与台阶式溢洪道联合应用时，台阶上产生的负压较小，且水流为充分掺气水流，因此台阶式溢洪道不会发生空蚀破坏。

台阶水平面的旋涡中心处模型试验未设置测点，此处只有数值模拟结果，可以看出，两种坡度情况下，台阶水平面旋涡中心的压强沿程仍呈波浪形变化，除 30°台阶式溢洪道在相对堰上水头 H/H_d=0.50 时 6 号台阶为负压外，其余均为正压，且负压很小。

4. 单个台阶竖直面相对时均压强分布

单个台阶竖直面相对时均压强分布见图 8.24。由图 8.24 可以看出，计算得到的台阶竖直面的相对时均压强从台阶凹角向凸角逐渐减小，在 y/a = 0.65～0.7 处开始出现负压，在 y/a=0.7～0.875 处压强最小，负压最大，随后压强又有所增大；同一坡度情况下，台阶竖直面上的相对时均压强随堰上相对水头的变化比较复杂，在 $y/a \leqslant 0.65$～0.7，即开始出现负压以前，相对时均压强随着堰上相对水头的增大而增大，在 y/a>0.65～0.7 以后，当台阶式溢洪道的坡度为 30°时，除 9 号台阶在

堰上相对水头 H/H_d=1.00 时相对时均压强最小，H/H_d=1.50 时次之，H/H_d=0.50 时相对时均压强最大外，其余台阶的相对时均压强随着堰上相对水头的增大而减小；当台阶式溢洪道的坡度为 51.3°时，9 号台阶竖直面上的相对时均压强随着堰上相对水头的增大而增大，15 号台阶在堰上相对水头 H/H_d=1.00 时相对时均压强最小，H/H_d=1.50 时次之，H/H_d=0.50 时相对时均压强最大，其余台阶竖直面上的相对时

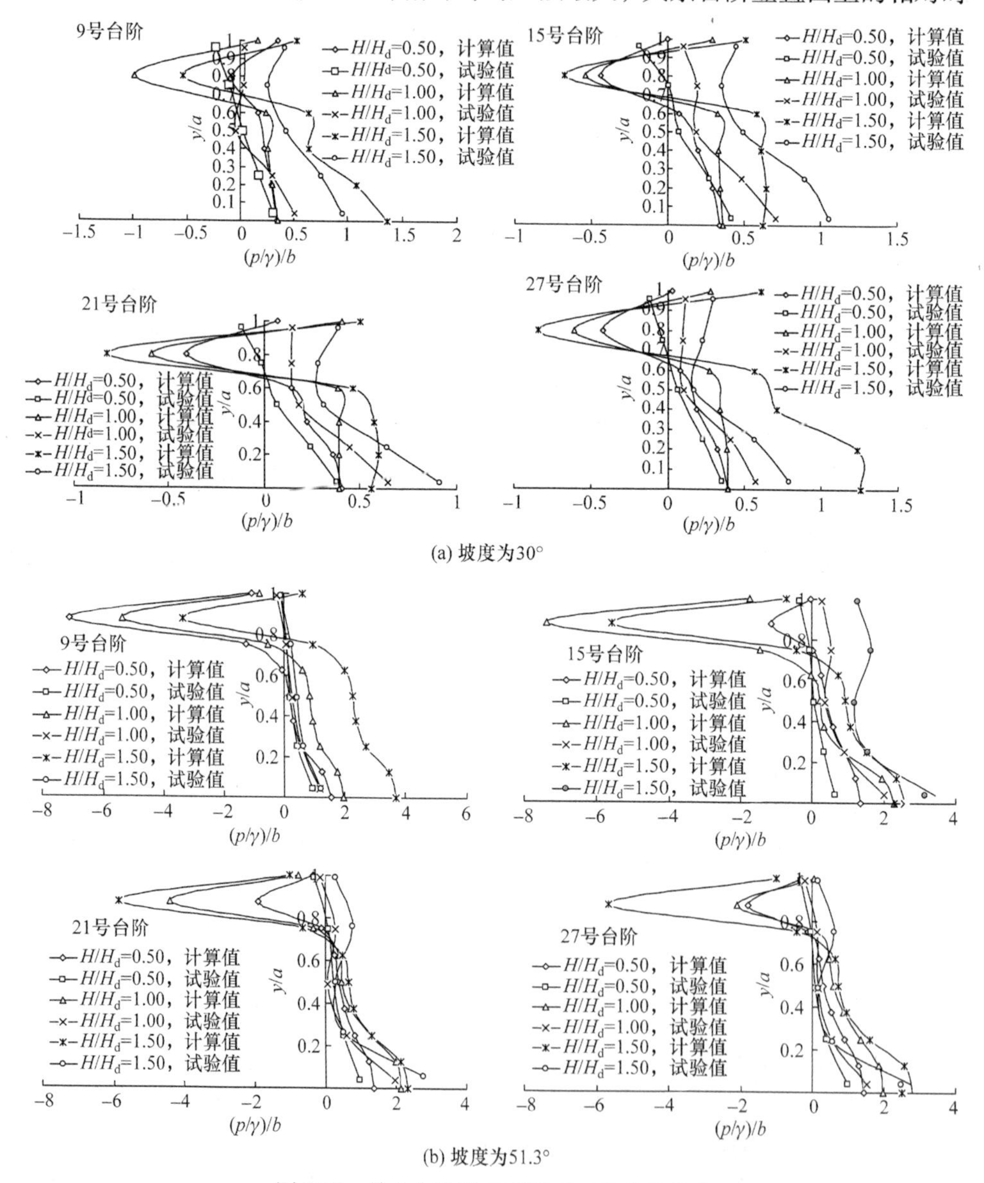

(a) 坡度为30°

(b) 坡度为51.3°

图 8.24 单个台阶竖直面相对时均压强分布

均压强随着堰上相对水头的增大而减小。同一堰上相对水头情况下坡度越陡，压强水头越小。例如，当堰上水头为 10、20、30cm 时，计算得到台阶式溢洪道坡度为 30°时的 6 号、15 号和 27 号台阶的最大负压水头分别为–5.35cm、–5.3cm 和–4.2cm；当坡度为 51.3°时，9 号、15 号和 27 号台阶的最大负压水头分别为–2.8cm、–4.5cm 和–7.5cm。

图 8.24 还点绘了模型实测的台阶竖直面的相对时均压强，可以看出，其相对时均压强分布规律与计算结果基本一致，但试验并未测出最小压强，这是对最小压强的位置难以把握，在此处未设置测压点造成的。

台阶竖直面上述压强分布规律与台阶内部结构有关，在台阶凹角处，水流对其有挤压作用，因此凹角处的压强较大，且为正值；从台阶凹角向凸角旋涡顺时针旋转，水流对竖直面的挤压作用减小，压强逐渐降低；当旋涡完全背离台阶竖直面时，必然在某一位置产生最小压强，此位置即为 y/a=0.7～0.875 处；在台阶凸角下缘，要发生水流的分离，也应为负压，但数值模拟时，将台阶竖直面凸角与水平面凸角设置为一个节点，因此计算值可能出现的正压是不合理的。

5. 台阶竖直面相对时均压强沿程分布

图 8.25 为 $y/a=0.8$ 处，台阶竖直面相对时均压强沿程分布。可以看出，竖直面相对时均压强沿程仍呈波浪形分布，该处相对时均压强沿程均为负压，且堰上水头越小，相对负压越大，沿程相对时均压强波动也大；在同一相对堰上水头下，坡度越大，相对负压也越大。

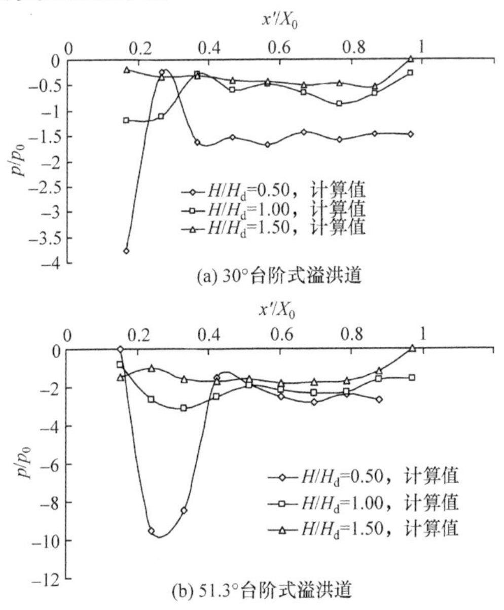

(a) 30°台阶式溢洪道

(b) 51.3°台阶式溢洪道

图 8.25 台阶竖直面相对时均压强沿程分布(y/a=0.8)

8.5　消能效果

8.5.1　紊动能和紊动耗散率

紊动能和紊动耗散率代表着紊流脉动的强度以及脉动导致的热能耗散。紊动能越大，说明水流的脉动流速越大；紊动耗散率越大，水流的能量损失越大。数值计算两种坡度的台阶式溢洪道与分流齿墩掺气设施联合应用情况下不同堰上相对水头时的紊动能和紊动耗散率。

台阶上紊动能分布如图 8.26 所示。当台阶式溢洪道坡度为 30°时，台阶内紊动能的分布规律为：台阶内的紊动能最大，最大值出现在台阶相对步长约为 x/b=0.27 和台阶相对步高 y/a=0.45 的交汇处；台阶式溢洪道的坡度为 51.3°时，最大值出现在 x/b=0.38～0.75 和 y/a=0.1～0.4，随后紊动能向四周逐渐减小。

紊动能沿程的分布规律为，当台阶式溢洪道坡度为 30°、堰上相对水头 H/H_d=0.50 时，最大紊动能沿程从 6 号台阶的 0.026m^2/s^2 减小到 27 号台阶的 0.015m^2/s^2；当堰上相对水头为 H/H_d=1.00 和 1.50 时，最大紊动能沿程分布出现波动，大小交替出现，最大紊动能分别为 0.07m^2/s^2 和 0.09m^2/s^2，说明堰上水头越大，紊动能越大。当台阶式溢洪道坡度为 51.3°时，最大紊动能沿程变

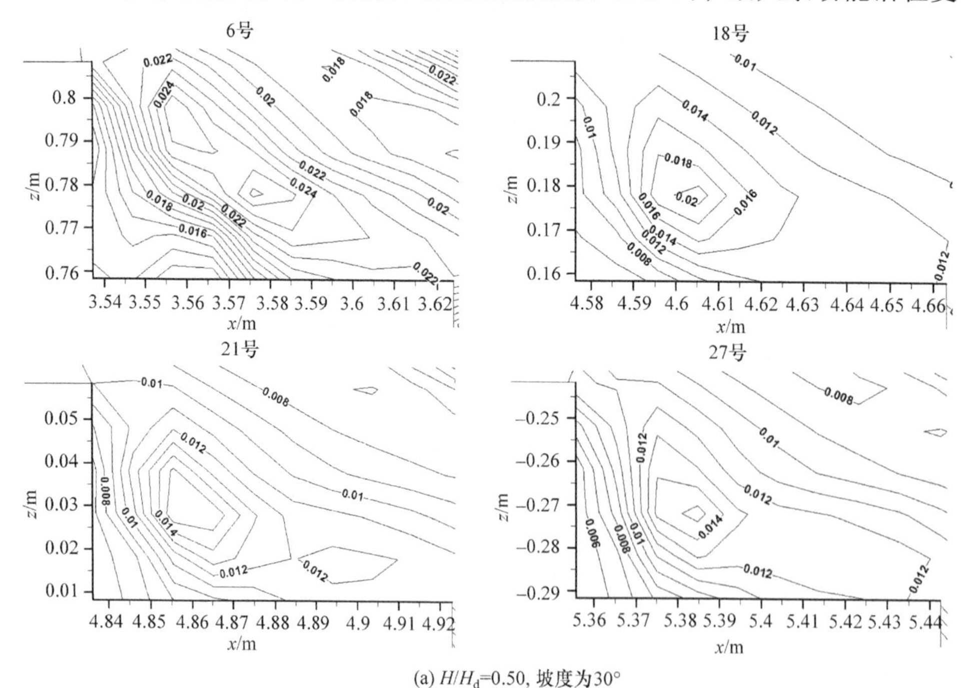

(a) H/H_d=0.50, 坡度为30°

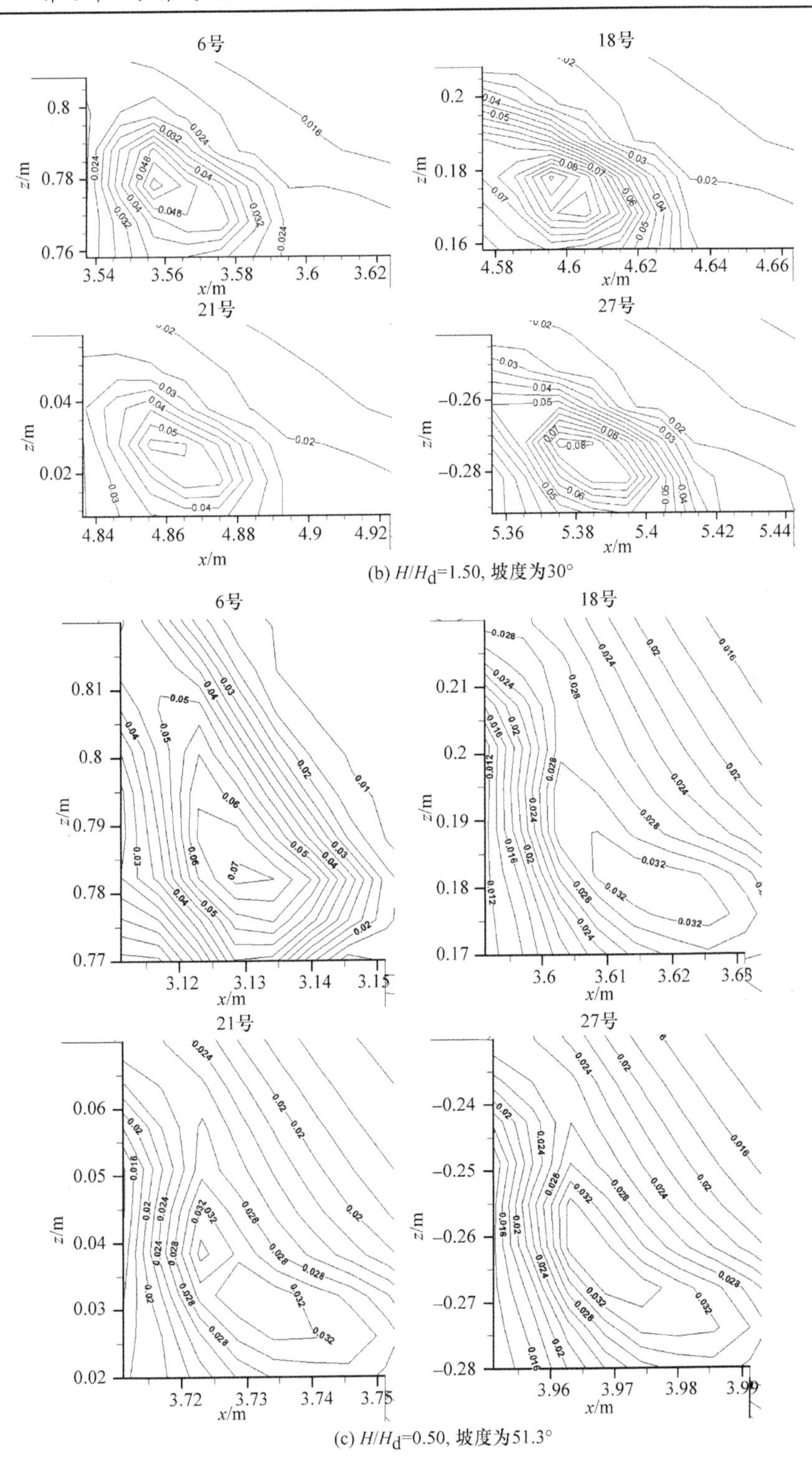

(b) H/H_d=1.50, 坡度为30°

(c) H/H_d=0.50, 坡度为51.3°

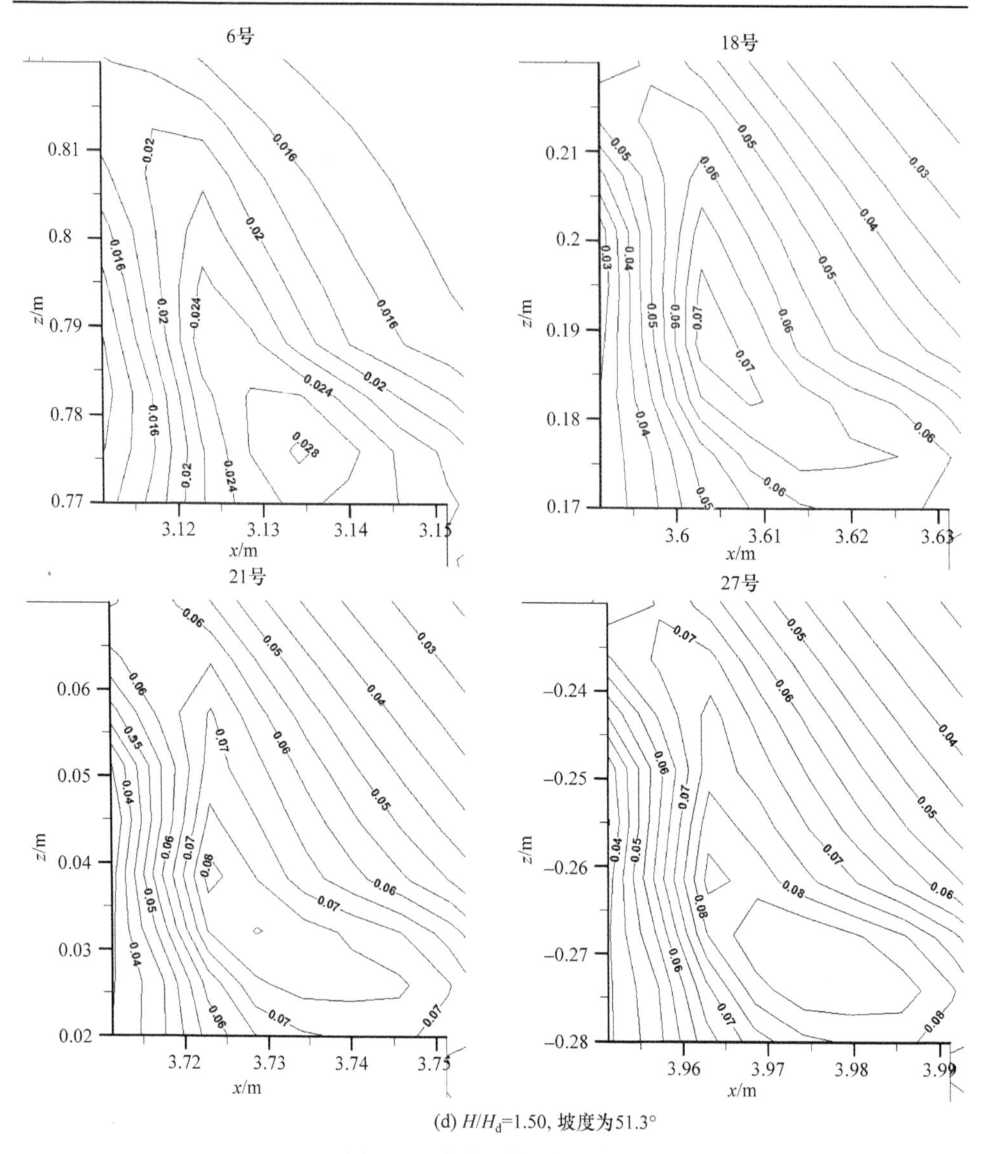

(d) H/H_d=1.50, 坡度为51.3°

图 8.26　台阶上紊动能 k 分布

化很小，在堰上相对水头 H/H_d 分别为 0.50、1.00、1.50 时，最大紊动能在 $0.07m^2/s^2$～$0.085m^2/s^2$。由此可知，坡度越小，台阶步长越大，紊动能变化越剧烈。

紊动耗散率分布如图 8.27 所示。最大紊动耗散率的对应位置与紊动能基本一致，其变化规律也是从最大紊动耗散率处向四周逐渐减小。当台阶式溢洪道坡度为 30°，堰上相对水头为 H/H_d=0.50 时，最大紊动耗散率沿程从 6 号台阶的 0.6m^2/s^3 减小到 27 号台阶的 0.24m^2/s^3；当堰上相对水头 H/H_d=1.00 和 1.50 时，最大紊动耗散率沿程分布大小交替出现，最大紊动耗散率分别为 3m^2/s^3 和 6m^2/s^3；当台阶式溢洪道坡度为 51.3°时，堰上相对水头为 H/H_d=0.50 的紊动耗散率在 18 号台阶为 0.65m^2/s^3，到 27 号台阶为 0.8m^2/s^3，而堰上相对水头为 H/H_d=1.00 和 1.50 时，紊动耗散率变化很小，分别在 3m^2/s^3 和 3.2m^2/s^3 附近波动。由此可知，堰上水头越大，紊动耗散率越大；坡度越小，紊动耗散率越大。

与单纯台阶式溢洪道相比，分流齿墩掺气设施与台阶式溢洪道联合应用的紊动能和紊动耗散率分布规律略有不同。金瑾[2]计算过单纯台阶式溢洪道的紊动能和紊动耗散率，其紊动能最大值发生在台阶内旋涡与滑行水流相互作用处，紊动耗散率在台阶凸角处最大。在台阶上设置分流齿墩掺气设施后，水流的运动规律有所变化，增大了旋涡内的紊动强度，因此有更好的消能作用。

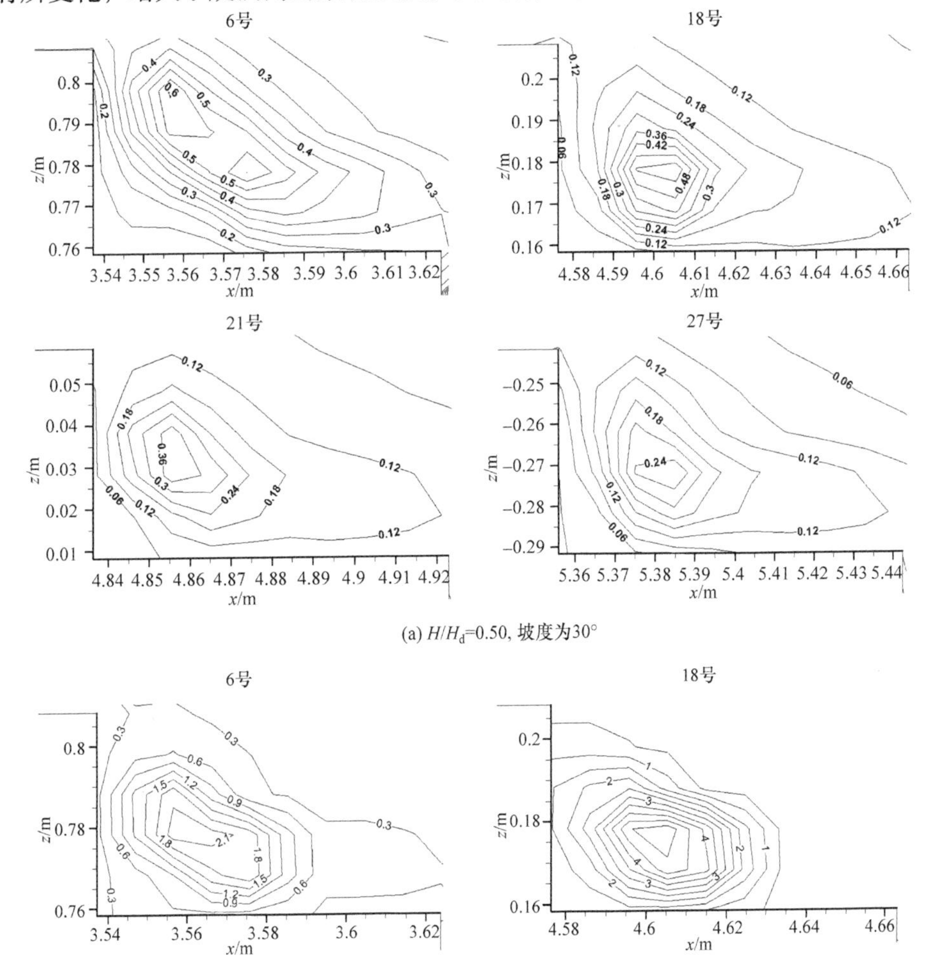

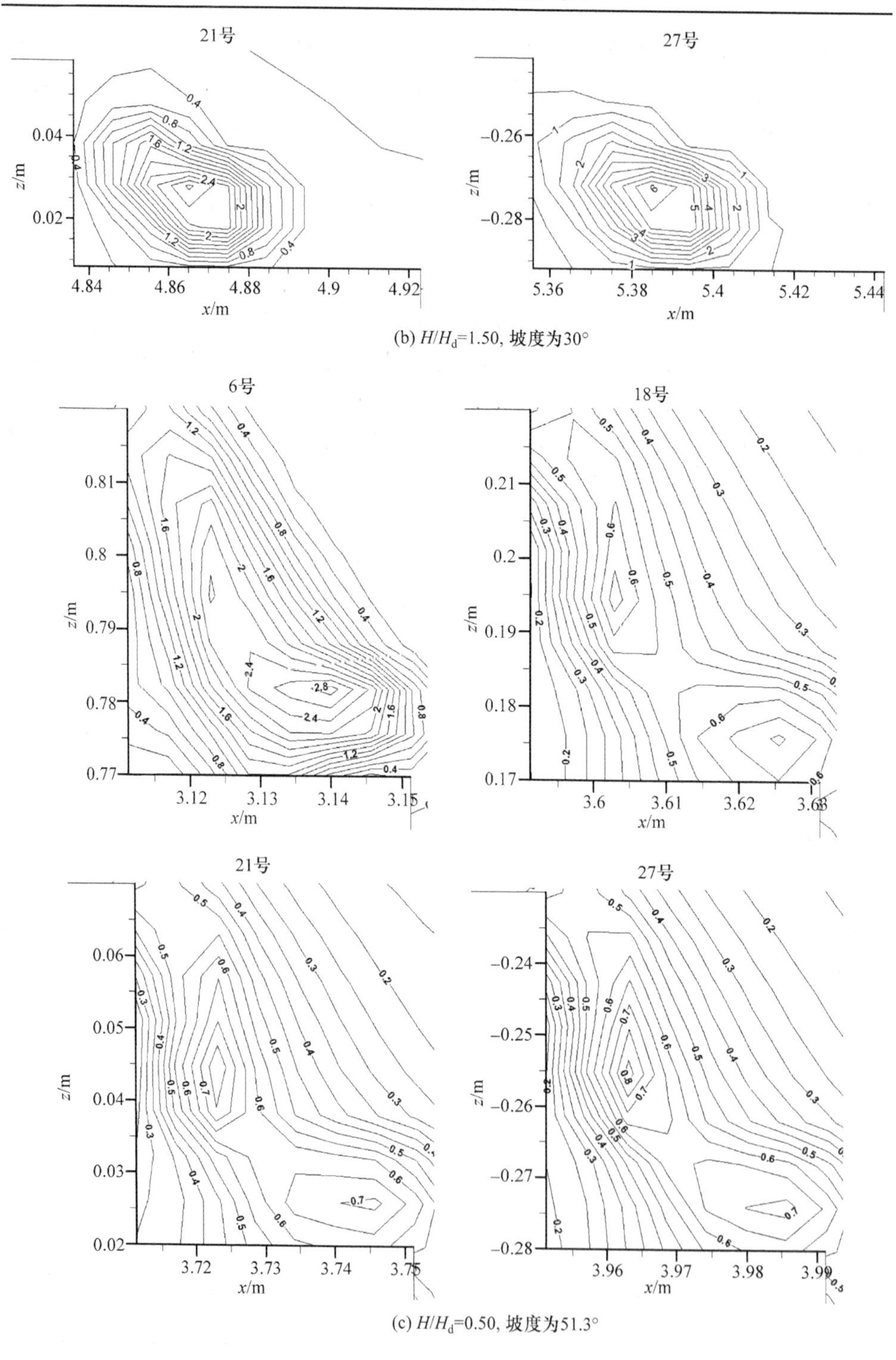

(b) H/H_d=1.50, 坡度为30°

(c) H/H_d=0.50, 坡度为51.3°

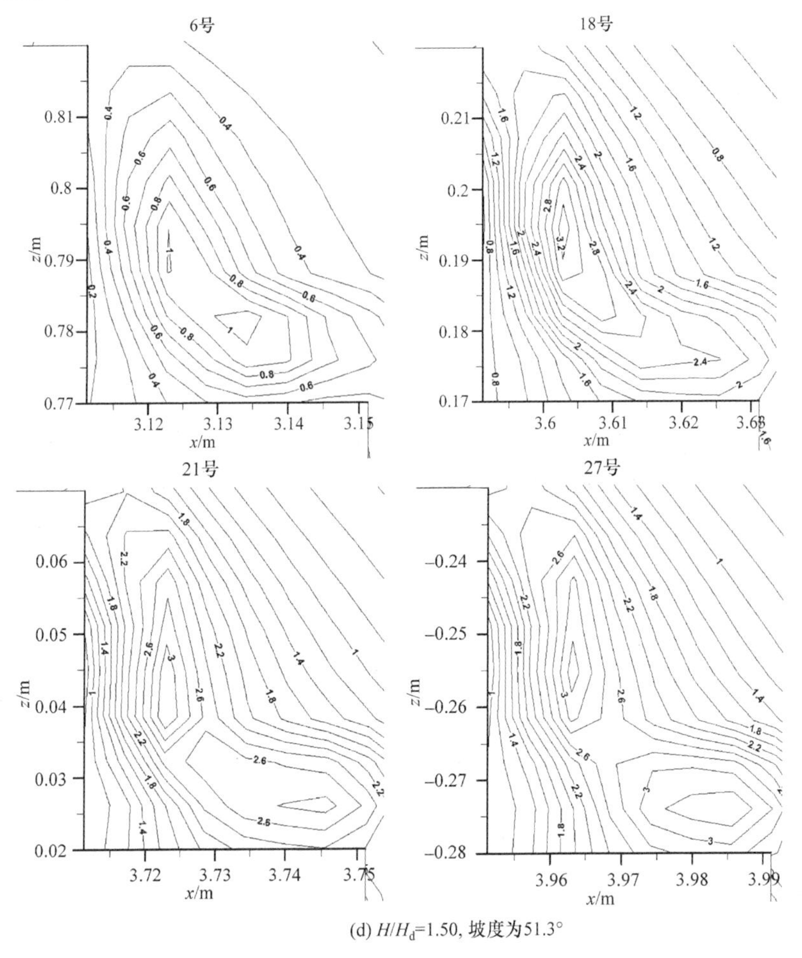

(d) H/H_d=1.50，坡度为51.3°

图 8.27　紊动耗散率ε分布

8.5.2　消能率

分流齿墩掺气设施与台阶式溢洪道联合应用的消能率用式(2.57)计算，反弧末端收缩断面相对水深的计算和实测结果如图 8.28 所示，图中 P 为下游坝高。由图可以看出，计算值和试验值差异较小。计算表明，当台阶式溢洪道坡度为 30°和 51.3°，堰上相对水头 H/H_d=0.50、1.00 和 1.50 时，对应的收缩断面水深分别为 3.54cm、6.11cm、9.58cm 和 2.71cm、6.05cm、9.71cm，试验值分别为 3.16cm、6.66cm、8.64cm 和 3.5cm、6.4cm、9.56cm，可以看出，数值计算可以较好地模拟实际情况。

图 8.29 为消能率η与$q/(\sqrt{g}E_0^{1.5})$的关系，可以看出，当台阶式溢洪道坡度为 30°时，除堰上相对水头 H/H_d=1.50 外，计算的消能率与实测消能率吻合良好。计算表明，当堰上相对水头 H/H_d=0.50、1.00 和 1.50 时，计算的消能率分别为 91%、75%、

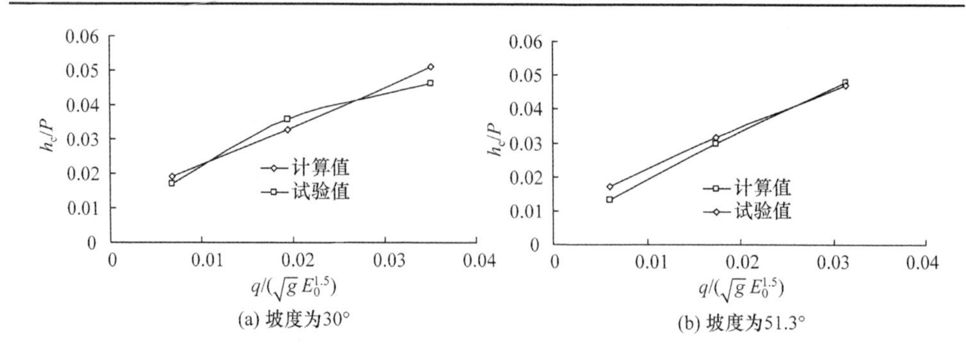

图 8.28　反弧末端收缩断面相对水深 h_c/P 与 $q/(\sqrt{g}E_0^{1.5})$ 的关系

64%，试验值分别为 88%、75%、51%；当溢洪道坡度为 51.3°时，计算值与试验值基本相符，堰上相对水头为 H/H_d=0.50、1.00 和 1.50 时，计算值分别为 88%、77%、68%，试验值分别为 92%、79%、67%。数值模拟和试验均表明，消能率随着单宽流量的增大而减小。

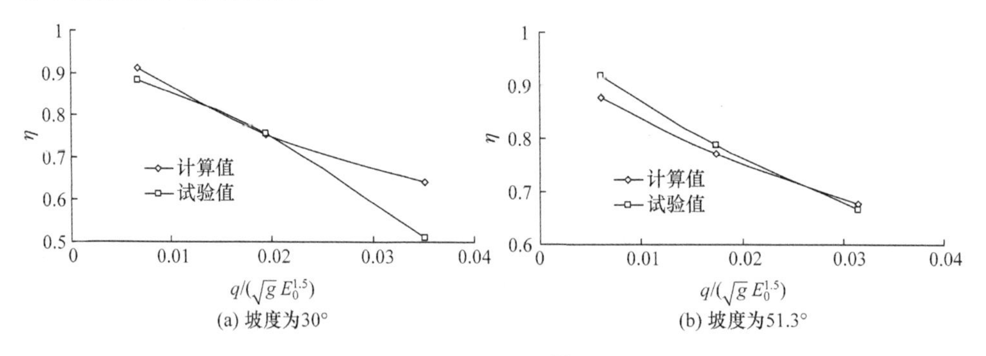

图 8.29　消能率 η 与 $q/(\sqrt{g}E_0^{1.5})$ 的关系

消能率与紊动耗散率密切相关，紊动耗散率越大，消能率越高。而本研究计算的紊动耗散率随着坡度的减小而增大，但计算的消能率却随着坡度的减小而减小。究其原因，主要是在计算收缩断面水深时，当台阶式溢洪道坡度为 51.3°和 30°时，坝高不同，分别为 203cm 和 186.63cm，可见溢洪道坡度为 51.3°时坝高较溢洪道坡度为 30°时为大，因此得到的消能率也较坡度为 30°为大。

消能率除了与台阶式溢洪道坡度有关外，还与其坝高、台阶高度和水流路径有关。

参 考 文 献

[1] 徐啸. 分流齿墩掺气设施与台阶式溢洪道联合应用水力特性的研究[D].西安：西安理工大学, 2011.

[2] 金瑾. 台阶式溢洪道水力特性的数值模拟 [D].西安：西安理工大学，2009.

第9章　掺气分流墩设施与消力池联合应用水力特性的研究

9.1　试验模型和试验条件

试验模型由上游水库、有机玻璃泄槽及下游消力池组成，如图9.1所示。上游水库、有机玻璃泄槽体型与图6.29完全一样。消力池设在泄槽的下游，消力池设计的指导思想为：掺气分流墩下游水舌为多股分散、充分掺气的水舌，利用其在消力池中的减蚀作用和随水垫深度增加消力池底板脉动压强迅速减小的特性，设计出一种梯形多墩消力池。消力池纵断面上游为斜坡，下游为台阶式尾坎。这种体型可能最大限度地与下游河床地形相适应。横断面底宽与上游泄槽宽度同宽，顶部宽度以包容主要水舌扩散宽度为原则。消力池上游斜坡设置齿墩，底部设置T形墩，以最大限度地增加剪切面，增进水流混掺消能的效果。消力池布置如图9.1所示。

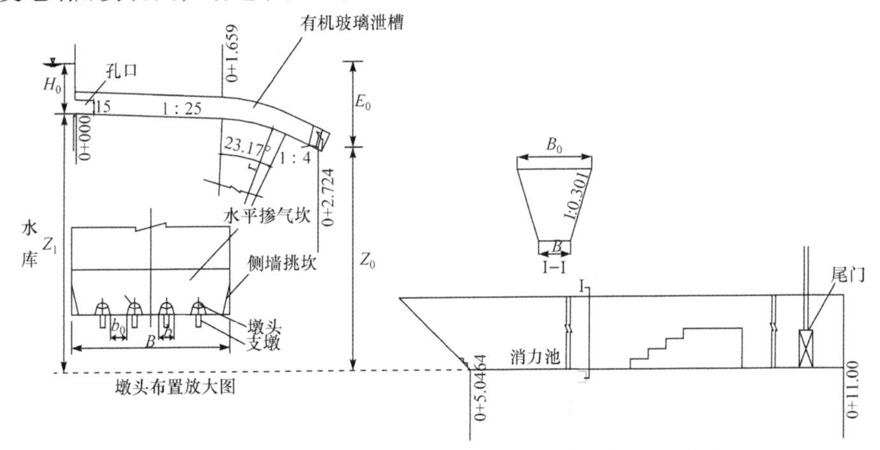

图9.1　掺气分流墩与单级台阶式溢洪道试验模型布置图(桩号：m)

试验条件为：流量范围为74～156L/s，掺气分流墩水平掺气坎出口底板以上总水头E_0为64.89～104.89cm，消力池底板到水平掺气坎出口底板高度Z_0=275cm，E_0/Z_0=0.2359～0.3813，模型进口底板到消力池底板的高度为Z_1=314.2cm，泄槽宽度B=36cm，消力池底部宽度与泄槽同宽。

掺气分流墩设在陡槽末端，收缩比为0.5，墩数4个，墩头半径为1.35cm，墩头倾角为75°，在墩子的底部设水平掺气坎，掺气坎的坡比为1：4，在侧墙设侧墙掺气坎，坡比为1：4.375。

9.2　水舌扩散的试验研究

9.2.1　水舌最大射距的理论分析

水舌挑距符合自由抛射体理论。为了找出一般规律，以图 9.2 所示的溢流坝挑流鼻坎为例进行分析[1]。

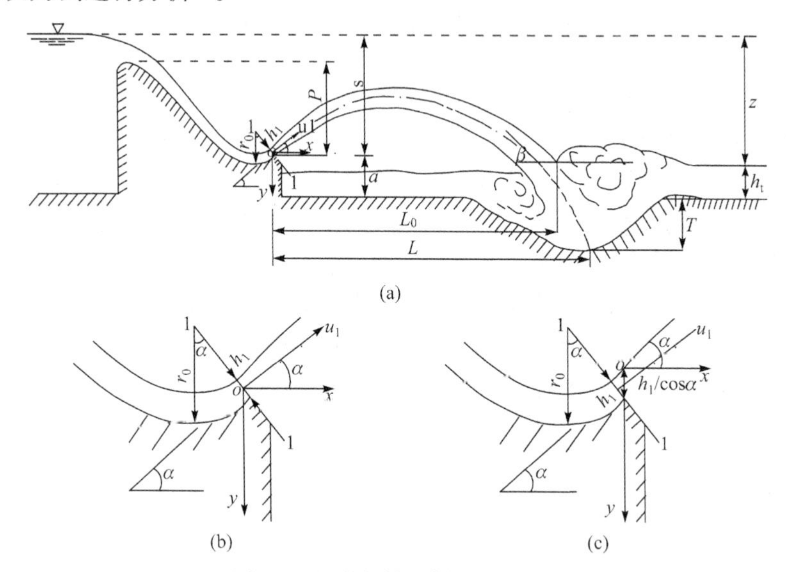

图 9.2　溢流坝挑流射距分析简图

该挑坎为平滑的连续挑坎，假定水射流离坎时的速度与水平方向的夹角等于挑射角α，流速的方向与鼻坎出流仰角一致，忽略掺气、扩散与阻力等影响，取出射水流的中点为坐标原点，由自由抛射体的轨迹方程可得水平射距的关系为

$$L=\frac{v_1^2}{g}\sin\alpha\cos\alpha\left(1+\sqrt{1+\frac{2gy}{v_1^2\sin^2\alpha}}\right) \tag{9.1}$$

式中，L 为挑射距离；v_1 为出射断面 1-1 的平均流速；g 为重力加速度；α 为出射角；y 为水股中心到下游水面的距离。

由图 9.2 可得

$$y=z-s+h_1\cos\alpha/2 \tag{9.2}$$

将式(9.2)代入式(9.1)得

$$L=\frac{v_1^2}{g}\sin\alpha\cos\alpha\left[1+\sqrt{1+\frac{2g(z-s+h_1\cos\alpha/2)}{v_1^2\sin^2\alpha}}\right] \tag{9.3}$$

式中，z 为上下游水面差；s 为上游水面到挑坎顶部的距离；h_1 为出口断面 1-1 处的水深。

对式(9.3)求导数，并令 $\mathrm{d}L/\mathrm{d}\alpha=0$ 得最大挑距对应的挑角 α_d 为

$$\alpha_\mathrm{d}=\arcsin\left\{\frac{(z-s+h_1\cos\alpha_\mathrm{d}/2)\cos^2(2\alpha_\mathrm{d})}{\left(z-s+\dfrac{3}{4}h_1\cos\alpha_\mathrm{d}\right)\left[\dfrac{2g}{v_1^2}\left(z-s+\dfrac{3}{4}h_1\cos\alpha_\mathrm{d}\right)-2\cos(2\alpha_\mathrm{d})\right]}\right\}^{1/2} \tag{9.4}$$

如果将坐标原点放在水面，则式(9.2)变为

$$y=z-s+h_1\cos\alpha \tag{9.5}$$

将式(9.5)代入式(9.1)求导数，并令 $\mathrm{d}L/\mathrm{d}\alpha=0$ 得

$$\alpha_\mathrm{d}=\arcsin\left\{\frac{(z-s+h_1\cos\alpha_\mathrm{d})\cos^2(2\alpha_\mathrm{d})}{\left(z-s+\dfrac{3}{2}h_1\cos\alpha_\mathrm{d}\right)\left[\dfrac{2g}{v_1^2}\left(z-s+\dfrac{3}{2}h_1\cos\alpha_\mathrm{d}\right)-2\cos(2\alpha_\mathrm{d})\right]}\right\}^{1/2} \tag{9.6}$$

如果将坐标原点放在图 9.2 中(c)的位置，则

$$y=a-h_\mathrm{t}+h_1/\cos\alpha \tag{9.7}$$

将式(9.7)代入式(9.1)求导数同样可得

$$\alpha_\mathrm{d}=\arcsin\left\{\frac{(a-h_\mathrm{t}+h_1/\cos\alpha_\mathrm{d})\cos^2(2\alpha_\mathrm{d})}{\left(a-h_\mathrm{t}+\dfrac{h_1}{2\cos\alpha_\mathrm{d}}\right)\left[\dfrac{2g}{v_1^2}\left(a-h_\mathrm{t}+\dfrac{h_1}{2\cos\alpha_\mathrm{d}}\right)-2\cos(2\alpha_\mathrm{d})\right]}\right\}^{1/2} \tag{9.8}$$

式中，h_t 为下游水深；a 为挑坎高度。

对于高挑坎和中挑坎，h_1 相对于$(z-s)$为一小量，可忽略不计，即认为 $y=z-s$，基于以上分析可得

$$\alpha_\mathrm{d}=\frac{1}{2}\arccos\left[\frac{g(z-s)}{v_1^2+g(z-s)}\right] \tag{9.9}$$

以上各式中，α_d 为最大挑距对应的挑角，称为最优挑角。

由式(9.9)可以看出，当 $z=s$ 时，即下游水位与坎高相同时，可得 $\alpha_\mathrm{d}=45°$，这就是平抛运动对应的最优挑角。当下游水位低于坎顶高程时，$\alpha_\mathrm{d}<45°$ 时就可获得最大射距。

9.2.2　掺气分流墩水舌射距计算

设计中需要求出掺气分流墩扩散水舌的特征尺寸有：水舌的最大扩散高度、最大射距、最小射距以及水舌冲击点的位置。

在第 6 章已经介绍过掺气分流墩水舌的特性。通过掺气分流墩的水面线是沿着分流墩墩体不同高度喷射而出的一簇包络线组成的水舌，如图 9.3 所示。在沿分流墩墩体抛射的水舌所组成的包络线中，必有一股水舌沿着最大射距的挑角抛射的最远，这个挑角就是最优挑角。小于该挑角的水舌在该水股下面沿着一定的轨迹运动，而大于该挑角的水舌挑高回落，当落到该水股时随该水股一起下抛，可以按自由抛射体理论计算水舌沿分流墩面的扩散高度、最远射距和最近射距。

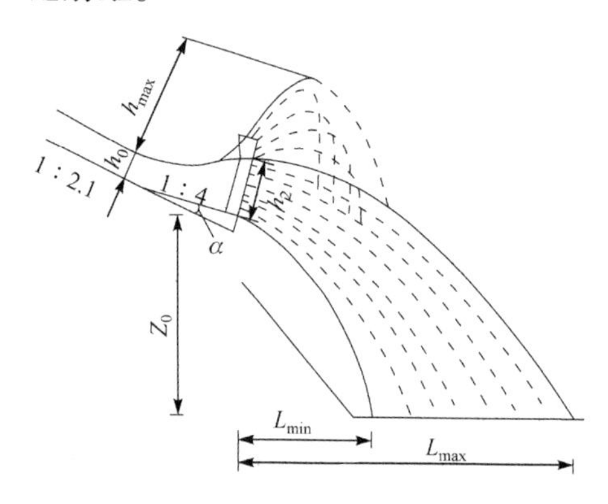

图 9.3　掺气分流墩水舌示意图

由图 9.3 可以看出，由于掺气分流墩墩头倾角大于 45°，沿墩面抛射的水股具有最大的抛射角，且等于墩子倾角，据此可计算水舌扩散高度的理论值。水舌的内缘线由掺气分流墩水平掺气坎射出的水股确定，据此可计算最小射距理论值。对于最远射距，由前面的分析可知，当水舌沿着不同的出射角喷射而出时，必有一股水流沿其抛射角 α_d 抛射得最远，据此可计算水舌的最远射距。对于水舌冲击点位置，也就是下游底板压强最大点的位置，由于水舌的重心难以确定，理论计算尚有困难，可根据试验由经验公式确定。

1. 水舌最大扩散高度

沿墩面倾角 α_1 抛射的水流，不计损失时，其竖直方向动能完全转变为势能，可得水舌最大扩散高度的理论值为

$$h_{max}=\frac{v_0^2}{2g}\sin\alpha_1 \tag{9.10}$$

2. 水舌最小射距

当水平掺气坎与水平面的夹角为 α_2 时(仰角 α_2 为正，俯角为负)，则沿水平掺气坎抛射的水股为水舌的最小射距，其理论值为

$$L_{min}=\frac{v_0^2}{g}\sin\alpha_2\cos\alpha_2\left[1+\sqrt{1+\frac{2gZ_0}{v_0^2\sin^2\alpha_2}}\right] \tag{9.11}$$

3. 水舌最大射距

当水股沿着最优挑射角 α_d 抛射时，最大射距的理论值为

$$L_{\max} = \frac{v_0^2}{g}\sin\alpha_d \cos\alpha_d \left[1 + \sqrt{1 + \frac{2g(Z_0 + h_2)}{v_0^2 \sin^2 \alpha_d}}\right] \tag{9.12}$$

式中，v_0 为墩前未扰动断面水流的平均流速；Z_0 为水平掺气坎末端顶部高程与下游落点水面高程之差；h_2 为掺气分流墩墩后水深，可由式(6.26)计算，即 h_2=2.15h_0。

考虑到掺气分流墩一般设在陡坡溢流面上，所设位置高程与下游落点水面高程之差较大，也为了计算方便，一般可用式(9.9)计算最优挑射角α_d。墩前未扰动断面水流的平均流速 v_0 可取陡坡水面线计算结果，或按式(9.13)计算，即

$$v_0 = \varphi\sqrt{2g(E_0 - h)} \tag{9.13}$$

式中，E_0 为掺气分流墩水平掺气坎出口底板高程与上游水面高程之差；h 为同一断面不设掺气分流墩时的陡槽水深，也可取墩前未扰动断面的水深 h_0 代替。

4. 水舌综合影响系数 K

实际中存在墩子阻力、水舌空中扩散混掺、碎裂特别是空气阻力的影响，使得实际水舌的射距小于理论值。如果将这些影响统统计入综合影响系数 K 中，则

$$K = 实际值 / 理论值 \tag{9.14}$$

试验得出水舌最大扩散高度、最小射距和最大射距的综合影响系数与 E_0/b_0 的关系分别见图 9.4、图 9.5 和图 9.6。

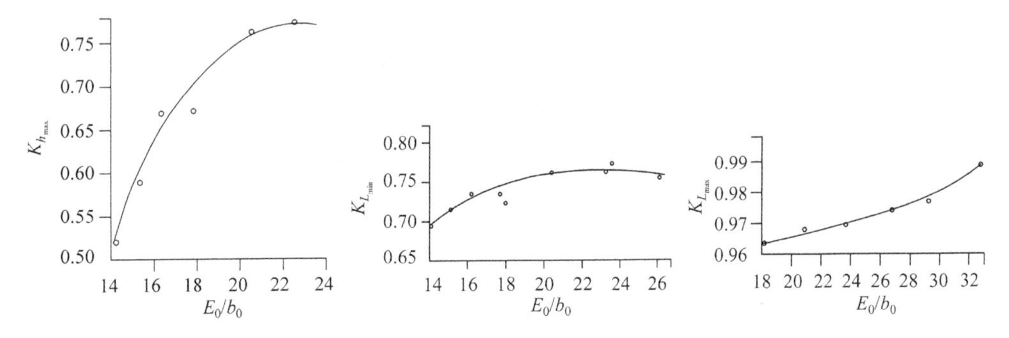

图 9.4　$K_{h_{\max}}$ 与 E_0/b_0 关系　　图 9.5　$K_{L_{\min}}$ 与 E_0/b_0 关系　　图 9.6　$K_{h_{\max}}$ 与 E_0/b_0 关系

由图 9.4～图 9.6 可得

$$K_{h_{\max}} = 0.077155(E_0/b_0)^{0.7466} \tag{9.15}$$

$$K_{L_{\min}} = 0.51(E_0/b_0)^{0.13264} \tag{9.16}$$

$$K_{L_{\max}} = 0.8516(E_0/b_0)^{0.0419} \tag{9.17}$$

式中，b_0 为掺气分流墩两墩之间的距离。

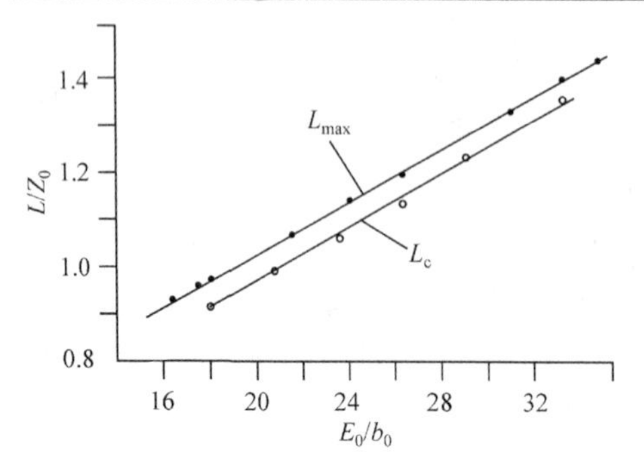

图 9.7　最大射距和水舌冲击点与 E_0/b_0 关系

式(9.15)～式(9.17)适应的条件为 $12 \leqslant E_0/b_0 \leqslant 35$。

图 9.7 为最大射距和水舌冲击点位置的试验结果，由图可得两个经验公式，即水舌最大射距为

$$L_{max}/Z_0 = 0.48 + 0.02733(E_0/b_0) \tag{9.18}$$

水舌冲击点位置为

$$L_c/Z_0 = 0.442 + 0.0269(E_0/b_0) \tag{9.19}$$

9.2.3　最大射距计算方法在其他挑流消能工中的应用

1. 窄缝挑坎

窄缝挑坎是一种收缩式消能工，其水流流态如图 9.8 所示。这种消能工由于过水断面收缩使得水舌竖向、纵向扩散。在扩散水股中，必有一股水舌沿着最优挑角抛射的最远。而大于该挑角抛射的水流回落后与该水股混掺、并随之下抛。因此，也可以由前面推导的最优挑角公式代入式(9.12)求最远射距的理论值，然后同试验值相比较得出综合影响系数 K。根据文献[2]的试验资料，得到拉西瓦水电站中孔、深孔以及龙羊峡水电站泄洪道窄缝式消能工最大射距的综合系数 $K'_{L_{max}}$ 与 Z_0/E_0 的关系见图 9.9，由图可得

$$K'_{L_{max}} = 1.003 - 0.0516(Z_0 + h_2)/E_0 \tag{9.20}$$

式中，h_2 为窄缝挑坎出口的断面水深，具体计算见文献[2]。

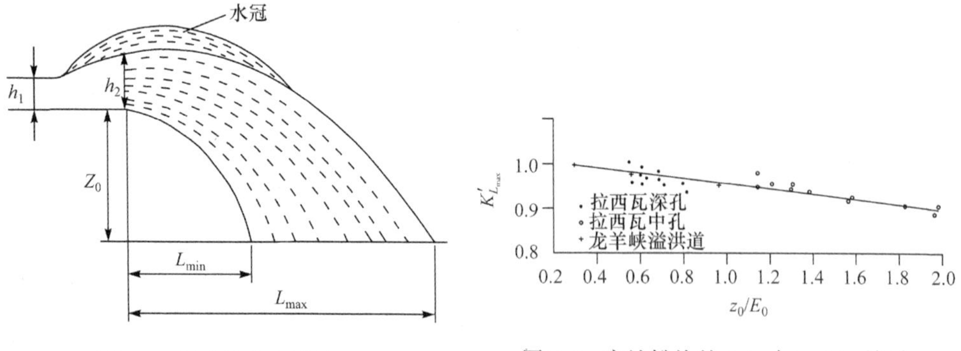

图 9.8　窄缝挑坎水流流态

图 9.9　窄缝挑坎的 $K'_{L_{max}}$ 与 z_0/E_0 关系

2. 等宽挑坎

连续式等宽挑坎的水舌运动如图 9.2 所示。最大射距所对应的最优挑角可根据不同情况用式(9.4)、式(9.6)、式(9.8)或式(9.9)计算，求得最优挑角后代入式(9.12)求最大挑距，然后将试验值与计算值相比求得综合影响系数。根据文献[3]和[4]的实测资料，求得乌江渡水电站和碧口水电站最大综合影响系数 $K''_{L_{\max}}$ 与 $z\alpha/(L_{\max}\alpha_{\mathrm{d}})$ 的关系如图 9.10 所示，由图可得

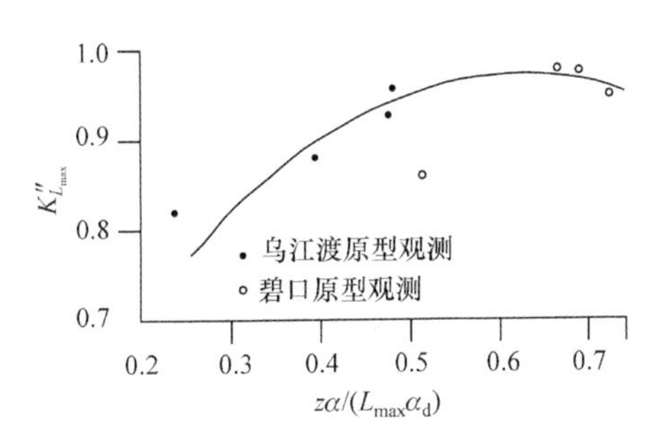

图 9.10　等宽挑坎的 $K''_{L_{\max}}$ 与 $z\alpha/(L_{\max}\alpha_{\mathrm{d}})$ 关系

$$K''_{L_{\max}}=\frac{z\alpha/(L_{\max}\alpha_{\mathrm{d}})}{0.09523+0.91z\alpha/(L_{\max}\alpha_{\mathrm{d}})} \tag{9.21}$$

式中，z 为上下游水位差；$L_{\max}$ 由式(9.12)计算；α 为挑流鼻坎的挑射角。

9.3　消力池的压强特性

9.3.1　消力池压强系数分析

射流对消力池底板的冲击压强可以用压强系数 C_p 来表示，定义压强系数为

$$C_p=\frac{p_{\max}-p_{\min}}{v^2/(2g)} \tag{9.22}$$

式中，C_p 为压强系数；$p_{\max}$ 为消力池的最大冲击压强；$p_{\min}$ 为最小压强；v 为消力池水面的入水流速。

影响掺气分流墩水舌对消力池底板冲击压强的主要因素有：水舌入射角 α，收缩比 λ，墩子宽度 b，墩间距 b_0，上下游水位差 Z，掺气分流墩水平掺气坎底部距消力池底板的高度 Z_0，掺气分流墩水平掺气坎以上的总水头 E_0，入水流速 v，消力池水深 h_{t}，消力池的淹没系数 σ_{s}，距消力池起始断面位置的距离 Δx，流体的密度 ρ，动力黏滞系数 μ，水流的表面张力 σ 和重力加速度 g 等。当掺气分流墩体型、设置位置和下游消力池体型一定时，忽略黏性和表面张力的影响，则消力池底板任一点的压强系数可表示为

$$C_p=C_p(Z/Z_0,E_0/Z_0,\Delta x/Z_0,\sigma_{\mathrm{s}}) \tag{9.23}$$

滞点冲击点的压强最大值也可以通过理论方法来进行分析。如果假定在泄槽末端不设掺气分流墩，只设水平掺气坎。设水平掺气坎末端断面水流流速为 v_0，

抛射角为α，消力池底板与水平掺气坎底板高差为Z_0，按自由抛射体公式计算的落入消力池水面的入水流速为v，水舌轨迹满足

$$\begin{cases} x = v_0 t\cos\alpha \\ y = v_0 t\sin\alpha + \dfrac{1}{2}gt^2 \end{cases} \tag{9.24}$$

$$v = \sqrt{v_0^2 + 2g(Z_0 - h_t)} \tag{9.25}$$

当水舌落入消力池时竖向分速为

$$v_s = dy/dt = gt + v_0\sin\alpha \tag{9.26}$$

由式(9.24)中的第二式解出t，代入式(9.26)，并注意$y=Z_0-h_t$，则

$$v_s = \sqrt{v_0^2\sin^2\alpha + 2g(Z_0 - h_t)} \tag{9.27}$$

假定v_s完全转变为势能，则冲击滞点压强的测压管水头为

$$\frac{p_{max}}{\gamma} = \frac{v_s^2}{2g} = \frac{v_0^2\sin^2\alpha + 2g(Z_0 - h_t)}{2g} \tag{9.28}$$

则压强系数为

$$C_p = \frac{v_0^2\sin^2\alpha + 2g(Z_0 - h_t)}{v_0^2 + 2g(Z_0 - h_t)} \tag{9.29}$$

当下游无水垫时，$h_t=0$，则有

$$C_{p_{max}} = \frac{v_0^2\sin^2\alpha + 2gZ_0}{v_0^2 + 2gZ_0} \tag{9.30}$$

式(9.28)和式(9.29)为在无阻力情况下水流落入消力池底板冲击滞点的最大冲击压强和压强系数计算的理论值。

9.3.2 消力池时均压强分布

1. 消力池下游水深不控制时最大相对时均压强

当消力池下游水深不控制时，射流落入消力池应具有最大冲击压强。图 9.11 为消力池下游水深不控制时，相对时均压强沿程分布情况。由图 9.11 可以看出，最大相对时均压强随着上游来流量或上游水头的增大而增大；在水舌冲击滞点，具有最大相对时均压强；在冲击滞点的下游，水流反弹使得在局部区域出现负压，在反弹段以后因为水流重新贴附底板而使相对时均压强回升。

图 9.12 为消力池压强系数沿程分布。由图 9.12 可以看出，最大压强系数对应着水流的冲击滞点，上游水头越大冲击滞点的压强系数也越大；其余部位压强系数的变化规律与相对时均压强变化规律相同。

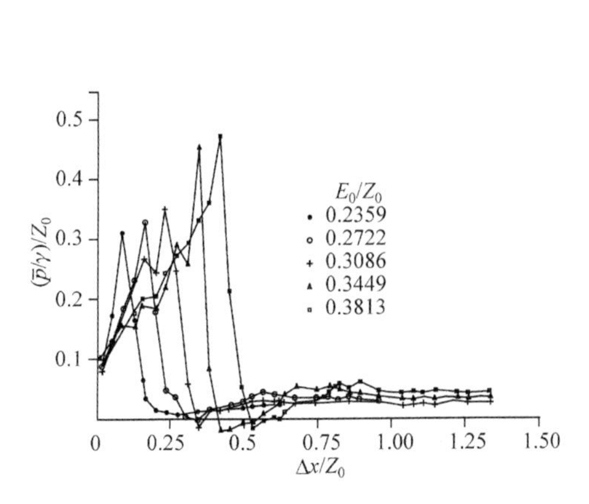

图 9.11　消力池相对时均压强沿程分布

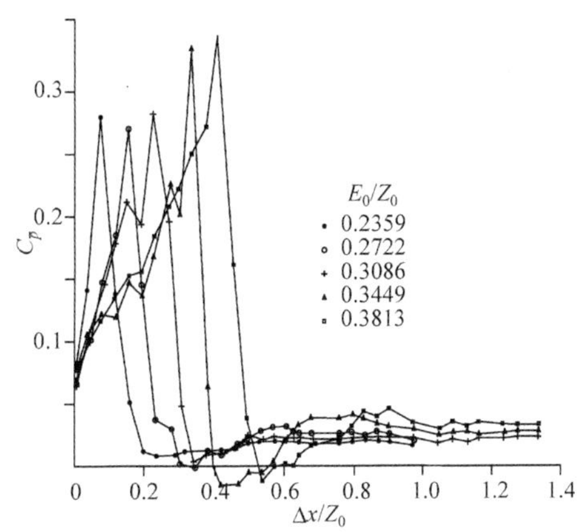

图 9.12　消力池压强系数沿程分布

图 9.13 是掺气分流墩设施与水平掺气坎设施最大压强比较。由图 9.13 可以看出，在同一水头 E_0 的情况下，掺气分流墩设施对消力池底板的冲击压强远小于水平掺气坎设施，但随着上游水头的增加，掺气分流墩的墩体被水流淹没而变为分流齿墩设施时，水舌对消力池底板的冲击压强又开始变大，但仍小于水平掺气坎设施。由此可见，掺气分流墩设施对削减消力池的压强峰值具有十分显著的作用。

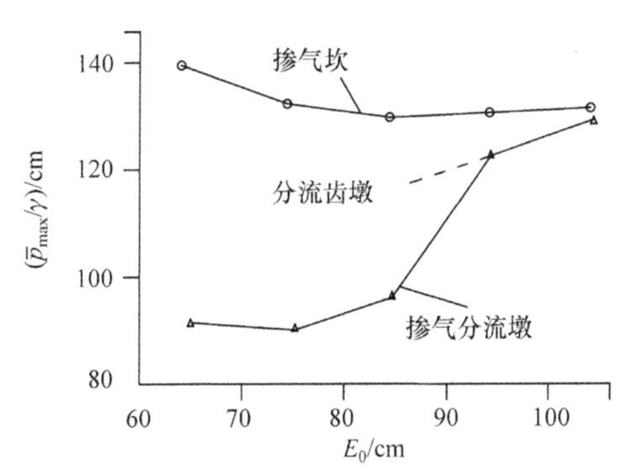

图 9.13　掺气分流墩设施与水平掺气坎设施最大压强比较

图 9.14 为最大相对时均压强与相对水头关系。图 9.15 为最大时均压强系数同相对水头关系。为了比较，试验还对陡槽出口设水平掺气坎情况的压强进行了测量，测量结果一并绘入图 9.14 和图 9.15 中，图中理论曲线是用式(9.28)计算的。由图可以看出，仅设水平掺气坎时，最大时均压强系数的理论值和实测值均随上游水头的增加呈下降趋势，由于空气阻力、掺气以及水舌扩散消能等因素的影响，实际值小于理论值。加设掺气分流墩设施后，由于墩坎的共同作用，将水流分割

成若干股水舌，分割的水舌在下抛时沿竖向、纵向和横向急剧扩散、碎裂，使得水舌核心区大大减小，最大时均压强系数较水平掺气坎又有较大的降低。由图中还可以看出，当掺气分流墩墩体被水流淹没后形成分流齿墩流态时，最大时均压强系数又有较大的提高。

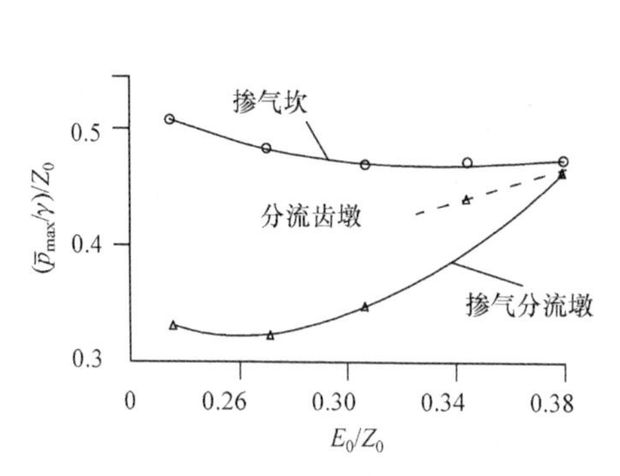

图 9.14　最大相对时均压强与相对水头关系

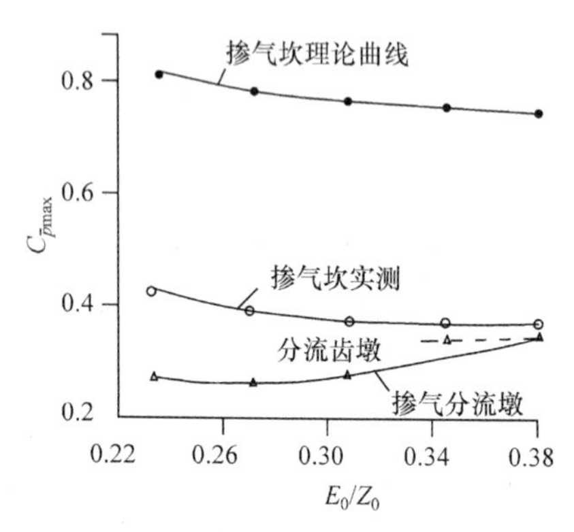

图 9.15　最大时均压强系数与相对水头关系

拟合图 9.14 和图 9.15 的曲线得掺气分流墩设施最大时均压强水头 $\bar{p}_{max}/\gamma$ 和最大时均压强系数 $C_{\bar{p}_{max}}$ 的关系为

$$\bar{p}_{max}/\gamma = Z_0(E_0/Z_0)^{0.805} \tag{9.31}$$

$$C_{\bar{p}_{max}} = 0.74(E_0/Z_0)^{0.6981} \tag{9.32}$$

2. 消力池下游有水垫时相对时均压强分布

图 9.16 为消力池下游有水垫时相对时均压强分布，图中σ_s为消力池的淹没系数或淹没度。对比图 9.11 可以看出，随着下游水垫深度或淹没度的增加，水舌冲击点相对时均压强急剧衰减，说明水垫对壁压有明显的削减作用；在水舌冲击点以后压强降低，随后逐渐恢复到受下游水位控制的静水压强分布。由图 9.16 还可以看出，淹没度越大，相对时均压强峰值越小。试验表明，当淹没度$\sigma_s>2.0$时，水舌冲击点压强水头基本与下游水深一致。

图 9.17 是不同来流量情况下最大时均压强系数(包括掺气分流墩流态和分流齿墩流态)随淹没度的变化情况。由图可得

$$C_{\bar{p}_{max}} = 0.537\sigma_s^{-3.6024} \tag{9.33}$$

式中，σ_s为淹没度，定义为$\sigma_s=h_t/h_{t1}$；h_t为下游水深；h_{t1}为第一界限水深，即水跃跃首刚刚到达水舌外缘落点处的下游水深，具体计算在后面详述。式(9.33)适用的条件为$1.2<\sigma_s<2.2$。

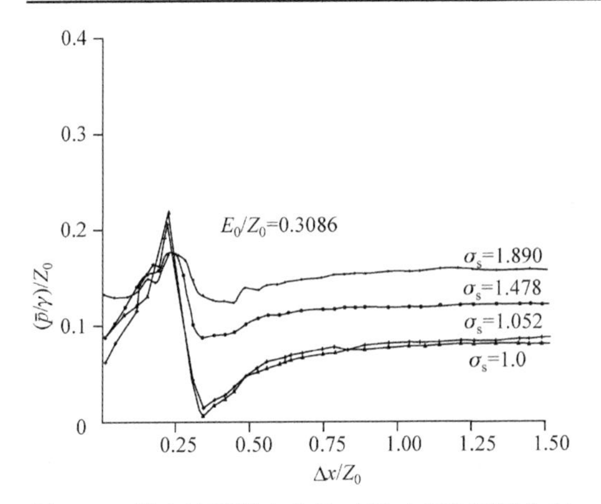

图 9.16　消力池下游有水垫时相对时均压强分布

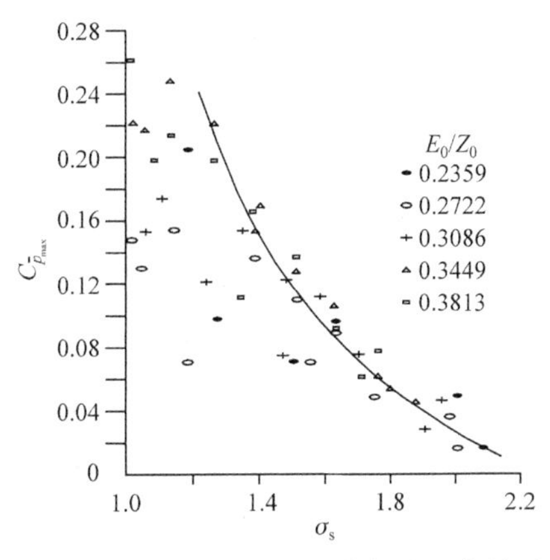

图 9.17　最大时均压强系数与淹没度关系

9.3.3　消力池底板脉动压强特性

1. 消力池下游水深不控制时的脉动压强系数

脉动压强系数定义为脉动压强的均方根与入水流速水头的比值，即

$$C_p' = \sqrt{\overline{p'^2}} / [v^2 / (2g)] \tag{9.34}$$

式中，C_p' 为脉动压强系数；$\sqrt{\overline{p'^2}}$ 为脉动压强的均方根。

当下游水深不控制时，脉动压强系数沿消力池分布如图 9.18 所示。由图 9.18 可以看出，随着上游水头或流量的增加，脉动压强系数增大；在水舌冲击区，脉动压强系数沿程逐渐增大，当达到最大值以后，又逐渐减小，到冲击区末尾，脉动压强系数呈下降趋势。由图 9.18 还可以看出，由于水流冲击消力池底板时水流在底板上反弹，反弹后又重新附着底板造成脉动压强出现多峰现象。

如果将最大脉动压强系数与相对水头相关，如图 9.19 所示。由图可见，$C'_{p_{max}}$ 随着水头的增大而增大，拟合公式为

$$C'_{p_{max}} = 0.208(E_0/Z_0)^{0.23441} \tag{9.35}$$

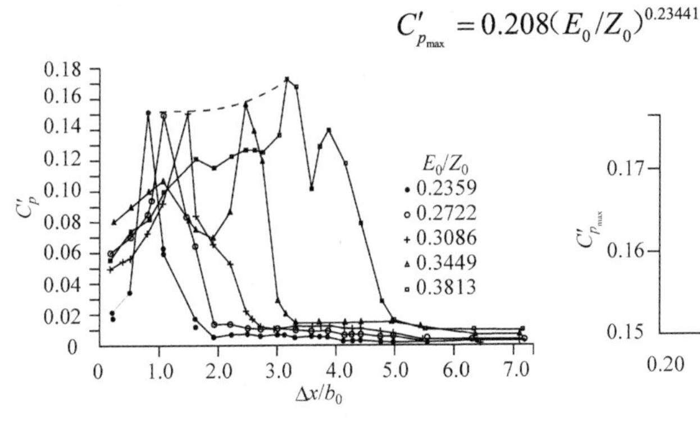

图 9.18　脉动压强系数沿消力池分布

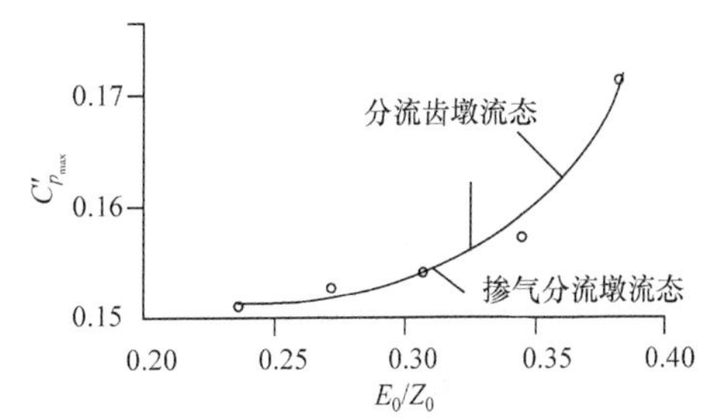

图 9.19　最大脉动压强系数与相对水头关系

2. 消力池下游有水垫时的脉动压强系数

当下游水深使水跃的跃首刚刚到达水舌外缘落点处，即下游水位处于第一界限水深 h_{t1}，淹没度σ_s=1.0 时，实测的脉动压强系数见图 9.20。由图 9.20 可以看出，脉动压强系数的变化规律与下游不控制水深时的变化规律一样，但冲击区的脉动压强系数大于下游不控制水深时的脉动压强系数。分析原因，当水跃跃首刚刚到达水舌落点处，水跃的剧烈紊动和冲击区水流脉动的叠加使得紊动加剧，因此脉动压强加大，在试验范围内，加大的幅度为 3%～4.3%。试验还表明，处于这种状态的脉动压强为试验工况的最大值。

如果将σ_s=1.0 时的最大脉动压强系数与相对水头点绘，则如图 9.21 所示，由图可得

$$C'_{p_{\max}\sigma_s=1} = 0.22(E_0/Z_0)^{0.242911} \tag{9.36}$$

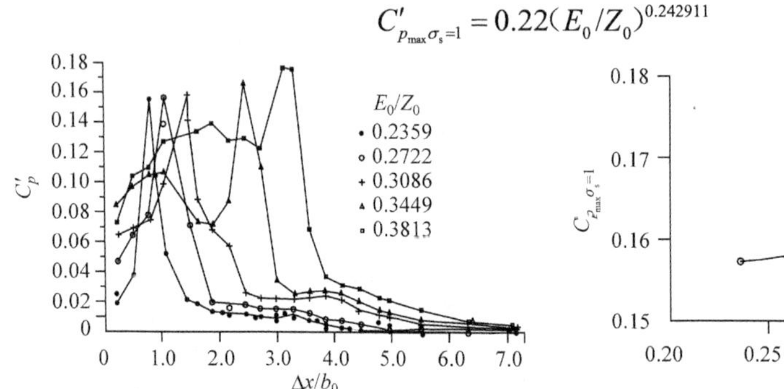

图 9.20　$\sigma_s=1.0$ 时消力池脉动压强系数沿消力池分布

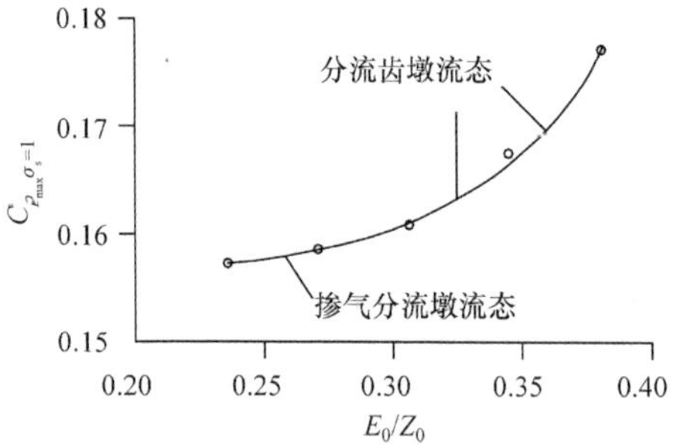

图 9.21　$\sigma_s=1.0$ 时消力池最大脉动压强系数与相对水头关系

当下游水深继续增加，则水舌冲击区的最大脉动压强系数 $C'_{p_{\max}\sigma_s}$ 随着淹没度的增加而减小，如图 9.22 所示。可见水垫深度可以大幅度的削减脉动壁压，拟合图 9.22 的关系为

$$C'_{p_{\max}\sigma_s} = 0.301 - 0.1305\sigma_s \tag{9.37}$$

式中，σ_s的适用范围为 1.1～2.0。

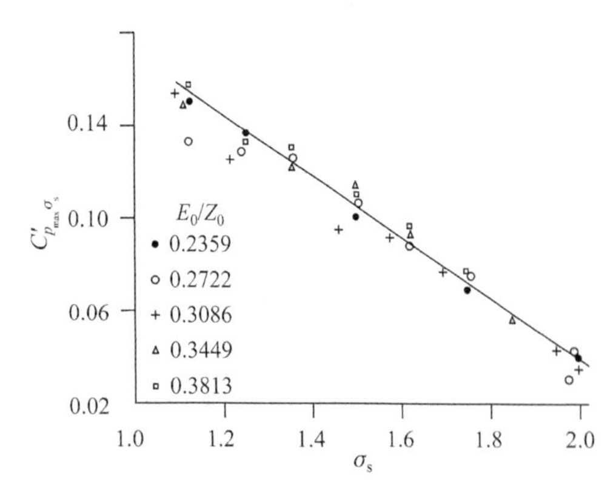

图 9.22　消力池最大脉动压强系数与淹没度关系

9.3.4　脉动压强的功率谱

经过对各点脉动压强功率谱的分析得到功率谱密度分布属于窄带噪声分布型，其优势频率为低频，范围为 0～2Hz。脉动能量主要集中在低频区，频带较窄。脉动为低频，故

不会对泄水建筑物造成共振破坏。

9.3.5　消力池下游水深的控制

由上面的分析可知，消力池的下游水深可以大幅度降低时均压强和脉动压强的峰值，要保证消力池安全运行，必须对下游水深提出要求。一般认为，脉动压强系数不要超过 0.10。例如，文献[5]的研究表明，在自由水跃区，当跃前断面的 Fr_1=4.15～6.53 时，脉动压强系数峰值约为 0.05，在淹没水跃条件下，当 Fr_1=2.0～6.0 时，脉动压强系数由 0.082 降低为 0.038。溢洪道设计规范取平底消力池的脉动压强系数最大值为：当 Fr_1>3.5 时，C_p' 取 0.05，当 $Fr_1 \leqslant 3.5$ 时，C_p' 取 0.07[6]。考虑到掺气分流墩设施充分扩散和掺气的特性，取脉动压强系数 C_p'=0.08，则可由图 9.22 得淹没度 σ_s=1.7，由此得消力池下游水深控制的条件为

$$h_t = 1.7h_{t1} \tag{9.38}$$

如果按照溢洪道设计规范取 C_p'=0.05～0.07[6]，由图 9.22 得到的淹没度更大，更偏于安全。

9.4　消力池的水流流态以及水跃特性

9.4.1　消力池水流流态

在来流和消力池体型一定的条件下，消力池的水流流态受下游水深 h_t 的控制，随着下游水深的不同，消力池的水流可以划分为四种流态，用两个界限水深 h_{t1} 和 h_{t2} 来区分，如图 9.23 所示。

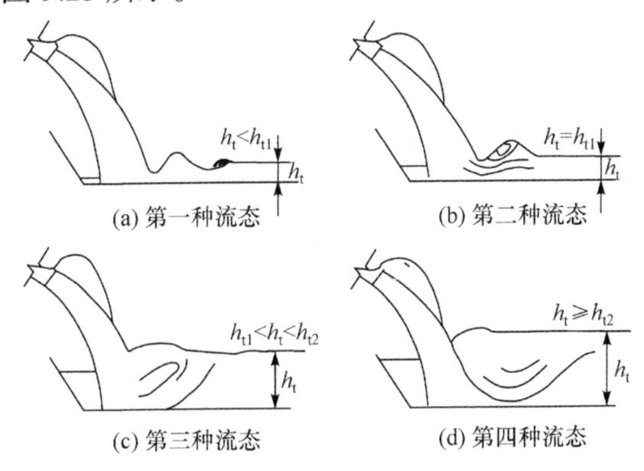

图 9.23　消力池四种流态变化

第一种流态：当 $h_t<h_{t1}$ 时为挑射水流与远驱水跃串联流态。特点是挑射水流冲击消力池底板发生多次反射弹跳后附着底板发生远驱水跃，水舌落点处激起很

高的水翅，水舌冲击点压强具有最大值，如图 9.23(a)所示。

第二种流态：当 $h_t=h_{t1}$ 时为临界水跃流态。随着下游水深的升高，远驱水跃跃首向上游移动，当跃首刚刚到达水舌落点外缘处时，定义这时的下游水深为第一界限水深 h_{t1}，相应的水跃定义为临界水跃。这种流态的特点是水跃极不稳定，水舌落点处水翅仍很高，水舌落点上游水深不受下游水深影响，水舌冲击点的时均压强仍具有最大值，脉动压强受水舌冲击和水跃旋滚叠加亦具有最大值，如图 9.23(b)所示。

第三种流态：当 $h_{t1}<h_t<h_{t2}$ 时为挑射水流与水跃并联叠加混合流态。在此流态下，挑射水流直达消力池底板，形成底流水跃，随着下游水深增加，水舌在水垫中混掺扩散消能，水舌冲击点的动水压强逐渐降低，射流达到消力池底板的能量逐渐减小，当旋滚刚刚脱离消力池底部时(即挑射水流刚刚不能到达消力池底部)，对应的跃后水深定义为第二界限水深 h_{t2}，如图 9.23(c)所示。

第四种流态：当 $h_t \geqslant h_{t2}$ 时为深水垫流态。这时射流水舌不能到达消力池底部，水舌入水后，依靠淹没、扩散和旋滚消能，此时消力池底板冲击点压强接近或等于下游水深，如图 9.23(d)所示。

上述消力池的四种水流流态，若从工程实用进行评价，第一种流态最差；第二种流态不稳定，对于下游水深变化很敏感，常产生极大的波涌水流，消力池底板时均压强和脉动压强均具有最大值，因此也较差；第三种流态适用范围较大也较稳定，消力池应在此流态内工作；第四种流态要求有很大的下游水深，对消力池既不经济又不需要。

9.4.2　消力池水面线

实测 $E_0/Z_0=0.3813$，淹没度 $\sigma_s=1.0\sim1.75$ 时消力池的水面线如图 9.24 所示。由图可以看出，消力池的水面线反映了消力池的四种流态。其特点如下：①当下游水深处于第一界限水深，$\sigma_s=1.0$ 时，即水跃跃首刚刚到达水舌落点外缘处，水舌冲击消力池底板造成水流反弹，使得水舌落点两侧及落点下游反弹段水翅高、涌浪大，跃首极不稳定，水面非常紊乱，水面线明显抬高，在反弹段下游，水面突然降低，水面波动沿程减小。②随着下游水深增加，水舌落点处水翅和反弹段水面逐渐被水体淹没，消力池内涌浪减小，水面逐渐趋于平稳。③在淹没水跃情况下，消力池水面线在水舌落点附近的上游，水面线沿程增加，在水舌落点的下游水面线沿程降低。这和一般底流消能水面线沿程增高是不同的，分析原因，掺气分流墩水舌扩散、掺气充分，进入消力池的水流挟带着大量的气液两相流使得落点附近掺气量大，水深大，当水流沿程流动时，气泡不断逸出使得水深沿程降低，除以上特点外，在试验中还观察到水舌落点上游的水面低于下游水深。

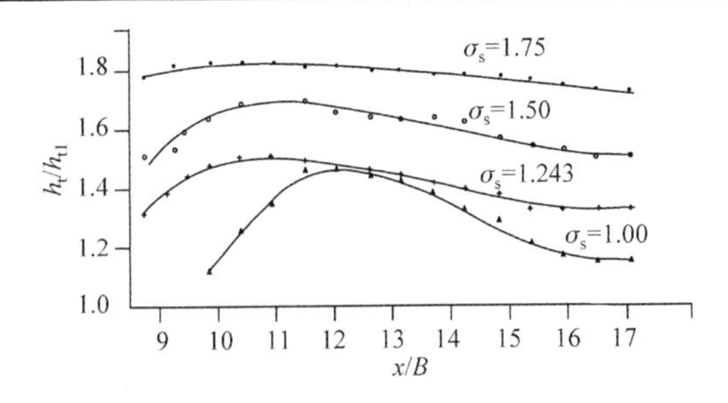

图 9.24　消力池不同淹没度时的水面线(H_0/Z_0=0.3813)

9.4.3　临界水跃跃后水深和水跃长度

试验得出，第一界限相对水深 h_{t1}/Z_0 与相对水头 E_0/Z_0 的关系如图 9.25 所示。由图可得

$$h_{t1}/Z_0 = 0.07045 + 0.2382E_0/Z_1 \tag{9.39}$$

式中，Z_1 为消力池底板高程与泄槽进口段底板高程之差。

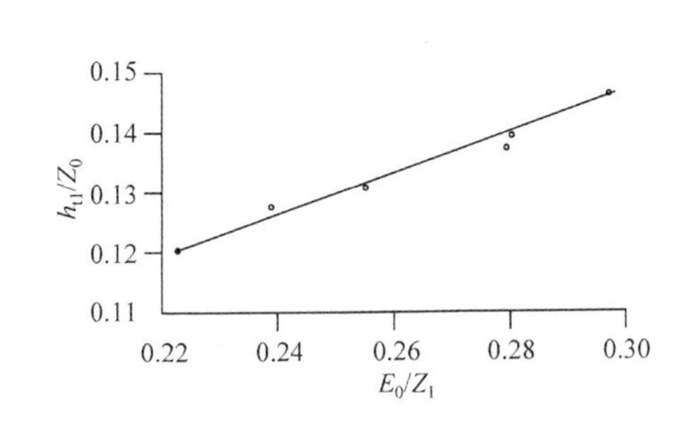

图 9.25　第一界限相对水深与相对水头关系

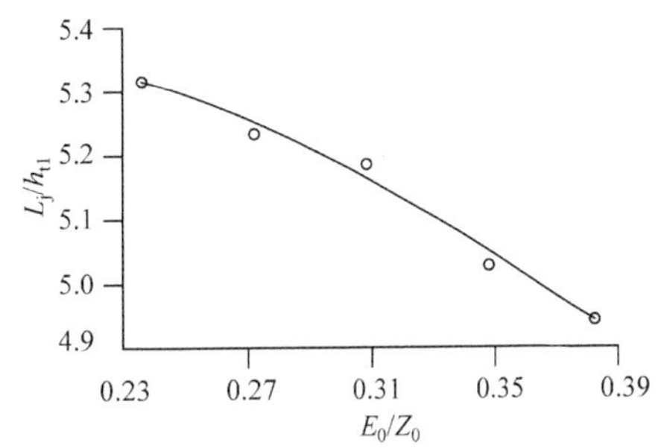

图 9.26　相对临界水跃长度与相对水头关系

临界水跃的水跃长度 L_j 是从水舌落点外缘处测量的，相对临界水跃长度与相对水头关系见图 9.26。由图可得

$$L_j/h_{t1} = 4.2654(E_0/Z_0)^{-0.15708} \tag{9.40}$$

9.4.4　淹没水跃条件下跃后水深与水跃长度

为了使消力池具有较小的冲击压强和适宜的脉动压强系数，需要找出较好的淹没旋滚流态条件下跃后水深和水跃长度。

1. 水跃相对长度同淹没度的关系

试验得到不同来流情况下，水跃相对长度同淹没度关系如图 9.27 所示。由图可以看出，随着淹没度的增加，水跃相对长度增大，说明随着消力池水垫深度的增加，消能效果减弱。

图 9.28 是淹没水跃长度 $L_{j\sigma_s}$ 与临界水跃长度 L_j 的比值同淹没度的关系，拟合

方程为

$$L_{\mathrm{j}\sigma_{\mathrm{s}}}/L_{\mathrm{j}}=0.99646\sigma_{\mathrm{s}}^{0.19662} \tag{9.41}$$

式中，L_{j} 用式(9.38)计算。

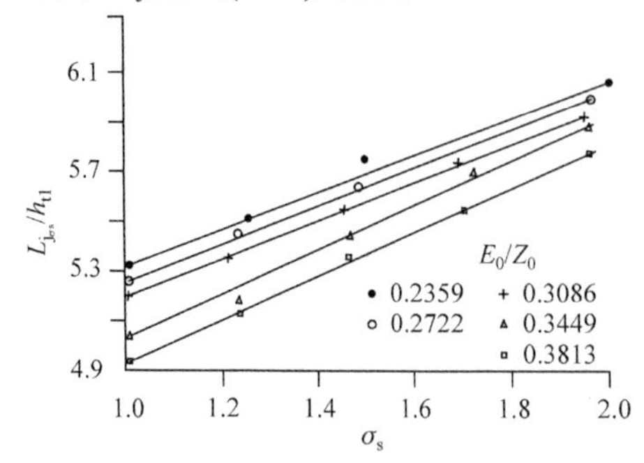

图 9.27　水跃相对长度与淹没度关系

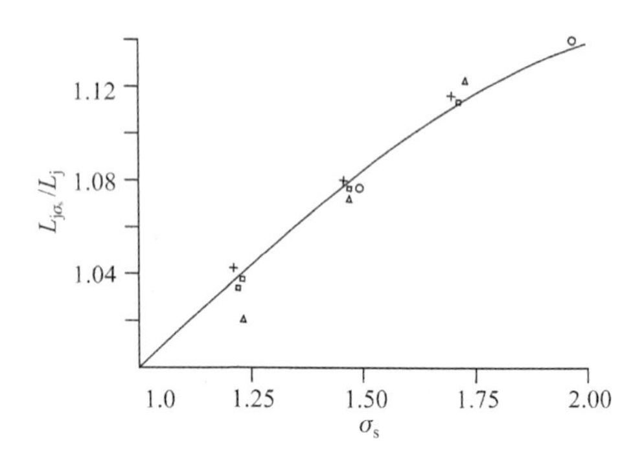

图 9.28　相对淹没水跃长度与淹没度关系

2. 实用淹没水跃的跃后水深与水跃长度

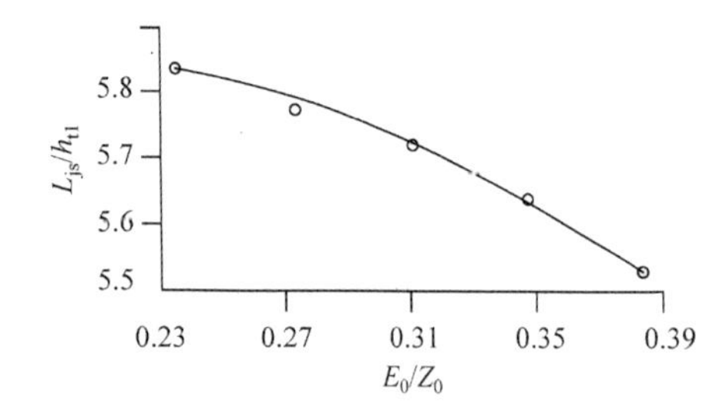

图 9.29　相对最小水跃长度与相对水头关系

由式(9.38)可知，要使消力池安全运行，可取脉动压强系数 $C_p'=0.08$ 作为控制条件，由此得到消力池的淹没度 $\sigma_{\mathrm{s}}=1.7$，从而得出实用淹没状况下消力池最小水深为 $h_{\mathrm{t}}=1.7h_{\mathrm{t1}}$。

对应于该水深的水跃长度定义为实用淹没条件下最小水跃长度 L_{js}，相对最小水跃长度与相对水头关系如图 9.29 所示。由图可得

$$L_{\mathrm{js}}/h_{\mathrm{t1}}=5.004(E_0/Z_0)^{-0.11} \tag{9.42}$$

9.5　消力池水力特性研究

9.5.1　消力池体型的确定

1. 消力池尾坎高度的确定

消力池尾坎高度确定的示意图如图 9.30 所示。设跃后水深为 h_{t}，尾坎上的水深为 H_{tk}，尾坎高度为 H_{k}，跃后断面 1-1 与尾坎断面 2-2 的能量方程为

$$h_{\mathrm{t}}+\frac{\alpha_{\mathrm{t}}v_{\mathrm{t}}^2}{2g}=H_{\mathrm{k}}+H_{\mathrm{tk}}+\frac{\alpha_{\mathrm{tk}}v_{\mathrm{tk}}^2}{2g}+\zeta\frac{v_{\mathrm{tk}}^2}{2g} \tag{9.43}$$

式中，v_t 为 1-1 断面的平均流速；v_{tk} 为 2-2 断面的平均流速；α_t 和 α_{tk} 为动能修正系数；ζ 为局部阻力系数。

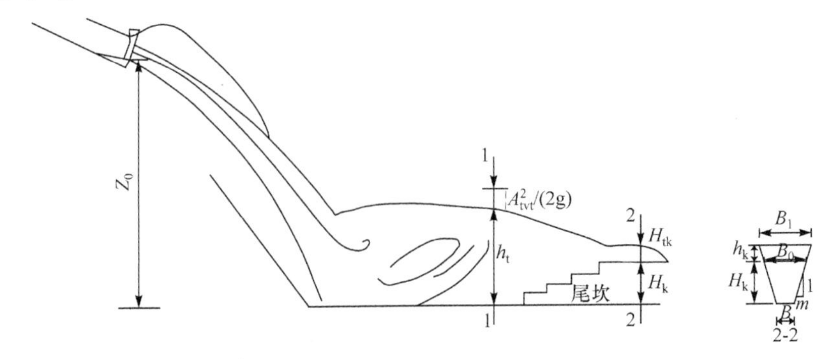

图 9.30　消力池尾坎高度确定示意图

对于下游水深 h_t，根据前面的试验取为 $1.7h_{t1}$，在护坦有一定水平段的情况下，可取 $H_{tk}=h_k$，h_k 为尾坎顶部的临界水深。令动能修正系数 $\alpha_t=\alpha_{tk}=1.0$，$1+\zeta=1/\varphi^2$，φ 为流速系数，$v_k=v_{tk}$，则式(9.41)变为

$$1.7h_{t1}+\frac{v_t^2}{2g}=H_k+h_k+\frac{v_k^2}{2g\varphi^2} \tag{9.44}$$

由图 9.30 可以计算有关参数为

$$B_0=B+2mH_k \tag{9.45}$$

$$A_k=(B_0+mh_k)h_k \tag{9.46}$$

$$B_k=B_0+2mh_k \tag{9.47}$$

$$v_k=Q/[(B_0+mh_k)h_k] \tag{9.48}$$

$$v_t=Q/[(B+mh_t)h_t] \tag{9.49}$$

尾坎梯形断面的临界水深公式为

$$h_k=\left(\frac{Q^2}{g}\right)^{1/3}\frac{(B_0+2mh_k)^{1/3}}{B_0+mh_k} \tag{9.50}$$

式中，B 为消力池的底部宽度；B_0 为尾坎顶部宽度；A_k 为临界水深对应的断面面积；B_k 为临界水深对应的水面宽度；Q 为流量；v_k 为临界水深时的平均流速；v_t 为跃后断面的平均流速；m 为梯形断面的边坡系数；h_t 为跃后水深，取为 $1.7h_{t1}$。

当流量 Q、边坡系数 m 一定时，将式(9.48)和式(9.49)代入式(9.44)，然后与式(9.45)、式(9.50)联立，就可得到总水头 E_0 与尾坎高度 H_k 的关系。将计算结果点绘成 H_k/h_{t1} 与 E_0/Z_0 的关系如图 9.31 所示，由图可得

$$H_k / h_{t1} = 0.892(E_0 / Z_0)^{-0.2325} \tag{9.51}$$

式中，h_{t1} 由式(9.39)计算。

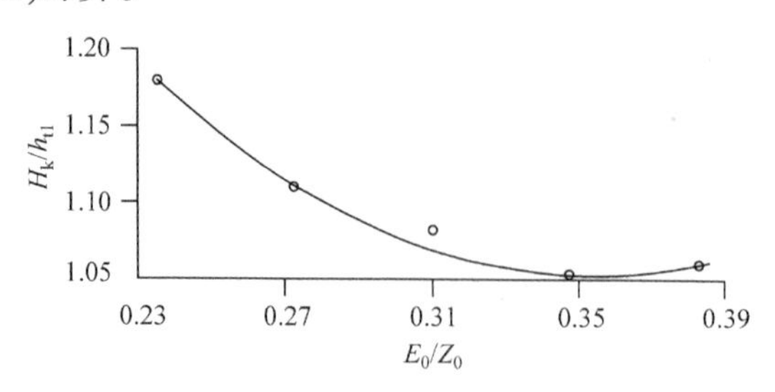

图 9.31　H_k / h_{t1} 与 E_0 / Z_0 关系

尾坎可布置成台阶式，其作用为：一是台阶对水流有反向作用力；二是当水流受到一级台阶的作用向另一阶台阶流动时，台阶对水流的剪切作用和水流势能的增加迫使水流做功；三是水跃通过一级级台阶的分散和碰撞消能。这些共同作用促使了水流的消能效果。台阶还可以减少开挖工程量，节省工程投资。试验中采用的每级台阶的高度和长度相同。

2. 消力池深度的确定

消力池深度是根据消力池的最大水深加一定的安全超高确定的。消力池的最大水深发生在水舌落点下缘附近，其水深为跃后水深的 1.1～1.2 倍，这样消力池的最大水深为

$$h_{max} = (1.1 \sim 1.2)h_t \tag{9.52}$$

关于消力池的深度，可在最大水深的基础上按一般消力池的安全超高计算。

3. 消力池位置及长度的确定

消力池首部确定的原则是挑射水流下缘水股要落在消力池首部，消力池首部上游做成斜坡，使滴落的水流顺斜坡汇入消力池中。

消力池水舌外缘落点以后的长度要满足实用淹没旋滚流态所需要的旋滚长度 L_{js}，可按式(9.42)计算。

消力池的位置，首部位于水舌内缘(最近点)落点处，尾部位于水跃旋滚末端，消力池总长度为

$$L_z = L_1 + L_{js} \tag{9.53}$$

式中，L_z 为消力池总长度；L_1 为水舌外缘与内缘的差值，可按式(9.11)和式(9.12)计算，但此处 Z_0 取值为水平掺气坎末端顶部高程与下游水面高程的差值。

4. 消力池宽度的确定

在试验时，取消力池底部宽度等于泄槽宽度。消力池的横断面为梯形，上口宽度 B_T 的确定是要保证掺气分流墩主要水舌落入消力池中。在试验范围内，水舌横向扩散比约为掺气分流墩水平掺气坎出口宽度的 2.6 倍，即

$$B_T = 2.6(B - b_0) \tag{9.54}$$

式中，B_T 为消力池的上口宽度；b_0 为两墩之间的距离。

选定的消力池形式如图 9.32 所示。

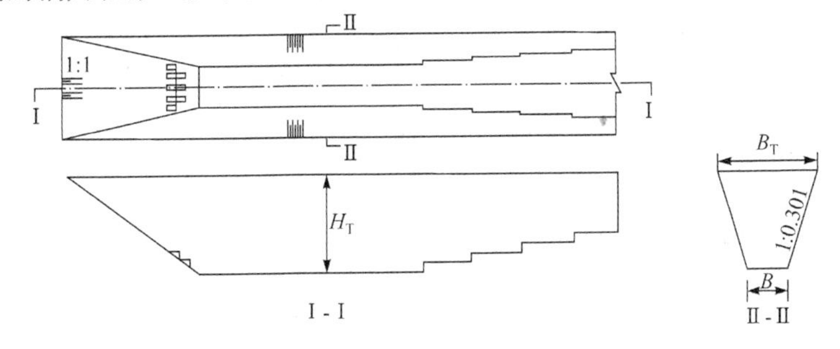

图 9.32　选定的消力池形式

9.5.2　消力池相对时均压强特性

1. 消力池不设 T 形墩时的相对时均压强特性

消力池不设 T 形墩，即单纯式消力池的情况，如图 9.32 所示。实测消力池的淹没度 σ_s=1.36 时的相对时均压强分布见图 9.33。图中虚线是用式(9.22)计算的，具体方法为：将相同的淹没度 σ_s=1.36 代入式(9.33)求出 $C_{\overline{p}_{max}}$，然后代入式(9.22)求出 $\overline{p}_{max}/\gamma$，将 $(\overline{p}_{max}/\gamma)/Z_0$ 与 $\Delta x/B$ 一起点绘如图 9.33 中的虚线所示。由图可以看出，消力池内不设 T 形墩时的相对时均压强符合 9.3.2 小节的研究情况，可以用式(9.33)和式(9.22)求出不同淹没度时消力池内的最大相对时均压强。

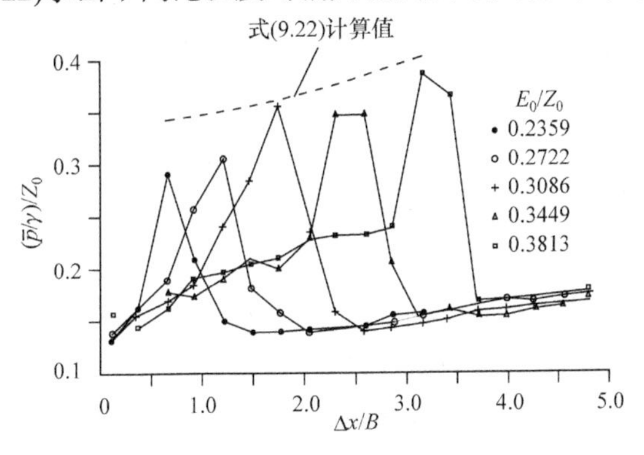

图 9.33　消力池不设 T 形墩时相对时均压强沿程分布

2. 消力池设 T 形墩时的相对时均压强特性

消力池设 T 形墩，目的是加强水流的扰动，提高消能效果。对于底流消能，一般是将 T 形墩设在消力池末端，以稳定水跃和消能。因为掺气分流墩水舌充分掺气而消力池无空蚀之虑，所以将 T 形墩布置在射流区，更有利于水流的碰撞消能。

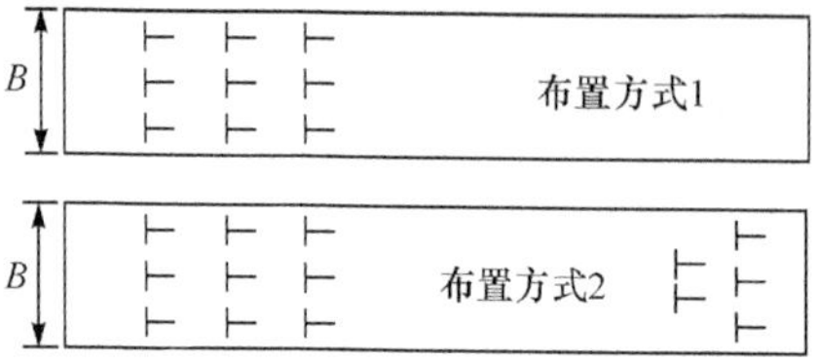

图 9.34 为消力池设 T 形墩布置方式示意图。有两种布置形式，一种形式只在射流区布置 T 形墩，称为布置方式 1；另一种形式在射流区和尾坎前均布置 T 形墩，称为布置方式 2。

B
布置方式1
B
布置方式2

图 9.34　消力池设 T 形墩布置方式示意图

1) 布置方式 1 消力池内的相对时均压强

图 9.35 为布置方式 1 消力池相对时均压强沿程分布。由图可以看出，当 E_0/Z_0=0.2359～0.3086 时，水舌冲击 T 形墩，冲击滞点水流的动能完全转变为势能，滞点的相对时均压强较不设 T 形墩时有较大的提高；当 E_0/Z_0=0.3449～0.3813 时，消力池内的相对时均压强有所减小，这是由于挑射水流落点已超出 T 形墩的设置范围，水舌未冲到 T 形墩上使得相对时均压强较小。

2) 布置方式 2 消力池内的相对时均压强

图 9.36 为布置方式 2 消力池相对时均压强沿程分布。由图可以看出，在消力池末端设 T 形墩，使得跃后水深略有增加，相应地消力池内的水深也有所增加，消力池内的最大相对时均压强较消力池末端不设 T 形墩时相应地有所减小。

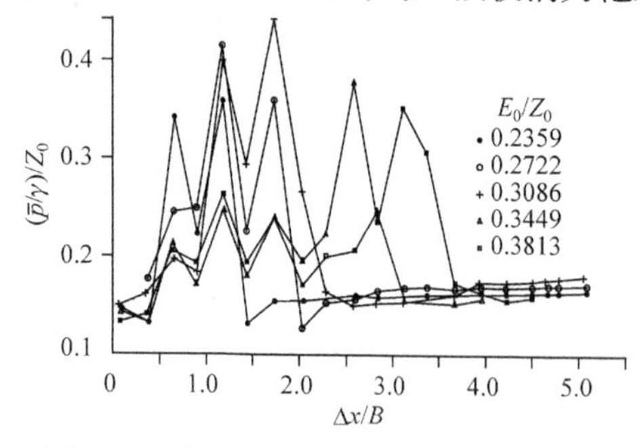

图 9.35　布置方式 1 消力池相对时均压强沿程分布

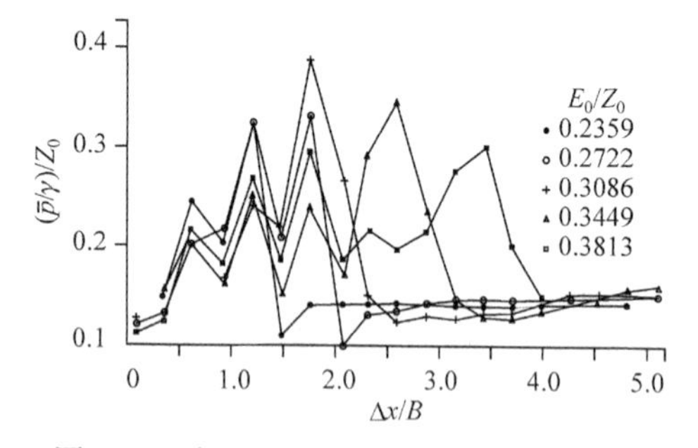

图 9.36　布置方式 2 消力池相对时均压强沿程分布

图 9.37 为不同淹没度消力池相对时均压强沿程分布，可以看出，随着下游水深即池内淹没度的增加，消力池中最大相对时均压强减小。图 9.38 为消力池最大时均压强系数淹没度的关系，可表示为

$$C_{\bar{p}_{\max}} = 0.5691\sigma_s^{-2.635} \tag{9.55}$$

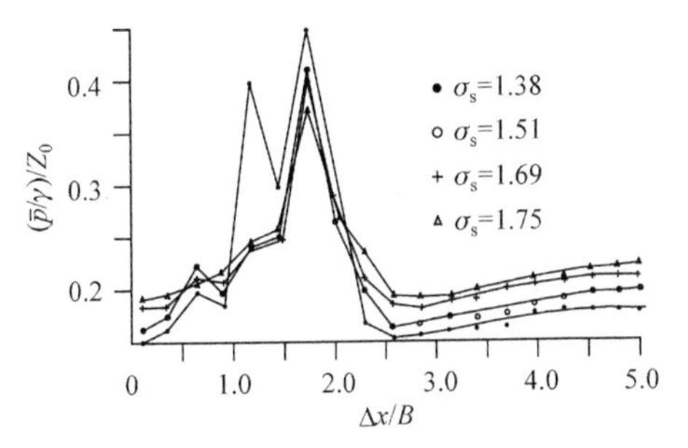

图 9.37　不同淹没度消力池相对时均压强沿程分布

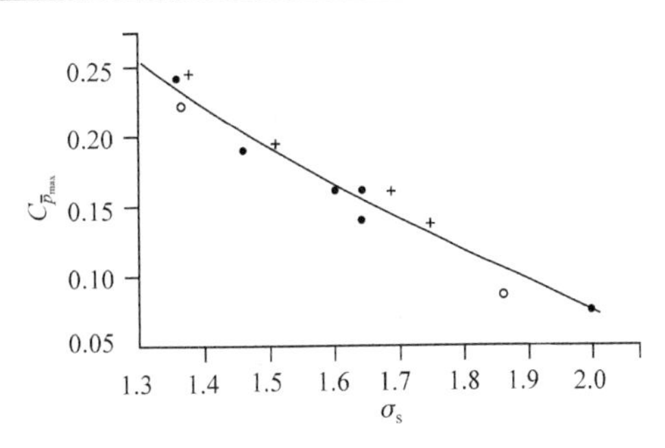

图 9.38　消力池最大时均压强系数与淹没度关系

对比图 9.17 可以看出，在消力池内设 T 形墩后，消力池内的最大时均压强系数有所增加。

9.5.3　消力池脉动压强分布

1. 消力池内不设 T 形墩时的脉动压强特性

图 9.39 为淹没度σ_s=1.37 时消力池内的脉动压强系数C_p'沿消力池长度的分布情况。可以看出，由于淹没度较小，脉动压强系数值较大，随着来流量的增加，脉动压强系数增大；水舌冲击点的最大脉动压强系数为单值分布，在各级水位下，$C_{p_{\max}}' = 0.068 \sim 0.138$。在水舌冲击点的下游，受水跃旋滚的影响，在$\Delta x/B$=4.4 时$C_p'$仍有一定的量值，在试验范围内其量值为$C_p' = 0.003 \sim 0.0235$。

图 9.40 为消力池脉动压强系数随下游相对水深的变化情况，图中H_t为尾坎上的水深；H_k为尾坎高度；H_{k1}为以消力池底部计算的下游临界水深。由图 9.40 可以看出，消力池内水垫深度越大，脉动压强系数越小。

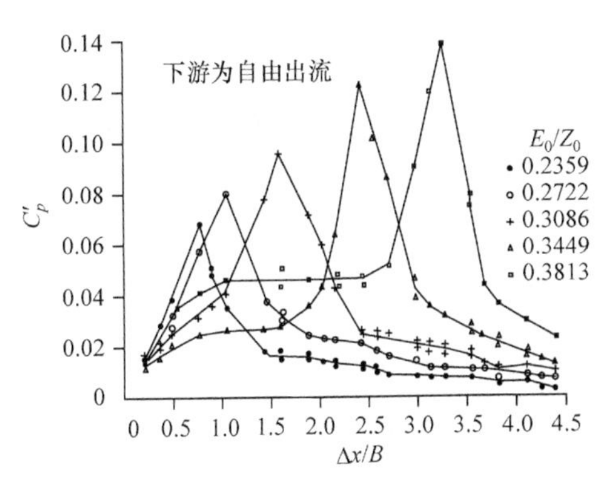

图 9.39　σ_s = 1.37 时消力池脉动压强系数沿程分布

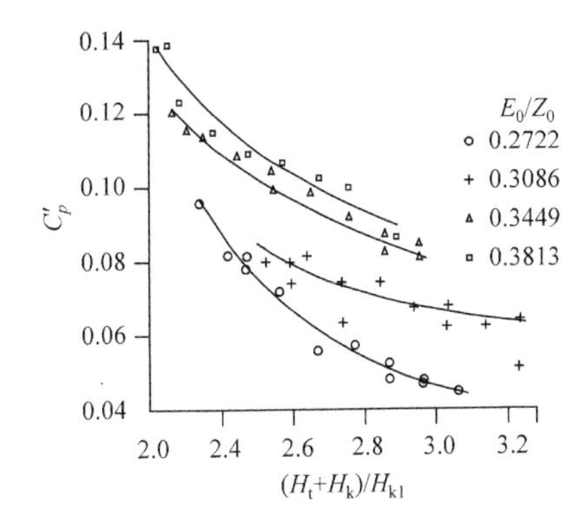

图 9.40　消力池脉动压强系数与下游相对水深关系

2. 消力池内设 T 形墩时的脉动压强特性

脉动压强的测量是在布置方式 2 的情况下进行的。当尾坎水流为自由出流时，C_p' 沿 $\Delta x/B$ 的分布如图 9.41 所示。比较图 9.39 可以看出，在消力池内设 T 形墩的脉动压强系数分布规律与不设 T 形墩时的分布规律一致，但其脉动压强系数值略有减小。

图 9.42 为脉动压强系数随下游相对水深的变化情况，比较图 9.40 可以看出，有 T 形墩时水舌冲击点的 $C_{p_{\max}}'$ 随下游水深增大降低较快，分析原因可能是 T 形墩对冲击水舌起到了分割作用，实际上沿程减弱了 C_p' 值；另一个原因是在消力池末端设置了两排 T 形墩，迫使池内水面稍有抬高所致。

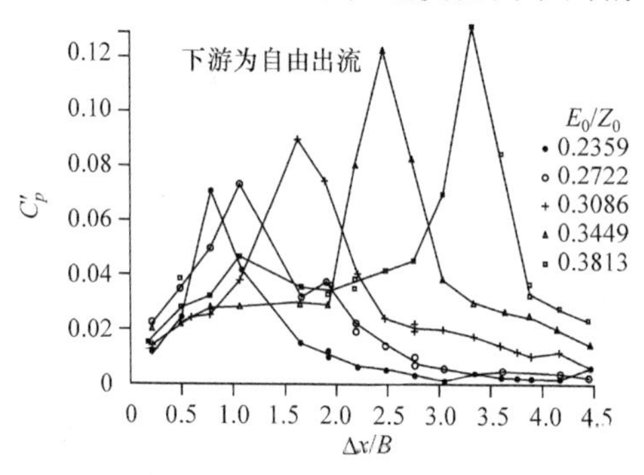

图 9.41　设 T 形墩时消力池脉动压强系数沿程分布

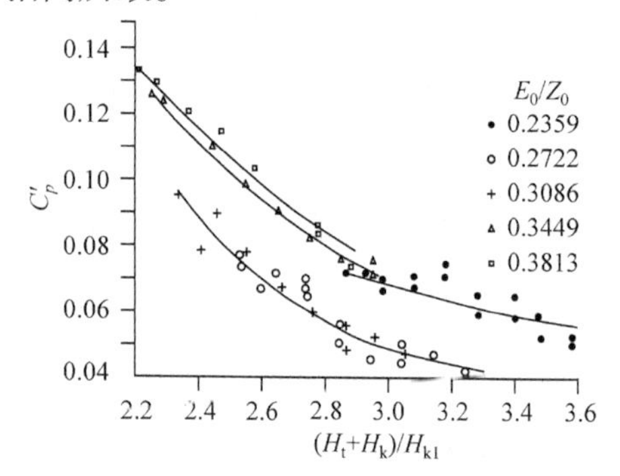

图 9.42　设 T 形墩时消力池脉动压强系数与下游相对水深关系

9.5.4　消力池水面线的比较

试验是在消力池设 T 形墩和不设 T 形墩的情况下进行。水面线实测结果如图 9.43～图 9.45 所示。由图中可以看出，在消力池内设 T 形墩和不设 T 形墩时的水面线分布规律基本相同，在水舌落点区及下游附近一段距离内，池内水深最大，随后沿程衰减，到跃后衰减速度加快。这是因为掺气分流墩水舌挟带了大量的空气射入消力池，使得水舌落点附近掺气量很大，因而水面较高；水面线沿程衰减的原因除消力池水流充分紊动、碰撞，造成水头损失外，大量的气泡沿程逸出也是水面线降低的主要原因。

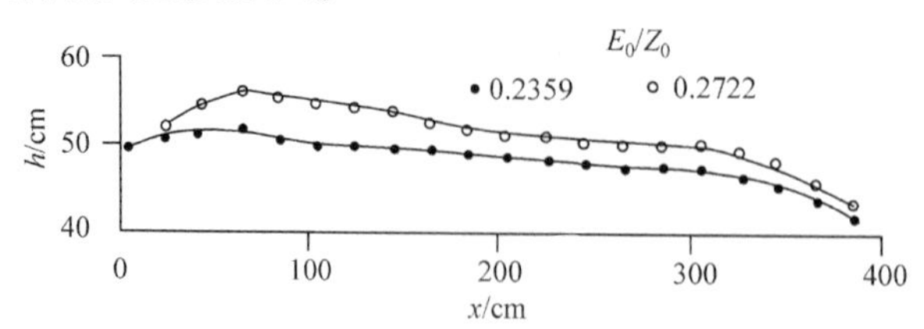

图 9.43　消力池不设 T 形墩自由出流水面线

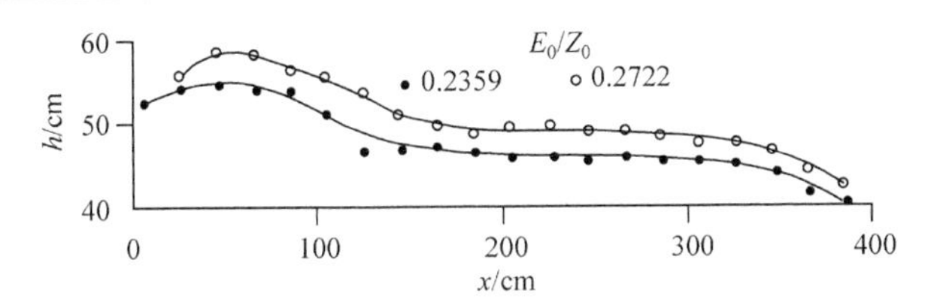

图 9.44　消力池设 T 形墩(布置方式 1)自由出流水面线

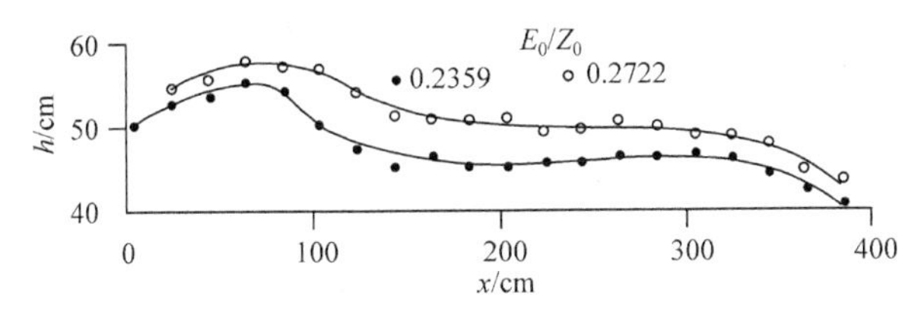

图 9.45　消力池设 T 形墩(布置方式 2)自由出流水面线

图 9.46 是消力池设 T 形墩和不设 T 形墩同一断面水深的比较。由图 9.46 可以看出，仅在消力池水舌冲击区设 T 形墩时，增强了水流的紊动，增加了消能效果，使得下游同一断面的水深较不设 T 形墩时有所减小；但如果在消力池末端也设 T 型墩，则消力池水深较不设 T 形墩时反而有所增加，水面也比较平静，水跃跃首前推，跃长减短，这是由于在消力池后面设 T 形墩，起到了抬高下游水深，减小跃长的作用。

图 9.47 为不同淹没度消力池设 T 形墩时水深沿程变化。由图 9.47 可以看出，当下游水深较小时，水面波动较大，水面最高点与下游水面落差较大；随着下游水深的增加，池内水深增加，水流波动减小，水面趋于平稳，但仍呈现出水舌落点附近水面高以及沿程降低的态势，只是降低的幅度因受下游水深的控制而有所减小。

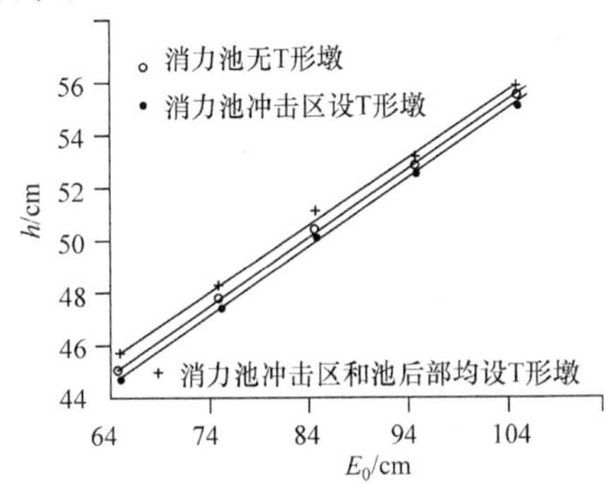

图 9.46　消力池设 T 形墩和不设 T 形墩同一断面水深比较

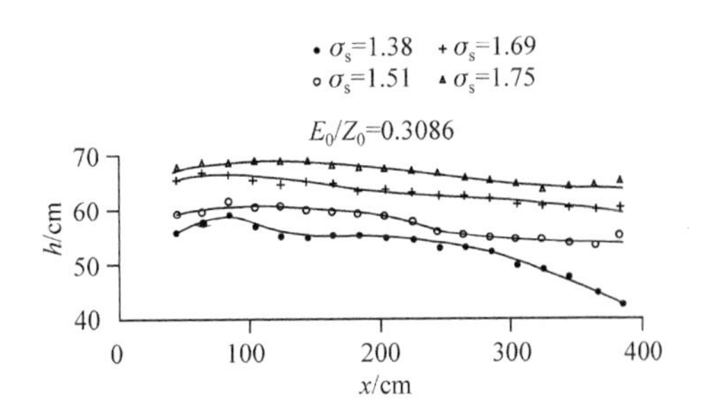

图 9.47　不同淹没度消力池设 T 形墩时水深沿程变化

9.5.5　消力池水跃长度的比较

为了比较方便，水跃长度是指射流水舌落点外缘和水面交界为起点向下游的距离。图 9.48 为消力池相对水跃长度与相对水头的关系。由图可以看出，在消力池不设 T 形墩时，水跃长度最长；在消力池水舌冲击区设 T 形墩时，水跃长度减小；在水舌冲击区和消力池尾部均设 T 形墩时，水跃长度最短。说明在水舌冲击区设 T 形墩有较好的消能效果，而在消力池尾部设 T 形墩，则有进一步稳定水跃缩短消力池长度的作用。

在消力池不设 T 形墩时，相对水跃长度与淹没度的关系如图 9.49 所示，可得

$$L_{jb} / h_{t1} = 4.53\sigma_s^{0.441} \tag{9.56}$$

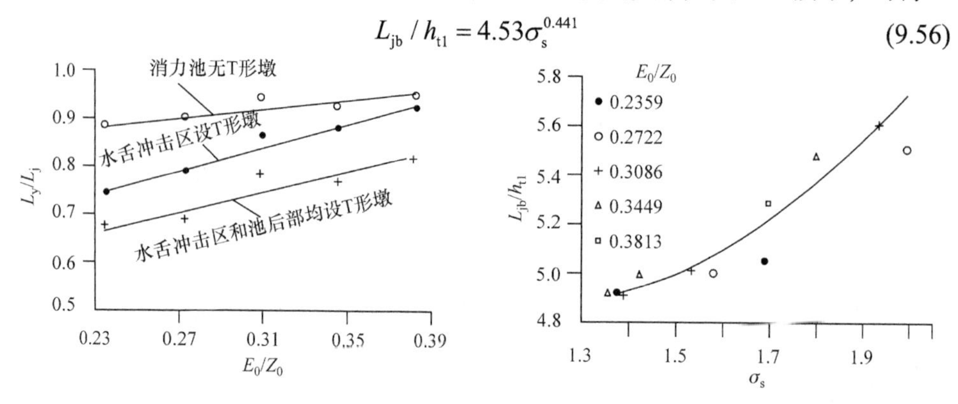

图 9.48　消力池相对水跃长度与相对水头的关系

图 9.49　消力池不设 T 形墩时相对水跃长度与淹没度关系

在消力池水舌冲击区设 T 形墩时，相对水跃长度与淹没度的关系如图 9.50 所示，可得

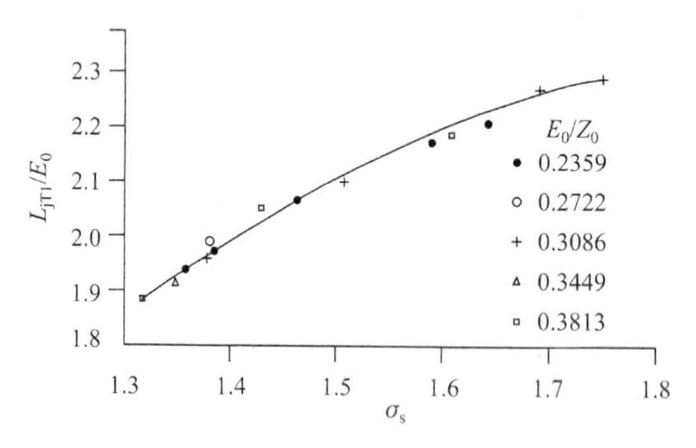

图 9.50　消力池水舌冲击区设 T 形墩时相对水跃长度与淹没度关系

$$L_{jT1} / E_0 = 1.54\sigma_s^{0.686} \tag{9.57}$$

在消力池水舌冲击区和消力池尾部设 T 形墩时，水跃长度约为在水舌冲击区设 T 形墩的 86%～90%，初步设计时可按 0.9 计算该种情况下的水跃长度，即

$$L_{jT2} / E_0 = 1.386\sigma_s^{0.686} \tag{9.58}$$

由式(9.56)～式(9.58)可以看出，淹没度越大，水跃长度越大。

9.6　掺气分流墩设施的消能效果

9.6.1　不设掺气分流墩设施时消力池水深和水跃长度的计算

当在陡坡溢流面上不设掺气分流墩时，水流沿陡坡溢流面而下，水舌属于普通二元跌落水舌，这时跌落水舌落入消力池时水流的平均流速为

$$v_1 = \varphi\sqrt{2g(E_0 + Z_0)} \tag{9.59}$$

式中，φ 为流速系数，初步设计时可取 $\varphi = 0.9$ 。

当水流跌落消力池发生自由水跃时，梯形断面跃前断面的水深 h_1 可用式(9.60)计算，即

$$h_1 = -\frac{B}{2m} + \sqrt{\frac{\varphi B^2\sqrt{2g(E_0 + Z_0)} + 4mQ}{4m^2\varphi\sqrt{2g(E_0 + Z_0)}}} \tag{9.60}$$

式中，h_1 为跃前断面水深；m 为梯形断面的边坡系数；Q 为流量；Z_0 为陡坡出口距消力池底板的距离。

在自由水跃时，梯形断面明渠水跃共轭水深的迭代公式为[7]

$$\eta = \sqrt{\frac{c - d\eta}{\eta^2 + a_1\eta + a_2}} \tag{9.61}$$

式中，$\eta = h_2 / h_1$；h_2 为跃后水深；$c = 3Fr_1^2(\beta + 1)^2$；$d = (1.5\beta + 1)\beta - 3Fr_1^2(\beta + 1)$；$a_1 = 2.5\beta + 1$；$a_2 = (1.5\beta + 1)(\beta + 1)$；$\beta = B / (mh_1)$；$Fr_1 = v_1 / \sqrt{gh_1}$ 。

如果知道跃前水深 h_1，即可用式(9.61)求出跃后水深 h_2。

梯形断面的水跃长度为

$$L_s = 5h_2\left[1 + \left(\frac{B_2 - B_1}{B_1}\right)^{1/4}\right] \tag{9.62}$$

式中，L_s 为普通二元水舌梯形断面消力池的水跃长度；B_1 和 B_2 分别为跃前和跃后断面处的水面宽度。

9.6.2　掺气分流墩设施与普通二元跌落水流消能效果的比较

1. 临界水跃长度的比较

设掺气分流墩设施水流与梯形断面消力池联合应用的水跃长度为 L_j，普通二元跌落水流与梯形断面消力池联合应用的水跃长度为 L_s，水跃长度缩短率为

$$K_{L_j} = (L_s - L_j) / L_s \tag{9.63}$$

式中，K_{L_j} 为水跃长度缩减率。

根据试验得到水跃长度的缩减率如表 9.1 所示。由表可以看出，在试验范围内，掺气分流墩设施与消力池联合应用的临界水跃长度比普通二元跌落水舌的临界水跃长度可缩短 64.38%～70.12%。

表 9.1　水跃长度的缩减率比较

Q /(L/s)	h_1 /cm	h_2 /cm	B_1 /cm	B_2 /cm	L_s /cm	L_j /cm	K_{L_j} /%
74.0	2.735	50.900	37.647	66.642	492.92	175.60	64.38
101.0	3.650	55.852	38.200	69.623	545.21	185.00	66.07
122.5	4.345	61.133	38.616	72.802	602.16	189.00	68.61
140.7	4.900	65.400	38.950	75.371	648.56	197.00	69.62
156.0	5.340	68.800	39.215	77.418	686.16	205.00	70.12

2. 临界水跃跃后水深的比较

跃后水深降低率为

$$K'_h = (h_2 - h'_2) / h_2 \tag{9.64}$$

式中，h_2 为普通二元跌落水舌消力池的跃后水深；h'_2 为掺气分流墩设施水舌消力池的跃后水深。

在临界水跃条件下，普通二元跌落水舌消力池的跃后水深 h_2 用式(9.61)计算。实测掺气分流墩设施消力池的跃后水深 h'_2 和在陡坡溢流面出口设水平掺气坎射流消力池的跃后水深 h''_2 与 h_2 的比较见表 9.2。由表中可以看出，掺气分流墩设施消力池的跃后水深最小，比水平掺气坎射流消力池的跃后水深降低了 12.93%～22.31%，比普通二元跌落水舌消力池的跃后水深降低了 35.17%～40.46%。

表 9.2　跃后水深降低率比较

Q /(L/s)	h_2 /cm	h'_2 /cm	h''_2 /cm	K'_h /%	K''_h /cm
74.0	50.900	33.0	37.90	35.17	12.93
101.0	55.852	35.3	41.35	36.80	14.63
122.5	61.133	36.4	46.85	40.46	22.31
140.7	65.400	39.2	48.85	40.06	19.75
156.0	68.800	41.5	51.55	39.68	19.50

3. 消能率比较

在自由水跃中，假设能量全部集中于水跃段内消除，对跃首和跃后断面写能量方程可得

$$E_1 = E_2 + \Delta E_j \tag{9.65}$$

式中，E_1为跃首断面能量；E_2为跃后断面能量；ΔE_j为水跃消能量。

对于平底水跃的消能量为

$$\Delta E_j = \left(h_1 + \frac{\alpha_1 v_1^2}{2g}\right) - \left(h_2 + \frac{\alpha_2 v_2^2}{2g}\right) \tag{9.66}$$

式中，h_1和h_2分别为跃前和跃后断面的水深；v_1和v_2分别为跃前和跃后断面的平均流速；α_1和α_2分别为跃前和跃后断面的动能修正系数，一般取$\alpha_1=\alpha_2=1.0$。

对于梯形断面，跃前和跃后断面的平均流速为

$$v_1 = Q / [(B + mh_1)h_1] \tag{9.67}$$

$$v_2 = Q / [(B + mh_2)h_2] \tag{9.68}$$

将式(9.67)和式(9.68)代入式(9.66)得

$$\Delta E_j = (h_2 - h_1)\left\{\frac{Q^2}{2gh_1^2 h_2^2}\frac{[B(h_1 + h_2) + m(h_1^2 + h_2^2)][B + m(h_1 + h_2)]}{(B + mh_1)^2 (B + mh_2)^2} - 1\right\} \tag{9.69}$$

增设掺气分流墩设施后，根据文献[8]提出的在消力池上游增设消能工消能量的估算方法，利用式(9.69)水跃消能量与跃前跃后水深的关系，假定跃后断面水深为水跃的第二共轭水深，划分出此共轭水深下水跃的消能量，水跃段超出水跃消能量的部分归入掺气分流墩设施增进的消能量，这时仿照式(9.69)可得增设掺气分流墩设施后的水跃消能量为

$$\Delta E_j' = (h_2' - h_1)\left\{\frac{Q^2}{2gh_1^2 h_2'^2}\frac{[B(h_1 + h_2') + m(h_1^2 + h_2'^2)][B + m(h_1 + h_2')]}{(B + mh_1)^2 (B + mh_2')^2} - 1\right\} \tag{9.70}$$

跃后断面的时均能量为

$$E_2' = h_2' + \frac{Q^2}{2g(B + mh_2')h_2'} \tag{9.71}$$

水跃消能率为

$$K_j' = \Delta E_j' / E_1 \tag{9.72}$$

根据以上对消力池消能率的估算，在试验范围内，对普通二元跌落水舌消力池和掺气分流墩设施扩散水舌消力池的消能率计算如表 9.3 所示。由表 9.3 可以看出，掺气分流墩设施水舌消力池的消能率比普通二元跌落水舌消力池的消能率

提高了 6.15%～8.00%。由此可以看出，在消力池上游增设掺气分流墩设施，不仅可以增加消力池的掺气效果，避免消力池的空蚀破坏，而且可以大幅度提高消力池的消能效果。

表 9.3　消力池消能率比较

Q /(L/s)	普通二元水舌消力池消能率			掺气分流墩设施水舌消力池消能率		掺气分流墩设施增进的消能率
	E_1 /cm	ΔE_j /cm	$(\Delta E_j / E_1)$ /%	$\Delta E_j'$ /cm	$(\Delta E_j' / E_1)$ /%	$[(\Delta E_j' - \Delta E_j) / E_1]$ /%
74.0	278.13	226.82	81.55	243.91	87.70	6.15
101.0	287.50	231.05	80.36	250.28	87.05	6.69
122.5	295.71	233.89	79.10	256.69	86.80	7.70
140.7	304.44	238.29	78.27	262.36	86.18	7.91
156.0	313.21	243.59	77.77	268.64	85.77	8.00

参 考 文 献

[1] 张志昌, 闫晋垣, 刘亚菲, 等. 掺气分流墩水舌射距的计算方法[J]. 西安理工大学学报, 1998, 14(1): 42-48.

[2] 杨纪元. 窄缝挑坎水舌挑距的计算方法[C] // 中国水利学会水力学专业委员会. 成都: 全国高水头泄水建筑物水力学学术会议, 1987: 66-73.

[3] 邓正湖. 鼻坎挑流射距原型观测与计算方法的对比分析[J]. 泄水工程与高速水流, 1991, (2): 70-71.

[4] 松辽水利委员会研究所, 长江流域规划办公室长江科学院. 水工建筑物水力学原型观测[M].北京: 水利电力出版社, 1988: 259-260.

[5] 李建中, 宁利中. 高速水力学[M]. 西安: 西北工业大学出版社, 1994: 84-86.

[6] 李启业, 郭竟章, 夏毓常, 等. 溢洪道设计规范[M]. 北京: 中国水利水电出版社, 2000: 77-80.

[7] 张志昌, 张巧玲. 明渠恒定急变流和渐变流水力特性研究[M]. 北京: 科学出版社, 2016: 146-149.

[8] 闫晋垣, 张宗孝, 张志昌, 等. 消力池上游增设消能工消能量的估算[J]. 水利学报, 1991, (8): 40-45.